第四届科协发展理论研讨会

论文集

2020

PROCEEDINGS OF THE FOURTH CAST THEORETICAL DEVELOPMENT CONFERENCE 2020

中国科协创新战略研究院 · 编

中国经济出版社
CHINA ECONOMIC PUBLISHING HOUSE
· 北 京 ·

图书在版编目（CIP）数据

第四届科协发展理论研讨会论文集：2020／中国科协创新战略研究院编．--北京：中国经济出版社，2021.7

ISBN 978-7-5136-6539-1

Ⅰ.①第… Ⅱ.①中… Ⅲ.①科学研究组织机构-文集 Ⅳ.①G311-53

中国版本图书馆 CIP 数据核字（2021）第 136283 号

策划编辑　海　毅
责任编辑　孙晓霞
责任印制　马小宾
封面设计　任燕飞

出版发行　中国经济出版社
印 刷 者　北京九州迅驰传媒文化有限公司
经 销 者　各地新华书店
开　　本　787mm×1092mm　1/16
印　　张　28
字　　数　500 千字
版　　次　2021 年 7 月第 1 版
印　　次　2021 年 7 月第 1 次
定　　价　98.00 元
广告经营许可证　京西工商广字第 8179 号

中国经济出版社 **网址** www.economyph.com **社址** 北京市东城区安定门外大街 58 号 **邮编** 100011
本版图书如存在印装质量问题，请与本社销售中心联系调换（联系电话：010-57512564）

编委会

主　编： 任福君　赵立新

副主编： 张丽琴　王国强　刘　薇

编　委：（以姓氏笔画为序）

邓大胜　石　磊　刘　萱　张　丽

杨志宏　武　虹　赵　宇　赵　勇

赵文武　赵正国　赵吝加　郝　茜

施云燕　徐　婕　高晓巍

编　辑： 苗晶良　黄诗愉　王　达　王　楠

杜　影

推进科协组织与科协事业高质量发展
服务国家治理体系和治理能力现代化

徐延豪　中国科协党组副书记、副主席、书记处书记

（2020 年 11 月 18 日）

党的十九届五中全会充分肯定"十三五"时期我国经济社会发展取得的巨大成就，指明了今后一段时期我国发展的指导方针、目标任务和战略举措，对全面建设社会主义现代化国家开好局、起好步，具有重大而深远的意义。特别是，首次将科技创新摆在各项规划任务首位，坚持创新在我国现代化建设全局中的核心地位，作为牵动发展全局的"牛鼻子"，充分彰显了以习近平同志为核心的党中央高瞻远瞩的战略眼光和强烈的历史担当，是对科技界和科协组织在新发展阶段进军现代化的动员令。

围绕学习宣传贯彻党的十九届五中全会精神，我就做好科协发展理论研究，提出三点意见。

第一，要进一步支撑"科技自立自强"的国家战略目标。

党的十九届五中全会对"科技自立自强"的战略目标作出了部署。战略问题事关全局的工作，科协组织应当充分发挥党和政府联系科技工作者的桥梁和纽带作用，不断完善联系广泛、服务群众的科协工作体系，营造良好科研生态和制度环境，创新激励机制，团结引领广大科技工作者围绕我国科学技术的短板和"卡脖子"断点进行科研攻关，努力实现我国产业链关键节点的独立自主可控，进而推动形成以国内大循环为主体、国内国际双循环相互促进的新发展格局，更好地服务于党和国家的科技发展战略。

科协的发展理论研究，要紧密围绕着新一轮国家科技中长期规划和“十四五”科技创新规划的要求，聚焦科技自立自强战略的顶层设计与实施路径，立足新发展阶段，贯彻新发展理念，面向世界科技前沿、面向经济主战场、面向国家重大需求、面向人民生命健康，不断推动完善战略科技力量布局、提升企业创新能力、激发人才创新活力、推动解决科技体制机制改革中存在的“瓶颈”问题和关键挑战。

第二，要进一步凝聚科技共同体的组织优势和人才优势。

党的十九届五中全会强调，要“坚持党的全面领导，充分调动一切积极因素，广泛团结一切可以团结的力量，形成推动发展的强大合力”。当前，世界正经历百年未有之大变局，新一轮科技革命和产业变革深入发展，国际环境日趋复杂，不稳定性、不确定性明显增加，新冠肺炎疫情影响广泛深远。面对错综复杂的国际形势、艰巨繁重的国内改革发展稳定任务，统筹中华民族伟大复兴战略全局和世界百年未有之大变局，迫切需要科技解决方案，需要科技界的共同行动。

科协组织最大的资源是人才资源，最大的优势是组织优势，要把国家发展目标与科技工作者的理想价值实现结合起来，把组织优势、人才优势变成科协工作的方向和重点，团结引领广大科技工作者深入学习贯彻党的十九届五中全会精神，把握大势、抢占先机，直面问题、迎难而上，围绕国家战略，瞄准世界科技前沿，引领科技发展方向，提高创新链效能，加快融入新发展格局。

科协的发展理论研究，要充分聚焦中国科协的组织架构、资源要素、功能作用、运行机制、制度体系，系统深入研究，创新理论工具，进而全面提升科协组织的思想政治引领力、组织动员凝聚力、公共产品竞争力，进一步强化组织优势和人才优势，夯实党在科技界的执政基础，为谋划推动“十四五”发展，服务国家治理体系和治理能力现代化作出应有贡献。

第三，要进一步丰富“科普中国”“科创中国”“智汇中国”“科技工作者之家”的理论与实践。

“一体两翼”是科协系统的组织模式，是服务基层的重要抓手，也是科协开展工作的重要方式，是科协组织的力量之源、活力之源。为深入推动科技经济融合，2021 年以来，中国科协深入贯彻习近平总书记系列重要讲话精神，团结动员科技工作者建设“科创中国”新品牌，聚焦区域经济，聚合创新要素，以高质量科技供给服务高质量发展。为在更高起点、更高层次、更高目标上推进“科创中国”建设，要进一步强化团结引领，加强统筹协调，创新组织机制，提升服务效能，实现“科普中国”“科创中国”“智汇中国”“科技工作者之家”相互融合、协同并进。

科协的发展理论研究，要围绕如何统筹全国学会和地方科协“两翼”组织优势，聚合系统资源服务全民科学素质提升，聚力智库发展服务党和政府科学决策，提升科协组织助力高质量发展的能力进行研究，特别是要着力围绕“科创中国”“科普中国”“智汇中国”“科技工作者之家”等重大公共服务产品进行理论研究，为加强科学文化建设，探索科技支撑社会治理、服务高质量发展、促进科技经济融合发展，推动构建新发展格局的有效路径提供理论基础。

全国学会、地方科协是科协组织的“两翼”，是联系科技工作者的主体，是开展科协工作的实践前沿阵地，希望在实践中总结经验，提供可借鉴和提升发展的理论。希望更多的科技工作者参与到科协组织的建设和科协事业发展中来，探索联系和激励科技工作者的路径和方法，推动广大科技工作者将个人理想和国家发展有机结合，将创新工作与党和国家的战略目标有机结合，为实现中华民族伟大复兴的中国梦贡献智慧和力量。

（本文为中国科协党组副书记、副主席、书记处书记徐延豪在第四届科协发展理论研讨会上的致辞节选。）

目录
Contents

议题1 新时期深化科技群团改革发展研究

议题2 “科创中国”科技经济融合发展及其实践研究

议题 3 健全科技伦理治理体制机制研究

议题 4 新时期科技社团国际合作和科技人文交流研究

议题 5　探索科技人才成长规律研究

议题 6　科技支撑城市公共卫生治理研究

议题1

新时期
深化科技群团改革发展研究

持续深化科技体制改革，更好激发科技人员的积极性和创造性

◎赵正国①

摘　要　本文基于政策文本分析和文献资料研究，梳理了1978年以来激发科技人员积极性创造性改革的相关政策，简述了2016年以来有关方面的主要改革行动。通过对中国科学技术协会（以下简称中国科协）第3次全国科技工作者状况调查（2013年）、第4次全国科技工作者状况调查（2017年）相关数据的比较分析发现，激发科技人员积极性创造性改革已取得阶段性成效，科技工作者对激发科技人员积极性创造性改革相关问题的评价明显提高。

关键词　科技人员；科技政策；科技体制改革；积极性创造性；全国科技工作者状况调查

---

①　赵正国，副研究员，研究方向为科技战略与政策、科技创新评估及科技群团改革，E－mail：zhaozhengguo@cast. org. cn.

引用格式：赵正国. 持续深化科技体制改革，更好激发科技人员的积极性和创造性[J]. 科技导报，2019，37(10)：81－88；doi：10. 3981/j. issn. 1000－7857. 2019. 10. 004.

"人才是第一资源。""科技创新本质上是人的创造性活动。"如何充分激发科技人员积极性创造性是中国科技体制改革多年来致力解决的重点问题，也是社会各界高度关注的焦点问题。特别是习近平总书记 2016 年 5 月 30 日在全国科技创新大会、两院院士大会、中国科协第 9 次全国代表大会（以下简称"科技三会"）上发表"为建设世界科技强国而奋斗"的重要讲话以来，在科技经费管理、科技评价、收入分配等方面，密集出台相关政策，有关各方积极行动，取得了一定的阶段性成效。本文基于文献梳理和中国科协全国科技工作者状况调查数据，对激发科技人员积极性创造性改革进展情况进行初步研究。

一、激发科技人员积极性创造性改革的相关政策

回溯近 40 年来中国科技体制改革的历史进程，在国家领导人有关重要讲话和国家层面出台的科技体制改革重要政策文件中，均涉及激发科技人员积极性创造性的内容。

（一）2016 年以前的相关改革政策

1978 年 3 月 18 日，邓小平同志在全国科学大会开幕式上的讲话中明确论断，"正确认识科学技术是生产力，正确认识为社会主义服务的脑力劳动者是劳动人民的一部分……大大发展我们的生产力，当然就不能不大力发展科学研究事业和科学教育事业，大力发扬科学技术工作者和教育工作者的革命积极性。"这段讲话为激发科技人员积极性创造性扫清了障碍，奠定了基础。

1985 年 3 月 13 日，中共中央发布《关于科学技术体制改革的决定》（以下简称《决定》)。《决定》提出"在人事制度方面，要克服'左'的影响，扭转对科学技术人员限制过多、人才不能合理流动、智力劳动得不到应有尊重的局面，营造人才辈出、人尽其才的良好环境"。《决定》对科技人员管理制度改革进行了系列部署，如促进科技人员合理流动，采取各种政策和优待措施，吸引科技人员到边疆地区和少数民族聚居地区工作；积极改善科技人员工作和生活条件，认真贯彻"各尽所能、按劳分配"原则，逐步切实解决科学技术人员的合理报酬问题；真正做到尊重科技人才，保障学术上的自由探索、自由讨论，使人们无所畏惧地去追求真理等。

1988 年 5 月 3 日，国务院发布《关于深化科技体制改革若干问题的决定》。《决定》提出，"鼓励科研机构和科技人员通过为社会创造财富和对科技进步作出贡献，来改善自身的工作条件和物质待遇"。"各级政府部门要充分发挥现有科技人员的作

用。鼓励有计划地组织科技人员或支持科技人员以调离、辞职、停薪留职、兼职等方式，创办、领办或承包、租赁中小企业和乡镇企业，或到农村进行有偿服务和技术经济承包……各有关方面要保证他们的合法收入和待遇，并切实采取措施解决他们的后顾之忧。”“各地区要因地制宜地制定政策，促进人才合理流动。‘老少边穷’地区和艰苦行业，可以制定特殊优惠政策吸引人才。”“企业要采取有力措施调动科技人员的积极性，充分发挥他们在促进技术进步中的骨干作用。”

1992 年 8 月 27 日，国家科学技术委员会（以下简称国家科委）、中华人民共和国国家经济体制改革委员会（以下简称国家体改委）印发《关于分流人才、调整结构、进一步深化科技体制改革的若干意见》。《意见》提出，“尊重知识，尊重人才，充分调动和发挥广大科技人员的主动性、积极性和创造性”。“要通过深入细致、充满活力的思想政治工作，在科技人员中树立爱祖国、爱人民的崇高思想，提高这支队伍的思想素质和职业道德。”“大胆改革长期以来裹足不前的科技人员分配制度……全面认真落实技术合同法、专利法关于从实施技术成果和发明创造所获收益中提成奖励技术成果完成者的规定，进一步保护知识产权，保护科技人员的精神权利和经济权利。允许各地方、各行业按照法律原则，制定和试行对贡献突出者给予崇高荣誉和重奖的政策。”“要简化手续，为科技人员国际往来创造便利条件……”

1995 年 5 月 6 日，中共中央、国务院发布《关于加速科学技术进步的决定》。《决定》提出，“科研人员的招聘、职务晋升也要通过公开竞争来进行，形成公平竞争、协同合作、合理流动、人尽其才的科技人才管理制度”。“建立科技人员的收入和经济效益或工作业绩挂钩的分配制度。”“大力弘扬优秀科技人员的拼搏奉献精神和成就，树立科学家、技术专家崇高的社会形象，使科技工作成为受人尊敬、令人羡慕的职业。随着经济的发展，要不断改善科技人员的工作和生活条件，使其收入和住房水平逐步提高。改进和完善科技奖励制度，加大对作出突出贡献的科技人员奖励的力度。”

1999 年 8 月 20 日，中共中央、国务院发布《关于加强技术创新，发展高科技，实现产业化的决定》。《决定》提出，“完善科技人员管理制度，鼓励转化科技成果……改革现行职称制度，推行岗位职务聘任制……科技人员竞争上岗，所取得的岗位职务和相应待遇仅在聘期内适用”。“在职务科技成果转化取得的收益中，企业、科研机构或高等学校应提取一定比例，用以奖励项目完成人员和对产业化有贡献的人员。”“正确评价科技成果和进行科技奖励。国家根据各种科技活动的不同特点，实行相应的评价标准和方法，精简奖项数目，提高奖励力度……特别设立国家最高科学技术奖，对在当代科学技术前沿取得重大突破或在科学技术发展中有卓越建树的，在技术创新、科技成果商品化和产业化中创造巨大经济效益或社会效益的杰出人才实行重奖。”

2006年2月9日，国务院发布《国家中长期科学和技术发展规划纲要（2006—2020年)》。《纲要》在推进科技管理体制改革方面提出“四要改革科技成果评价和奖励制度。要根据科技创新活动的不同特点，按照公开公正、科学规范、精简高效的原则，完善科研评价制度和指标体系，改变评价过多过繁的现象，避免急功近利和短期行为……建立适应不同性质科技工作的人才评价体系。改革国家科技奖励制度，减少奖励数量和奖励层次，突出政府科技奖励的重点，在实行对项目奖励的同时，注重对人才的奖励。鼓励和规范社会力量设奖”。

2006年6月27日，国务院印发《实施〈国家中长期科学和技术发展规划纲要(2006—2020年)〉若干配套政策的通知》。《通知》提出，“改革和完善科研事业单位人事制度……深化科研事业单位人事制度改革，全面实行聘用制度和岗位管理制度……按照事业单位工资改革的要求，改革和规范科研单位工资分配制度，建立以岗位工资、绩效工资为主要内容的收入分配制度，禁止违反规定将国家科研项目经费用于分配”。“建立有利于激励自主创新的人才评价和奖励制度。建立符合科技人才规律的多元化考核评价体系……改革和完善国家科技奖励制度，建立政府奖励为导向、社会力量奖励和用人单位奖励为主体的激励自主创新的科技奖励制度……”

2012年9月23日，中共中央、国务院印发《关于深化科技体制改革加快国家创新体系建设的意见》。《意见》提出，“完善人才发展机制，激发科技人员积极性创造性”。“统筹各类创新人才发展和完善人才激励制度。建立以科研能力和创新成果等为导向的科技人才评价标准……加快建设人才公共服务体系……探索实施科研关键岗位和重大科研项目负责人公开招聘制度……健全与岗位职责、工作业绩、实际贡献紧密联系和鼓励创新创造的分配激励机制。”“加强科学道德和创新文化建设。建立健全科研活动行为准则和规范，……加强科研诚信和科学伦理的社会监督……切实净化学术风气。引导科技工作者自觉践行社会主义核心价值体系……进一步形成尊重劳动、尊重知识、尊重人才、尊重创造的良好风尚。”

2015年3月13日，中共中央、国务院发布《关于深化体制机制改革加快实施创新驱动发展战略的若干意见》。《意见》提出，“坚持人才为先……更加注重强化激励机制，给予科技人员更多的利益回报和精神鼓励……”在“完善成果转化激励政策”“构建更加高效的科研体系”“创新培养、用好和吸引人才机制”等方面，

《意见》作出了若干重要部署。

2015 年 9 月 24 日，中共中央办公厅、国务院办公厅印发《深化科技体制改革实施方案》，在该文件中提出，“改革人才培养、评价和激励机制”。“实行科技人员分类评价，建立以能力和贡献为导向的评价和激励机制。”“深化科技奖励制度改革，强化奖励的荣誉性和对人的激励。”“改进完善院士制度，健全院士遴选、管理和退出机制。”“深入推进科技成果使用、处置和收益管理改革，强化对科技成果转化的激励。”

（二）2016 年至今相关改革政策

2016 年 5 月 30 日，习近平总书记在“科技三会”上的重要讲话中指出，“要着力改革和创新科研经费使用和管理方式，让经费为人的创造性活动服务……要改革科技评价制度，建立以科技创新质量、贡献、绩效为导向的分类评价体系……”“要极大调动和充分尊重广大科技人员的创造精神，激励他们争当创新的推动者和实践者，使谋划创新、推动创新、落实创新成为自觉行动。”“要营造良好学术环境，弘扬学术道德和科研伦理，在全社会营造鼓励创新、宽容失败的氛围。要加强知识产权保护，积极实行以增加知识价值为导向的分配政策，包括提高科研人员成果转化收益分享比例，探索对创新人才实行股权、期权、分红等激励措施，让他们各得其所。”“在基础研究领域，包括一些应用科技领域……要让领衔科技专家有职有权，有更大的技术路线决策权、更大的经费支配权、更大的资源调动权，防止瞎指挥、乱指挥。”

2016 年 7 月 31 日，中共中央办公厅、国务院办公厅印发《关于进一步完善中央财政科研项目资金管理等政策的若干意见》。《意见》提出，“坚持以人为本。以调动科研人员积极性和创造性为出发点和落脚点，强化激励机制，加大激励力度，激发创新创造活力”。《意见》在改进中央财政科研项目资金管理方面作出了系列部署，如简化预算编制，下放预算调剂权限；提高间接费用比重，加大绩效激励力度；明确劳务费开支范围，不设比例限制；改进结转结余资金留用处理方式等。

2016 年 11 月，中共中央办公厅、国务院办公厅印发《关于实行以增加知识价值为导向分配政策的若干意见》。《意见》提出，“推动形成体现增加知识价值的收入分配机制”。“扩大科研机构、高校收入分配自主权。”“进一步发挥科研项目资金的激励引导作用。”“加强科技成果产权对科研人员的长期激励。”“允许科研人员和教师依法依规适度兼职兼薪。”

2017 年 5 月 31 日，国务院办公厅印发《关于深化科技奖励制度改革的方案》。

《方案》提出了改革完善国家科技奖励制度的重点任务，即实行提名制；建立定标定额的评审制度；调整奖励对象要求；明晰专家评审委员会和政府部门职责；增加奖励活动的公开透明度；健全科技奖励诚信制度；强化奖励的荣誉性。《方案》还提出，要引导省部级科学技术奖高质量发展，鼓励社会力量设立的科学技术奖健康发展。

2018 年 2 月，中共中央办公厅、国务院办公厅印发《关于分类推进人才评价机制改革的指导意见》。《意见》提出，分类健全人才评价标准，改进和创新人才评价方式，加快推进重点领域人才评价改革。在改革科技人才评价制度方面，要建立健全以科研诚信为基础，以创新能力、质量、贡献、绩效为导向的科技人才评价体系；实行代表性成果评价，建立并实施有利于科技人才潜心研究和创新的评价制度；注重个人评价与团队评价相结合，实行以合作解决重大科技问题为重点的整体性评价。

2018 年 7 月 3 日，中共中央办公厅、国务院办公厅发布《关于深化项目评审、人才评价、机构评估改革的意见》。《意见》提出，改进科技人才评价方式的重点举措包括：统筹科技人才计划；科学设立人才评价指标；梳理正确的人才评价使用导向；强化用人单位人才评价主体地位；加大对优秀人才和团队的稳定支持力度。2019 年 3 月 5 日，李克强同志在 2019 年政府工作报告中提出，“要充分尊重和信任科研人员，赋予创新团队和领军人才更大的人财物支配权和技术路线决策权。进一步提高基础研究项目间接经费占比，开展项目经费使用‘包干制’改革试点，不设科目比例限制，由科研团队自主决定使用”。

二、激发科技人员积极性创造性改革近年主要行动

2016 年 5 月“科技三会”以来，按照国家激发科技人员积极性创造性改革总体部署和任务要求，中共中央、国务院直属相关机构、地方政府相关主管部门、有关企业、高校、科研院所等纷纷采取行动，推动改革工作持续不断向纵深迈进。

（一）设立“全国科技工作者日”

“科技三会”之后，中国科协积极推动设立“全国科技工作者日”，并联合科技部向国务院上报了《关于建议设立“全国科技工作者日”的请示》。2016 年 11 月 25 日，国务院公开发布《关于同意设立“全国科技工作者日”的批复》，同意自 2017 年起，将每年 5 月 30 日设立为“全国科技工作者日”，由中国科协、科技部组织实施具体工作。“全国科技工作者日”的设立，反映出国家对科技人员的高度重视和深切关爱，“有助于进一步促进各级党委政府切实把科技创新摆在更加重要的

位置，加强对科技工作者的联系和服务，更加重视科技工作和人才队伍建设，为科技工作者创新创业排忧解难，进一步兴起识才爱才敬才用才之风。有利于进一步在全社会营造尊重劳动、尊重知识、尊重人才、尊重创造的良好氛围，形成各类创新主体、创新要素协同发展，各类人才竞相创新创造的有利局面”。

（二）设立“全国创新争先奖”并组织首届评选、表彰活动

2017 年 4 月，中国科协、人力资源社会保障部、科技部和国务院国有资产监督管理委员会（以下简称国资委）联合报请中共中央批准，设立了“全国创新争先奖”。该奖是国家科技奖励体系的重要组成部分和补充，是国家科技奖项与重大人才计划的有机衔接，是仅次于国家最高科技奖的人才大奖，被称为“国家第四大科技奖”，每 3 年评选表彰一次，旨在表彰在科学研究、技术开发、重大装备和工程攻关、转化创业、科普及社会服务等方面作出卓越贡献的优秀科技工作者和科研团队。2017 年 5 月，中国科协作为主要执行单位，组织开展了首届“全国创新争先奖”评选、表彰活动。经 217 个渠道推荐的 1343 名优秀科技工作者和 227 个科研团队参加了首次评奖。经过网上预审、初评、复评等环节，评选产生了 10 个奖牌获奖团队，28 名奖章获奖人选，254 名奖状获奖人选。2017 年 5 月 27 日，全国科技工作者日暨创新争先奖励大会在北京召开，中共中央原政治局常委、中央书记处书记刘云山同志出席会议并讲话。

（三）开展“扩大高校和科研院所自主权、赋予创新领军人才更大人财物支配权和技术路线决策权”试点工作

2017 年初，科技部、教育部、中央机构编制委员会办公室（以下简称中央编办）、中央组织部、国家发展改革委、财政部、人力资源社会保障部等七部门联合印发“扩大高校和科研院所自主权、赋予创新领军人才更大人财物支配权技术路线决策权”试点工作方案。后经 24 个主管部门推荐、七部门研究决定在 44 家中央级高校和科研院所开展试点工作，并于 2017 年 9 月 11 日召开试点工作推进会。试点工作通过落实和扩大试点单位在科研项目经费、成果转化、机构编制、干部人事、薪酬分配等方面的自主权，激发试点单位和科技人员的积极性。

（四）开展清理“唯论文、唯职称、唯学历、唯奖项”专项行动

2018 年 10 月 15 日，科技部、教育部、人力资源社会保障部、中科院、工程院联合发布《关于开展清理“唯论文、唯职称、唯学历、唯奖项”专项行动的通知》，启动了清理“四唯”专项行动。清理范围包括科技部、教育部、人力资源社会保障

部、中科院、工程院、自然科学基金委、行业主管部门和地方相关部门业务工作中涉及“四唯”的做法。清理方向包括：①对部门和单位政策文件中涉及“四唯”的规定进行修改；对本部门和单位牵头执行的法律和行政法规中涉及“四唯”的规定，提出修改建议。②对各类考核评价条件和指标中涉及“四唯”的内容进行调整，具体表现形式包括但不限于评价指标体系、评价手册、评审细则等。③对有关管理信息系统和工作表格中涉及“四唯”的内容进行修改。

（五）抓好赋予科研机构和人员更大自主权有关文件贯彻落实工作

2018 年 12 月 26 日，国务院办公厅发布《关于抓好赋予科研机构和人员更大自主权有关文件贯彻落实工作的通知》。《通知》要求，在 2019 年 2 月底前完成赋予科研机构和人员更大自主权相关实施办法和制度的修订和制定工作；深入推进下放科技管理权限工作；进一步做好已出台法规文件中相关规定的衔接。

（六）其他

有关地方政府、大学、企业、科研机构等重视推动各自地域、机构激发科技人员积极性主动性改革工作，探索形成了一些好的经验做法。中国航空工业集团公司、清华大学的部分举措具有一定的代表性。

2017 年 7 月，中国航空工业集团公司印发《中国航空工业集团公司中长期激励暂行办法》，这一做法在中央企业中首开先河。《办法》明确提出了中国航空工业集团公司中长期激励的总体框架和具体要求，阐明了中长期激励的类型、对象、额度、实施和兑现条件、政策保障等方面的具体规定，规范了中长期激励实施的方式和程序。

2019 年 4 月 19 日，清华大学发布《清华大学关于完善学术评价制度的若干意见》。《意见》是清华大学贯彻国家科技评价制度改革相关要求的具体行动，在评价体系、评价标准、评价主体、学术文化建设等方面作出了具体部署。《意见》是清华大学全校的统领性文件，涉及全校相关制度 60 多项。为确保《意见》的落实，清华大学成立了学术评价制度领导小组和学术评价制度工作组。同时，还同步制定了落实《清华大学关于完善学术评价制度的若干意见》的工作方案、工作计划和工作任务。相关任务计划拟在 2019 年底前全部完成。

三、激发科技人员积极性主动性改革阶段成效

激发科技人员积极性主动性改革一直在持续进行中，近年来出台的改革举措已

初见成效。中国科协于2003年首次组织开展全国科技工作者状况调查，于2005年建立全国科技工作者状况调查站点，逐步形成了每5年进行一次全国科技工作者状况调查和若干专项调查相结合的调查制度，积累了反映相关改革成效的调查数据。第3次全国科技工作者状况调查在2013年6月初至7月底开展，依托全国654个调查站点进行，有效涵盖全国各地区各类型的科技工作者群体，共完成有效问卷34196份。第4次全国科技工作者状况调查在2017年下半年开展，依托全国516个调查站点进行，同样有效涵盖全国各地区各类型的科技工作者群体，共完成有效问卷48099份。通过对2013年中国科协第3次全国科技工作者状况调查和2017年第4次全国科技工作者状况调查相关数据的比较分析发现，科技工作者对激发科技人员积极性创造性改革相关问题的评价有较大提高。

（一）科技工作者对与激发科技人员积极性创造性改革直接相关问题的评价明显好转

如表1所示，在2017年调查中，10.6%的科技工作者认为科研人员的积极性创造性没有得到充分发挥的问题非常突出，41.4%的科技工作者认为该问题比较突出，分别比2013年低8.0%、8.2%；15.3%的科技工作者认为该问题基本不存在，比2013年高3.9%。9.7%的科技工作者认为科技评价导向不合理问题非常突出，36.2%的科技工作者认为该问题比较突出，分别比2013年低6.7%、6.8%；16.7%的科技工作者认为该问题基本不存在，比2013年高2.6%。对于科技经费及项目管理不合理、科研诚信和创新文化建设薄弱问题的评价，同样有大幅提升。

表1　对科技领域相关问题的评价　%

相关问题	调查时间（年）	对于当前中国科技体制存在的下列问题，您认为是否突出				合计	加权样本量
		非常突出	比较突出	基本不存在	说不清		
科研人员的积极性创造性没有得到充分发挥	2013	18.6	49.6	11.4	20.4	100	33116
	2017	10.6	41.4	15.3	32.7	100	48099
科技评价导向不合理	2013	16.4	43.0	14.1	26.5	100	33011
	2017	9.7	36.2	16.7	37.4	100	48097
科技经费及项目管理不合理	2013	17.9	45.5	12.3	24.2	99.9	32933
	2017	9.9	37.3	16.6	36.2	100	48099
科研诚信和创新文化建设薄弱	2013	16.7	46.7	13.3	23.2	99.9	33018
	2017	9.2	38.4	16.9	35.5	100	48099

（二）科技工作者对中国科技工作者群体相关问题的评价显著改善

衡量激发科技人员积极性创造性改革成效的重要维度应包括科技工作者群体自身建设的加强和科技界存在问题的改善。如表2所示，对于中国科技界存在的9个突出问题，科技工作者的评价均有显著提高。例如，在2017年调查中，对科技工作者不安心做科研问题的评价方面，10.9%的科技工作者认为问题非常严重，35.5%的科技工作者认为问题比较严重，分别比2013年低6.5%、10.0%；21.3%的科技工作者认为问题不太严重，7.7%的科技工作者认为基本没有问题，分别比2013年高1.9%、2.9%。在对科技工作者研究脱离实际需求问题评价方面，8.7%的科技工作者认为问题非常严重，32.4%的科技工作者认为问题比较严重，分别比2013年低5.7%、9.1%；25.3%的科技工作者认为问题不太严重，8.7%的科技工作者认为基本没有问题，分别比2013年高1.1%、2.7%。在对科技工作者急功近利，学风浮躁问题评价方面，15.2%的科技工作者认为问题非常严重，36.2%的科技工作者认为问题比较严重，分别比2013年低10.5%、8.4%；18.3%的科技工作者认为问题不太严重，7.6%的科技工作者认为基本没有问题，分别比2013年高3.6%、3.7%。在科技工作者缺乏与公众沟通交流问题评价方面，9.0%的科技工作者认为问题非常严重，33.9%的科技工作者认为问题比较严重，分别比2013年低3.4%、10.4%；23.7%的科技工作者认为问题不太严重，比2013年低1.1%；8.3%的科技工作者认为基本没有问题，比2013年高3.2%。对于与企业界缺乏合作、女性科技人员不受重视、缺乏团队合作精神等问题的评价，同样有大幅提升。

表2　对中国科技工作者群体相关问题的评价　%

相关问题	调查时间（年）	您觉得中国科技界在下列方面是否存在问题					合计	加权样本量
		非常严重	比较严重	不太严重	基本没有	不清楚		
不安心做科研	2013	17.4	45.5	19.4	4.8	12.9	100	33444
	2017	10.9	35.5	21.3	7.7	24.6	100	48099
研究脱离实际需求	2013	14.4	41.5	24.2	6.0	13.9	100	33368
	2017	8.7	32.4	25.3	8.7	24.9	100	48099
急功近利，学风浮躁	2013	25.7	44.6	14.7	3.9	11.1	100	33434
	2017	15.2	36.2	18.3	7.6	22.7	100	48099
缺乏与公众沟通交流	2013	12.4	44.3	24.8	5.1	13.4	100	33146
	2017	9.0	33.9	23.7	8.3	25.1	100	48099

续表

相关问题	调查时间（年）	您觉得中国科技界在下列方面是否存在问题					合计	加权样本量
		非常严重	比较严重	不太严重	基本没有	不清楚		
与企业界缺乏合作	2013	9. 3	37. 0	31. 4	6. 2	16. 0	100	33149
	2017	6. 4	28. 7	28. 2	9. 0	27. 6	100	48099
人才流失到国外	2013	27. 7	41. 0	15. 3	3. 1	13. 0	100	33270
	2017	12. 3	34. 0	21. 6	6. 2	25. 8	100	48099
女性科技人员不受重视	2013	10. 2	28. 2	32. 9	12. 8	15. 9	100	33225
	2017	6. 5	22. 3	29. 7	15. 1	26. 3	100	48099
青年科技人员成长受限	2013	—	—	—	—	—	—	/
	2017	8. 3	28. 3	26. 4	11. 3	25. 5	100	48099
缺乏团队合作精神	2013	10. 7	33. 3	32. 3	8. 0	15. 7	100	33269
	2017	7. 7	27. 2	28. 5	10. 8	25. 8	100	48099

（三）科技工作者对与激发科技人员积极性创造性改革相关问题的评价亦有所提高

如表 3 所示，2017 年调查中，31. 2% 的科技工作者近 3 年有初步的创业想法，1. 9% 的科技工作者已经开始创业，分别比 2013 年高 5. 1%、0. 7%。

如表 4 所示，2017 年调查中，7. 8% 的科技工作者认为与世界科技强国科学家相比，中国科技工作者的科研能力更好，27. 9% 的科技工作者认为差不多，分别比 2013 年高 5. 4%、7. 8%。

如表 5 所示，2017 年调查中，23. 3% 的科技工作者认为如果有孩子，愿意让自己的孩子从事其现在的职业，比 2013 年高 5. 4%。

表 3　近 3 年是否考虑过自己创业 %

调查时间（年）	近 3 年，您有没有考虑过自己创业			合计	加权样本量
	没考虑过自己创业	有初步的创业想法	已经开始创业		
2013	72. 7	26. 1	1. 2	100	33366
2017	66. 9	31. 2	1. 9	100	48099

表 4　与世界科技强国科学家相比，对中国科技工作者科研能力的评价 %

调查时间（年）	与世界科技强国科学家相比，您觉得中国科技工作者的科研能力总体上如何					合计	加权样本量
	更好	差不多	有点落后	落后很多	说不清		
2013	2. 4	20. 1	50. 1	20. 3	7. 1	100	33768
2017	7. 8	27. 9	43. 5	8. 0	12. 8	100	48099

表 5　是否愿意让孩子从事自己的职业　%

调查时间（年）	如果您有孩子，您愿意让自己的孩子从事您现在的职业吗			合计	加权样本量
	愿意	不愿意	说不清		
2013	17.9	51.7	30.4	100	33868
2017	23.3	49.8	26.9	100	48099

四、结论

在党中央、国务院高度重视下，激发科技人员积极性创造性改革已取得积极进展和较好成效，在一定程度上改善了广大科技工作者没有充分发挥积极性创造性的问题，使其获得感与幸福感有所增加。

同时，由于激发科技人员积极性创造性改革的复杂性和艰巨性，当前仍存在许多与现实情况和发展要求不适应的问题，一些“老大难”问题还未彻底解决。2018年5月28日，习近平总书记在中国科学院第19次院士大会、中国工程院第14次院士大会上的讲话中明确指出，“我国人才发展体制机制还不完善，激发人才创新创造活力的激励机制还不健全……科研人员开展原创性科技创新的积极性还没有充分激发出来”。进一步深化激发科技人员积极性创造性改革依然任重道远。

综合考虑，下一阶段激发科技人员积极性创造性改革应注重如下4个问题。

（1）突出重点，进一步围绕关键核心技术攻关、科学研究原创性创新、顶尖人才团队建设等加大对科技人员的有效激励力度。（2）丰富手段，进一步发挥科研兴趣、事业追求等非物质性激励的作用。（3）注重自治，进一步发挥科技共同体的作用。（4）重视多元，进一步发挥社会力量的作用。此外，进一步提高改革政策的科学性、配套性和实操性；合理控制改革进度和工作节奏，加快推动各地区、各部门、各单位全面加快落实改革任务；面向广大科技工作者大力开展改革政策宣讲解读工作，推动更多科技工作者了解、参与、推动改革工作。

参考文献

[1] 新华社. 5月30日，成为我国8100万科技工作者的节日[EB/OL].(2016-12-13)[2019-05-13]. http://www.xinhuanet.com//politics/2016-12/13/c_1120111487.htm.

[2] 科技部. 科技部等七部门联合召开“扩大高校和科研院所自主权、赋予创新

领军人才更大人财物支配权技术路线决策权”试点工作推进会议[EB/OL]．(2017-09-22)[2019-05-14]．http://www.most.gov.cn/kjbgz/201709/t20170921_135035.htm.

[3] 人民网．首届“全国创新争先奖”将在全国科技工作者日期间颁发[EB/OL]．(2017-05-25)[2019-05-14]．http://scitech.peo? ple.com.cn/n1/2017/0525/c1007-29299664.html.

[4] 中国航空报．航空工业出台中长期激励总体方案[EB/OL]．(2017-07-11)[2019-05-14]．http://www.avic.com/cn/xwzx/jqyw/652136.shtml.

[5] 清华新闻网．清华大学发布《关于完善学术评价制度的若干意见》[EB/OL]．(2019-04-19)[2019-05-14]．http://news.tsing? hua.edu.cn/publish/thunews/9648/2019/20190419111209810655818/20190419111209810655818_.html.

[6] 中国科协调研宣传部，中国科协发展研究中心．第三次全国科技工作者状况调查报告(2013)[M]．北京：中国科学技术出版社，2015.

[7] 全国科技工作者状况调查课题组．第四次全国科技工作者状况调查报告(2017)[M]．北京：中国科学技术出版社，2018.

科技社团在国家治理与创新体系中具有多重效能

◎赵吉①

摘　要　科学技术协会是具有鲜明中国特色的科技团体，是中国政治体制与国家治理体系的组成部分，兼具政治功能与治理功能。科技社团作为社会组织的重要力量，是国家治理体系与治理能力现代化进程中的主要参与主体之一。科技社团在国家治理中发挥了多重角色的功能，同时也存在一定的角色缺位，尚未真正形成国家治理体系建设中成熟的第三方力量。本文分析了我国科技社团的基本现状、功能定位及其多重效能，结合国家治理现代化对科技社团的要求，对科技社团发展路径进行了探讨，提出要完善社团治理理论和制度保障、强化科技社团自身能力建设、创新科技社团管理机制、推进学术生态的健康发展、促使现代媒体技术融入宣传平台，科技社团应采取积极的行动策略，为国家科技创新治理贡献力量，助推国家治理体系和治理能力现代化。

关键词　科技社团；学会改革；创新体系；治理效能

① 赵吉，内蒙古自治区科学技术协会主席，教授、博士生导师。主要研究方向为生态学、环境科学、科技社团管理与改革。地址：内蒙古呼和浩特市新华大街70号，内蒙古科协大楼。E－mail：nmgzhaoji@163.com.

我国提出要基于顶层设计，全面深化改革，推动国家治理体系与治理能力现代化。党的十九大进一步将推进国家治理体系和治理能力现代化明确为习近平新时代中国特色社会主义思想的重要内容和基本方略，提出“必须加强和创新社会治理，完善党委领导、政府负责、民主协商、社会协同、公众参与、法治保障、科技支撑的社会治理体系”。马克思主义国家职能观认为，国家有政治统治和国家管理两种职能。前者对应着政治功能，后者对应着治理功能。基于合法性建构而形成的权力关系制度化安排，形成了政治体制；基于有效性获得而形成的权力关系制度化安排，形成了治理体系。政府不只是治理的主体，也是治理的对象；社会不只是治理的对象，也是治理的主体。

从国家治理体系来看，我国正处于由社会管理向社会治理转型的重要时期，亟须社会组织参与其中。基于科技事业与科技工作者，科技社团与政党、国家、社会与市场都有着密切联系，是国家治理体系中各参与主体产生有机互动的一个制度性与组织性的机制。科技社团作为社会治理主体的重要组成部分，在国家推进治理体系与治理能力现代化进程中扮演着非常重要的角色，为国家治理能力现代化提供科技支撑，兼具深化科技体制改革、促进多方社会资源有效整合、推进科技经济深度融合、推动依法善治等多重效能。

一、中国科技社团的基本现状

科协作为党领导下的人民团体，具有鲜明中国特色，是中国政治体制与国家治理体系的重要组成部分，兼具政治功能与治理功能。科协也是党和政府联系科技工作者的桥梁和纽带，具有人才荟萃、学科齐全、网络健全、联系广泛的优势，逐渐成为科技创新的主阵地和发源地。在第二十一届中国科协年会科技社团发展与治理论坛上，怀进鹏书记提出：“科技社团要发展成为科技交流与合作的推动者、创新变革的促进者，成为全球科技治理的重要的贡献者，成为科学文化的传播者，共同为人类社会的进步作出科技界的贡献。”这为科技社团未来的发展指明了方向。各级科协组织和广大科技工作者的思想和行动要统一起来，力争在实施创新驱动发展战略方面有新思路、在服务科技工作者方面有新举措、在科技社团推进创新治理方面有新进展。

我国科技工作者中约有三分之二集中在事业单位，其他多在国有和集体所有制企业。只有学会才能把他们联系到一起，切磋学术问题，交流科技前沿的最新进展，把握实际生产部门的科技需求，推动产学研结合，促进知识流动，加快科技成果应用转化。

科协组织建设稳步发展，截至 2019 年底，共有全国性学会 210 个，会员 463 万多人；地方科协共计 3141 个。加之大量基层科协组织不断发展，形成了学科齐全、人才荟萃，上下连接、纵横交错，遍布城乡、深入基层的庞大组织网络。可以说，哪里有科技工作者，哪里就有科协组织。

二、科技社团在国家治理中的功能定位

科技社团（即各级学会、协会、研究会等，以下简称学会）是指自发形成的群众团体组织，为实现会员共同意愿，按照固定章程开展活动的非营利性社会组织。学会承担着促进学科发展和人才成长、推进自主创新、传播科学文化、规范学术行为、促进学术生态建设、提供服务和反映诉求等重要职责。

当前的科技社团与政府的关系表现为“政府引导与管理下的科技社团参与政府管理”的合作关系。科技社团的专业能力和服务能力，不仅使其能为国家治理结构转型建言献策，能作为承接政府职能的转移载体，推动国家治理结构转化，还能作为桥梁中介，链接多方治理主体，形成治理合力。基于科技社团参与国家治理的必要性，必然要围绕中心、服务大局，通过提升合作能力和机制创新能力，助推国家治理体系和治理能力现代化。

科技社团在国家治理中的角色定位及其与各治理主体之间的关系尚未完全厘清，社团治理中还存在一些问题，例如：科技团体治理体系和制度不够完善、行业协会脱钩背景下的部分学会监管政策有所缺失、科协所属学会秘书长常态化交流机制不够健全、学会承接政府职能制度化建设滞后等。针对科技治理体系和能力建设面临的现实，需要充分认识科协组织效能与学会发展效能正相关，在推进科协治理体系和治理能力现代化过程中，不断推进学会治理改革，不断完善学会治理制度。

三、科技社团在国家治理体系中发挥多重效能

科技社团在国家治理现代化进程中扮演着多种角色：国家治理的参与者，以社会组织形式实现政府意图和自身发展；企业发展的支撑者，以科技研发为契合点，实现科技经济深度融合；社会职能的履行者，承接政府转移社会职能，如科技评价、奖励、成果鉴定以及决策咨询等；公民参与的推动者，促使公众参与国家治理的各个环节，推动完善公众参与机制，增强政策制定的公正性与合理性。

（一）推动科技创新融合发展

越来越细的学科专业分工深化了我们对局部问题的认识，导致我们在整体问题的认识方面越来越失去判断力。现代社会暴露出来的突出问题，如气候变化、环境危机、生态失衡、生物安全等都是综合性问题，并非一两个专业就可以解决的。科技社团恰好就能应对这些挑战，承担起整合学科优势的角色和使命，可前瞻性地提出科学决策建议，促进国家创新体系协调发展。科技社团通过交流、研讨等形式传播了现代学术与科技价值观念，对于提高自然科学发展水平、提高国家综合国力和国际竞争力具有重要作用。

（二）汇聚创新主体人才资源

科技工作者以其思想的前沿性成为现代社会价值的追求者、创造者和传播者，需要自由活动的阵地、民主参与的舞台和平等对话的途径。科技社团满足了科技工作者对学术自由的诉求，平等地探讨学术问题，引领社会思想潮流。科技社团凝聚科技人才，通过学术活动、课题研究活动、学术研讨活动和学术评奖活动吸引科技工作者。

（三）激发自主创新创造活力

国家创新体系的核心内涵是实现全社会技术创新能力的提高和效率的有效调动，以取得竞争优势。科技社团是国家创新体系的重要组成部分，担负着孕育创新思想、激发创造活力的重要功能。通过开展学术交流，活跃学术思想，促进学科发展，加速知识流动，推动自主创新，进而推动社会治理创新；通过打破长期的部门分割、行业分割和条块分割，建立信息、知识、人才、资金多项互动，构建集聚的创新网络体系，为国家创新体系的良好运转提供必要条件。

四、国家治理现代化对科技社团的要求

（一）有序承接政府职能的要求

政府的职能指政府的职责和功能，科技社团承接政府职能，深刻体现了国家治理体系和治理能力现代化的需要。建设创新型国家体系是推进国家治理体系和治理能力现代化发展的重要组成部分，国家创新体系建设中的一项重要内容就是建设网络化、科技化的中介服务组织。科技社团人才荟萃、智力密集，是组织网络健全的学术性和公益性社会中介组织，在从事学术交流、开展科学普及、推动科技进步的进程中，从事着科技行政部门不能或不便于从事的工作，为国家的科技创新发挥着

重要的作用。科技社团逐步接收政府下放的不适合政府行使的职能，使政府将有限的能力集中到统筹规划、掌握政策、组织协调、信息引导、提供服务、创造良好的社会和经济发展环境上。

（二）适应市场经济发展的要求

科技创新不仅是科研机构和企业自身的事情，也是政府和科技社团共同的事业。政府的职责主要是规划和引导，从制度方面进行设计。企业是市场经济的主体，也是创新的主体，但企业的发展和创新离不开科技社团。科技社团能够有效组织科技攻关力量创新技术，建立产、学、研相结合的科技创新和传播体系，帮助企业进行科技攻关和重大技术项目的改造，增强企业的技术创新能力。人才是自主创新中最根本、最活跃的因素，科技社团成员是科技人力资源的重要组成部分，是先进生产力的主要贡献者，对社会主义市场经济的发展起着巨大作用。实现国家治理体系和治理能力的现代化，必须激发科技社团成员的积极性，鼓励其参与以市场为导向的科技创新，深入社会实践，切实了解市场需求，以此选择科技研究的方向，从而适应市场经济要求。

（三）推动科技社会发展的要求

科技社团作为联系政府、大学、科研机构、企业、其他社会中介组织和社会大众的社会组织，与各主体保持联系，是各主体之间的桥梁和枢纽。政府、大学等各主体可以通过科技社团获取信息和其他科技资源，也可以通过科技社团向外提供信息和服务。科技是社会发展的强大动力，科技社团能够有效促进科技知识和信息的扩散与传播，使各类创新主体紧密联系起来，增强各主体间的交流与合作，形成合力，推动科技社会的发展。其一，科技社团提供科技创新评议平台，协调社团成员和学术资源；其二，推动建立基于质疑的学术交流机制，启迪科研思路；其三，建立科技创新与科学普及互动结合，协调共进科技发展；其四，推进知识和技术的转移和扩散，服务社会生活。科技社团是各科研主体沟通知识、交流技术的有效途径，充分发挥其桥梁和枢纽作用，积极推动国家科学技术事业的发展。

五、科技社团推进国家治理现代化的主要路径

科技社团是科技进步和人类文明进程中的一道亮丽风景线，是推动社会治理和人类进步的重要力量。随着新一轮科技革命和产业变革蓬勃发展，科技共同体更需要团结一致，以科学精神和理念推动科学发展，不断增强科学和技术服务人类社会

的能力。科技社团要建设科技智库型、平台网络型、数据驱动型、开放合作型的社团，共同应对挑战，推动科技更好地服务社会、创造价值、促进文明。怀进鹏书记在第二十二届中国科协年会上强调，中国科协愿与世界同行，共同谋划科技社团发展与治理，推进信任、合作、共识、共享，构建“以理服人”的科学共同体，“以德服人”的价值共同体，“以人为本”的命运共同体，以科技支撑人类社会可持续发展。

（一）完善社团治理理论和制度保障

完善制度保障。依照《中国科学技术协会章程》规定，全面梳理与学会改革发展相关的法律、法规和规章制度，开展学会治理有关政策体系研究，提出关于学会治理以及学会自身改革发展所需的根本制度、基本制度和重要制度，设计完备的学会治理制度体系及制度目录。加快科技社团立法，明确其法律地位、基本职能、经费来源、机构设置、活动范围、运行规则等基本法律关系，为深化学会改革提供理论支撑及制度保障。

创新治理方式。按照中央关于社会组织改革的有关部署，行业协会商会将全面实现与行政机关脱钩。受历史因素影响，部分由科协主管的学会，同时由行业协会商会代管，代管学会的治理方式将面临新的形势和挑战。针对这类学会在发展中遇到的党建、人事、财务、外事等方面的困难和需求，进行深入调研，提出对策建议，保障学会持续健康发展。科协可以通过能力培训与沙龙交流，分享学会治理改革的经验和做法，研讨学会治理中遇到的问题和对策，增进与学会的交流和联系，为学会规范运行、持续健康发展提供工作支撑，提升学会在创新治理体系和治理能力现代化建设中的可见度和贡献度。

（二）强化科技社团自身能力建设

健全发展机制。科技社团自身能力大小决定了其能否承担治理的重任及其治理是否具备实效。必须高度重视自身能力建设，从根本上解决凝聚力不够、活力不强、组织松散等问题。科技社团应以内生型为主导的发展机制为主要形式，将科技创新、科技中介、科技普及、学术交流作为具体实现形式，从而推进国家创新治理现代化的进程。

加强组织模式创新。探索建立学会联合体，促进产学融合协同创新。围绕中心、服务大局开展调研活动，把实施国家融合发展战略作为新时期工作的重要落脚点，推动科技经济深度融合发展，通过“会会合作”“会企合作”“会地合作”等多种组织形式，不断提升学会治理能力。有条件的学会要加强一流期刊建设，持续提升期刊质量。完善应急科普体制机制，将参与公共突发事件治理落到实处，更加有效地维护社会的和谐与稳定。组织科技工作者深入开展决策咨询课题研究，提出高质量的建议。

（三）创新科技社团管理机制

改革管理体制。由行政型挂靠向经济技术型挂靠转变，将科技能力与科技服务提至社团发展的重要位置，以优质的技术服务换取挂靠单位人、财、物的支持。由技术型挂靠向产业型挂靠转变，通过向政府、企业提供科技服务获取一定资金，用于社团的进一步发展，增强学会生存和发展的能力，使其更加适应社会主义市场经济的发展。

建立激励机制。建立精神激励与物质激励相结合的工作激励机制，对在科技社团工作中认真负责的成员给予优秀工作者荣誉称号，对科技成果突出的成员给予一定的物质奖励。建立科技社团工作人员绩效考核制度，为客观公正地评价工作者的工作质量提供依据，从而更好地激励和挖掘工作者的潜能，强化工作者的竞争意识与责任意识。

整合各方资源。科技社团要通过组织和协调，把社团内部彼此相关但彼此分离的职能整合成系统，将不同层次、结构、内容的资源进行识别与选择、汲取与配置、激活与有机融合，使科技社团具有较强的条理性、系统性和价值性。充分整合人力与物力资源，充分利用智力密集这一优势，加强内部及与其他各部门之间的沟通。

（四）推进学术生态的健康发展

弘扬科学精神。科研学术性强是科技社团最明显的特征。科技社团应根据自身独特优势，依据当下国家治理需求导向，有针对性地开展学术交流活动。加强科学道德与学风建设，广泛宣传科学家先进事迹，大力弘扬科学精神，普及科学知识、传播科学思想、倡导科学方法，营造坚持真理、诚实守信的学术环境，推进学术生态的健康发展。通过学术交流、课题研究、专题研讨和学术评奖等活动吸引科技工作者，增强学术活动的凝聚力，促进相关学科之间的科研交流与合作，拓宽会员的学术视野。

（五）现代媒体技术融入宣传平台

丰富科普传播形式。面向公众开展科普宣传、提高公众科学素质是学会重要的社会职能。学会要充分利用人才这一优势，积极开展实用技术培训和专业性科普宣传；以提升公民科学素质为主线，组建科普专家团队，夯实科普工作基础，优化资源配置，丰富科普内容和形式，助推公民科学素质整体水平不断提升。随着新媒体技术的蓬勃发展，网络媒体、手机媒体、数字电视等成为信息发布的主要渠道，拥有极其普遍的受众。科技社团要积极建立宣传平台，针对民众普遍关注的科技热门话题等进行宣传，普及科技知识，举办科技社团成员走进校园、走进社区活动，提高民众对科技知识的兴趣，增进广大群众对科技社团的了解。

新的历史时期，各级科协要加强对学会的业务指导，激励学会开展创新性和开创性工作，持续提升学会治理能力。坚持把“强三性”落实到“四服务”中，构建智库—学术—科普“三轮驱动”工作格局，要紧紧依靠科技工作者开展科技创新与科学普及工作，协同提升“科创和科普”双品牌的社会影响力，使科协真正成为科技工作者之家，真正成为党和政府联系科技工作者的桥梁和纽带。团结引领广大科学家和科技工作者，继承发扬科学家精神，深刻领会习近平总书记在科学家座谈会上提出的“四个面向”要求，不断提升科技工作者的创新能力，不断向科学技术广度和深度进军，为建设创新型国家提供有力支撑。

参考文献

[1]王光明．中国科协70年发展历程回顾[J]．学会,2019(8):29－43.

[2]潘建红,石珂．国家治理中科技社团的角色缺位与行动策略[J]．北京科技大学学报(社会科学版),2015,31(3):87－96.

[3]丁红萍．科技社团在完善科技创新体制机制中的作用和实现途径[J]．学会,2020(3):21－31.

[4]王春法．充分发挥科技社团在国家创新体系建设中的作用[J]．学会,2008(4):17－19.

社会治理视域下枢纽型社会组织改革研究

——以北京市科协为例

◎李玉珊①

摘　要　本文在社会治理理论和公民社会理论的框架下，以北京市科协为例，从枢纽型社会组织的角度探讨群团组织改革发展，系统分析其在推进改革过程中所体现的问题，指出枢纽型社会组织在厘清政社关系、促进社会组织参与社会治理中应发挥重要作用。研究结论如下：一是在多元共治的社会治理体系下，枢纽型社会组织将更加凸显其“枢纽”和“桥梁”的角色和功能。通过搭建广泛的交流合作平台，来实现资金、人才、渠道、信息等多种资源的流通共享，而且是“多向运动”的态势。二是枢纽型社会组织与一般性社会组织之间的关系体现为互为支撑和服务。前者对后者的服务和支持，既体现在外部的政策、资源、资金、项目支持上，也体现在引领一般性社会组织优化内部治理结构，提升独立自主的运营发展能力上。而一般性社会组织能力的大幅提升必然有助于提高枢纽型社会组织的社会认可度和市场依赖度，从而形成“良性循环”。三是普遍提升社会组织的管理运营能力和综合素质是亟待解决的关键问题。一般性社会组织普遍在专业素质方面具有优势，而在管理运营、沟通交流、对外交往等综合素质方面急需提升。

关键词　社会治理；枢纽型社会组织；改革研究

①　李玉珊，北京国际科技协作中心项目主管、二级翻译。主要研究方向为民间对外科技交流、社会治理与全球治理、国际科技组织合作等。地址：北京市朝阳区育慧里4号。E－mail：liyushan07@126.com.

一、研究背景

2008年，北京市发布《关于加快推进社会组织改革与发展的意见》，这是官方首次提出“枢纽型社会组织”的说法。该类组织以现有的人民团体（也称“群团组织”）为主，负责联络行业内的一般性社会组织，在政治、业务、管理这三方面分别发挥桥梁纽带作用、处于龙头地位、由政府授权承担业务主管。2009年，北京市社会工作委员会（简称“北京市社工委”）组织审批认定北京市科学技术协会（简称“北京市科协”）等第一批枢纽型社会组织。在社会治理格局的变革中，随着市场经济的不断发展以及政府职能的转变，枢纽型社会组织建设逐渐成为提升社会组织能力、维护社会稳定的需要。枢纽型社会组织是突破双重管理体制，加快政社分开、管办分离，实现以社管社，对社会组织进行分级分类管理，创新社会组织服务管理体制的积极尝试。

2015年7月，中共中央印发的《关于加强和改进党的群团工作的意见》中特别指出，鼓励群团组织改革创新、增强活力，参与创新社会治理和维护社会稳定。2016年3月，中共中央办公厅印发《科协系统深化改革实施方案》，指定科协系统成为群团组织开展全面深化改革的“排头兵”。在这样的新形势下，作为联系和服务首都科技工作者的群众组织，北京市科协在尝试推动体制机制改革，创新工作方式和思路等方面采取了诸多创新改革举措。在推动国家治理体系和治理能力现代化进程中，及时对这些改革举措及共性问题进行分析和研究，对于科技群团改革和枢纽型社会组织发展在理论和实践上都具有指导意义。

二、社会治理理论和公民社会理论

社会治理理论：20世纪80年代初，西方政府的官僚机构庞大、行政效率降低，致使政府运作的财政开支加大。同时，政府供给公共服务产品的能力无法满足不断增强的公众需求。在内外因的相互作用下，英国撒切尔内阁和美国里根政府率先从根本上开始了对公共部门的改革。这也被看作新公共管理运动的开端。西方政府行政成本增加和行政效率降低，致使无法提供令民众满意的公共服务产品的现象被称为“政府失灵”；私人部门的市场化属性，使其成为除政府以外的公共服务产品提供者，但是由于企业追逐盈利的本质，又出现了“市场失灵”的情况，即无法提供均等化的公共服务。公益社会组织的崛起使学术界开始重新思考和讨论政府、市场、社会三者间的关系，由此产生了社会治理理论，即提倡调动社会自治的力量，由多个部门之间平等协商与合作的互动方式来完成对社会事务的管理，达到公共利益的最大化。罗西瑙（2001）在《没有政府的治理》中指出，“治理是通行于规制空隙之间的那些制度安排，或许更重要的是当两个或更多规制出现重叠、冲突时，或者在相互竞争的利益之间需要调解时才发挥作用的原则、规范、规则和决策程序”。

公民社会理论：在处理社会事务中遇到的“政府失灵”和“市场失灵”问题，使人们将注意力转移到除公共部门和私人部门之外的“第三部门”，即公民社会领域。第三部门包括诸多社会组织，比如学校、医院、社区组织、宗教组织等，这些组织具有一些共同的特征，包括组织性、私有性、非营利属性、自治性和自愿性等。从20世纪70年代开始，世界各国社会组织数量和种类的迅速增长被称为“全球结社革命”，或称“第三部门运动”。在《公民社会》一书中，Edwards（2004）系统整理了关于公民社会的各种观点和分歧，并基于此，将这些观点分为三类：强调结社生态、强调价值取向、强调公共领域。可以将公民社会理解为介于公民个体与国家之间的各种志愿性协会，通过这些协会，公民可以向国家乃至整个社会表达自己的意愿和利益诉求。应在推进国家治理体系和治理能力现代化的过程中提倡政府部门、市场企业、社会组织、志愿团体等多元社会主体就社会事务进行平等协商与合作，从而达到公共利益最大化的效果。民间组织的发展与壮大是公民社会的活力源泉，具体体现为由众多的社会组织来表达公民群体的诉求，发出他们的呼声，并提供社会化的公共服务产品，来弥补政府逐渐退出的领域空缺。

三、北京市科协的基本情况

北京市科协成立于1963年，目前拥有市学会、基金会217个，区科协16个，企事业单位、经济技术开发区、科技园区科协等基层组织1017个，高校科协28个，通过学会、基金会、区科协及基层组织联系的科技工作者99.4万人（截至2020年11月官网发布数据）。从枢纽型社会组织的角度来看，其所属的学会、基金会等社会团体被称为科技类社会组织（或称“科技社团”），即北京市科协所联络的一般性社会组织，这些科技社团覆盖理科、工科、农科、医科、交叉学科等自然科学领域。

由于“枢纽型社会组织”是一个概念，而并非重新成立一类组织，由于“上传下达”的主要模式，枢纽型社会组织不可避免地成了登记管理部门、业务主管单位之外的“第三个婆婆”，伴随而来的是行政色彩浓、办事效率低等问题的加重。那么，能否就此否定枢纽型社会组织的意义和发展潜力呢？本文认为，在多元共治的治理体系中，有必要对“枢纽型社会组织”的定位和功能进行重新理解和规划。不应局限和纠结于概念，而应该把重点放在定位和功能发挥上来，即应重点关注如何通过改革成功实现从“以管理为主”到“以服务为主”的功能转型，在政府、市场、社会多元共治的社会治理体系中，发挥搭建平台、连接各方、汇聚资源的枢纽作用。

自 2017 年以来，北京市科协采取了一系列改革举措，切实增强了科技群团的政治性、先进性、群众性，发挥了平台型、枢纽型、开放型的组织作用。一是结合公众和科技工作者的需求布局业务模块，扩大覆盖面；二是对接企业市场需求，促进科技成果的商业化落地，为创新驱动发展提供人才支撑；三是力求与政府部门平等协商与合作，互惠共赢；四是加强对科技类社会组织的服务、支持与联络，促进提升科技社团的自我管理和运营水平。根据科技群团的“四服务”职责定位，北京市科协围绕“四个改革理念”主要开展了“五项精品工程”（见图 1）。

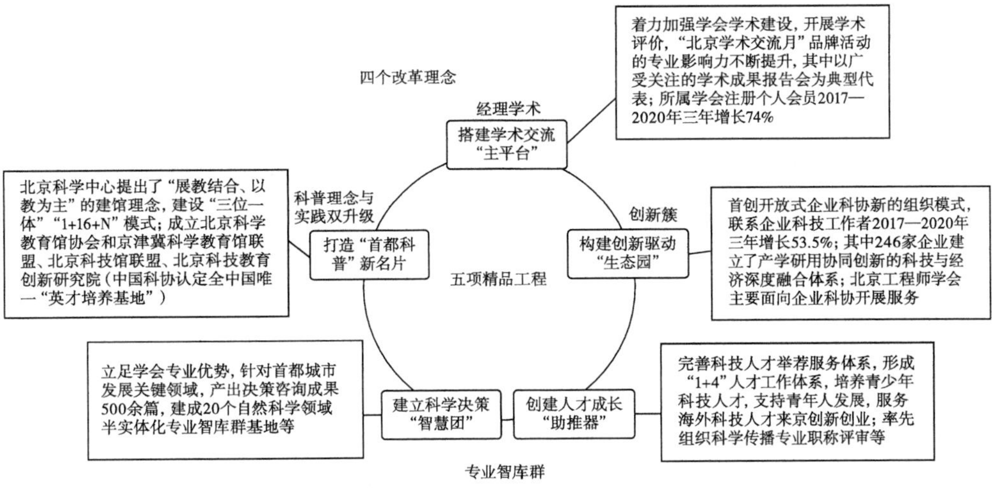

图 1　北京市科协的“四个改革理念”和“五项精品工程”

四、枢纽型社会组织改革中的共性问题

（一）在社会治理结构中的角色定位不明确

在推进国家治理体系和治理能力现代化过程中，存在着多方力量的制衡和博弈，而社会组织自身必须要明确角色定位，积极谋划，才有可能真正发挥其作为公民社会主体的关键作用，才能够与其他社会治理主体就处理社会事务进行平等协商与合

作。作为群团组织，科协的合法性来源于成立之初的科技工作者的自发意愿和政府的许可，但是在发展过程中，其与政府的关系越来越密切，与科技工作者的距离有所疏远。尤其在时代的快速变化下，产生了多种类型的“草根型”科技工作者，如自主创业的科研人员。这部分人群的规模快速增长，而且大部分是自由职业，不依附于任何“单位”，所以联络这部分人的难度相当之大。此外，科技社团的号召力和权威性都显不足，所吸纳的会员数量有限，能够获取的资金和资源支持较少，从而无法为会员提供更多优质的服务，引发“恶性循环”，导致学会的能力提升问题陷入沼泽困境。

（二）能力建设不满足社会治理改革的要求

作为社会主体参与社会治理，对社会组织自身的能力水平提出了很高的要求。但目前来看，社会组织的生存发展能力普遍较弱，能力建设不能满足社会治理改革的要求。其原因主要有三个方面：一是体制机制束缚。长久地安于“体制内”带来的稳定环境，导致部分科技社团“等、靠、要”的思想突出。二是基于市场的管理运营理念和能力较弱，对市场和社会发展的适应性不足。三是枢纽型社会组织的团结、引领、示范作用没能得到充分发挥。以前，群团组织主要是作为“上级部门”向科技类社团传达政策文件，在指导科技社团在国家治理体系中发挥的作用较为欠缺，导致科技社团在快速变化的社会发展节奏中“不知所措”。

（三）在公众和市场中的认可度不高

由于长时间受到“二政府”标签的笼罩，枢纽型社会组织与社会公众、市场企业之间的联系和沟通脱节，导致其在公众和市场中的认可度不高。从科技群团的主要业务模块来看，科学普及旨在提升公民科学素质，应该是公众认可度最高的领域，但是相关科普活动的参与度仍然不甚理想。此外，长期以来与市场要素的脱节，导致其在市场主体中的认可度不高。以北京市科协为例，虽然自20世纪80年代起就开始吸收企业科协会员，但二者之间的紧密合作是在2000年以后，主要是依托金桥工程等具体项目，然而项目的覆盖面毕竟有限，导致企业科协的活跃度不够。在深化改革中，北京市科协将工作重心向为科技企业服务倾斜，工作内容的交叉点增多，大大调动了企业科协的积极性，因此与企业科协的关系逐渐密切起来。

（四）协调政府与社会关系的难度较大

枢纽型社会组织是政府部门与社会组织之间的桥梁，但是协调二者关系是极为困难的，更何况枢纽型社会组织还处在明确自身定位、转变工作方式的摸索过程中。

一是尚未形成有效的沟通协调机制，出现问题需要协调的时候，谁负责联络哪方，这些都没有明确的规章流程和适用办法；二是长期以来的单向“上传下达”制度使得社会的声音难以主动传递到政府那里去，而政府做出的决策也可能缺乏足够的民意调研和支撑；三是枢纽型社会组织是否能够积极主动地走到基层群众和社会组织中去了解他们的所需所求，通过顺畅的渠道将诉求传递到政府那里去，并且要引起政府的足够重视和反馈。当前，随着政府管理理念的变化，政府对社会组织的政策扶持日益增多。但是，很多社会组织并不知晓这些政策信息。

五、对策与建议

（一）推动体制机制创新改革，加强自身能力建设

在新时期，枢纽型社会组织要积极转型，充分发挥能动性，根据自身的专业化能力为改革体制机制积累丰富的案例和数据支撑。另外，在改革中，首先要转变的是人的思想和观念，人们要勇于突破墨守成规的保守思想，以开放的态度去积极主动发现问题，以灵活的思维共同探讨解决思路和方法。从政府层面来说，随着简政放权、转移职能的持续推进和纵向发展，社会组织发声和壮大获得了更多的空间，同时陆续出台规范和扶持社会组织发展的政策文件，对于社会组织加快与行政机关脱钩、成为能够参与社会治理的多元主体之一的要求越来越迫切。从一般性社会组织层面来说，首先必须意识到全面提升自身生存发展能力的重要性和紧迫性，从“体制内”走到“体制外”，“睁开双眼看世界”，要结合市场实际需求来制定业务发展规划。从枢纽型社会组织层面来说，需要在大形势和新格局下找准自身的定位和功能属性，摆脱“历史延续”的思维束缚，同时要加强人才队伍建设和骨干培养，大力推进改革进程。

（二）提高管理运营水平，紧密联系公众与市场

枢纽型社会组织必须更加凸显其社会属性，在功能上与非政府组织更加接近，进而凸显其核心竞争力，这样才能够在社会治理体系中发挥重要作用。要运用市场化的思维和手段来提高管理运营水平，以此提高工作效率和效益产出，设计出符合公众和市场主体需求的公共服务产品。同时，在开放思想、活跃思维的前提下，需要提升工作人员的综合素质和业务水平。一是要规范整个系统的管理体系，建立科学合理的内部治理结构，部门和人员设置要紧紧围绕核心业务和功能，制定完善规章、制度和流程；二是开展类型多样、实用性强、针对性强的培训，如项目管理、

国际交流、财务管理、人力资源等；三是加强经验分享和总结。在改革实践中，鼓励工作方式和管理方法创新，及时交流学习已经取得较好成效的做法，在整个系统内形成崇尚科学的良好风气。

（三）加强资源平台、信息交流、桥梁纽带和枢纽功能

在社会治理体系下，枢纽型社会组织的核心功能之一是成为资源和信息的平台枢纽，但这却是当前工作中较为欠缺的方面。一方面是要利用好已有的信息平台，提高信息的整合、分类、时效性，逐步实现信息的滚动式发布和传播，解决较为突出的信息不对称问题；另一方面是要结合快速发展的新形势，利用新媒体、社交媒体等手段，为资源互通和信息共享提供便捷的途径。此外，由于“双重管理”体制的影响，在“脱钩”的过程中，一般性社会组织与“挂靠单位”的联系或是依然紧密，或是变得不可捉摸，就是在这个变动的过程中，枢纽型社会组织可以发挥平台作用，就此打通由于“挂靠单位”“主管领导”不同而造成的“人为屏障”，使之成为一个“资源池”所在地，促成不同社会组织之间的有效沟通和交流，促进资源共享、合作共赢。

（四）建立培育和孵化机制，推动社会组织良性发展

枢纽型社会组织对一般性社会组织的培育和孵化是非常必要的，有利于完善社会组织整体的内部健全发展。枢纽型社会组织要引领一般性社会组织加强专业化建设，增强内生发展动力，完善法人治理结构，吸引专业化人才，建立完善培育和孵化制度，提供制度保障等。同时，从一般性社会组织的实际需求出发，为其提供硬件和软件的双重支持。例如：在国际交往方面，随着我国各行各业国际化水平的提高，社会组织参与国际交流与合作的机会也大幅增加，这就要求枢纽型社会组织在引领一般性社会组织开展国际交往方面提前做好工作布局和规划，为将来开拓国际渠道和资源，开展国际合作打下良好基础。

六、结论与展望

改革的积极前行，要求对下一步发展进行前瞻性思考，提前预见可能出现的发展难题。诸多问题都是互相联系的，会形成因果关系的循环，因此要牵住改革的“牛鼻子”。在改革的过程中尤其需要边实践边总结，对于眼前和未来可能会产生的问题进行讨论，不断更新工作理念和方式，充分利用所掌握的资源，促进经济社会发展。

第一，在多元共治的社会治理体系下，将更加凸显枢纽型社会组织作为“枢纽”和“桥梁”的角色和功能。桥的一端是其所联络的一般性社会组织，桥的另一端则通向多个主体，例如政府部门、市场企业、其他社会组织等。通过搭建广泛的交流合作平台来实现资金、人才、渠道、信息等多种资源的流通共享，而且是“多向运动”的态势。

第二，紧密围绕枢纽型社会组织与一般性社会组织之间的互相支撑和服务关系。这种服务和支撑，既体现在外部的政策、资源、资金、项目支持上，又体现在引领一般性社会组织优化内部治理结构，提升独立自主的运营发展能力上。而一般性社会组织的能力大幅提升必然有助于提升枢纽型社会组织的社会认可度和市场依赖度，从而形成“良性循环”。

第三，普遍提升社会组织的能力和综合素质是亟待解决的关键问题。社会治理格局的快速变革对枢纽型社会组织和一般性社会组织都带来了巨大的挑战，在谋求生存和发展空间的过程中，凸显出各方面能力不足，如秘书处观念落后、执行力不足、沟通技巧不够等，综合素质急需提升。

参考文献

[1]余永龙,刘耀东. 游走在政府与社会组织之间——枢纽型社会组织发展研究[J]. 探索,2014(2):154－158.

[2]李璐. 分类负责模式:社会组织管理体制的创新探索——以北京市“枢纽型”社会组织管理为例[J]. 北京社会科学,2012(3):47－51.

[3]陈广胜. 走向善治[M]. 杭州:浙江大学出版社,2007.

[4][美]詹姆斯·N. 罗西瑙. 没有政府的治理——世界政治中的秩序与变革[M]. 张胜林,等,译. 南昌:江西人民出版社,2001.(原作1995年出版)

[5][美]莱斯特·M. 萨拉蒙. 全球公民社会:非营利部门视界[M]. 贾西津,魏玉,译. 北京:社会科学文献出版社,2007.(原作1999年出版)

[6]SALAMON L. M. ,Anheier H. K. The civil society sector[J]. Society,1997,34(34), 60－65.

[7]EDWARDS, M. Civil Society. Cambridge, UK: Polity Press, 2004.

[8]BERTHIN G. Civil Society and Democratic Development: A CDIE Evaluation Design Paper[M]. USAID: Center for Development Information Evaluation, 2004.

[9]党秀云. 公民社会与公共治理[M]. 北京:国家行政学院出版社,2014.

充分发挥科技社团在促进科技成果转化中的重要作用

◎李海涛①

摘　要　本文在对促进科技成果转化、促进社会组织改革发展以及政府购买服务等相关政策背景进行说明的基础上，从国家科技成果转化体系中存在的诸如科技项目管理缺乏专业性支撑，成果转化中介机构不发达，中试熟化平台缺乏，科技成果转化资本市场发展不充分，政策落实存在重要缺位五个方面的问题出发，分析我国科技社团、高校院所、企业三类科技成果转化主体的优势和不足，由此提出共建行业中试熟化基地，为高校院所纵向课题匹配市场化横向课题、制定不同行业成果转化服务标准、鼓励社产学研用共同合作承接科技专项、加强培育发展科技成果转化中介机构、加快社会组织立法、明确科技社团功能定位六个方面的政策建议，以进一步发挥科技社团在提供公共服务、促进科技成果转化、推进产业升级、推动技术创新等方面的积极作用。

关键词　科技成果转化；科技社团；高校院所；企业

①　李海涛，北京市机电产品标准质量监测中心，高级经济师，主要研究方向：科技管理、社团管理，地址：北京市丰台区造甲街南里5号，E-mail：liht518@163.com.

一、研究背景

推进科技成果转化是新时期的一项重要经济战略部署。在中国科学院第十九次院士大会、中国工程院第十四次院士大会上的讲话中，习近平总书记强调："促进创新链和产业链精准对接，加快科研成果从样品到产品再到商品的转化，把科技成果充分应用到现代化事业中去。"

（一）科技成果转化三部曲为大环境定调

2015 年 8 月，全国人大修订《中华人民共和国促进科技成果转化法》；2016 年 2 月 26 日，国务院发布《实施〈中华人民共和国促进科技成果转化法〉若干规定》；2016 年 4 月 21 日，国务院印发《促进科技成果转移转化行动方案》。三个法规的先后出台被称为"科技成果转化三部曲"，为促进我国科技成果转化的各项政策制定提供了法律基础、指导方针和基础标准。

（二）促进社会组织发展及政府转移职能政策初步显现

中共中央办公厅、国务院办公厅 2016 年印发《关于改革社会组织管理制度 促进社会组织健康有序发展的意见》，提出以社会团体、基金会和社会服务机构为主体组成的社会组织，是我国社会主义现代化建设的重要力量。改革社会组织管理制度、促进社会组织健康有序发展，有利于厘清政府、市场、社会关系，完善社会主义市场经济体制；有利于改进公共服务供给方式，加强和创新社会治理；有利于激发社会活力，巩固和扩大党的执政基础，支持社会组织提供公共服务。

2015 年，《中国科协所属学会有序承接政府转移职能扩大试点工作实施方案》中指出："按照深化改革的有关政策规定，科技评估、工程技术领域职业资格认定、技术标准研制、国家科技奖励推荐等工作，适合由学会承担的，可整体或部分交由学会承担。"应抓住政府职能转移的有利契机，促进政社由"自上而下"的传统命令式关系过渡到互动合作的合作式关系。支持科技社团承载部分政府职能，拓宽其业务领域和发展空间。

《中华人民共和国标准化法》（2017 年修订）第十八条规定，国家鼓励学会、协会、商会、联合会、产业技术联盟等社会团体协调相关市场主体共同制定满足市场和创新需要的团体标准，由本团体成员约定采用或者按照本团体的规定供社会自愿采用。

（三）政府购买服务成为鼓励科技社团发展的重要途径

财政部令第102号规定《政府购买服务管理办法》（以下简称《办法》）自2020年3月1日起施行。《办法》将进一步规范政府购买服务行为，促进转变政府职能，改善公共服务供给；依法成立的企业、社会组织（不含由财政拨款保障的群团组织），公益二类和从事生产经营活动的事业单位，农村集体经济组织，基层群众性自治组织以及具备条件的个人可以作为政府购买服务的承接主体。

二、现状及问题

（一）科技项目管理缺乏专业性支撑

政府科技管理部门人员有限，所管理的科技项目却面向各个行业，由此导致管理缺乏专业性支撑，势必造成项目管理的形式化，对各行业项目采取千篇一律的管理方式，平添了许多不适合行业和技术特点的管理要求，降低了管理效率，抓不住重点。

（二）成果转化中介机构不发达

现有技术转移转化服务机构仍存在“规模小、服务少、能力弱”的现象，高水平、专业化技术转移服务人才严重缺乏；科技社团在成果转化过程中的重要作用尚未得到发挥；高校院所编制有限，从事科技成果转化的专职人员少且能力不足；供需双方对接渠道不畅通；成果挖掘和对接缺乏精准性；尽管各类科技转化机构如生产力中心、大学科技园、科技孵化器、产业基地等如雨后春笋般涌现，但良莠不齐，有的甚至以追求利益为目的，忘记了科技服务的根本，未能真正适应技术转移需要，无法形成有效的创新产业化链条和服务体系。

（三）中试熟化平台缺乏

我国长期以来重研发，轻开发，多数科研机构没有中试基地，对科技成果转化过程中的中间环节投入一直偏低，布局不尽合理，造成中试熟化平台缺乏，平台基础条件不足，难以发挥衔接科技成果与现实生产的作用，基础研究、应用研究、技术开发尚未实现融通发展。

（四）科技成果转化资本市场发展不充分

资本市场对科技成果转化的支持力度不够，承接成果转化的中小微企业难以获得资本市场的及时跟进，严重影响科技成果转化；投入科创领域的资金比例较少；

成果转化早期融资比较困难。究其原因，主要是资本市场缺乏专业领域的专家团队来对科技成果进行精准的分析判断，影响投资跟进的决心。

（五）政策落实存在重要缺位

科技成果转化政策发布较多，但落实与咨询体系亟待完善。各项政策在细化过程中针对科技成果转化中介服务机构的优惠和支持政策存在缺位问题，特别是科技社团的重要作用未能得到充分发挥，技术经纪人或技术经理人的知识价值和服务价值没有受到足够的重视，致使相关主体间缺乏及时有效和可信任的沟通。

三、成果转化各主体的优势与不足

（一）科技社团

1. 科技社团主要优势

第一，专业性优势。科技社团是依托某一专业领域专家、学者等科技工作者而成立的社会组织，且学科划分科学严谨，在专业领域中广泛组织联络企事业单位和科技专家，具有天然的科研和成果转化的专业性优势，能够组织本领域各单位专家学者协同开展重大科研项目和成果转化项目。

第二，公正性优势。科技社团是拥有独立法人资格的非政府公益组织，能够排除利益因素的干扰，确保成果鉴定的公正性。

第三，跨学科优势。跨界创新是当今时代的一大趋势。跨领域、跨行业、跨学科、跨组织联系科技工作者是科技社团的一大特色。科技社团集中了大量的来自政府、企业、高校、院所、用户、资本等不同领域的专家学者，具有集成跨学科人才、知识、技术等资源服务成果转化的优势。

第四，开放性优势。科技社团是联系广大科技工作者和会员单位的纽带，聚焦重点课题方向，高频组织学术交流研讨，营造容许质疑和挑战的学术氛围，为会员单位开展成果转化合作提供开放式平台。

2. 科技社团存在的不足

第一，服务意识亟待提升。科技社团要深化改革，转变思想，提高服务意识，主动为会员提供服务，从而更好地发挥科技工作者的桥梁纽带作用。

第二，专职人员队伍亟待加强。科技社团常设机构的人员较少，分支机构人员绝大多数为兼职，服务能力稍显不足。

第三，市场化能力亟待提高。科技社团虽然是公益组织，但要形成可持续的经营模式，不能仅依靠政府购买服务，必须提高市场化能力，实现自身造血功能，形成稳定的资金来源。

（二）高校院所

1. 高校院所主要优势

第一，大量且稳定的财政资金支持。高校院所主要为事业单位性质，每年获得国家和地方各级财政大量的资金投入，除了基本支出外，还包括大量的研发项目投入，为开展科研项目提供了稳定的资金来源，适合开展基础和应用研究项目。

第二，科研人员丰富。高校院所是我国科技创新活动的重要来源，是科技人才培养的摇篮。以院士为例，据相关数据统计，1993 年以来，我国当选的院士中，有 40% 以上来自高校，另外 40% 左右来自科研院所。

第三，科研仪器设备先进。我国各级各类高校院所每年投入大量资金用于购买和建设大型高端科研仪器设备和设施，使得其设备设施不但门类繁多，而且规模巨大，某些领域比国外发达国家更为先进。

第四，科研氛围浓厚。科学研究是高校院所一项重要的工作，多领域的教授和学生营造了浓厚的科研氛围。

2. 高校院所存在的不足

第一，科技成果成熟度低。高校院所缺少进行中试和工业性试验的能力和资金，而且由于职称评聘的导向问题，很多科研人员都把工作重心和精力放在发表学术论文上，理论性较强，但是缺乏实际操作和市场化的可行性。

第二，立项机制市场化程度低。高校院所承担项目多来自政府科技计划项目和基金项目（即纵向课题），立项时目标设定离市场较远，对应用类项目产出成果转化的指标不明确。

第三，缺乏成果产业化运行能力。高校院所的人员多数为教学和科研人员，工作重点是教学、基础研究和应用研究，缺乏将研究成果进行产业化运行的经验和能力，也缺乏相应的团队、资金和硬件条件等。

第四，科技经济脱节造成资源浪费。高校院所与政府、企业之间缺乏畅通的联系渠道，科技与经济脱节问题尚未得到根本解决，科技成果转化为现实生产力的渠道不畅。高校院所科技资源闲置造成巨大浪费，仪器设备利用率偏低，与发达国家的 170% ~200% 仪器设备利用率相差甚远。

（三）企业

1. 企业的主要优势

第一，市场化优势。企业是市场竞争的主体，企业研发的目标就是要开发出满足市场需要的产品和服务，这种机制决定了企业的市场化优势，使其能较快地对市场变化做出反应。

第二，系统化优势。企业具有面向市场的研发、中试、生产、营销和服务体系，是科技创新和成果转化的主体，具有职业化的工作团队和相对完善的运行机制。

第三，工程化优势。企业在工程化开发和商品化开发方面具有丰富经验和资源条件，从产品设计之初就考虑制造可行性、采购可行性、批量生产可行性问题，设计出的产品成熟度高，产业化可行性高。

2. 企业存在的不足

第一，缺乏前瞻性的基础和应用研究能力。企业往往忙于开发市场急需的产品，缺乏前瞻性的基础研究和应用研究布局，在这方面投入的资金、人员和时间少，在遇到基础性技术问题时往往无能为力。

第二，对新技术的消化吸收再创新能力较弱。企业往往专注于当期的产品技术，对于具有颠覆性的跨界技术的敏感度和研究能力不足，引进技术后急于形成批量产品上市，缺乏对消化吸收再创新方面的投入，对于成熟度不高的科技成果转化能力弱。

第三，人员稳定性较差。企业处于激烈的市场竞争环境，研发人员也承受很大的市场压力，其薪酬水平差异较大或时有调整，加之晋升空间有限，企业的研发人员往往难以长期留在本企业。

第四，研发投入不足，习惯拿来主义。我国除少数企业外，大多数企业用于科技开发的费用不到销售额的1%，不愿为成果的转化承担过程风险，习惯走拿来主义路线。

四、政策建议

（一）支持共建行业中试熟化平台

与企业合作是高校院所科技成果转化的重要途径，但鉴于高校院所成果成熟度低的现实情况，如果能够通过专业的科技社团组织专家对项目进行评估筛选，并组织企业、高校、投资机构等共建中试熟化平台，对筛选出的项目进行熟化，将极大降低企业转化高校院所技术成果的风险。

（二）为高校院所纵向课题匹配市场化横向课题

高校和科研院所承接了大量的纵向课题，这种技术导向的研发机制重点在于培养技术研究人才，但其产生的科技成果，往往距离市场较远，不能直接用于解决企业或市场中的技术问题。应鼓励设立产学研合作方式，加大面向市场的横向课题攻关，让研发团队按照企业和市场需要进行开发，同时令企业人员进入项目研发团队，提供工程化的技术知识支持，将有效推动科技成果的转化。充分发挥科技社团的桥梁纽带作用，将促进高校院所的纵向课题与横向课题相互补充，既保障基础研究的源头供给，又能促进科技成果转化。

（三）制定不同行业成果转化服务标准，促进政策落实

政策制定以后，在具体落实过程中，不同的行业、机构和合作场景，会遇到来自多方面的政策导向和约束，执行者最需要的是经过综合考量各方面政策，并结合行业和学科特点来制定的执行标准。比如，成果转化中介机构收费标准和收益分配比例；中介机构责任和权力范围；国有企业引进民营企业技术过程中对民营企业科技资产的估值方法标准等。而科技社团具有组织制定这类团体标准或行业标准的优势。

（四）鼓励社产学研用共同合作承接科技专项

鼓励科技社团、企业与高校、科研院所、行业用户共同承接国家或地方科技计划项目，有利于发挥各方优势，使得科技项目符合市场和技术发展方向，并具有落地的条件，提升科技成果转化潜力。基于科技社团具有的专业化领域专家团队优势，可将其作为课题项目管理单位，有利于项目管理的专业性和效率提升。

（五）加强培育发展科技成果转化中介机构

一个国家要想在科技成果转化中取得较好的发展，必须建立完善的政策体系，在这个体系中，法律是基石，资金是保障，中介机构是桥梁，政策是催化剂。例如，美国除了对科研机构和企业推出优惠政策外，还培育了领域繁多、职能各异的中介机构，其中包括科技社团。这些中介机构可以提供完善的服务，包含科技成果转化的全方位内容，它们在美国科技成果转化的变革中发挥着巨大的作用，最为关键的是，美国大部分中介机构是非营利性的，由于没有商业竞争的压力，中介机构的服务质量得到了保障；强大的资金支持是美国科技成果转化成功的重要因素，资金支持既包括面向科研机构的科研经费支持，又包括面向中介服务机构科技成果转化的专项资金支持，二者相辅相成，缺一不可。

建议制定政策和标准，依托各领域专业科技社团、公益组织等，大力培育成果转化代理、成果价值评估、成果二次开发、成果集成、项目管理、法律和专利服务等中介机构，使之成为供需对接的黏合剂。

（六）加快社会组织立法，明确科技社团功能定位

通过社会组织立法，明确科技社团功能定位，提升科技社团政治地位和依法自治能力，加大优惠政策扶持力度。促进政府向科技社团购买科研管理、科研评价等公共服务，推动科技社团人才队伍建设，强化行业自律与多元监管等，确保包括科技社团在内的各类社会组织在促进社会发展、提供公共服务、规范市场秩序、促进科技成果转化、推进产业升级、推动技术创新等方面发挥更积极的作用。

参考文献

[1]王果．我国高校知识产权转化的制度困境与出路[J]．科技与法律，2018(4)：79－86.

[2]张兰英．科技社团参与科技成果转化实践的促进机制探索——以北京市科协所属科技社团为例[J]．学会，2020(4).

[3]中国科技成果转化2019年度报告（高等院校与科研院所篇），国家科技评估中心微信公众号，https://mp.weixin.qq.com/s/xkgUMwjMpEfMdjYKdGsyrg.

[4]吴杉．推动高校大型仪器设备（设施）开放共享激励机制探讨[J]．资产管理，2020(5).

[5]李蕊，等．浅谈新时代中国高校成果转化面临问题及对策建议[J]．中国发明与专利，2020(6).

[6]王涵，等．促进科技成果在京转化落地问题调研及建议[J]．科技中国，2020(6).

[7]高怀．科技社团促进科技成果转化的模式与途径研究[C]．科技社团改革发展理论研讨会论文集，2017－11.

[8]吴寿仁．科技成果转移转化系列案例（五）——科技创业企业借力高校科技成果转化案例解析[J]．科技中国，2020(5).

[9]时红霞，等．浅谈我国国有企业科技成果转化现状和模式[J]．中国建材，2018(3).

[10]郭常捷．健康的创新生态系统是达到和保持一流科技水平的关键[J]．科技中国，2019(9).

重大突发公共卫生事件与科技社团治理[①]

——基于社会建构主义视角的反思

◎谢晓通[②] 普书贞[③]

摘　要　本文借由现代社会中突发公共卫生事件所表征的风险社会特性，论述了社会风险与公共卫生治理之间的内在联系。在此基础上，通过初步考察现代化进程中的国家、社会组织和公民等多元主体之间所维持的风险治理结构以及这一特定结构所折射的不同主体之间的潜在关系及相互影响，进一步尝试重新认识重大突发公共卫生事件与科技社团治理的有关议题及其未来的研究取向。在具体的范式选择上，社会建构主义为我们提供了理解这些议题的独特视角。与以往研究不同的是，本文将重大公共卫生事件的突然暴发和迅速蔓延视作一种社会建构过程中的必然存在。无论是社会中的个人、组织，还是带有社团性质的群体，都在日常行动中不断建构着我们周围发生的事件。同时，针对目前科技社团存在的问题，我们认为需要从与其相关的不同群体之间，尝试理解影响其治理问题被建构的活动过程和内在机制。

关键词　风险社会；突发公共卫生事件；科技社团；社会建构主义；社会治理

---

①　本文是中央高校基本科研业务费专项资金项目资助（2020TC116）和中国农业大学研究生自主创新研究基金项目资助（2020XYZC13C）的阶段性成果。

②　谢晓通，中国农业大学人文与发展学院研究生，主要研究方向为公共治理。地址：北京市海淀区清华东路 17 号 76 信箱。E-mail：xxiaotom@126.com.

③　普书贞，中国农业大学人文与发展学院副教授，北京市科协前沿科技伦理与公共政策智库基地专家。主要研究方向为公共治理。

自有文字记载的人类历史以来，人类整体的生存与发展历程就是一部与各项灾害和危机相伴的斗争史。进入21世纪20年代，由新型冠状病毒引发的全球肺炎疫情，成为人类与灾害抗争的最为重大的一次集体事件。与传统“灾害”概念相比，这场发生在公共卫生领域的重大疾病的骤然暴发，因其全球性、突发性和动态性而被上升至“突发事件”。与此同时，疫情迅速、广泛传播的全球态势也充分表明：继SARS疫情在我国公共卫生领域引发广泛关注后，新冠肺炎疫情再次因其较之于SARS所具有的更强的传染性、更高的传播性以及危害的不确定性而被列为威胁全球人类安全的国际突发公共卫生事件。一般而言，与疫情相关的各种公共卫生事件的暴发，往往会被界定为自然因素和人为因素交互影响产生的灾难性结果。而从更广泛的意义上来看，如何认识和看待这些事件，还需要我们立足于跨越狭隘时空观的更为深入的视角。

以突发公共卫生事件概括人类在现代社会中遭遇的一系列突发性疾病、自然和社会灾害以及各种难以预料的威胁人类生命健康的公共卫生事件，无疑是反思全球公共卫生领域发生的许多备受关注的社会问题的“重要机制”。无论是暴发前、暴发后，抑或是在防控过程中，突发公共卫生事件的产生及其影响均发生在一个广泛联系、相互连接、动态发展的复杂世界之中。一方面，在一个以卫生治理为共同挑战的人类社会，突发公共卫生事件概念已然超越了单纯的自然灾害或人为事故，因而具有高度的抽象性。另一方面，人类还难以准确追溯到事件发生的源头和不断演变的性质，这也赋予了突发公共卫生事件具有同纯粹的“灾害”概念中负面、消极的话语表达所不同的中性意义，因此，本文正是立足于这一基点，尝试寻求一种研究视角上的转变。

一、风险社会与卫生治理

在最早对有关环境事件的风险性进行讨论时，实际上，我们已经可以预见未来将在全球范围内出现各种不同类型的社会风险问题。这些问题将成为全人类需要共同面临和解决的生存危机。从现代性的意义上出发，以贝克（U. Beck）为代表的一批社会学家提出了一种不同于古典工业社会的社会形式，即“风险社会”（Risk Society Theoty）。在这一新的社会形式所包含的运行规则中，人类关心的主题开始更多地聚集于社会自身在现代发展进程中所产生的一系列问题上。在“风险社会”理论家眼中，这些问题一般是实质性的社会变迁导致的结果。

随着现代化和技术革命的推进，人们关注的问题也逐渐成为不同价值体系和生存逻辑在现代化进程中不断碰撞、冲突、融合而衍生的一种具象化（Concretization）的替代，并最终实现对所谓“阶级社会”的超越。如果从具体的治理机制上看，可以说，风险社会理论使得我们意识到了现代社会中许多潜在的、不易被察觉到的发展“负面效应”。在某种程度上，它甚至使我们意识到了不断加大风险获得的社会制度对之实施的强化。然而，尽管“风险社会”这一理论模型的建构为我们提供了认清现代化社会运作规则的独特视角，但是，它始终无法为我们寻求到现代化制度框架中各种社会性危机的有效治理之道。当在借鉴“风险社会”对于我们理性能力本身所提出的反思性意蕴的同时，恐怕我们还需要通过这一理论进路所带来的发展范式（Paradigms）上的转变，重新思考和调整已有的社会治理模式。

毋庸置疑，现代社会中许多重大突发公共卫生事件在世界范围内的暴发和蔓延，再次证实了“当前我们所处的社会乃是世界性意义上的风险社会”的说法。一起公共卫生事件的突然发生、正常秩序的断裂、感染人数的持续上升以及感染范围的不断蔓延，代表着风险社会的公共性、系统性、冲突性和不确定性。从社会结构及制度变迁的角度探讨上述特性的来源，有助于我们更好地发现事件本身与社会风险之间的联系。一方面，突发公共卫生事件导致的社会风险具有超时空意义上的公共性和同质性。另一方面，突发公共卫生事件本身具有的系统性内部的风险承受程度存在着差异，即在事件发生的公共场域，某一行为主体或群体对事件发展造成的认知、行为和决策，会对另一行为主体或群体产生额外叠加的和无法预知的社会风险因素。在重大突发公共卫生事件情境下，这种差异往往容易分化出“风险制造者”（Risk Maker）和“风险承担者”（Risk Takers）两类群体。例如，如果传染病学会的专家尚不清楚病毒的传播机制和传染性质，未加科学判断就向社会发布不实信息，那结果往往是引起民众的恐慌，其自身也成为风险的制造者。而具有不安心理的民众可能因此而被强制要求隔离，或相互之间产生排斥行为，间接成为风险的承担者。再如，如果某些占据主流地位的社会话语体系形成了将卫生、疾病等类似事件视作需要予以消除和控制的普遍共识，而那些暂时置身事件之外的社会公众所追求的也并非去了解事件的真相，而是出于维护自身利益，通过其进一步的话语阐释，将疾病的患病者塑造成具有某种“恐怖隐喻”① 的符号化群体时，那最终结果可能是变相夸大事件的危害程度，加重人们对疾病的恐惧心理。进一步将这种类型划分扩展至

① “恐怖隐喻”是人们不断接受灾害话语，不断被固化和自我规训的结果。在“恐惧隐喻”中，人类被置于恐惧和被伤害的主体位置。参见周利敏．社会建构主义与灾害治理：一项自然灾害的社会学研究[J]．武汉大学学报(哲学社会科学版)，2015(2)．

事件发生的各个不同阶段，我们可以更为深入地理解社会变迁过程中不同主体在话语能力、理性认知和行动逻辑上表现出的种种差异，以及更好地理解这些差异对事件涵盖的风险及其危害程度造成的影响。

可以说，重大突发公共卫生事件以其公共性和复杂性，成为社会变迁背景下诸多潜在的社会风险之外显。当诸如新冠肺炎疫情等重大突发公共卫生事件开始深刻影响人类原有的生活秩序时，传染病的治理便同一国内部以及国与国之间的经济利益冲突具有了高度的关联性。这种关联性的产生，潜在地改变着人类社会的运行规则，重塑着全球公共卫生治理体系，甚至可能产生对国家政治生态构成严重威胁的后果。

一般而言，政治性的嵌入使得应对各类突发公共事件的治理行为存在路径上的依赖。最为重要且明显的目的，自然是维护统治者的合法性。当然，这一“依赖”过程也是风险决策者根据其自身的偏好和能力，采取不同策略，针对突发卫生事件开展应急处置并作用于风险承担者的一系列非常态活动。有学者指出，这种治理形式只能控制事态，减轻突发事件的后果，但不能从根本上减少突发事件；从根本上减少突发事件，有赖于社会风险治理，需要从政治、经济、社会、文化等四个维度减少对社会风险的制造。

从更为具体的层面来说，我们可以考察某一治理主体针对突发事件的应急行为与治理结构的行政化倾向之间所具有的密不可分的关系，而其中包含的特定条件和因素，对重大突发公共卫生事件的治理活动起到了重要的形塑作用。例如，尽管《国际公共卫生条例》对传染病监测策略的重要性早有认知，但是由于担心贸易和国民受到限制，共同制定该条例的许多国家在发布有关疾病暴发方面的消息时都表现得十分谨慎，有些监测体制并没有发挥实质作用。还有部分工业化国家，一方面大力支持发展更加透明的传染病监测体系，另一方面又不愿承担发展这一体系的高昂成本，同时也担心疾病暴发的消息对其贸易和旅游业发展产生限制。可以发现治理行为体的个人偏好、组织目标以及权利构成等方面的差异，在很大程度上影响着风险治理的决策走向，并且形塑出应对各类突发事件的治理机制。同时，也可以发现，不同治理结构赋予的治理主体在应对突发事件过程中所具有的特定功能和属性。在某种意义上，正是这种特定结构所具有的特定差异以一种潜在的、持续的约束作用支配着社会风险治理的制度设计。

二、文献评述与范式引入

改革开放四十多年来，中国社会经历了经济社会的巨大变迁，与之相伴生的，是治理结构的逐步发展和演变。其中，尤为明显的一个现象是在中国涌现出了许多社会组织，并开始参与社会的治理。这些新兴的治理主体不断塑造着治理资源的异质性，并为实现个人、组织和不同群体之间利益及需求的满足而努力行动。从本质上而言，社会组织参与社会治理的过程，也是复杂系统中结构要素以信息交互为基础的“自组织”（Self－Organization）参与的过程。本文要讨论的对象，即科技社团亦是这种系统结构中至关重要的一个组成部分。

（一）文献的评述

在不同的历史时期，社会治理在结构层面上有着不同的组织构成。不同组织之间的相互作用和出于解决共同面临的社会问题的努力，构成了社会治理的结构。同时，这些努力也是组织在应对和化解具体社会风险时所做的一系列工作，而在最一般的层次上，也可以将其看作不同治理主体相互之间采取协调策略以获得较高收益或减少共同损失的一个过程。组织是过程的结果，不同的组织就是这一过程产生的围绕该组织所规定的核心活动而构建的不同形式的结果。

在社会变迁的过程中，一个社会往往会产生许多与政府良性互动的多元组织力量，社会治理结构也相应不断转变。与此同时，学界所讨论的概念、主题和范式也经历了很大程度的变化。在具体的中国情境中，有学者从社会变迁的尺度出发，将针对突发事件的应急处置、社会风险治理和公共危机治理三者的关系概括为应急管理的结构，并从更为细微的尺度将国家、市场、社会三者在应急管理中的角色、功能及其相互作用概括为应急过程中普遍存在的结构。在“风险共生”（Risk Symbiosis）的话语体系中，不断累积、扩大、复杂化的各类风险对社会治理结构提出挑战，并由此催生出相应的应急管理制度和应急行动策略。然而，与“风险共生”现象呈现的线性上升态势不同，中国治理风险的实践表现出以结构固化为主、结构固化与结构演进并存的变迁过程。一方面，结构固化的具体表现，是一种政府应急管理的资源投入不断增多而边际收益不断下降的治理情形，同时这种固化还表现为治理主体在突发事件发生后，对自身理念、制度、政策和结构等缺乏反思。另一方面，结构演进的具体表现，则是作为关键变量的社会公众，通过“外压模式”的参与推动政策议程重新设置的治理情形。当突发事件成为具有公共性和系统性的灾害时，生活在系统内的不同类型的治理行为体所进行的个人决策或组织策略，都将在不同程度上对风险治理结构达到他们所期待的理想状态产生影响。

长期以来，处于突发事件应对系统中的科技社团，大多与我国政府机构保持着相互依存的组织关系，集中体现了上述治理实践中呈现的结构固化和演变共存的特征。作为社会治理结构中的重要组成部分，科技社团以其作为科学共同体的学术性、共生性和动态性等特征，成为社会组织参与国家治理、推动社会创新的重要力量。对于有关科技社团参与国家治理方面，国内外学界已经取得了许多丰富的研究成果。国外关于科技社团治理的研究较为分散，主要围绕科技社团的功能、作用及在国际合作和全球治理中的角色等展开研究。而国内关于科技社团治理的研究，主要围绕科技社团的性质、功能、组织治理、对于国家发展的作用以及国际化发展等方面进行探索。在此，我们主要聚焦国内的相关研究成果。

首先，在理论研究层面，有学者以科技社团的概念与本原性质为逻辑起点，聚焦科技社团治理的问题、内涵与特征，建构了理论分析框架。也有学者着眼于科技社团的核心竞争力，探讨其哲学本质，并以此构建了科技社团核心竞争力认识模型。还有学者以促进科技社团功能回归为指向，探讨了科技社团公信力形成的逻辑过程，并提出实现多元治理的科技社团公信力提升路径。另有学者通过结构—功能分析，论述了科技社团参与国家治理存在的问题。又有学者以协同治理为视角，阐明了协同治理在强化科技社团服务供给方面的重要作用，并进一步分析了协同治理下服务供给缺失的现状和制约因素，由此提出相应的对策建议。此外，多数学者还围绕科技社团承接政府转移职能方面开展了深入的研究。例如，有学者基于政社关系紧密性—科技社团自主性的二维分析框架，将其承接政府转移职能划分成四种类型，并借助共生理论探讨了不同类型内部主体间的共生特征。其次，在实践探索层面，有学者通过具体考察某一地方性科技社团在社会治理方面所扮演的角色和发挥的功能，指出国家治理中地方科技社团的角色缺位与行动策略。有学者以地方性应急管理学会为例，关心科技社团在参与社会公共安全治理方面的不足和能力提升的路径。有学者也针对科技社团承接政府转移职能方面展开了详细的实证研究。此外，还有少量学者将研究重点放在科技社团参与新冠肺炎疫情应急治理的协同模式上，以及通过介绍国外科技社团应对新冠肺炎疫情的具体措施，为我国科技社团参与公共卫生治理提供经验。

总体看来，上述研究分别从不同视角，聚焦于科技社团参与国家治理的角色、功能、内涵等方面进行了理论探索和实证研究，肯定了科技社团区别于其他社会团体的治理特性，并且构建了许多具有启发意义的分析框架，为科技社团的理论发展和社会转型背景下科技社团治理能力的提升提供了在制度设计、政策保障和组织运行等方面极具参考性的研究思路。但是，有关科技社团治理关注的研究领域，还存在一定的问题和局限，需要做出进一步的扩展，尤其是针对以重大突发公共卫生事件为重心的社会风险治理方面的研究还有待加强。例如，在重大突发公共卫生事件暴发之前，科技社团是否投入了足够的资源持续参与到事件危机防控的过程当中？社团成员对于突发事件有关信息的整合对事件的风险性构成了怎样的影响？科技社团的自主性和自治功能在现实情境下得到了怎样的发挥？如何解释重大突发公共卫生事件发生前、后的不同阶段科技社团治理活动的一些重要变化等，都是未来需要深入探讨的主题。

（二）范式的引入

解释和重新认识突发事件情境下科技社团的治理问题，需要我们在理论层面上进行新的尝试。社会建构主义（Social Constructivism）为我们提供了理解重大疫情背景下科技社团参与国家治理相关问题的独特视角。在公共治理领域，以社会建构主义理论体系为代表的社会学视角的引入，已产生了许多有价值的研究成果。例如，在全球治理上，社会建构主义为理解全球化进程提供了独特的视角，它允许我们以批判的眼光来看待许多被认为理所当然的全球化话语，而从更具实质性的层面来看，社会建构主义对全球化的理解着重强调了非物质性力量的作用，聚焦的是意义的建构和解释过程。

在灾害社会学领域，社会建构主义兴起所带来的范式转化成了主要的理论创新。有学者较为系统地梳理了从灾害社会学到社会建构主义范式转化的演变历程，并进一步构建了嵌入社会建构主义的灾害治理所具有的理论框架。从本质上讲，“灾害”同“突发事件”的概念一致。在人类长期的灾害研究过程中，有关灾害治理的研究形成了“工程—技术”“组织—制度”和“政治—社会”三种研究传统。以疫情为主的突发公共卫生事件属于“政治—社会”传统，是在风险架构下形成的研究旨趣。风险产生的根源，被其归为“现代性”自身的负面效应。根据其研究路径来看，该传统亦强调了风险的“人为”色彩，并在一般性范畴的层面上对风险问题加以界定，使其同与之相关的因素成为与“财富—分配”社会的社会问题结合在一起的“风险—分配”社会的社会问题。

如前所述，突发事件背景下产生的“风险制造者”和“风险承担者”的群体划分，促使我们思考风险发生过程中所谓的“功能式分化”（Functional Differentiation）[①] 在控制风险的能力方面所具有的人为的不确定性。由于人们的感知和认识上的差异，这种不确定性形成了以不同的社会价值和社会符号为内核的治理策略，并由此建构了我们现实世界中的风险。21 世纪以后，许多公共卫生领域的事实也不断证明：传统的基于功能之上的国际卫生合作在治理方面受到了诸多因素的制约，一种基于建构主义之上的更为开放、更具合作性的全球卫生治理方式正在被人们创造出来。我们正是在这个意义上，借由社会建构主义理论的独特优势，为探讨科技社团治理与突发公共卫生事件之间的有关议题提供一个理论上的视野转变。

三、基于社会建构主义理论的研究转向

社会建构主义理论的产生，从根本上有别于传统社会学所沿袭的实证主义和后实证主义的研究取向，甚至可以说社会建构主义是对传统认识论和理论范式的颠覆。以后实证主义为例，虽然其在研究的思维方式上实现了对实证主义的完善，弥合了传统实证主义社会科学与理解的社会科学之间的对立。同时，它也致力于创建经验观察和先验范式之间互动的双向过程，以此克服实证主义感觉经验绝对化、理想化的缺陷，但是，后实证主义还是因忽视了科学理论所具有的内在的诠释学性质而受到批判。与实证主义研究传统不同的是，社会建构主义倡导对以往被视作理所当然的观点保持质疑精神。在具体研究中，实证主义传统主张将“社会问题”定义为一种客观的状态，社会学家对这种状态的研究一般为客观而真实的分析。与之相反，社会建构主义将“社会问题”视作客观事实和状态被“宣称”成为社会问题的活动和过程，研究的关注点是对问题被定义的活动和社会过程进行说明。换言之，社会建构主义者认为，实证主义传统所秉承的研究范式，实质上是对社会问题的“二次建构”；而社会建构主义是具有“自我反思性”（Reflective）特征的元理论（Metatheory）。其核心观点认为，社会问题并非客观存在的自然产物，而是人类主体对现实的“社会建构”，是人们在日常实践活动中不断地建构和再生产出来的。

对此，我们不准备去细究社会建构主义产生的渊源和发展的历程，而是将分析重点放在理论所具有的独特价值能够为我们提供研究社会问题的思路的转变上，以便理解一起有关突发公共卫生事件缘何可能发展成为影响人类秩序的公共性、持续

---

① 即进入现代社会后，整个社会被分解为功能不同、地位却相等的功能次系统。参见童星．中国社会治理［M］．北京：中国人民大学出版社，2018：28.

性和常态化事件，我们将归纳社会建构主义理论所蕴含的几个重要特点，从另一个视角看待有关突发公共卫生事件及其治理的一系列问题。

在传统的风险研究中，突发事件是一个受到人们广泛关注的社会问题。此次新冠肺炎疫情的暴发，更因其突发性、复杂性、系统性和全球性受到社会各界普遍的关注。当一起事件发生后，人们总会普遍地意识到同突发公共卫生事件紧密关联的应急制度安排的必要性和重要性。学界的讨论焦点，大多也集中于对突发公共卫生事件制度的设计、治理机制的完善、应急处置能力的提升、医疗卫生技术的改进、社会信任的修复以及政府角色的界定等诸多方面。总体看来，有关研究成果清晰地展现了突发公共卫生事件所具有的一些显著的特征，但需要说明的是，本文研究的重心不是对这些特征的实质状况进行描述分析，也不是对如何更为有效地防止疫情蔓延进行对策研究。本文尝试探讨的是，个人、组织或者某一群体对新冠肺炎疫情何以发展成为一起重大突发公共卫生事件这一过程的认识和影响。我们提出这样一个问题：在某一卫生、疾病事件逐渐发展成为影响全人类的重大突发公共卫生事件的进程中，社会中作为“我们”的每一个人，从根本上来看是该事件的被动接受者，还是该事件的主动参与者？如果将这种被动抑或主动的行为表现嵌入突发事件情景又会产生怎样的影响？

从社会建构主义的视角来看，我们认为，公共卫生事件的突然暴发和迅速蔓延，本身是作为一种社会建构的过程而存在的。无论是社会中的个人、组织，还是带有社团性质的群体，都在日常行动中不断建构着我们周围发生的事件。事件造成的伤害，也并非客观状态下的自然属性和构成要素，而是人们在既定的社会环境下不断建构和再生产的副产品。例如，如果人们感受不到某一事件对自身生命安全构成的威胁，那么他们更多地会将其看作一起偶发的社会事件。而倘若该事件不断发酵，群体间逐渐生成了对其严重危害程度的话语解读，那么，先前置身事外的人们也会陆续参与进事件性质转变的过程当中，继而引起社会恐慌，并最终演化成具有一般性范畴的社会风险和危机。而之所以将其定义为重大突发公共卫生事件，实际上也是因为身处其间的社会主体根据自身偏好、认知和环境等要素构成了相应的话语体系，继而形成了人们对疾病危害性认知的普遍心理，最终影响事件发展的方向。例如，由于人类的生存意识，如果有人感染了某一疾病，那么他会自然地受到健康人群的疏离。在社会运行规则中，疾病往往被视作社会风险的因素，是维持社会稳定运转所需消除的因素，这也造成了患病者的社会边缘化现象。实际上，疾病被视作生命中的阴暗面而受到压制和排斥，也是一个疾病不断被人们建构出来的过程。可以看到，在个体的生命健康意识受到某种神秘力量驱使而具有消极普遍性的背后，蕴含着复杂的社会因素。因此，我们需要反思的是，“将突发公共卫生事件视为一个社会问题来进行研究”这一思维范式，是否存在一定的偏误？如果从社会建构主义的视角出发，我们进行研究和讨论的重心是否可以转向“新冠肺炎疫情何以发展成为一起重大突发公共卫生事件”？

通常来说，社会建构主义者还会强调，社会问题是作为一种社会活动（Activities）或过程（Process）而存在的，而不是作为对象性事实（Facts）或某种状态（Conditions）存在的。对此，如果对人类有史以来各起重大突发公共卫生事件进行研究，那么，我们需要做的是针对“将该事件认定为重大突发公共卫生事件的社会活动和发展过程”这一面向予以探讨。例如，19 世纪在世界范围内流行的大霍乱事件，在印度首先暴发，并不断蔓延至其他地区，对世界各国造成了灾难性的破坏。一个有趣的现象是，在 1865 年召开的第三届国际卫生会议上，几乎所有与会国都一致认为霍乱具有极大的传播性，但英国则坚持认为该疾病不会在人间传播。最终，会议并未对霍乱的流行病理达成一致观点，仅仅采取了一些简单的医学措施用以隔离。1883 年，随着霍乱在印度的持续暴发，各国再次召开国际卫生会议，但一个新的现象产生了。尽管一名德国科学家已获悉许多有关霍乱传播的信息，并且已发现了霍乱产生的病因，但其研究成果并未受到与会人员的关注和认可，即使当时已有经由一些官方渠道发布的霍乱的最新信息，但由于受到英国长期以来坚持的非接触传染主义的立场，这些信息并没有引起公众的普遍警觉。直至 10 年后，欧洲医学界重新对霍乱予以广泛讨论，先前针对霍乱的传播性质和传播模式的发现才最终得到认可，并使其真正上升为一起重大突发公共卫生事件。显然，在不同时期，疾病危害性程度的大小会随着特定社会行为体提供的话语依据的变化而变化，继而影响公共政策的制定和其他群体的行动策略。这也是社会问题被成功“建构”的表现，其意味着某一事件真正进入了社会公共空间，引起了公众和政府部门的普遍关注。由此可见，我们需要关注的社会问题是，解释和说明突发公共卫生事件的危害性是如何被呈现出来的，以及研究建构了这一危害性质的不同社会行为体之间的关系。

因此，关于重大突发公共卫生事件的研究，我们主张一个理论进路上的转变。即我们可以进一步从更具体的层面引入社会建构主义理论，对有关科技社团参与卫生治理能力的问题展开思考。社会建构主义者十分强调话语权的重要意义。在应对新冠肺炎疫情过程中，作为由专业科技人才组成的社会团体，科技社团实际上具有建构起社会对于疫情危害程度认识的话语优势。建构上的优势地位，使得科技社团内部拥有的专业知识可以向社会流动。当科技工作者充分行使其职能并服务社会时（比如疾病防控形势得到改善，病毒感染人数趋于下降等），在一定程度上也会缓解人们对公共卫生事件的担忧和恐慌。话语权层面的优势属性很大程度地塑造了人们对于事件本身的认知，继而影响集体行动，在事件发展的不同历史时期，社会对其危害程度的认知也并非一成不变的。这也是社会建构主义主张我们关注事件被建构的过程和机制的原因。

关于科技社团参与国家治理方面的问题，目前学界倾向于讨论科技社团在突发事件预警方面发挥的作用有限，在决策方面的政治依附性过强以及在防控方面支撑能力不足等。对于上述问题，学界还容易预先假定科技社团在治理层面缺位问题的长期存在。例如，已有研究普遍围绕科技社团的功能和角色进行分析，进而指出科技社团在发展过程中客观存在的问题，即事先设定了科技社团存在的诸如治理结构和机制的不规范、服务供给能力的不足、社会公信力薄弱、自主性缺失等问题，进而针对这些既定问题展开分析，寻找其背后的原因，最后提出相应的对策。然而，社会建构主义带给我们的启示是，科技社团治理能力的问题，往往是社会群体之间进行不同建构的结果，具有强大社会影响力的群体会主宰建构的整体走向。例如，对于科技社团应对新冠肺炎疫情暴发前期的措施不足，学者往往容易基于自身的话语逻辑，认为科技社团在卫生治理方面的能力缺失，继而提出加强科技社团能力建设的多种模式和路径。而从社会建构主义的角度来看，目前科技社团存在的问题，往往都是基于社会行为体的偏好、认知和立场等要素建构出来的。我们需要做的，是从与科技社团相关的不同社会群体之间，尝试理解影响治理问题被建构的过程、活动和机制。

四、结语

本文将研究重点放在了正式与非正式的机制和关系如何影响治理主体的风险认知和行动策略上，而非基于生物医学领域的疾病控制、疫苗研发和监测体系等方面。但需要说明的是，本文仅对突发重大公共卫生事件和科技社团之间的有关议题做了一个简单的讨论。研究范式转变的同时，还需进行更多有关两者间关系的深入剖析。

未来的研究旨趣，可以紧紧围绕突发公共卫生事件这一背景，以科技社团为研究对象，从社会建构主义理论的视角构建分析框架。该框架可通过科技社团在应对突发公共卫生事件过程中的治理行为以及各治理主体的行为逻辑进行构建，考察现代化进程中的国家、社会组织和公民等多元主体之间所维持的风险治理结构，并将重点放在这一特定结构所折射出的不同主体间（以科技社团为研究对象所代表的社会自组织在风险治理中的角色和功能的发挥，以及与之相适应的治理机制问题）的潜在关系及其相互影响。

参考文献

[1]欧阳桃花,郑舒文,程杨．构建重大突发公共卫生事件治理体系:基于中国情景的案例研究[J]．管理世界,2020（8）:19－32.

[2]刘德海,王维国,孙康．基于演化博弈的重大突发公共卫生事件情景预测模型与防控措施[J]．系统工程理论与实践,2012,32(5):937－946.

[3]E. L . Quarantelli, Epilogue: Where We Have Been and Where We Might Go, in E. L . Quarantelli, ed. , What Is a Disaster ? Perspective on the Question , p. 244.

[4]鲁云鹏．科技社团治理:内涵、问题与实现[J]．中国科技论坛,2019(11):1－9.

[5]杨善华,谢立中．西方社会学理论(下卷)[M]．北京:北京大学出版社,2006.

[6]贝克．风险社会[M]．南京:译林出版社,2004.

[7]贝克．世界风险社会[M]．南京:南京大学出版社,2004.

[8]张海波．中国转型期公共危机治理研究:理论模型与现实[M]．北京:社会科学文献出版社,2012.

[9][加]马克·扎克,塔尼亚·科菲．因病相连:卫生治理与全球政治[M]．晋继勇,译. 杭州:浙江大学出版社,2020.

[10]ROY WIDDUS. Government Representative to the World Heath Organization. Confidential Interview, 2005, pp. 09.

[11]LOUISE K. Comfort. Complex systems in seismic response. Pergamon Press, 1999, pp. 47.

[12]埃莉诺．奥斯特罗姆．公共事务的治理之道[M]．上海:三联书店, 2000.

[13]张海波,童星．中国应急管理结构变化及其理论概化[J]．中国社会科学,2015(3):58－84.

[14]杨红梅．科技社团核心竞争力的认识模型及实现初探[J]．科学学研究,2012(5):654－659.

[15]潘建红,卢佩玲．多元治理与科技社团公信力提升[J]．科学管理研究,2018(4):13－16.

[16]潘建红,张怀艺．基于结构—功能分析的科技社团推进国家治理[J]．中国

科技论坛,2018(12):9－15.

[17]潘建红,石珂. 协同治理视野下科技社团的服务供给[J]. 社会工作,2015(4):47－54.

[18]张其春,陈勇智. 科技社团承接政府转移职能的模式:类型划分、共生特征及演进趋势[J]. 电子科技大学学报(社科版),2020(3):46－54.

[19]潘建红,石珂. 国家治理中科技社团的角色缺位与行动策略——以湖北省为例[J]. 北京科技大学学报(社会科学版),2015 (3):87－96.

[20]杨林凯. 科技社团参与社会公共安全治理研究——以成都市应急管理学会为例[J]. 学会,2020(3):37－43.

[21]陈建国. 政社关系与科技社团承接职能转移的差异——基于调查问卷的实证分析[J]. 中国行政管理,2015(5):38－43.

[22]托马斯·里斯,肖莹莹. 全球化与权力:社会建构主义的视角[J]. 世界经济与政治,2013(10):24－37.

[23]周利敏. 社会建构主义与灾害治理:一项自然灾害的社会学研究[J]. 武汉大学学报(哲学社会科学版),2015(2):24－37.

[24]苏国勋. 社会学与社会建构论[J]. 国外社会科学,2002(1):4－13.

[25]闫志刚. 社会建构论:社会问题理论研究的一种新视角[J]. 社会,2006(1):23－35.

[26]ANDREW ,SAYER. Essentialism, social constructionism and beyond[J]. Sociological Review ,1997, pp. 453－487.

[27]CYNTHIA FRANKLIN:Expanding the Vision of Social Constructionist Debates: Creating Relevance for Practitioners[J]. Families in Society , 1995, pp. 395－406.

[28]KREPS G A,RABEK T E. Disasters are Nonroutine Social Problems[J]. International Journal of Mass Emergencies and Disasters,1996,pp. 129－153.

[29]高旸. 从"污名"到"同情":疫情时期社会心态调整探析——以疫情流言为分析视角[J]. 思想教育研究,2020(3):76－81.

[30]BEST, J. Rhetoric in Claims－making:Constructing the Missing Children Problem[J]. Social Problems. Vol. 34. No. 2. 1987,pp. 75－76.

以党建为抓手 强化一流学会建设

——全国性学术组织创新开展党建工作浅探

◎周虹①

摘 要 2015年以来，社会组织党建工作受到党中央高度重视。为进一步摸清全国性学术组织党建家底，准确把握全国性学术组织党建工作创新途径，切实落实党中央对社会组织党建工作的总体部署和要求，本文调研了中国科协指导下的部分全国性学术组织开展党建工作及其成果，梳理了典型性全国学术组织党建工作现状与困境。从而积极探索全国性学术组织创新开展党建工作的实现路径，并着重思考国家级科研院所中的学术组织创新开展党建工作之路。

关键字 全国性学术组织；党建；创新

① 周虹，中国大坝工程学会综合部主任、高级政工师。主要研究方向：科技社团党建、科学传播与行业舆论宣传，科学家精神传承与发扬，组织文化建设。地址：北京市海淀区玉渊潭南路1号A座1206室，E-mail：85634863@qq.com.

一、缘起——调研绪论

党的十六大以来，党中央高度重视社会组织党建工作；党的十七大更是为社会组织党建工作提出要求、明确方向。然而，由于社会组织党建工作起步晚、发展缓、难题多，在党的思想理论和实践方面仍是一个崭新课题。因此，在当前新的形势下，加强对社会组织党建工作研究，无疑具有十分重要的理论意义和现实指导意义。

中共中央办公厅印发的《关于加强社会组织党的建设工作的意见（试行）》指出，全国性社会组织党建工作分别归口中央直属机关工委、中央国家机关工委、国务院国资委党委统一领导和管理。在归口中央直属机关工委管理的480余个社会组织中，作为党领导下的人民团体、科技工作者的群众组织的中国科协所属全国学会（又名“全国性学术组织”）有210家，占总数的近二分之一。2018年，中国科协为了充分发挥科技社团在世界科技强国建设和构建人类命运共同体中的独特作用，遴选并培养了50个优秀全国性学术组织向中国特色世界一流学会目标迈进。其中，挂靠国家级科研机构中的全国性学术组织占24%。

国家级科研机构中的全国性学术组织具有知识和人才方面的独特优势，能够开展探索性、创造性党建活动，是实施创新驱动发展战略、建设创新型国家的重要力量。笔者所在的中国大坝工程学会挂靠在中国水利水电科学研究院，是全国性学术组织中实现双覆盖的单位之一，并成功获得“世界一流学会建设项目”资助。2017年以来，在科协党组、院党委的领导下，党建工作总体上取得了一定的进步，有一些可取的经验。

本文基于中国科协全国性学术组织发展报告、50个优秀全国性学术组织党建成果和对部分学会的访谈，对全国性学术组织在中国科协指导下开展的全国性学术组织功能型党组织建设的典型经验和做法进行总体分析。在总结汲取成功经验和做法的前提下，逐步梳理典型性全国学术组织党建工作现状与困境，积极探索全国性学术组织创新开展党建工作的实现路径，并重点思考挂靠在国家级科研院所中的学术组织如何创新开展党建工作。

二、问渠哪得清如许——全国性学术组织开展党建工作的必要性

中国共产党从诞生以来一直重视与社会组织的关系，在不同革命和建设阶段依据革命和建设形势先后采取了不同的方针和政策。在社会组织中建立党组织，发挥

党组织的政治核心作用，加强社会组织中的党建工作，这既有现实可能性，也有其优越性。加强社会组织中的党建工作，不仅能够推动社会组织自身良性发展，也有利于最大限度地发挥党的政治核心、组织引领和思想保障作用的发挥。

（一）同功一体——社会组织的社会地位

2006 年，党的十六届六中全会正式提出“社会组织”的概念。本文所说的社会组织，主要是指为了实现特定的目标而有意识地组合起来的社会团体。

党中央、国务院历来高度重视社会组织工作，随着党的十八大召开，加快形成现代社会组织体制更是作为我国社会建设中的一项紧迫任务而在国家政策层面得到明确和肯定。截至 2019 年 11 月，全国依法登记的社会组织有 852036 个。在数量增长的同时，社会组织已成为我国社会主义现代化建设的重要力量，已成为党和国家引领本领域科技工作者的重要抓手，是党进行工作和群众工作的重要阵地，是党进行基层组织建设的重要领域。

（二）不可或缺——社会组织的重要作用

2018 年 7 月 6 日，全国社会组织经济贡献研究结果表明：2016 年末全国 70 万家法人社会组织的增加值比官方的统计结果翻了将近一番。由此，人们对社会组织的成长及其对我国经济社会发展的作用有了一个全新的认识。

在各级党委和政府的重视、支持下，我国社会组织不断发展，在促进经济发展、繁荣社会事业、创新社会治理、扩大对外交往等方面发挥了积极作用，在协调推进全面建成小康社会、全面深化改革、全面依法治国、全面从严治党战略布局中，承担着重要任务。

（三）重若丘山——全国性学术组织开展党建工作的重要意义

习近平总书记明确指出，社会组织面大量广，加强社会组织党的建设十分重要。针对有些社会组织党建基础比较薄弱的状况，总书记特别强调，越是情况复杂、基础薄弱的地方，越要健全党的组织、做好党的工作，确保全覆盖，固本强基，防止“木桶效应”。

1. 对于国家而言，能够促进社会组织在国家治理体系和治理能力现代化进程中更好发挥作用

社会组织党组织是党在社会组织中的战斗堡垒，能够发挥政治核心作用。加强社会组织党建工作，对于引领社会组织步入正确发展方向，激发社会组织活力，推动社会组织更好参与国家治理，汇聚起全面深化改革的强大正能量；对于把社会组

织及其从业人员紧密团结在党的周围，不断扩大党在社会组织中的影响力，增强党的阶级基础、扩大党的群众基础、夯实党的执政基础，均具有重要意义。

2. 对于中国科协而言，有利于增强党建研究合力、建设党建高端智库

加强全国性学术组织党建工作是党中央交给科协组织的一项重要政治任务，是科协组织贯彻落实中央关于加强和改进党的群团工作、深化科协系统改革的重要举措。作为中国科协的重要组成部分，全国性学术组织通过加强党组织建设，一是有利于对会员更好发挥政治引领、思想引领的作用，从而更好地为会员服务；二是可以更好地团结凝聚全国党建研究机构和党建研究工作者，增强党建研究的合力，多出高水平的研究成果；三是可以提高党的建设质量，为中国特色新型智库体系建设作出贡献，向中国科协建言献策。

3. 对于全国性学术组织自身而言，有利于推动健康发展、奠定高效发展基础

加强党建建设，能够正确引领全国性学术组织发展方向、激发内生动力、使其更好地服务会员、凝聚会员；能够充分发挥党的组织优势，健全制度、规范行为，为会员提供政治学习、学术交流、业务培训的平台和条件；能够充分发挥党组织的政治把关作用，提升学会依法依章办会的意识和水平，进一步规范“三重一大”议事决策程序，促进学会健全治理结构、优化治理方式，提升治理能力，打造世界一流学会。

三、横看成岭侧成峰——全国性学术组织创新开展党建工作的现状及困境

截至2018年底，中国科协所属全国性学术组织中，198个全国性学术组织在理事会层面创新性地设立功能型党组织（即学会党委），覆盖率达94.3%；186个学会办事机构成立了基层党组织，覆盖率达88.6%；另在18个不具备成立条件的办事机构选派了党建指导员。本文以50个入选“世界一流学会建设项目”的建设学会作为调研对象，尝试对党建工作方式方法问题进行分析。

（一）开花结果——开展党建工作的现状

各全国性学术组织深入贯彻党的十九大系列精神，持续加强党的领导和党的建设，积极探索全国性学术组织党建工作新模式，为推动党建业务深度融合、引领学会事业改革发展、促进科技中国建设提供了坚强政治保证。党建工作具体主要有以

下几个方面可以提供示范：

1. 从政治建设方面来看，引领学会正确发展方向

全国性学术组织深入贯彻党的精神，用新时代新思想武装党组织，指导事业发展。一是紧跟上级精神，着力把准正确方向、有序推进落实。增强党的政治建设的自觉性和坚定性，增强会员党员的工作意识和先锋作用。二是聚焦主题主线，着力强化理论武装、巩固政治共识。开展创建学会品牌党建活动，把党的政治建设作为根本性的建设，发挥党组织政治、专业引领作用。如中国大坝工程学会、中国照明学会通过开展助力扶贫、建家交友等活动，搭建了会员党建工作的平台，提升了全国性学术组织工作的正能量，获得了明显的社会效益。

2. 从机构建设方面来看，推动党组织和工作全覆盖

为保障党组织在决策层发挥核心作用，规范治会，全国性学术组织积极推进办事机构职业化建设。一是成立党组织。在理事会、办事机构层面分别成立党组织，实现学会党的组织和工作全覆盖。二是改革领导机构设置。设立了规模适中的理事会及常务理事会、权责明晰的监事会、实体化的秘书处，强化依法依章独立自主开展党建工作的能力。三是民主推选党委委员。全国性学术组织党委委员一般由社会组织理事（常务理事）中的党员会议研究提出组织架构，再由民主推荐产生人选，报经中国科协科技社团党委审批。党委书记一般由理事长或驻会副理事长中的党员担任。如中国大坝工程学会、中国药学会将学会实体机构的党员纳入学会党支部统一管理，并在学会理事会层面成立功能型党委。

3. 从制度机制方面来看，提供优质服务保障

为加强党建工作、规范内部治理、强化财务内控约束，全国性学术组织不断完善体制机制。一是制定相关工作制度。将根本性规章制度作为切入点，用制度来保障党委参与重大事项决策，充分发挥政治功能，推动学会改革发展，提升学会创新和服务能力，提高治理水平，监督学会依法办会，保障会员权益。二是不断完善工作机制。将“党建强会”活动纳入每年的党建工作计划当中，将“党建强会”制度化，建立了“党建强会”活动的考查与评级制度，在活动开展前向主管部门党组织备案，活动结束后及时提交活动总结。如中国大坝工程学会党委、中国航海学会党委、中国能源研究会党委、中国农学会党委等结合工作实际，制定了涵盖党建工作、办公管理、人事管理、财务管理等方面的制度，构建了具有单位特色、符合工作实际的制度框架体系。

截至2019年底，全国性学术组织办事机构基层党组织包括党委、党总支、党支部、联合党支部、临时党支部五种基层党组织形式。基层党组织在管理上情况也不同，主要有隶属业务主管单位党组织、业务挂靠单位党组织、行业党组织等。其中，党组织在业务挂靠单位的情况也不同，主要有国家级科研机构、中央机关直属机构、多单位支持等形式。如中国大坝工程学会、中国水产学会、中国岩石力学与工程学会、中国自动化学会、中国化学会、中国环境科学学会、中国力学学会、中国动物学会等入选“世界一流学会建设项目”的学会的党组织既受挂靠单位国家级科研机构领导，又受业务主管单位中国科协领导，率先实现“两个覆盖”。

（二）荆棘丛生——全国性学术组织开展党建工作的困境

虽然在全国性学术组织开展党建活动过程中，党委发挥了政治核心、组织引领和思想保障作用，有很多其他学会可资借鉴的重要经验和成果，但也面临着不可回避的若干困境，这些困境包括现实、理论和融入等方面内容，突出表现在以下几个方面：

1. 管理体制不顺，责任落实存在困难

全国性学术组织党建工作存在条块分割、多头管理、运行不畅的现象，缺乏一个集中管理单位，有待进一步落实责任主体。根据调查的情况看，全国性学术组织中党员的党组织关系要复杂得多。这种比较复杂的隶属关系决定了社会组织党建工作必须由党委及其组织部门、登记管理部门以及业务主管单位共同来抓，形成社会组织党建的合力。但，由于缺少一个能够起牵头作用、负总责的单位，实际上存在谁都管、谁都管不到位的现象。各级组织部门宏观领导社会组织党建工作，但具体工作主要依靠登记管理机关和业务主管单位。

2. 责任意识缺失，党组织作用发挥弱

全国性学术组织是新兴组织，不少部门和单位的领导对它的性质、地位、作用、发展趋势认识不到位。一是组织意识弱。某些党组织及管理部门思想认识不到位，缺乏开展党组织工作的责任意识，只注重党组织建设，忽视已建党组织的活动开展、党员教育以及组织功能开发，最终出现“组织空转”现象。二是责任人意识弱。党组织相关责任人缺乏“党建也是生产力”的意识，担心党建工作影响业务工作。三是党员身份意识不强。组织观念和党员意识淡薄，长期不过组织生活，部分党员成为“隐形党员”“口袋党员”“地下党员”，根本谈不上发挥先锋模范作用。

3. 组织相对松散，难以形成组织力量

全国性学术组织工作人员特别是负责人兼职多、流动快，党建工作面临党组织

组建难、巩固难、发挥作用难、党员发展难和党员教育管理难等“五难”现象。全国性学术组织大多规模较小，党建工作基础薄弱，工作人员较少，党员更少、所占比例低，加上其自身特点，导致党组织寻找党员难度较大，发展党员更加困难。党员组织隶属关系复杂，人员流动性较大，给发展新党员及建立党组织的工作带来很大困难。有的党员在原单位和社会组织的组织生活都不正常，实际处于“两不管”状态，党员教育管理也存在一定困难。

4. 工作方式单一，缺乏组织吸引力

一些规模较大、比较规范的全国性学术组织，在开展党组织活动时，活动内容较单一，活动方式缺乏创新性，多以走访慰问、座谈交流和组织学习为主，大大减弱了党组织吸引力。全国性学术组织经营领域的社会性、管理模式的行业性、活动方式的分散性及人员的流动性等特点，决定了全国性学术组织党建工作的复杂性和独特性。但由于受以往体制内党建工作传统方法的影响，党建工作的作用和效果不明显，党建工作方式创新不够。

这些困境的发生有其内在原因，是基层党建与全国性学术组织由于自身特征和所处环境的不同，各自遵循着不同的价值理念和行为逻辑开展活动的必然产物。

四、而今迈步从头越——挂靠国家级科研机构中的全国性学术组织创新开展党建工作的路径建议

在新形势下，作为入选世界一流学会建设项目，并率先实现“两个覆盖”的全国性学术组织党组织，更要立足于科研发展、科研工作的实际，集中学科特色、行业优势，加强和改进国家级科研院所党的建设工作。在党建工作中，既要吸收全国性学术组织优秀党建的典型思路、典型做法、典型经验，又要避免自身陷入全国性学术组织目前党建工作所遇到的困境当中。

（一）创新理念——切实加强党的组织建设，提高党建工作整体水平

1. 建体系——提高党建工作制度规范化和科学化水平

国家级科研院所中的全国性学术组织要始终将建立党建保障体系作为党建工作真正持续开展的有力支撑。一是要不断加强党建制度保障体系建设。要从制度建设层面推进理事会和专科分会党的组织建设，通过制定党建工作实施办法、工作规范、考评体系，使党建工作有章可循。二是要不断加强党建经费保障体系建设。加大党建经费投入，建立以财政拨款为主、党费返还为辅、自筹为补充的党建经费保障体

系，保证党建工作经费、活动经费及党务工作者工作补贴到位，确保党组织不仅能建得起来，而且活动能开展得起来、党员作用能发挥出来。三是要不断加强党建人才保障体系建设。设立专职党务工作者，紧密联系党员思想工作实际，解决党建“谁来抓”的问题。要通过把党务工作者纳入基层党务干部培训体系，培养党建人才；通过派遣党建工作指导员指导党务工作；通过发展优秀的负责人入党、把普通党员发展为骨干的方式，发挥好党组织的领导核心作用。如中国大坝工程学会积极组建学会层面功能型党委，建立党委工作机制，将党建工作写入学会章程，推进相关党务工作；严格落实“三会一课”、民主评议党员、党员党性定期分析等制度；坚持基层党组织的引领作用，带动会员单位其他组织建设，不断加强学习型、服务型、创新型基层党组织建设。

2. 强功能——提升党组织思想和政治引领力

（1）发挥党组织思想引领作用。党的领导是政治上的，是方针政策的领导，而不是具体事务的管理。国家级科研院所始终在科学思想理论的指导下来推进全国性学术组织党建工作的开展，要进一步加强党建工作的理论研究与探讨，抓好党组织思想理论武装工作。第一，要引领政治方向，及时学习贯彻传达党中央重要指示精神和重大决策部署；第二，要注重引导监督，保证学会依法依章开展活动，推动学会有序参与社会治理、提供公共服务；第三，要参与学会重大问题决策，对重要业务活动、大额经费开支、接收大额捐赠、开展涉外活动等提出意见；第四，要团结带领广大科技工作者听党话、跟党走，维护广大会员的正当权益。如：中国大坝工程学会党委按照“党委委员带头讲、会员代表广泛讲、学会平台落地讲、专题座谈深入讲、基层组织系列讲、媒体联动合力讲”的总体布局，做好党的十九大精神的宣讲活动。并开展学会党建课题研究，报送优秀调研报告；积极参加党建论坛，投稿《学会党建动态》。

（2）发挥党组织政治核心作用。国家级科研院所全国性学术组织党委的特点是不审批发展党员，不重复统计党员信息，不选举党员代表参加上一级党代会，其主要职责是发挥政治核心作用，使其更好地服务国家、服务社会、服务会员。全国性学术组织享有自治权，能够独立处理自己内部的事务。第一，能够保证全国性学术组织沿着正确的方向发展。党组织通过开展思想政治工作，向全国性学术组织中的管理者宣传党的政策和国家的法律法规，使他们能够正确认识和处理好国家利益与自身利益的关系。第二，可以发挥党组织的帮助促进作用。党建工作要与全国性学术组织的改革发展相结合，加大党组织负责人参与重大问题决策和党员从业人员向业务负责人建言献策的能力。第三，可以实现资源共享、优势互补。要主动与社区和其他领域党组织结对共建，动员各种社会资源，发挥科研人才、信息等资源丰富的优势。如中国大坝工程学会党委等采用“党政领导负总责，党员干部挑大梁，青年同志抓落实”的工作方式，联系发动科技工作者紧紧围绕经济社会发展中的热点难点问题，深入调查并建言献策，在我国司法建设、环境保护、资源开发利用等研究领域取得了较好成果，得到了国家部委和地方政府的充分认可。

（二）创新方法——推动党员教育创新发展，建设有凝聚力和战斗力的党组织队伍

1. 严要求——提高组织生活质量和效果

全国性学术组织是个相对宽松的组织，组织成员的自由度比较大。国家级科研院所中的全国性学术组织同时兼有严谨与自由的氛围，可以充分利用这个特殊的环境。一是增强党组织活动的开放性、灵活性和有效性，针对从业人员流动性强的特点，充分利用现代信息技术手段开展积极健康、生动活泼、富有吸引力的活动，发挥党组织的团结凝聚作用。二是要经常听取职工群众对党组织和党员的意见，对存在的问题及时进行整改。三是要按照规定召开党员领导干部民主生活会，定期召开党员组织生活会，积极开展批评和自我批评，教育引导党员守纪律、讲规矩，坚决防止组织生活随意化、平淡化、娱乐化、庸俗化。如中国大坝工程学会党委、中国海洋湖沼学会党委等通过建立微信工作平台和党建工作微信群，使党员及时了解和学习党建动态，营造了浓厚的“微氛围”，实现了凝聚组织的“微”力量。

2. 扣实际——提升党员教育管理能力

国家级科研院所中的全国性学术组织要着力保障和落实党员的知情权、参与权、选举权、监督权，积极推进党务公开。一是要发挥党员在党内政治生活中的主体作用。提高党员对党内事务的参与度，按照“一方隶属、参加多重组织生活”原则，组织暂未转移组织关系的党员积极参加全国性学术组织党组织的活动。二是要加强对入党积极分子的教育培养。要始终把政治标准放在首位，注重把符合条件的全国性学术组织负责人和业务骨干发展为党员，注重在没有党员或只有个别党员的全国性学术组织中发展党员。三是强化党员管理监督。严格组织关系管理，及时处置不合格党员，保持党员队伍的先进性、纯洁性。四是推行党员管理层人员和党组织班子成员双向进入、交叉任职。党组织书记参加或列席管理层有关会议，党组织开展的有关活动邀请非党员负责人参加。如中国大坝工程学会党委积极做好党员和流动

党员的管理工作，实现对党员的网络化管理。针对学会专职党员会员较少的情况，在理事会以上的党员成员中成立“党工作小组”，并配备专职与兼职相结合的党务工作者队伍，组织开展先进文化活动。

（三）创新思路——推进党建与业务工作融合发展，扩大党建宣传的覆盖面和影响力

1. 强合作——发挥先进典型示范带动作用

国家级科研院所中的全国性学术组织要坚持党建带群建、群建促党建，注重发挥工会、共青团、妇联等群团组织作用，在做好群众工作方面形成合力。一是要加强与兄弟学会的合作。寻求不同领域、行业之间的契合点，彼此互促互强，增强党建强会活动效果，扩大影响范围。二是要加强与会员单位的合作。推动党建与相关行业、领域、企业、团体的协同发展。三是要成立联合体党组织。加强与学科相近、联系密切的全国性学术组织的合作，推动党建强会面向大学科领域或全产业链的社会组织集群发展，增强学术影响力，形成工作合力。如中国自动化学会党支部联合其他党支部，通过交换意见、经验交流与分享，极大地提升了党委、党支部工作水平，强化了党支部思想意识。

2. 促融合——推动党建业务深度融合

国家级科研院所中的全国性学术组织要将业务工作与党建工作相互融合，以党建促业务，以业务促党建。一是要坚持“四服务”的职责定位。全国性学术组织要结合自身业务特点，在增强基层党组织凝聚力、充分发挥党员作用、服务广大科技工作者、服务学会会员、服务国家经济建设和基层群众等方面做积极的探索和有益尝试。二是工作内容要丰富。内容要涉及“结对共建，实现双赢；深入基层，惠及群众；建家交友，服务科技工作者；加强学会基层组织建设、提升服务社会的能力、为党和政府科学决策建言献策、发挥学科优势促进地方经济发展”等诸多方面，为全国性学术组织工作开展奠定群众基础。如：中国水产学会连续9年承担“党建强会计划项目”，将学会党建与创新争先活动、精准扶贫、创新助力工程相结合，提高科技工作者党性修养，着力打造“四个一”党建强会工作法。

（四）创新形式——以“党建强会”战略统领改革发展，巩固党组织“两个全覆盖”成果

1. 树品牌——提供学会能力建设动力保障

国家级科研院所中的全国性学术组织要以加强党的全面领导为导向，以开展

“两学一做”学习教育为契机，深入实施“党建强会”计划。要以敢于担当的勇气和勇于创新的精神，通过完善制度建设、组织党员学习，围绕承接政府转移职能、提升能力建设、提升中国科技期刊国际影响力、打造高端前沿跨学科的学术交流平台、创新科普工作手段、加快自身改革等工作任务，为“党建强会”计划赋予新的内容和形式。从而形成连续开展的、品牌性的、可推广经验的“党建强会”活动，为学会能力提升提供动力保障。如：中国动物学会组织的全国自然科学类场馆（动物学）科普培训班，中国自动化学会党支部创新工作模式，分别以“党建强会，紫冬花开（谐音自动化），智慧满园”“创新驱动，党建带动，智能推动”等主题开展“党建强会”活动，并连续五年获得“党建强会计划”十百千特色活动组织奖。

2. 扩载体——推动基层党建创新发展

为落实新时代党的建设总要求，国家级科研院所中的全国性学术组织要全面提升党建科学化水平。一是参与全国学会星级党组织创建和评价工作。全国学会星级党组织具有坚强的政治领导力、思想引领力、群众组织力和社会号召力，并形成了可复制可推广的标准化模式，国家级科研院所中的全国性学术组织要充分利用这种优势，加强党的建设带动学会建设。二是推进“智慧党建”行动。运用互联网技术，实现学会党建平台、科协“党建云”业务平台、中央和国家机关工委之间“支部工作”的对接，力争实现“大党建”工作格局，提升党建“两个全覆盖”质量。如：中国大坝工程学会以“创建宣传阵地、促进党建强会”为主题开展活动，利用“报刊、网站、微信”等手段创建全方位立体化党建学习宣传阵地，扩大学会党建学习宣传的效果和影响力。同时，建立起与中国科协、学会之间的党建学习宣传联动。

江河横流，时移世易。经过实践和探索，挂靠在国家级科研机构中的全国性学术组织党组织瞄准靶心、服务中心、抓住重心，通过有针对性地寻求党建工作中理论创新、工作方式方法创新的突破口，去优化开展创新型的党建工作的方式与模式，产生了具有持续性、可借鉴性的党建新方式，来巩固深化党的组织和党的工作“两个全覆盖”，在引领全国性学术组织创新开展党建工作方面发挥了重要作用，取得了一定的成效。但有些途径、措施仍在实施和论证阶段，这将是一个长期并极具价值的研究与探索过程。总之，在新的形势下，全国性学术组织，尤其是国家级科研院所中的全国性学术组织党组织加强党的建设、创新开展党建工作，对于实施科教兴国战略、深化科技体制改革、促进科技事业发展、建设一流学会具有重要意义。中国大坝工程学会作为基层党组织应牢记总书记的嘱托，积极发挥基层党组织在水利水电行业发展中的引领作用，推进一流学会建设。

参考文献

[1] 中国科协学会学术部,中国科协学会服务中心主编. 中国科协全国学会发展报告(2017)[M]. 北京:中国科学技术出版社. 2018(4):262－265.

[2] 中国科协学会服务中心主编. 学会内部治理工作手册[M]. 北京:科学出版社. 2020(1):43.

[3] 中国科学技术协会主编. 全国学会会员工作实用手册[M]. 北京:中国科学技术出版社. 2018(12):178.

[4] 中国科学技术协会主编. 中国科协全国学会发展蓝皮书[M]. 北京:中国科学技术出版社. 2019(2):58.

[5] 中国自动化学会等编著. 全国学会优秀改革案例汇编丛书自身建设[M]. 北京:中国科学技术出版社. 2018(7):192.

地方高校科协组织体系构建与服务效能提升刍议

——以河套学院为例

◎丁春莲[①] 殷旭红[②] 蔡兆丽[③] 刘燕萍[④]

摘　要　在国家治理体系和治理能力现代化进程不断加快的新时代背景下，地方高校建立健全科协组织体系（制度体系），搭建广阔的平台载体，形成科学有效的科学技术联合与协作运行机制，充分利用科协组织的社会性、民主性、学术性、地方性、基层性特质，动员、组织、引领、服务、吸引广大科技工作者全身心投入地方经济社会、行业、产业发展建设中，不断增强高校人才、技术、智力等资源与地方经济社会发展需求的黏合度，凝聚校企、校地融合共进的创新合力，更有利于提升地方高校人才培养、科技创新、社会服务能力水平，实现地方高校服务地方经济社会发展的效能（治理效能），从而适应和推进我国高等教育治理体系和治理能力现代化的国家进程。

关键词　地方高校；科协组织；服务效能；

---

① 丁春莲，内蒙古自治区河套学院教授。主要研究方向为地理教育、教育管理、科技管理。地址：内蒙古巴彦淖尔市临河区河套学院双河校区。E－mail：497433859@ qq. com.

② 殷旭红，内蒙古自治区河套学院教授。主要研究方向为农作物栽培与耕作、教育教学管理、科技管理。地址：内蒙古巴彦淖尔市临河区河套学院双河校区。E－mail：yxh8417667@ 163. com.

③ 蔡兆丽，内蒙古巴彦淖尔市科协高级科技咨询师。主要研究方向为科技管理，地址：巴彦淖尔市自然资源局 401 室。E－mail：489438915@ qq. com.

④ 刘燕萍，内蒙古自治区河套学院副教授。主要研究方向为动物遗传育种、科技管理。地址：内蒙古巴彦淖尔市临河区河套学院双河校区。E－mail：547844964@ qq. com.

一、科协组织建设是高校发展的内在需求

党的十九届四中全会审议通过了《中共中央关于坚持和完善中国特色社会主义制度，推进国家治理体系和治理能力现代化若干重大问题的决定》。这是我们党领导人民推进经济快速发展和社会长期稳定两大奇迹的根本保障所在，是中国之治的制度优势所在。国家治理体系是包含了政治治理、政府治理、市场治理、社会治理、民主治理、学术治理等多类型、多层级治理的集成。中国科协组织系统作为一种中国共产党领导下的人民团体，作为积极推动科技创新事业发展进步的群众组织，作为科技工作者之家，具有明显的社会治理、民主治理、学术治理属性和基层治理效能，该组织系统自产生以来就有从自发、自觉到自能的发展趋势。2006 年中央书记处提出“哪里有科技工作者，科协工作就要做到哪里；哪里科技工作者比较密集，科协组织就要安建到哪里”。建立科协组织的目的就是团结和动员科学技术工作者以经济建设为中心，贯彻科学技术是第一生产力的思想，实施科教兴国战略、人才强国战略和可持续发展战略，建设创新型国家。促进科学技术的繁荣和发展，促进科学技术的普及和推广，促进科学技术人才的成长和提高，促进科学技术与经济的结合。我国科协组织系统从建立、发展到不断壮大，也正体现了在党的领导下，我国的社会治理、民主治理、学术治理、基层治理组织系统不断迈向科学化、制度化、规范化、程序化发展的道路，体现了新时代中国特色社会主义制度下，群众组织、人民团体在国家治理体系和治理能力现代化的进程中，从自发到自觉，再到自能的人民民主制度的优势特质。

地方高校是我国高等教育体系的重要组成部分，既具有一般高校人才培养、科学研究、社会服务等基本功能，又具有融入地方、服务地方经济社会发展的基本职责。由此，地方高校既要有坚持改革的思想自觉、政治自觉和行动自觉，更要有运用学术治理制度和法律深化改革发展的能力。要构建系统完备、科学规范、运行高效的政治治理、行政治理、民主治理、学术治理等集成的治理体系，着力构建更加成熟、更加完善、更加科学、更加实效的制度体系，提高高等教育治理能力和治理水平，为新时代中国特色社会主义伟大实践提供坚实的基础。

地方高校是地区发展的教育高地、人才高地、技术高地、智力高地，亦即科技工作者云集之地，也是科协组织密切联系和广泛覆盖的重要阵地。高校科协组织是国家科协组织的重要组成部分，是国家科协组织的地方组织、基层组织，其职责定位及任务与现代高校事业发展的功能相辅相成。高校科协旨在认真履行为科学技术工作者服务、为创新驱动发展服务、为提高全民科学素质服务、为党和政府科学决策服务以及促进科学技术的繁荣和发展、促进科学技术的普及和推广、促进科学技

术人才的成长和提高，把广大科学技术工作者更加紧密地团结在党的周围，为实现中华民族伟大复兴的中国梦而努力奋斗。地方高校着力构建科协组织体系，既是新时代中国特色社会主义发展的要求，更是高校自身发展的内在需求。

二、地方高校科协组织体系构建与服务效能——以河套学院为例

（一）中国高校科协组织

在中国科协成立后，按照中国科协第一次会议精神，开始在全国高等院校组建基层科协组织，于是当时我国为数不多的高校建立了学术组织；改革开放后，20 世纪 80 年代中后期我国高校科协组织纷纷建立，90 年代大批高校成立科协。“有 51 所大学在 1989 年前成立了高校科协，在 1990—1999 年成立的有 67 所，在 2000—2006 年成立的有 137 所”，“中国科协年度事业发展统计公报显示，截至 2018 年底全国高校科协已经发展到 1374 个”。目前，大部分高校已经建立科协组织。但高校科协组织地区发展不平衡。

（二）内蒙古自治区高校科协组织

内蒙古自治区高校科协建立数量相对较少，建立时间相对较晚，高校科协工作进展比较缓慢。内蒙古自治区共有 54 所高校，其中有普通本科 17 所，专科及职业院校 37 所。大部分属于地方高校。内蒙古高校科协组织建设相对滞后，目前共有 24 所高校建立了科协组织，不足所有高校数的一半。24 个高校科协中，大部分建于 2017 年之后，2010—2017 年，内蒙古地区高校科协组织不到 10 个，其工作开展情况在自治区科协系统中也不够突出。

（三）河套学院科协组织建设与服务效能

1. 河套学院简介

河套学院属于内蒙古自治区西部，巴彦淖尔市唯一一所本科院校。河套学院的前身是 1985 年创建的河套大学。进入 21 世纪经历两次教育资源优化整合，将 8 所院校合并为河套大学。2012 年河套大学经教育部批准升格为普通本科院校，学校更名为河套学院。2016 年河套学院被内蒙古自治区人民政府批准为整体转型试点院校。该学院为应用型地方本科院校，其总体目标是建设特色鲜明的高质量应用型本科院校。学院人才培养目标是为区域经济社会发展培养德智体美劳全面发展的高素质应用型人才；服务面向定位是立足巴彦淖尔，面向内蒙古，服务区域经济社会发展。新建本科院校，建校历史短，发展基础薄弱，学科专业发展优势不明显，需要不断完善和提升内部治理体系和治理能力，加强内涵建设，发挥基本功能，打造地方特色。

2. 河套学院科协组织建设与服务效能

国家科协组织系统中的高校科协是一种具有地方性、基层性的，民主的，学术的治理体系，是国家治理体系中不可或缺的组成部分。河套学院科协组织，是国家科协系统的基层组织、地方组织，充分发挥科协组织的功能和作用，对地方经济社会的发展及学院自身的水平提升具有十分重要的意义。

（1）河套学院科协组织建设

在内蒙古自治区及巴彦淖尔市科协的指导和支持下，按照有关文件精神，河套学院于 2014 年底成立了科协组织，在内蒙古自治区属于较早成立科协组织的高校。河套学院科学技术协会是遵循《中国科学技术协会章程》，联合与团结广大教师科研人员，推动科技创新发展的群众组织，是中共河套学院委员会领导下的人民团体，是学院党委、行政联系学院科技工作者的桥梁和纽带，是学院科技工作者推动科学技术发展与改革创新的重要平台。河套学院科协接受内蒙古自治区及巴彦淖尔市科学技术协会的业务指导，是巴彦淖尔市科协的团体会员。河套学院科协设主席 1 名，副主席 7 名，秘书长 1 名，副秘书长 2 名。学院科协实行会员准入制度。河套学院科协组织兼管、协管 3 个市级学会：数学学会、化学学会、计算机学会。

（2）河套学院科协的组织构架

河套学院科技处、科协、社科联形成一体两翼的组织构架。河套学院科协、社科联办公室设在科技处，以科技处为主体，以科协、社科联为两翼，形成体翼构架的科技创新组织体系，覆盖了全校的学科、专业、科研团队及科研机构。在校内，河套学院科协以学院的自然科学学科团体及学术机构为基层工作对象，把理工农医类学科专业负责人全部纳入科协组织系统，以带动全院科学技术人才进入科协组织。总体组织、调动、协调学院各学科组织、专业组织开展科学技术创新活动和学术交流，人才、项目、评奖等推荐工作，维护科技工作者权益，采纳科技工作者建议和意见。学院科协组织与团学处共同推动大学生创新创业科技实践活动，学院科协定时不定时在校内外开展科普宣传和培训工作；对外以地方科协组织及自治区科协组织为平台，与地方、国内国外企事业单位、科技团体形成交流和合作，推进科技创新发展。

（3）科协组织的主要任务

河套学院科协组织的主要任务是开展学术交流，活跃学术思想；开展群众性的科学和技术普及，传播科学思想和科学方法；捍卫科学尊严，推广先进技术，开展科学技术教育活动，提高全民科学素质；促进学术道德建设和学风建设；维护科学技术工作者的正当权益；积极向上级科协和有关部门举荐人才；积极组织会员参与学院的科技发展规划、科技政策、科技法规的制定；组织征集、评选、推荐优秀学术专著和论文；开展科学论证、科技咨询、管理咨询、技术服务、科技协作，提出政策建议；组织跨学科之间的交流，提升学术创新能力，协助学院推广先进技术和科技成果，促进科技成果转化；开展继续教育和培训工作；接受委托承担项目评估、成果鉴定、专业技术资格评审和认证任务；指导、推动学生科学技术协作活动；完成联系、协调学院的自然科学、人文社会科学等学术团体、科技与服务平台的管理和服务工作。

（4）河套学院科协组织的社会服务效能

A. 举荐和培养优秀科技人才，搭建平台，攻关项目，服务社会

学院科协组织广泛团结科技工作者，以服务地方经济建设和社会发展为己任，深入推进校政企合作，主动融入地区经济社会发展战略，构建具有地方特色和满足当地需求的人才培养体系。努力营造人才成长的良好环境和氛围，加快青年教师的培养与引进，通过举荐奖励，不断壮大科技工作者队伍，组织、引领科技工作者融入地方经济社会一线建设，为当地的乡村振兴、精准扶贫作出一定的贡献。历年来培养、举荐优秀科技人才100多人次。

学院通过当地科技职能部门及科协组织申报院士工作站、博士工作站。院士工作站协助巴彦淖尔市申报的“乌梁素海流域山水林田湖草沙生态保护修复”试点工程项目获批国家第三批“山水林田湖草生态保护修复工程”试点项目，使巴彦淖尔市获得资助资金56.78亿元。组织、动员、协调博士在企业建立10个博士工作站，通过站点平台的联动与协作，博士深度融入企业，围绕绿色发展、创新驱动主题，引领、协助企业在生态、环保、资源利用、种植、养殖、育种保种、提升复种指数等方面作出了积极的贡献。依托科技研发项目，坚持协同创新，服务地方农业、畜牧业发展，多角度参与“天赋河套”区域公用品牌建设。依托“扶智扶志”的科技培训、技术指导，助力农牧区脱贫攻坚，建立智慧农业示范点，建成农业科技示范园区、乌拉特中旗德岭山万亩花生产业园、四义堂“智慧四控”高效农业示范园，构建“政府+学院+科技平台+合作社+农户”的科技精准扶贫模式，在乌拉特中旗石哈河镇推广两色地膜、薄厚分区滴灌带技术，不断探索山旱区脱贫致富的发展路径。协助内蒙古富川饲料科技股份有限公司完成自治区科技重大专项“巴美肉羊高繁品系标准化规模化养殖研究与示范项目”，完成校企合作项目——自治区科技计划“巴美肉羊提质增效及优质种羊创制关键技术集成示范项目”，并协助该公司由自治区级种羊场转型升级为国家肉羊核心育种场；与中科正标生物科技有限公司合作开展“肉羊MSTN性状改造分子育种”“绒山羊基因组辅助育种”等研究；与内蒙古民隆科技有限公司、巴彦淖尔市临河区和乌拉特中旗农业综合开发办等开展“向日葵三植技术”“河套地区特色番茄品种选育及产业化”等国家、自治区科技重

大专项课题研究，不断提升应用型人才培养、科技创新和服务社会能力。选派科技特派员、三区人才、科普带头人和科普志愿者等，开展“科技三下乡”活动。积极推动重点项目合作，与内蒙古富川饲料科技股份有限公司产研合作培育的F116杜寒杂交优质公羊推广项目，使农户养殖成本下降30%，获得了较好的经济社会效益。与巴彦淖尔市新华农业专业合作社联合创建了3000亩农业科技示范园区，推广麦后复种向日葵、西兰花、包菜等技术。与内蒙古际美生物有限公司合作开发利用小煤窑废弃物褐煤制成优质土壤改良剂，改良盐碱地20余万亩。与内蒙古润田生物科技有限公司研发优质发酵菌，利用羊粪年生产优质有机肥料2万吨。内蒙古自治区重点实验室“河套地区绿色农产品安全生产与预警控制中心”选育的河糯101连续两年参加自治区鲜食甜糯玉米区域试验综合评分均为第一名，为农户脱贫致富作出了一定的贡献。服务地方经济社会发展，特别是科技扶贫成效显著，学院科技工作者通过学院科协、巴彦淖尔市科协推荐评选获批市区两级最美科技工作者4人次。

B. 开展、参与学术交流和项目研究

1）连年承办巴彦淖尔市中青年学术论坛主会场和数学学会、化学学会、计算机学会分会场活动。多次组织科协骨干会员参加各级科协的《知识产权培训会》、“内蒙古科协学术交流活动项目”、科技成果转移转化及相关科技活动。多次承办巴彦淖尔市全国科普日启动仪式及科普报告会，“百名专家走进盟市旗县科普传播行”巴彦淖尔站启动仪式，举办“中国航天和国防事业”“科学看待转基因”等科普专题讲座。

2）作为主要力量参与巴彦淖尔市科协承担的《巴市农牧业技术协会调研》等多个项目研究，并按期完成调研报告。积极组织申报“高端科技创新智库青年项目”“优秀科技社团创新和服务能力提升工程建设项目”“自治区科普储备项目”等。

C. 开展科学技术普及活动

积极开展科学技术普及活动。一是积极配合市委“科普行动纲要”“科普之冬春”“三下乡”“百名专家进百村”“科普宣传周”“全国科普日”等活动，组织科技人员围绕主题、因地制宜、实用实效地在农村牧区开展群众性、社会性、经常性的科普活动和培训，努力打造河套学院科普活动的品牌。二是利用新生入学、家长送学生的开学之际，在校园内开展科普宣传，进行科学研究的专题讲座，特别注重在学生中传播科学研究的思想和方法，努力营造广大师生爱科学、学科学、用科学的良好氛围。三是积极配合市科协完成“全民科学素质行动计划纲要”各项工作。四是积极组织申报“高端科技创新智库青年项目”“巴彦淖尔及自治区院士工作站”等项目。五是积极打造组建科普基地，目前我院获批2个市级科普基地，分别是河套学院生命科学馆，河套学院应急救护体验馆，另有正在筹措准备申报的河套学院解剖数字人展馆基地。

D. 开展科学道德和学风建设宣讲教育

组织威望较高的专家、教师，按照社会主义核心价值体系的要求，向本科生、青年教师、企事业单位人员进行科学道德和学风建设、法制宣讲教育，引导其遵守学术规范，坚守学术诚信，完善学术人格，维护学术尊严，摒弃学术不端行为，强化诚信意识和社会责任，弘扬高尚的科学道德，培养优良的科学精神，倡导严谨求实的科学态度，营造健康和谐的科研环境。

E. 指导学生科技实践活动

河套学院科协协同学院团委学生处联合举办以“创新创业 科技惠民”为主题的河套学院大学生科技学术节等活动。鼓励和引导学生崇尚科学，支持和组织在校生参加课外学术科技活动，指导在校生参与科研工作，提升学生科技素质，培养科技后备力量。河套学院大学生在历年的全国机器人大赛、数学建模、测量等比赛中取得可喜成绩。特别是2019年由中国高等教育学会、教育部工程图学课程教学指导分委员会主办，浙江大学机器人研究院承办的第二届中国高校智能机器人浙江余姚创意大赛中，我院有两支队伍脱颖而出，最终分别以第三名和第八名的骄人成绩获得国家级大赛2个一等奖。

高校科协组织作为一种社会治理、民主治理、学术治理、基层治理体系，能够进一步联结和强化地方高校科技工作者、深度融入地方，能够广泛地牵线搭桥、开展国际国内学术交流，服务于广大科技工作者，使他们打消顾虑、脱开杂务，高效投入当地的经济建设中。通过科技工作者的整合和牵动，地方科技、技术、项目、人才等资源能够进一步凝聚与对接，形成驱动创新的合力，带动地方转变观念，跨学科、跨领域创新发展。地方高校科协组织体系的构建与完善，有利于推动地方高校深度融入区域发展，强化服务水平，提升服务效能。但目前，地方高校科协组织建设仍然存在不少的问题，一定程度地影响了服务效能的发挥。

三、地方高校科协组织体系建设有待进一步完善

（一）问题

1. 我国地方高校科协组织建设中的问题

（1）发展不平衡问题

根据刘双丽（高校科协在高校群团组织中的作用研究）的观点，我国高校科协有三种模式：一是独立建制模式，有独立的人员、经费、场所，甚至是处级建制。

二是合署办公模式，通常是挂靠在科研院或科技处，设有专职岗位、行政拨款，工作相对独立。三是虚拟模式。没有专职工作人员，只设兼职工作人员，挂靠在科研院或科技处，一般没有专职人员和专门经费。这表明我国高校科协发展极不平衡。内蒙古自治区高校科协多属于第三种模式。

（2）科协工作比较松散，高校科协数量不足，工作质量不高

多数高校科协组织开展工作没有专职人员、专门经费和固定场所。科协工作时间、活动项目、组织引领相对比较松散，体现出群众性和民主性特点，但也存在松散、不够规范、数量不足、质量不高等问题。

（3）科协组织工作人员专业化程度不高，管理、协调权限和能力有限

基层科协组织的工作人员，自身的科技水平和综合素养水平有限，对国家政策、科技理念的理解认识不到位，组织引领协调科技工作者能力有限，科协组织系统的社会性、民主性、学术性、地方性、基层性治理特点和治理能力不够凸显，致使一些科技评先评优标准制定不够科学，一些学术交流会议组织安排不尽合理，收效欠佳。

2. 河套学院科协组织建设中的问题

（1）发展理念相对落后，科技创新动能不足

河套学院 2012 年升本，起步晚，起点底，底子薄，人才资源、资金资源、科研条件等不足，忙于基本建设，缺少对外的学习途径和经费，科协组织系统不够健全完善，科协工作人员全部为兼职，自身学习提高的时间、精力有限，使得科协工作欠缺创新性发展理念，科技创新动能不足。

（2）缺乏专职科协工作人员和专有的科协工作场所

随着学院科协工作的不断深入，科协工作所需人力、物力、财力等条件配套服务已经很难满足创新的客观需求。

（3）协同协作不够深入，缺乏领军人才

尽管全院科研氛围逐步向好，但学科协作、对外协同多数是局部的、浅层次的。各学科科研发展各自为营，很难形成深度的学科交叉和学科融合。在基础团队建设上未能形成稳定的科研团队支撑，在科研团队领军上缺乏尖端人才的引领和组织。

（4）科普宣传和科普服务难成体系

虽然积极配合区、市两级各项科普工作，深入基层服务广大民众，但尚未形成河套学院科协自身的社会科普服务体系。

（二）建议

（1）更新理念，深化改革，完善内部治理体系

地方高校应把科协组织建设、体制机制置于国家治理体系和治理能力的大系统中，认识到社会治理、民主治理、学术治理、基层治理是国家治理体系的重要方向和重要环节，是我国人民民主制度的优越性的充分体现。

（2）明确工作思路，正确把握科协工作新方向

围绕地方高校的基本功能，结合地方建设的现实需求，团结、引领科技工作者用心、用情、用力投入企事业创新发展，把服务第一的理念贯穿于科技创新驱动发展的社会经济建设事业中，使高校与地方企业形成鱼水相亲、相得益彰的局面。

（3）加强自身建设，完善科协管理和服务职能

加强科协组织体系健全和完善，积极争取独立建制模式，充分发挥人才富集优势，加强科协组织工作人员的选拔、培训和提升，强化科学化、制度化、规范化服务的工作机制。

（4）广泛开展多角度、多层次合作，创新学术交流，推进成果转化

加强与地方科协和上级科协组织的联系与协作，拓展平台载体、网罗科技人才、创设交流氛围，形成国际、国内、不同地区、不同学科的交流合作机制，多方位激活科技人员的科学精神和科学研究思维，畅通科研成果转移转化渠道。

（5）普及学生科技，促进大学生科技实践活动

利用新生入学、科普志愿者活动、科普讲座、大学生创新比赛等多种形式、多种场合、多个时间节点，加强大学科普宣传，积极开展科学技术普及活动，提升全民科学素养。

（6）实现资源共享，加强科普信息化建设

建立健全科协组织网络体系，搭建信息共享平台，延伸服务端口，为科技工作者的网上学习、交流提供服务，畅通信息、资源共享渠道，加速提升服务地方经济社会发展的效能。

参考文献

[1]中国科学技术协会章程(2011 年 5 月 29 日中国科学技术协会第八次全国代表大会通过)。

[2]刘双丽.论高校科协服务创新人才培养的功能及实现路径[J].南京航空航天大学学报(社会科学版),2020(1):105－108.

[3]刘双丽．高校科协在高校群团组织中的作用研究[J]．教育现代化,2020,7(50):127－131.

[4]栗学俐,等．高校科协工作内涵建设探析[J]．教育现代化,2019,6(63):59－61.

[5]宗佳．发挥高校科协特色优势推进“三型”科协组织建设——以北京航空航

天大学科协为例[J]. 学会.2020,7(380):49 - 53.

[6]郑万敏. 高校在人才强国战略中的地位和使命[D]. 重庆:西南大学,科学社会主义与国际共产主义运动专业,2011 - 04 - 30.

[7]韩祥宗,刘畅. 科教融合背景下的高校科普工作与高校科协职责[J]. 学会 2020. 4(377):54 - 59.

[8]汤舒俊. 地方高校科协发展的问题与对策[C]. 全国高校科协发展论坛,2013:77 - 80.

[9]戴国洪,季庆庆. 地方高校在区域科技创新中的地位和作用[J]. 江苏技术师范学院学报(自然科学版),2009,9(3):76 - 80.

[10]中国科协. 高等学校科学技术协会组织通则(试行),2017,8.

[11]河套学院. 河套学院本科教学工作合格评估自评报告.2019,10.

浅议新时期青海省深化科技社团改革发展问题

◎张静[①] 柏岗[②]

摘　要　青海省科技社团正值发展时期，应该深化科技社团改革，不断完善自身建设，推进国家创新体系建设和青海省科技创新。为促进青海省科技社团的改革发展，以青海省医学会为例，通过对青海省科协所属及联系的科技社团广泛调研发现，我省科技社团的生存及发展仍存在发展不平衡、扶持政策不完善、承接政府和社会职能不多、专职工作人员不多、内部治理结构不健全、经费不足、活力不强、自我发展能力弱等问题。鉴于此，本文从完善治理结构和治理方式、广泛开展各类活动、提升自我发展能力、承接政府转移职能四个方面提出了具体措施。

关键词　青海省；科技社团；深化改革

① 张静，青海省科协学会学术部副部长。地址：青海省西宁市文景街 32 号青海省科协。E－mail：17981860@ qq. com.

② 柏岗，通讯作者，现任青海省科协办公室主任。主要研究方向为政治学、中国近代史。地址：青海省西宁市文景街 32 号青海省科协。E－mail：75238835@ qq. com.

科技社团是科技类社会团体的简称，它以促进科学技术发展和普及为宗旨，一般以学会、协会、研究会命名。中国科协党组书记怀进鹏指出：科技社团是科技发展的重要力量，是科技进步和人类文明发展进程中的一道亮丽风景线，对社会治理、社会发展和人类进步，特别是在发明创造和更有效地反映科技界的诉求、社会经济和文明发展方面，具有非常重要的组织力量。科技社团是经济社会发展和科学技术进步到一定阶段的产物，是科技工作者的结社需要，是学科发展的客观要求。地方科技社团是凝聚广大科技工作者的重要基层组织，在促进地方学术繁荣与科技创新、推动地方经济与社会协调发展、推进我国和谐社会和国家创新体系建设中具有重要作用。

科协是科技工作者的群众组织，是党领导下的人民团体，是党和政府联系科技工作者的桥梁纽带，是国家推动科技事业发展的重要力量。习近平总书记强调："新形势下，党的群团工作只能加强、不能削弱，只能改进提高、不能停滞不前。""我们必须把群团组织建设得更加充满活力、更加坚强有力，使之成为推进国家治理体系和治理能力现代化的重要力量。"为深入贯彻习近平总书记有关重要讲话精神，切实增强科协组织的政治性、先进性、群众性，进一步与科技工作者密切联系，更好地发挥党和政府与广大科技工作者之间的桥梁纽带作用，应充分重视科技社团的主体地位，加强科技社团深化改革的力度，使科技社团活起来、强起来，形成良性发展；充分发挥科技社团联系、团结、凝聚科技工作者贡献力量的重要作用。

一、青海省科技社团发展现状

深入分析青海省科技社团改革与发展现状，探讨科技社团健康发展的有效途径，推进科技社团的改革，是新时期促进我省科协事业发展和科技创新发展的重要举措。青海省科协所属科技社团分为理、工、农、医、交叉学科五类，学科较为齐全。

（一）科技社团概况

青海省现有科技社团 68 家，团体会员 1000 余个，个人会员 74500 人。主要以物理、化学、数学、地质、气象、地理、动植物、环境、生态、水利、计算机、通信、土木建筑、石油、煤炭、农林、医学、档案、检验检疫、测量计量、遥感测绘等为主。其中配置专职工作人员的科技社团有 21 个，占总数的 32. 3%；其他科技社团的工作人员全是兼职，占总数的 67. 7%。

（二）组织机构情况

92% 的科技社团组织机构健全，机构设置合理，有理事会、常务理事会、秘书处等办事机构，能够正常开展工作。54 家科技社团的理事长（会长）或秘书长由挂靠单位负责人或部门负责人担任，21 家科技社团能够按照科技社团《章程》定期换届或改选。26 家科技社团成立了党组织，占比接近 50%。5 家科技社团由于负责人和工作人员变动，长期处于虚挂状态，未能正常有效开展活动、发挥作用。

（三）办公条件及工作经费

2 家科技社团有专门固定的办公场所，分别是青海省质量管理协会和青海省物理学会，仅占总数的 3%；其他科技社团隶属挂靠部门办公，相对松散。科技社团工作经费来源主要是收取会费、业务活动创收、挂靠部门支持、社会捐赠等，能够稳定收取会员会费的科技社团有 17 家，占总数的 26%，其余的科技社团没有明确的经费来源，也没有固定的活动经费。

目前，青海省省级科技社团发展极不平衡，大体分为四种类型。一是状况比较好的科技社团。这些科技社团基本具备了自我发展能力，有健全的组织机构、固定的办公地点、相对稳定的专职或兼职工作人员，能正常开展活动以及有相对固定的经费收入或来源，具备自我造血功能，基本能够保证正常的工作和活动的开展。如：青海省医学会、青海省农学会等。二是能够正常开展活动的科技社团。这些科技社团能够正常开展学术交流和科学普及等各类活动，活动具有一定规模和水平，科技社团内部管理如理事会、年会等也能够如期正常召开，但是不具备造血功能，没有相对固定的经费来源。如：青海省气象学会、青海省通信学会等。三是能基本维持但不能正常开展活动的科技社团。这些科技社团每年按期做年检，积极配合青海省科协参加各项活动，但经费紧缺，科技社团凝聚力不够，不能正常开展学术交流和科学普及等活动。如青海省地理学会、青海省电化教育学会等。四是不开展任何活动的科技社团。这类科技社团基本处于工作停滞状态，没有长期固定的工作人员，很少或不开展活动，科技社团内部管理不规范，不年检，不召开理事会。这类科技社团正被逐步清理和整改，如青海省物理学会、青海省煤炭学会等。

二、青海省科技社团现存的主要问题

通过对青海省科协所属及联系的科技社团进行广泛调研发现，我省科技社团的生存及发展仍存在发展不平衡、扶持政策不完善、承接政府和社会职能不多、专职工作人员不多、内部治理结构不健全、经费不足、活力不强、自我发展能力弱等诸多问题。主要表现在：

（一）政策依据有待进一步修改完善

目前，青海省适用于科技社团管理的法规主要是1998年发布实施的《社会团体登记管理条例》，该条例内容仅侧重于登记程序，但是随着我省科技和经济社会的发展，新形势下新问题、新情况不断出现。条例明确指出，社会团体要有明确的业务主管部门，青海省科协在名义上讲是科技类社会团体的业务主管部门，但其下属的68家科技社团中，真正意义上将省科协作为业务主管单位的科技社团只有20家左右，仅占全省科技类社会团体的三分之一，其余的三分之二均由挂靠机关、事业单位作为业务主管部门。这种模式对不属于科协主管的科技社团初始阶段的发展起到了一定促进作用，但是科技类社会团体和政府机关采用的是两种管理模式，对于科技社团后期的健康有序发展、成长进步极为不利。

（二）科技社团的治理结构和治理方式不够合理

经调查，92%的科技社团组织机构都很健全，但管理制度均存在不完善的地方。大部分科技社团的制度建设仅停留在《章程》表面上，内控制度、财务制度、奖惩制度等均不完备。还有一部分科技社团对《社会团体登记管理条例》《青海省科学技术协会省级科技社团组织通则》重识不够、认识不深，如青海省农业机械学会、青海省林学会、青海省汽车工程学会等常年不换届，处于“你不找，他不理”的局面。有些科技社团的一线科技工作者占比太小，范围狭窄，未能最大限度地囊括相关学科领域的科技工作者。部分社团中中青年科技工作者占比不够，老中青结合不全面。个人会员和团体会员申请入会程序过于烦琐，受到各种限制，理事会和常务理事会人数偏多，头重脚轻，不利于科技社团的日常管理。

（三）科技社团的各项活动开展不积极

组织开展各类活动是衡量科技社团健康有序发展的一个重要指标，科技社团的宗旨就是以开展各类学术交流活动、科学普及活动，促进地方学术繁荣与科技创新，推动地方经济与社会协调发展，推进国家创新体系建设为主要任务。但是囿于经费等种种因素，青海省科技社团活动少或不活动的现象较为普遍，约占科技社团总数的三分之一。另有三分之一的科技社团如青海省环境科学学会、青海省煤炭学会等开展活动与行业业务工作结合较为紧密、自主性较小，主动扩大业务范围、承接政府和社会职能、做强做大、做精做深的积极性不够。科技社团活动相对单调，工作按部就班，推一下，动一下，长此以往会导致活力萎缩、发挥作用不突出、对会员的吸引力日益减小。

（四）科技社团自我发展能力不足

青海省有三分之二的科技社团挂靠在机关事业单位，相当一部分挂靠单位对他们有管理职责，使得他们只能利用公共财政保障其基本生存，并因为挂靠单位干涉社团内部事务过多，导致其自身造血能力明显偏弱。在承接一些活动任务，如全国科技工作者日青海活动、全国科普日青海活动、大型学术论坛、配合省委省政府的一些重要活动、承担相关重要课题研究任务时，大多数科技社团仅能做到规定项目，很少有科技社团能够创新活动方式方法，主动作为、攻坚克难；大部分科技社团不知如何发挥科技社团的人才和智力优势，号召力也欠缺，导致自我发展能力不足，围绕省委省政府中心工作服务科学决策的能力偏弱。

（五）科技社团承接政府转移职能方面受到各种限制

科技社团承接政府转移职能是政府改革发展的需要，多数科技社团认为需要承担委托项目以强化经费收入，并且希望真正能够借此基本保障自身可持续发展。但现实情况是，政府转移职能被事业单位或行业协会承接的比例较大，对科技社团的重视和支持不够。虽然科技社团在承担决策论证、专业咨询、项目论证评估、职业资格认证和人才评价、教育培训等方面具有先天的专业、人才优势，但囿于社会发育程度不高、自身活动力不足、政府机构改革和政府职能转移相对滞后等原因，科技社团在承担上述职能方面缺乏有效的法律依据、行政环境和社会背景，导致科技社团服务政府、社会的作用未得到充分发挥。

（六）科技社团经费不足

青海省科技社团经费主要来源是，挂靠单位资助、业务主管单位资助、捐赠、会费、承接任务、服务社会收入等。但随着青海省改革的进一步深入，大多数科技社团不能再等靠要，经费来源渠道单一，又没有拓展培育新的收入增长点，总体上呈现经费不足的现象。大部分科技社团常年没有固定活动经费，完全依靠挂靠单位或者业务主管单位临时拨款。有些跟行业结合过于紧密的科技社团会随着国家经济形势的变化而兴衰更替，如青海省煤炭学会，在前些年是科技社团中发展良好的省级科技社团之一，每年的会费达几十万元，不仅能满足科技社团自身运行，还能开展一系列学术交流活动、科学普及活动等。但是随着煤炭行业的不景气，青海省煤炭学会收不上来会费，且无其他经费来源，已于 2020 年自行注销。

三、以青海省医学会为例谈科技社团深化改革的具体措施

科技社团的发展不仅需要政策、资金、项目、人才的倾斜和各级党委政府、全

社会的重视，也需要科技社团加大改革力度，转变发展理念，加强自身建设，增强服务实力，提高服务质量。

（一）完善治理结构和治理方式

近年来，青海省医学会以制度建设统领学会建设，先后制定了《青海省医学会章程》《青海省医学会专科分会管理规定》《青海省医学会会员管理办法》《青海省医学会青年委员会管理办法》等，做到了组织完善、制度健全、管理规范、依章办事。一是抓好常务理事会。和很多省级科技社团相似，青海省医学会理事会和常务理事会以前同样面临人员结构老化、领导占比较高、中青年人才作用发挥不明显的问题。但青海省医学会借助换届契机，对理事会和常务理事会的结构进行调整，主要以各学科带头人作为主体，建立领导能力和执行能力强的常务理事会，并让医院主要领导进入理事会。这样建立起来的领导机构既有较强的专业素养和执行能力，又具备统一的领导能力。二是加强服务保障能力。强有力的办事机构是科技社团正常运转的基础，秘书处的配置和秘书长的人选至关重要，科技社团办事机构改革的最终目标是秘书处实体化、秘书长职业化。青海省医学会挂靠在青海省卫健委的事业单位——青海省医药联合办公室，该办公室同时负责青海省医学会秘书处的工作。这种模式目前对于逐步培育该科技社团依法依章独立办会能力、学术统领能力、自我发展能力有天然的优势，是对公共服务和引领创新发展的有益补充，从现实角度看也是有效的。三是持续发挥作用。青海省医学会坚持专科分会会议制度，及时总结、安排部署工作，不断加大分支机构管理力度，进而提高青海省医学会整体运营水平。青海省医学会目前共有 87 个专科分会，与中华医学会科技社团的专科分会设置相呼应，根据我省实际情况，定期召开会议和开展相关学术活动，调整完善分支机构设置，加强管理，对长期不开展活动的分支机构进行清理和调整，规范各分支机构活动开展。同时，将分支机构的优秀科技工作者推荐到中华医学会科技社团各分支机构，搭建服务科技工作者的平台。

（二）广泛开展各类活动

开展各类各层次的活动是科技社团活力的表现，也是科技社团工作的重要载体，是凝聚科技工作者的重要手段。一是开展学术交流。青海省医学会制定了《三江源系列学术品牌建设管理办法》，按照学术交流的规模、层次等进行分类，将符合该条件的学术交流活动纳入青海省医学会三江源系列学术交流中，并给予一定的经费支持。这种做法极大地调动了专科分会的积极性，形成了分会之间的良性竞争，也有效提高了学术交流的层次和水平。二是活跃交流形式。青海省医学会紧紧围绕“高层次、高水平、专业性强”的要求，着力创新学术交流活动形式，如全体会议、学术沙龙、圆桌会议、主旨论坛、专题研讨、案例研究、教学观摩等，线上线下相结合，不断创新方式方法，扩大了科技工作者的参与范围，使学术交流活动更频繁，理论和实践紧密结合。三是认真打造年会。青海省医学会要求发挥专科分会的优势，各专科分会每年必须召开学术年会，努力打造本学科的精品学术交流活动。各专科分会以学术年会为主、专题学术会议为辅，形成各具特色、不同功能的学术交流平台。邀请相关领域专家学者举办具有较强影响力和较高权威性的学术会议，逐步形成青海省对外医学学术交流的重要窗口。四是开展科普宣传。相关专科分会在“世界睡眠日”“世界糖尿病日”“全国高血压日”“三下乡”“助力脱贫攻坚”“应急突发事件”等工作任务中，通过专题科普讲座、义诊咨询、发放宣传海报和宣传手册、派人参与保障等方式，开展形式多样的科普宣传、专业咨询，使5万余人受益。五是服务基层。青海省医疗水平分布不均衡，严重影响了群众的健康获得感，省医学会从青海实际出发，充分调动各专科分会的积极性，组成专家服务团先后赴县乡村，开展了形式多样的下基层、培训、指导工作。以专项培训、专题讲座、示范查房、手术设备操作演示、义诊咨询、健康教育等形式开展医学专家走基层活动，共开展活动百余场次，扩大了学会的影响力和知名度。

（三）提升自我发展能力

科技社团的自我发展能力是一个科技社团综合实力的体现，决定着其能否肩负时代赋予的重任、助力经济社会的发展、满足会员和广大群众的需求。一是提升组织力。青海省医学会在多方积极筹措资金的同时，按规定给专科分会学术活动以经费扶持，让专科分会集中精力以学术交流为主任务，密切联系实际，以“三江源”学术品牌活动为标准，限定层次、规模等，采取“请进来”“送出去”方式（数年来，80个专科分会累计邀请1803名专家），建立了学科学术年会、区域专项学术会议、全国性学术会议多层面齐抓共管的格局。二是民主办会。青海省医学会下大力气完善学会管理，积极推进民主选举、民主决策、民主监督、民主管理，完善专科分会组织建设，规范专科分会学术会议，增强专科分会活力。按照《青海省医学会专科分会管理规定》，及时与各大医院沟通，鼓励医务工作者成立专科分会，专科分会从最初成立时的39个发展到了87个，基本涵盖各医院、各学科、各层次、各年龄段医务工作者，主任委员、副主任委员均按照比例从各大医院均衡选择，从而整合了青海医学各学科力量。三是关注新生力量。学会成立之初，管理相对松散、会员底数不清，近年来医学会逐步规范入会程序，通过自身的活力不断加大吸引力，积极发展会员，目前会员总人数达5047，中青年专业人员比例明显增加。此外，认真创新工作机制，开拓专业空间，搭建良好平台，鼓励、调动其广泛参与的积极性和主动性，让青年科技工作者在科技社团受到重视、接受培养教育，充分发挥各自的专业才智。四是举荐人才。学会发展的一个重要方面就是选拔和培养优秀青年医学科技工作者。为繁荣青海医学学术发展，积极培育新生代力量，政府出台了《青海省医学会青年委员会管理办法》，先后共成立了18个青年委员会。截至目前，青海省医学会科技工作者在中华医学会担任全国青年委员的有77人，青海省医学会青年委员达504人。五是扩大影响力。青海医学研究以地方病和高原疾病研究为专长，因为在全国范围内受众有限，青海专家在外地只能坐听众席，影响有限。为改变这种状况，青海省医学会采取两条腿走路模式，一方面扩大学会宣传，搭建平台，通过评奖、推荐讲课、推荐全国委员等方式宣传青海专家，不断扩大青海医学会在全省医疗卫生界的影响力；另一方面积极与中华医学会、兄弟省份医学会沟通协调，青海专家在国内大型学术会议上频频亮相，在中华医学会担任全国委员、青年委员的人数不断增加。青海地方病、高原性疾病研究专家取得卓越成绩，在国内外进行广泛的学术交流，整体提升了青海医学学术水平。六是信息化建设。利用网站设置跟踪督导、会员服务、活动宣传、专家数据库、网上会诊等，加强学会信息的发布和宣传。更新门户网站整体版面，完善网站一级、二级、三级页面的维护，制作完成医学会网页专版；强化远程服务建设，建立了医学会常务理事群、主任委员群、秘书微信群等，及时发布工作信息，提高了工作效率；87个专科分会分别建立了微信群，每个群内都有值班医生，可以及时收集基层医院上传的图像资料，进行网上会诊服务。

（四）大力承接政府转移职能

承接政府转移职能不仅能拓宽科技社团经费收入渠道，还能提升其社会地位。青海省医学会成立了医学会党委，深化“党建强会”战略，细化强会措施，把党建融入深化体制机制改革和科技社团创新发展的全过程。一是重新定位“四服务”。青海省医学会重新定位“四服务”职能：服务卫健委，服务医疗体制改革，服务医务工作者，服务医疗机构。积极承接完成卫健委转移职能，帮助医院增加影响力，帮助医务科技工作者解决职称评聘、继续教育等实际问题，明确学会责任担当。二是发挥专业优势。青海省医学会通过委托、购买服务等方式承接了青海省卫生健康委委托的“三新”项目评审，全国医师资格考试工作，全省医师及护士资格注册、变更工作，组织开展了西宁地区医疗机构每年 2 次、州县地区部分医疗机构每年 1 次的医疗质量专项检查，上报具有重要参考价值的全省医疗质量督导检查报告；实施医疗质量控制检查，中医医术确有专长人员医师资格考核，卫生系列高级职称评审；组织实施住院医师规范化培训及医院等级评审工作和继续医学教育工作等。三是主办学术期刊。青海省医学会主办了月刊《青海医药杂志》和青海省核心期刊《高原医学杂志》，共编辑出版《青海医药杂志》60 期、《高原医学杂志》20 期，“两刊”共发表稿件 6000 余篇。为了提升办刊质量和杂志的影响力，严格执行三审制度把关稿件质量、严肃查重、减小差错率；编辑部和继续教育部依据《继续医学教育学分授予管理办法》规定，授予医学期刊论文第一作者继续医学教育学分；针对基层医疗机构开设了“基层医疗实践”专栏，丰富版面；为研究生开通了论文发表绿色通道，着力培养青年人才。四是拓宽经费筹集渠道。积极探索新形势下青海省医学会作为科技社团的发展思路，拓宽经费筹集渠道，争取承接政府转移职能，申请各类学术活动项目资金，推动学会的发展。青海省医学会近五年来仅从省科协就争取到学会学术交流项目、学会能力提升项目、综合示范学会项目累计资金达 40 余万元。

四、几点启示

（一）更新发展理念是基础

现代科技社团既要坚持政治性，自觉接受党的领导，又要突出群众性、先进性，竭诚团结服务会员群众，依法依章积极开展科技社团工作。引导科技社团从发展观念上重新认识科技社团的改革要和我省经济社会发展相适应，紧密围绕地方经济社会发展中的重大热点难点问题以及地方支柱产业技术创新这一主题，集思广益、凝心聚力，争取承接政府转移职能、扩大为社会服务的功能和领域。科技社团要紧密围绕中国科协“四服务”的工作定位，积极开展科学普及、继续教育、人才培养、学术交流等，通过品牌活动树立科技社团的权威性和良好的社会形象。

（二）加强能力建设是根本

科技社团要在增强管理能力、服务能力、学术能力、资金筹措能力、协调能力和凝聚能力上下功夫。进一步规范和健全科技社团的管理模式，坚持以会员为主体，坚持民主办会、依法办会，健全监督机制和自我约束机制。一是加强科技社团的独立性。科技社团要保持自主性、自治力，这对科技社团的公信力、权威性的塑造是非常必要的。二是加强科技社团自我发展能力。科技社团通过承接政府转移职能等形式，保持其自我发展能力。三是加强科技社团凝聚科技工作者的能力。通过搭建各类平台、举荐科技工作者等手段，增加科技社团对科技工作者的吸引力和凝聚力。

（三）给予政策扶持是保障

中国科协《章程》明确规定，科技社团作为科协的重要组成部分，是科协组织和工作的重要基础，是为社会提供服务的非营利社团，党委、政府也应出台和加强推进科技社团发展的政策措施，如明确政府科技职能转移具体路径、提升科技社团能力建设措施、加强科技社团人才队伍建设等，加大对科技社团的扶持力度，为科技社团健康持续发展创造良好的外部环境。青海省相关部门应从发展创新的角度重新认识科技社团对社会发展的积极推动作用，并给予配合与支持；青海省科协、青海省财政厅、青海省税务局、青海省民政厅等部门要对科技社团提供相应的扶持和专项支持，简化办事程序，合理减免税收，以项目、资金支持科技社团成长。

新时期科协助力创新驱动发展研究

——以北京市科学技术协会为例

◎西桂权[①] 刘如 付宏

摘　要　本文首先介绍了北京市科学技术协会的基本情况。其次分析了新时期首都科技创新发展趋势，介绍了科协在实施创新驱动发展战略中的重要作用。最后从服务创新驱动发展、促进科技与经济融合、服务重点产业发展、促进科技成果推广转化、推进开放式企业科协建设、服务三城一区建设发展等方面分析了新时期科协助力创新驱动发展的重点，以促进科协在助力创新驱动发展中发挥更大作用。

关键词　科协；创新驱动；科创中心建设

①　西桂权，北京市科学技术情报研究所助理研究员。主要研究方向为科技创新、科技管理。地址：北京市西城区西外大街 140 号。E－mail：xiguiquan@ 126. com. 项目资助：本文受“北京市科协‘十四五’规划战略研究”项目资助。

科协作为党领导下的人民团体，是党和政府联系科技工作者的桥梁和纽带，具有人才荟萃、学科齐全、网络健全、联系广泛的优势，是推动科技事业发展的重要力量。科协组织应坚持以增强自主创新能力为导向，以服务创新驱动发展战略为着力点，积极参与科技体制改革，主动参加创新体系建设，充分发挥推动科技创新、促进创新驱动发展的先锋作用，为建设科技创新中心作出积极贡献。

一、北京市科协基本情况

截至2018年底，北京市共有企业科协392个，高校科协23个，街道科协（社区科协）140个，乡镇科协168个，农技协189个。各级科协所属学会361个，其中省级学会185个，省级学会理事会理事1.06万人，省级学会从业人员1010人。建设双创服务平台/中心50个。省级学会加入国际民间科技组织13个。在国际民间科技组织中任职专家47人，其中担任主席、副主席、执委或相当职务的高级别任职专家23人。截至2017年3月，北京市科协院士专家工作站已有125家、院士专家服务中心11家，进站院士206名、专家550名。北京市科协在服务科技工作者、促进北京建设具有全球影响力的科技创新中心过程中发挥了重要作用。

二、新时期首都科技创新发展趋势

北京始终把科技创新摆在首都发展全局的核心位置，充分发挥人才和科技资源高度集聚的优势，以更高水平的创新促进高质量发展，以更加开放的胸怀参与国际创新合作，以科技创新为核心带动全面创新，为建设全国科技创新中心，建设创新型国家和世界科技强国贡献更大力量。面对新形势，北京科技创新发展主要有以下发展趋势。

（一）新一轮科技革命兴起，北京要提升科技创新综合实力

全国科技创新中心是中央赋予北京的新定位，也是北京发展的内在要求。北京要当好创新驱动发展“排头兵”，要大幅提升科技整体水平、跻身世界先进行列，需要直面全球科技“金字塔尖”的竞争。北京作为全国科技创新中心，其科技创新发展要着眼全局、面向世界、带动整体，深刻认识当今世界正处于大发展、大变革、大调整时期的新特征，立足当下的优势基础和条件，紧紧抓住新一轮科技革命和产业变革带来的新机遇，提升科技创新综合实力，努力将自身打造成为具有全球影响力的科技创新中心，推动全国和全球创新发展。北京将紧紧围绕国家创新战略，部

署一批前沿性、探索性技术研发，产生一批标志性技术甚至颠覆性技术，实现从“跟跑者”到“领跑者”的跨越，占领全球科技竞争制高点，提供支撑首都和全国发展的“核心技术”。

（二）面对中美贸易等外部环境变化，北京要全方位加强自主创新能力

面对中美贸易带来的一系列问题，北京要结合自身优势，全方位推进自主创新能力提升，延伸完善区域创新链、产业链，支持基础研究领域的自由探索，优化领域、区域战略布局，聚焦关键核心技术和重大基础研究，推进创新攻关。作为全国科技创新中心，北京有条件、有责任、有能力引领我国的原始创新，打造全球原始创新策源地。北京应瞄准前沿，不断加强对基础研究和应用基础研究的前瞻部署，大力推动变革性技术关键科学问题研究；通过自主创新实现前瞻性基础研究、引领性原创成果的重大突破，聚焦核心技术，解决“卡脖子”难题，掌握科技话语权。

（三）服务首都经济高质量发展，北京要促进科技与产业融合

经济高质量发展，不仅表现为经济总量的持续稳健增长，而且表现为质量的持续提高，使经济从总量扩张向质量第一、结构优化、效率提升、创新驱动转变。北京经济高质量发展水平在创新驱动引领下领先于其他省区市，北京经济高质量发展中主要依靠创新驱动与经济增长。北京作为全国科技创新中心，需要紧紧围绕首都城市战略定位，努力构建高精尖经济结构，优化创新链与产业链布局，提升发展能级，让符合首都发展定位的高精尖产业助力全国科技创新中心建设和首都经济高质量发展。

三、科协在实施科技创新驱动发展战略中的重要作用

（一）营造科技创新生态环境

发挥科协在北京建设全国科技创新中心中的重要作用，提升科技创新能力，释放科技人才创造活力，营造良好的科技创新生态环境，提高对科技人才的思想引领力、情感凝聚力、精神感召力和组织黏合力。发挥好科协在阵地、平台、专家、人才等方面的优势，找到服务科创中心的切入点、发力点，形成推动北京科创中心建设的强大合力。

（二）助力企业提升自主创新能力

结合首都城市功能定位和创新发展实际，深化“创新簇”建设，落实“科创中国”品牌建设，围绕科技企业创新和创业需求，着力帮助企业解决发展中所遇到的

技术、市场方面的共性问题，提高企业自主创新能力。推进科技与金融融合发展，助力科技型中小企业成长。

（三）促进科技经济进一步融合

围绕首都经济社会发展中心任务，发挥科协在科技引领支撑经济社会发展中的积极作用，解决制约经济社会发展的关键问题，促进科技与经济深度融合，提升科技创新对经济社会发展的支撑能力。

（四）推动产学研结合进一步加深

发挥企业科协和高校科协的作用，整合各方资源，实现资源共享和优势互补，加速实现科技向现实生产力的转化，以产学研深度融合助力首都高质量发展。发挥学会在产业技术创新、技术标准制定、成果转化、促进协同创新等方面的协调服务作用，促进资源服务技术创新和产业升级。

（五）支撑“三城一区”建设发展

“三城一区”是北京科技创新中心建设的主要平台、主要抓手。发挥市区科协优势，聚焦全国科技创新中心建设，为中关村科学城、怀柔科学城、未来科学城、北京经济技术开发区主平台建设发展提供服务。

四、新时期科协助力创新驱动发展重点

站在新的历史起点上，在北京市率先全面建成小康社会、建设具有全球影响力的科技创新中心、迈向国际一流的和谐宜居之都的关键时期，发挥各级科协作用，落实“创新簇”理念，面向科技创新和经济建设主战场，面向地方和企业需求，团结联系首都广大科技工作者，将服务国家战略需求、解决科技与经济相结合问题、增强企业创新能力作为中心任务，助力首都创新驱动发展。

（一）服务创新驱动发展

助力科技创新原始创新能力提升。发挥科协学科门类齐全、领域交叉充分、智力资源密集的独特优势，推动科技资源聚合优化，集聚海内外高端学术资源，促进科技创新资源向北京地区集聚。科协会聚了一批相关学科的权威专家，可以为国家实验室、大科学设施、大科学计划、高水平研究机构建设与布局提供对策建议。这些专家拥有技术预见理论和方法，还可以有效地判断新技术的研发方向和市场前景，为创新发展提供科学预见。助推关键核心技术协同攻关。帮助首都解决重大战略中的关键技术问题，在人工智能、生物医药、新材料等科技前沿领域联合开展科技攻

关，共同建立研发平台，合作培养创新人才，在协同攻关中提升首都自主创新能力。

（二）促进科技与经济融合

实施创新驱动促进科技经济深度融合。实施创新驱动助力工程关键是要实现科技与经济对接、创新成果与产业对接、创新项目与现实生产力对接。在实现上述对接的基础上，通过扎实、有效的服务，助力企业技术创新、助力地方区域经济发展、助力创新北京建设。引导科技工作者参与经济建设。激发广大科技工作者的创新活力和创造潜能，推进科技同经济对接、创新成果同产业对接、创新项目同现实生产力对接，助力企业创新发展，助力首都经济转型升级。创新院士专家工作站建设。促进企业建设院士专家工作站，引进科技创新团队，帮助中小科技型企业解决技术创新活动中遇到的困难和问题。为企业联系相关院士专家，帮助企业提升创新能力。

（三）服务重点产业发展

支撑重点产业领域发展。聚焦战略性新兴产业，注重发挥好科技创新支撑引领作用，加强示范应用，系统提升产业发展能级和溢出效应。聚焦集成电路、人工智能、生物医药三大领域，由科协组织成立专委会，在产业发展方向、战略定位、关键环节、人才培育等方面汇集众智，解决集成电路主要卡脖子的难题，推动人工智能未来发展，助力生物医药转化应用，推动科研与企业、产业更加紧密结合。构建产业技术创新联盟。科协牵头，集成各方创新主体优势，联合开展科技攻关，共同建立研发平台，合作培养创新人才，构建产业技术创新联盟。围绕前沿技术、颠覆性技术、战略性新兴产业之间的关键共性技术的研发和产业化，推动建立完善创新协同联合体、跨学科联合体、跨产业联合体、跨学会联合体等赋能创新协同组织。

（四）促进科技成果推广转化

促进产学研协同创新平台建设。构建科技创新服务联盟，引导更多学会群（联盟）高端智力资源与企业需求对接，加强重大共性技术和关键核心技术攻关，形成学会、高校、科研机构、产业联盟、金融机构等多方共建共享的工作机制。在知识产权保护方面发挥更多作用。充分调动市科协学会资源和专家优势，开展技术咨询和知识产权鉴定工作，服务科技工作者、服务科技创新。充分调动科协的学会资源，挖掘不同科技领域的青年科技工作者，使其加入知识产权司法服务中。市科协可与北京知识产权法院深化合作、携手共进，发挥好科协在专家渠道、人才资源、技术平台、国际网络等方面的独特优势，努力打造与国际科创中心相匹配的科技类知识产权服务品牌。

（五）推进开放式企业科协建设

创新服务企业方式。探索学会+区科协+科技园区（或产业）+关联企业的多方合作机制。探索以企业为主体、产学研用深度融合的开放式企业科协建设模式，为科技工作者创新创业提供优质高效服务。加快和促进企业与学会之间的知识流动和技术转移。运用市场机制集聚创新资源，帮助企业开发核心技术水平和市场占有率高的高科技产品，助推企业提高自主创新能力。通过主动走访相关企业、建立微信群等方式，与企业探讨行业发展方向，为企业出点子。

（六）服务三城一区建设发展

依托市科协在"三城一区"建设企业创新服务中心，服务区域创新驱动发展、区域企业创新发展。加强"三城一区"科技工作者调查站点建设工作，完善"三城一区"固定科技工作者状况调查站点布局，增大调查站点密度。完善与"三城一区"的合作机制。推动中关村科学城建设具有全球影响力的科技创新策源地和自主创新主阵地，动员驻中关村学会广泛参与企业创新。配合怀柔科学城组织专家咨询团，对科学城的规划、布局、人才建设等方面开展决策咨询，促进怀柔科学城建成与国家战略需求相匹配的世界级原始创新承载区。配合未来科学城努力打造全球领先的技术创新高地，加强开放式企业科协建设。鼓励市属学会资源对接未来科学城产业发展，开展学术交流活动，营造学术氛围，推动重点产业发展。落实与北京经济技术开发区管委会的战略合作协议，为开发区科技工作者参与民间科技交往丰富渠道，打造面向海外科技创新合作的"生态圈"。

五、结语

随着创新驱动发展战略的实施和北京建设具有全球影响力的科技创新中心工作的推进，科协将立足自身优势，发挥更加重要的作用。下一步将结合北京实施创新驱动战略的实际情况，更深入地分析科协在促进科技创新发展中所起到的重要作用。

参考文献

[1]田万龙,魏军锋. 发挥科协优势 助力创新发展[J]. 学会,2016(7):51-53+64.

[2]侯静. 发挥科协在北京建设国家科技创新中心中的重要作用[N]. 科技日报,2012-02-13(4).

[3]呼燕．服务创新驱动发展 科协组织要先行[J]．西部大开发,2016(9):84－85.

[4]隗斌贤．学会要在实施科技创新驱动发展战略中发挥职能作用[J]．学会,2013(1):40－48.

[5]陈云彬．助力创新发展 科协责无旁贷[J]．科技创新与品牌,2016(11):40－41.

[6]麻魁．围绕创新战略 做好新时代科协工作[J]．实践(思想理论版),2019(4):42－44.

议题2

“科创中国”
科技经济融合发展及其实践研究

海外人才创新创业治理模式选择

——基于上海和武汉的双案例比较研究

◎胡雯[①] 刘笑[②]

摘　要　海外人才离岸创新创业基地建设计划的实施，为新形势下海外人才选择创新创业治理模式提供了新思路。通过对上海和武汉基地的双案例比较分析，引入网络嵌入理论，探讨了海外人才创新创业治理模式的典型类型、主要特点和选择路径。研究结果表明：海外人才创新创业的治理模式包含政府主导型环式治理模式和市场主导型网式治理模式两种典型类型，其选择路径包括治理体系功能定位、治理主体性质选择、治理结构形成三个关键点；同时本地网络嵌入难度越大，越易形成政府主导的治理模式，并向环式结构发展。

关键词　中国科协；海外人才；创新创业；治理模式

---

① 胡雯，上海社会科学院信息研究所助理研究员。主要研究方向为科技发展与管理。地址：上海市中山西路1610号2号楼809室。E－mail：huwen@ sass. org. cn.

② 刘笑，上海工程技术大学讲师，主要研究方向为科技发展与管理。

一、引言

作为创新活力带动的中坚力量，海外创新创业人才归国后仍面临诸多问题，部分人才难以融入国内体系，使再本土化成为制约瓶颈。因此，如何选择合适的海外人才创新创业治理模式，更好地发挥海外人才在创新创业领域的示范引领作用，是当前亟待研究的重要议题。党的十八届三中全会提出新形势下推进国家治理体系和治理能力现代化的要求，为创新创业治理的发展提供了新的思路。由中国科协牵头开展的海外人才离岸创新创业基地建设计划，是新形势下群团组织对海外人才创新创业治理模式选择的一种探索。目前，已经挂牌成立的基地分别位于上海、深圳、武汉、苏州、成都、天津等地，部分地区已经形成了较为完善的治理模式，具有很高的研究价值。因此，本研究选取中国（上海）自由贸易试验区海外人才离岸创新创业基地（以下简称上海基地）和中国（武汉）海外人才离岸创新创业中心（以下简称武汉基地）为案例研究对象，在研究框架的基础上，探讨海外人才创新创业治理模式的典型类型和主要特点，分析治理模式的选择路径。

二、理论回顾与研究框架

（一）理论回顾

自20世纪90年代以来，对政府角色定位的反思与改革，使“治理”一词成为公共行政领域的热点。“治理”指政府通过网络与权力完成工作的方式，有别于传统公共行政系统中通过官僚组织来解决公共问题与提供服务的方式。因此，在治理视角下，政策过程是不同行动者之间复杂的互动过程，权威与权力视网络中的资源与规则而定，而在传统管理视角下，管理者作为体系的控制者，对政策过程的规划、组织、领导均具有控制权。在推进国家治理体系与治理能力发展的进程中，政府的职能和作用较以往有所转变，市场在资源配置中的决定性作用日益凸显。在科技创新领域，由政府科技管理向科技治理发展的趋势已经显现。“科技治理”也被称为“科学与治理”或者“技术与治理”，作为公共治理理论在科技管理领域的延伸，科技治理主张把纵向中央与地方的科技合作、与横向政府之间的合作以及多主体公私合营这三种模式有机地结合起来形成一种网络治理模式。由于政府部门并不完全垄断和支配一切科技创新资源，拥有科技创新资源、承担科技创新发展使命的还有企业、高校及科研机构、第三方非营利组织、群团组织、科技中介等主体，因此科技治理体系的形成需要这些主体相互依存，以共同的价值观为指导，以达成共同立场为目标进行协商和谈判，通过协同与合作，解决各个层面上的科技创新发展问题。

作为科技治理的组成部分，创新创业治理是当前我国实施创新驱动发展战略过程中的重要议题。目前，相关文献成果散见于创新生态研究领域和创业研究领域，从治理视角开展的研究较为罕见。一般认为，创新创业活动应由企业主导，因此领域内研究多集中于企业创新生态系统治理，即企业通过正式与非正式的制度安排，优化配置内外部创新资源，协调成员企业等利益相关者的权责利关系，进而共创价值。然而，创新创业治理并非仅限于企业层面，还广泛存在于产业层面、区域层面，从中观和宏观层面来看，治理视角要求政府实现从“统领者”向“同行者”的换位，强化治理参与者之间的共振联系。海外人才创新创业研究则主要以双重网络嵌入理论为切入点，以探讨海外人才跨境创业的关键影响因素为核心，从治理角度展开的讨论较少，是当前亟待探索和补充的领域之一。

总的来说，学界对创新创业治理的探讨多停留在理论研究的初期阶段，研究的视角较为分散，尚未形成体系化的研究框架，特别是对海外人才创新创业治理而言，由于缺乏实证研究的对象，对海外人才创新创业治理模式的发展和实践情况缺乏必要的总结和归纳，难以支撑后续研究的开展，因此急需明确海外人才创新创业治理模式的主要类型和选择路径。

（二）研究框架

本研究从治理模式表征的现象出发，以海外人才创新创业的供需匹配过程为切入点，考察治理模式的选择路径。目前，海外人才回流趋势明显，创新创业需求高涨，同时国内经济也面临巨大的转型压力，各地均采取积极措施营造良好的创新创业生态体系，以求留住优质海外人才、助推产业转型升级、实现创新驱动发展，因此，外部需求牵引和内部转型压力共同推动了创新创业治理模式的形成。在海外人才回国创新创业需求和本地创新创业生态体系特征匹配过程的影响下，创新创业治理模式将在多次改进和迭代后最终形成稳定形态，从而使治理模式的选择路径有迹可循。图 1 对研究框架的整体思路进行了详细描述。

由于上海基地和武汉基地已经形成了稳定的运营和治理模式，因此，本研究首先通过双案例比较分析的方法，从客观现象出发，总结海外人才创新创业治理模式的主要类型，并进一步对比两地治理模式的特点，然后在此基础上，对海外人才创新创业供需匹配过程进行解构。首先引入网络嵌入理论，分析海外人才回国创新创业的需求和主要难点。海外人才跨国创业具有双重网络嵌入特征，本地网络嵌入和

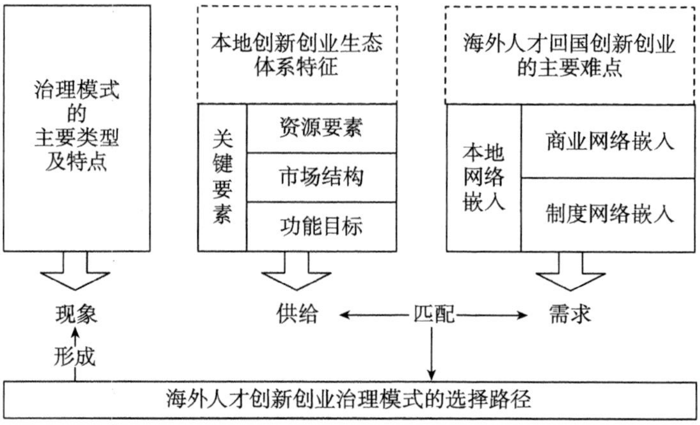

图1　研究框架

海外网络嵌入对新创企业的不同发展阶段具有不同影响，由于本地网络嵌入程度在初创阶段将发挥重要作用，且本研究主要探讨海外人才在本地创新创业的治理模式，因此着重从本地网络嵌入视角进行分析。海外人才跨国创业时，初创企业对本地创新网络的嵌入方式主要包括商业网络嵌入和制度网络嵌入。其次根据创新创业生态体系的现有研究成果，分析对应海外人才创新创业需求的关键要素。美国总统科技顾问委员会2004年发布的两份《维护国家的创新生态系统》报告指出，创新生态系统是推进技术和经济发展所必需的机构和人员相互作用的动态系统，虽然学界对创新创业生态系统的界定仍未统一，但普遍认为其具有动态性、自组织性等特点。一般认为，产业创新生态系统主要由主体要素、功能要素和环境要素三部分组成，其中功能要素主要包括技术、知识、信息、资源等；环境要素包括设施、制度、政策等保障产业运行的基本条件。而创新生态系统的基本特征也可以从主体与要素、结构与边界、功能与目标三个方面进行归纳。综合海外人才创新创业在本地资源获取、海外知识学习及开发方面的主要难点，本研究主要选取资源要素、市场结构和功能目标三个创新创业生态体系中的关键要素进行分析和探讨。

本研究选用案例分析方法开展针对海外人才创新创业治理模式选择的研究工作。为了确保案例研究的信度和效度，主要从三个方面收集资料：（1）公开资料，主要包括文献资料、网络资料和官方宣传手册；（2）专家访谈；（3）实地调研。

三、案例分析

（一）海外人才创新创业的治理模式

在公共管理视域内，一般认为公共事务的治理主体包括政府、市场和民间组织。

就海外人才创新创业的治理模式而言，可以从以下两个方面开展分析：一是治理主体及其主导地位，即海外人才创新创业事务的管理主体和运营主体性质；二是治理结构，即海外人才创新创业治理中，政府、市场和民间组织间的关系。

首先，由于现有海外人才创新创业治理中存在管理主体和运营主体分离的现象，为了综合分析主体性质，引入二维四分法，以管理团队性质为X轴，以运营主体性质为Y轴，绘制坐标象限，并根据上海基地和武汉基地的实际情况，将两者标识在对应象限内，如图2所示。其次，根据治理主体间权力分配的平等程度，可以将治理模式划分为塔式模式、链式模式、环式模式和网式模式，其中环式治理模式下政府需担当“元治理”的角色，协调和解决治理主体间的冲突和矛盾，而网式治理模式下，众多权威交叠共存构成合作治理网络，政府不再充当“元治理”角色。

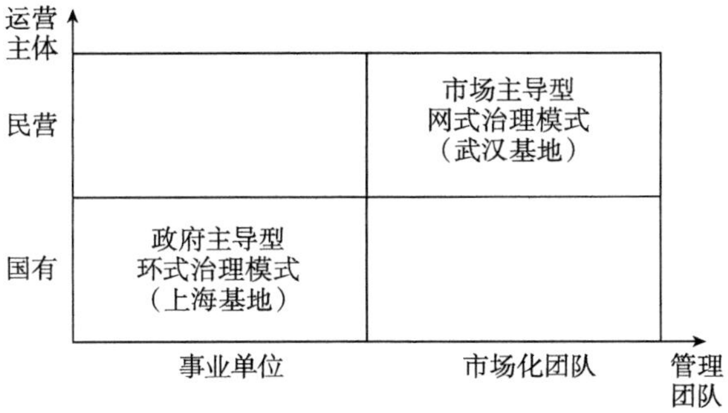

图2　两类海外人才创新创业的治理模式

根据上海基地和武汉基地治理模式的主要特点，结合各维度的分类标准，将上海基地划分为政府主导型环式治理模式，将武汉基地划分为市场主导型网式治理模式。

1. 政府主导型环式治理模式

上海基地在运营过程中形成了管理主体和运营主体分离的模式。从运营主体性质来看，上海基地的运营主体为国有企业，即上海普德科技发展有限公司，主营业务为项目孵化和企业管理咨询。从管理团队的性质来看，上海基地的管理团队由上海市浦东新区科技创新促进中心（以下简称浦东科创促进中心）相关人员兼职构成，属于事业单位性质。因此，就运营主体和管理团队的性质而言，上海基地形成的是一种较为典型的政府主导型治理模式。

从治理结构上来看，上海基地内部的领导职能由离岸基地建设工作协调小组承担，协调小组由上海市科学技术协会和上海市浦东新区共同形成双领导模式，对基地管理层具有指导功能，同时执行团队管理和团队运营协作工作。从外部来看，上海基地的治理功能与环式治理模式中的政府功能类似，主要通过政策工具实现海外人才创新创业活动中市场各主体间的协调冲突和解决矛盾职能，政策形成机制表现为自上而下的形态。图 3 对上海基地的政府主导型环式治理模式进行了总结。

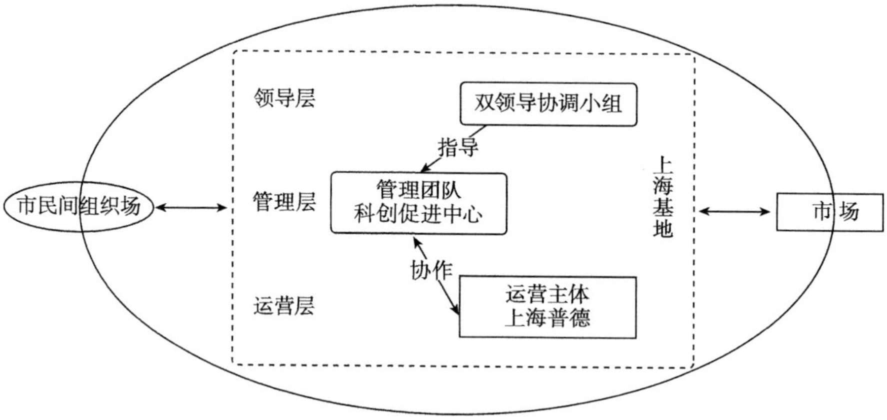

图 3　上海基地的政府主导型环式治理模式示意

2. 市场主导型网式治理模式

武汉基地采用的运营模式中，管理主体和运营主体的团队成员保持高度一致，是典型的“多块牌子一套班子”模式。其主要运营主体为民营企业性质，即海智之星（武汉）科技服务有限公司，原为武汉地质资源环境工业技术研究院有限公司（以下简称资环工研院）的全资子公司，资环工研院是由中国地质大学（武汉）与武汉市人民政府于 2013 年联合创建的企业法人。此外，武汉基地还设有一个民非组织，承担海外分中心的联络功能。从管理主体的性质来看，武汉基地的核心管理团队拥有事业单位编制，受湖北省科学技术协会（以下简称省科协）直属指导。同时，根据深度访谈获得的资料，武汉基地虽设有事业编制，但管理和运营团队成员均来自体制外，具备多年项目投资和资本运作经验，是典型的市场化团队。因此，可以判断武汉基地形成的是市场主导型的治理模式。

从治理结构上来看，武汉基地内部领导层由省科协形成单向指导关系，管理层与运营层高度重合，管理主体、运营主体、附属民非组织间呈现协作状态，没有表现出明确的上下级关系。从外部来看，武汉基地高度市场化的运作模式使得其治理功能更接近于市场主体，因此与政府和民间组织间形成的关系更为平等，构成了合作治理网络。同时，武汉基地政策传导机制也有所不同，基地管理人员在访谈中指出："当基地遭遇政策瓶颈时，会首先向省科协提出政策建议，并由科协向有关部门谏言，最终形成相关政策或落实细则。"可以观察到其政策形成机制呈现自下而上的形态。图 4 对武汉基地的市场主导型网式治理模式进行了总结。

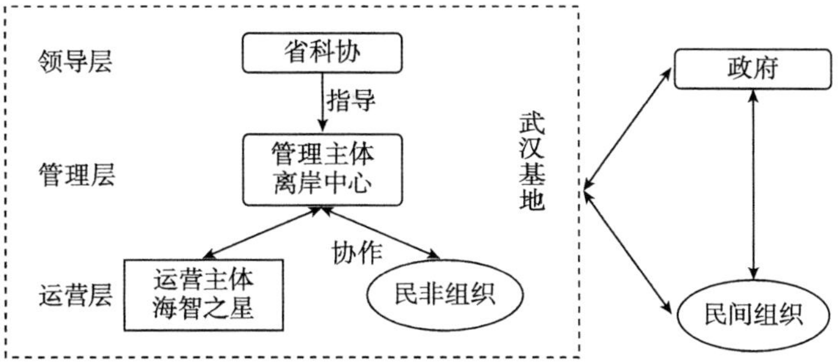

图 4　武汉基地的市场主导型网式治理模式示意

（二）海外人才创新创业治理模式的选择路径

按照研究设计的思路，从海外人才创新创业的供需匹配着手，根据对上海和武汉两地案例分析得出的结论，分别对海外人才本地商业网络嵌入和制度网络嵌入过程开展分析工作，并进一步总结海外人才创新创业治理模式的关键选择路径。

1. 上海基地选择路径

上海基地于 2015 年 8 月挂牌成立后，逐步形成了以吸引海外人才创新创业项目落地为主，同时探索海外人才离岸经营体制机制改革和创新的目标定位，这与上海的市场结构和创新创业体系功能定位有较强关联。在上海现有市场结构中，高新技术企业数量较多、外企国企比重较大，因此创新创业体系的功能定位较高，对创新创业项目的质量提出了更高要求，也更注重海外人才回流后对本地创新氛围的带动效应，因此形成了以"海外人才上海自贸区创业汇"为典型代表的活动形式。另外，上海基地落地在自贸试验区范围内，本身承载着"制度试验池"的功能，也具备"先行先试"的实践条件，特别是离岸经营模式在境内尚处于探索阶段，对现有出入境政策、离岸金融体系、离岸企业注册规范等各方面的瓶颈突破有很高需求，因此体制机制改革与创新也是治理体系的主要功能之一。相较于其他基地，上海基地在功能定位上的特征十分鲜明，在寻求优质创新创业项目切实落地的基础上，体制机制改革创新功能的确定，对治理主体的选择及治理结构的形成产生了重要影响。

可以观察到，上海基地管理主体的职能设置与基地功能目标具有很高的契合度，而事业单位性质也有利于体制机制创新功能的实现，因此选择浦东科创促进中心作为管理主体是治理体系功能定位影响下的一种结果。浦东科创促进中心作为上海市浦东新区科技和经济委员会（以下简称浦东科经委）的下属事业单位，整合了原上海浦东生产力促进中心和原上海市浦东新区科技认定服务中心的相关职能，主要职能包括：科技项目管理、创新创业管理、科技金融管理。同时，创新创业项目的孵化服务由专业的独立团队（上海普德）来负责，以通过市场化手段提高项目孵化效率。

上海基地治理结构的形成与海外人才在本地商业网络和制度网络嵌入难易程度有关。在商业网络嵌入方面，上海各类市场资源集聚程度高，除空间资源外，人才、资金、信息等资源的可得性均较高，对海外人才具有很强的吸引力，但从市场结构来看，高新技术企业的进入壁垒也相对较高，使得本地商业网络形成了一道无形门槛。在制度网络嵌入方面，由于创新资源丰富，创新创业体系本身定位就具有一定高度，因此财政资金对创新创业项目的直接资助额度较少，政策资源的获取仍有一定门槛，可得性不高。所以，相较而言，海外人才在上海的制度网络嵌入成本较高，是本地网络嵌入的主要难点，加上上海基地在体制机制创新方面的独特功能，使政府在治理体系中占据了更为重要的地位，形成了政府主导的环式治理模式以及自上而下的政策形成机制。图5对上海基地治理模式选择路径进行了总结。

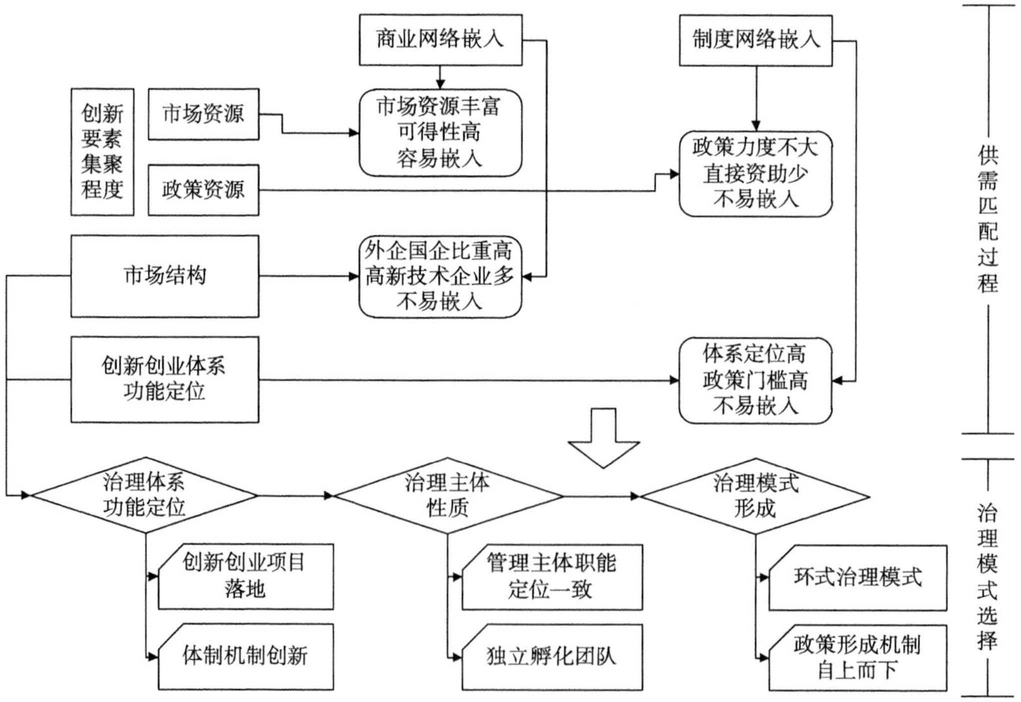

图5　上海基地治理模式选择路径

2. 武汉基地选择路径

武汉基地的创新创业生态体系基础情况与其功能定位的设定有直接联系。虽然武汉市创新创业环境日益完善，但相较北上广等一线城市，人才、资金等创新资源的可得性仍处于较低水平，对创新型初创企业的吸引力尚显不足，同时由于产业升级转型的强烈需求，对创新创业人才和项目的引进十分重视，使得创新创业体系本身的功能定位向创新资源导入和创新项目引进倾斜，因此治理体系的功能目标也侧重海外人才引进和创新创业项目引进。

由于创新资源先天不足，湖北省层面和武汉市层面均出台了优厚的鼓励政策，通过直接和间接资助财政资金的方式，吸引海外人才来武汉创新创业，扶持创新型初创企业在武汉落地，如武汉城市合伙人项目等，有机衔接了人才引进和项目孵化工作。为了有效运用政策资源，同时发挥财政资金的撬动作用，引导市场资源进入武汉，武汉基地选择聘请市场化团队负责管理和运营工作。由于武汉基地对省市两级层面的创新创业鼓励政策的依赖程度较高，这种由市场主导的治理模式避免了政府陷入既当“裁判员”又当“运动员”的尴尬境地，同时通过“多块牌子，一套班子”的协作形式以及私募风险投资基金的建立，灵活地引导市场资源进入产业转型急需的领域。在访谈中我们注意到，武汉基地成立之初，运营主体海智之星采用的是产学研一体化运作模式，其本身是资环工研院的全资子公司。可见，武汉基地现有治理主体性质的确定经历了一定的演化过程，表明在运营过程中，创新创业供需的匹配过程对治理主体的选择具有影响。因此，海外人才商业网络嵌入诉求与本地创新创业体系的匹配程度，对武汉基地治理主体性质的选择具有重要影响。

在市场主导的治理模式下，由于政策资源丰富、创新创业体系定位不高，海外人才可以更容易地嵌入制度网络，从而使政府在治理网络中与市场和民间组织处于相对平等的地位，因此形成了网式治理模式以及自下而上的政策形成机制。图6对武汉基地的治理模式选择路径进行了总结。

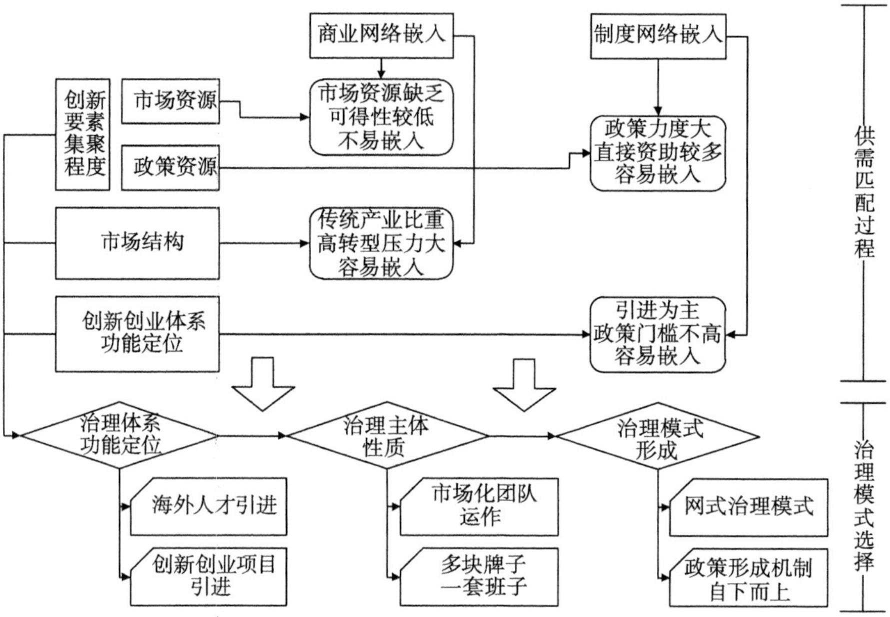

图 6　武汉基地治理模式选择路径

四、研究结论

本研究在构建海外人才创新创业治理模式分析框架的基础上，借鉴网络嵌入理论，采用双案例比较研究的方法，以上海基地和武汉基地为案例研究对象，总结了海外人才创新创业治理模式的主要类型和特点，在此基础上，从海外人才创新创业需求和本地创新生态供给的匹配过程入手，阐述了两类治理模式的选择路径。

（一）两类治理模式的特征

两地基地治理模式在领导层、管理层、运营层、实施层均存在诸多差异。在领导层面，上海基地的双重领导模式和武汉基地的直属领导模式具有显著差异，对两地基地的功能定位和目标设置具有重要影响。在管理和运营层面，单位和团队性质上的区别，直接影响了治理主体的主导地位，同时，管理与运营团队的人员构成和一致性也存在差异，使治理结构向不同方向发展。在实施层面，两地基地的协作方式、服务模式和典型活动均具有不同侧重点。表 1 从上述多个方面对两地基地治理模式的主要特征进行了对比分析。

表 1　两地基地治理模式对比

层次	分类	上海基地	武汉基地
领导层	领导模式	双领导协调小组	省科协直属领导
管理层	管理主体	上海市浦东新区科技创新促进中心	中国（武汉）海外人才离岸创新创业中心（事业编制）
	管理主体来源	既有	新设
	管理团队性质	事业单位兼职	市场化团队全职
运营层	运营主体	上海普德科技发展有限公司	海智之星（武汉）科技服务有限公司
	运营主体性质	国有企业	民营企业
	管理与运营团队一致性	不一致	一致
实施层	协作方式	以管理主体和运营主体协作为核心，海内外合作网络建设	前期着重“产学研用”一体化模式，后期完全市场化运营，海内外多站点协作
	服务模式	①离岸孵化模式 ②离岸产业转化器模式 ③跨境双孵化模式	①海外人才引进与对接服务 ②科研项目申报服务 ③海外创业项目孵化与投资 ④科技项目发布与专家咨询
	典型活动	海外人才上海自贸区创业汇	人才对接会 创新创业大赛（海外赛区）

政府主导型环式治理模式和市场主导型网式治理模式，不仅在治理主体及其主导地位、治理结构两个方面具有不同特征，在治理工具和政策形成机制方面还具有以下特点：

1. 治理工具选择的异质性

一般认为，以政府为核心的治理工具可分为结构式强制工具、合同式诱导工具、互动式影响工具三种类型。在实践中，政府主导型环式治理模式采用合作式诱导工具的情况较为多见，主要表现为政府补助和津贴、税收减免、政府采购、国有资本风险投资等形式，如上海基地对入驻总部空间办公场地的海外人才创业企业给予6个月免费流动工位和配套办公设施使用权。而以市场为核心的治理工具，重点在于依托现有政策资源，通过市场化运作手段，引导市场资源和财政资金的优化配置，因此市场主导型网式治理模式的治理过程必须通过市场来完成。如武汉基地为符合省市级人才奖励计划的海外创新创业人才提供咨询和申报服务，引导财政资金向符合市场需求的海外人才倾斜，同时成立私募风险投资基金，利用市场化资本吸引海外优质项目落地武汉。

2. 政策形成机制的差异性

政府主导型环式治理模式的政策形成机制是自上而下的。由于治理主体本身具有政策制定和优化的职能，因此在培育海外创新创业项目的过程中，能够更好地发现政策瓶颈，并快速作出响应，对以体制机制创新为目标的创新创业生态体系而言是十分有利的模式。市场主导型网式治理模式的政策形成机制是自下而上的。相较而言，由于增加了自下而上的问题反馈路径，政策响应速度远不及前者，但该模式对市场动态的感知更为敏感，对创新创业需求和困境的理解也更为深刻，有利于形成具有较强针对性的政策建议。

（二）治理模式选择的关键要素

1. 海外人才创新创业治理模式选择存在三个关键点，即治理体系功能定位、治理主体性质选择、治理结构形成

海外人才创新创业治理体系的功能定位通常与本地创新创业生态体系基础息息相关，功能和目标的确立对治理主体性质和治理结构的形成具有重要影响。特别是政府主导的治理模式中，如果选择既有主体作为治理主体，主体本身的职能通常与治理体系功能定位存在较高的契合度。市场主导的治理模式中，治理主体的选择多受到本地商业网络嵌入难易程度的影响，治理结构的形成则大多同时受到治理主体性质和本地制度网络嵌入难易程度的双重影响。

2. 本地网络嵌入难度越大，特别是制度网络嵌入难度越大，越容易形成政府主导的治理模式

海外人才创新创业过程中，本地网络嵌入的难易程度，即本地创新创业生态体系与海外人才创新创业需求的匹配过程，对治理主体性质的选择具有一定影响。海外人才嵌入本地网络的主要目标是获取市场资源和制度资源。一般来说，资源集聚程度越高，要素越丰富，创新创业企业就越容易嵌入本地商业网络，市场资源的可得性也就越高。在市场资源丰富的情况下，制度资源的争夺将尤为关键。海外人才嵌入本地制度网络，有利于新创企业更好地获悉宏观政策信息，获取政府财政科研项目经费资助，主动与掌握话语权和稀缺资源配置权的本地政府建立并保持良好关系，也便于获得市场合法性和稀缺资源。企业嵌入本地制度网络的难度越大，政府对制度资源的可控性越高，政府在创新创业生态体系中就会处于有利的位置，由于关键资源的配置权利逐渐集中到政府主体，最终将促使政府在治理模式中处于主导地位。

3. 政府主导的治理模式易向环式结构发展，市场主导的治理模式易向网式结构发展

从两个案例的综合情况来看，政府主导的治理模式中，海外人才创新创业的网络嵌入难度普遍较大，海外人才的创新创业需求往往需要通过政策的创新和突破来满足，加上治理主体多为事业单位性质，因此自上而下的政策形成机制将是更有效率的选择，这一情况将进一步凸显政府在治理网络中的地位，从而使治理结构向环式结构发展。反之，在市场主导的治理模式中，由于治理主体本身背靠较为丰富的政策资源，海外人才创新创业的本地网络嵌入需求主要通过市场化手段解决，使各主体间的关系更为平等，容易形成网式的治理结构。

参考文献

[1]吴从环．归国留学人员再本土化研究[J]．山东社会科学,2008,22(1)：126－128.

[2]Kettle D. F. The Transformation of Governance：Public Administration for Twenty－first Century America[M]. Baltimore：Johns Hopkins University Press, 2002.

[3]苏毓昌，余致力．廉政与治理：公共管理的迫切议题与新兴范式[J]．复旦公共行政评论，2012，8(2)：150－168.

[4]KLIJN，ERIK－HANS. Analyzing and managing policy processes in complex networks：a theoretical examination of the concept policy network and its problems[J]. Administration & Society，1996，28(1)：90－119.

[5]FOUTOWICEZ S. et al. Science and governance in the European Union：a contribution to the debate[R]. Science and Public Policy，2002.

[6]GIBBON J. H.，GWIN H. L. Technology and governance[J]. Technology in Society，1985，7(4)：333－352.

[7]曾婧婧，钟书华．科技治理的模式：一种国际及国内视角[J]．科学管理研究，2011，29(1)：37－41.

[8]吕一博，蓝清，韩少杰．开放式创新生态系统的成长基因——基于 iOS、Android 和 Symbian 的多案例研究[J]．中国工业经济，2015,33(5)：148－150.

[9]李维安，林润辉，范建红．网络治理研究前沿与述评[J]．南开管理评论，2014,17(5)：42－53.

[10]武建龙，于欢欢，黄静，刘家洋．创新生态系统研究述评[J]．软科学，2017,31(3):1－3，29.

[11]李昂，汤书昆．城市治理生态:创新视角下的内涵与建构——以苏州纳米产业生态治理为例[J]．科技管理研究，2016,36(24)：157－163.

[12]何会涛,袁勇志．海外人才跨国创业研究现状探析与未来展望——基于双重网络嵌入视角[J]．外国经济与管理,2012,34(6):1－8.

[13]袁勇志,肖方鑫．双重网络嵌入对海外人才跨国创业的影响研究——基于创业阶段视角[J]．工业技术经济,2013,32(11):45－53.

[14]汪旭晖,张其林．电子商务破解生鲜农产品流通困局的内在机理——基于天猫生鲜与沱沱工社的双案例比较研究[J]．中国软科学,2016,31(2):39－55.

[15]ALDRICH H. E.，Reese P. R. Does networking pay off：a panel study of entrepreneurs in the research triangle[A]．Frontiers of Entrepreneurship Research[C]．Massachusetts：Wellesley，1993：325－339.

[16]曾国屏，苟尤钊，刘磊．从"创新系统"到"创新生态系统"[J]．科学学研究，2013,31(1)：4－12.

[17]董铠军．微观视角下创新生态系统研究:概念与界定[J]．科技进步与对策，2017,34(8)：9－14.

[18]曹如中，史健勇，郭华，邱羚羊．区域创意产业创新生态系统演进研究:动因、模型与功能划分[J]．经济地理，2015，35(2)：107－113.

[19]陈健，高太山，柳卸林，马雪梅．创新生态系统:概念、理念基础与治理[J]．科技进步与对策，2016,33(17)：153－160.

[20]王臻荣．治理结构的演变:政府、市场与民间组织的主体间关系分析[J]．中国行政管理,2014,30(11):56－59.

[21]曾婧婧,钟书华．论科技治理工具[J]．科学学研究,2011,29(6)：801－807.

[22]余明桂,回雅甫,潘红波．政治联系、寻租与地方政府财政补贴有效性[J]．经济研究,2010,56(3):65－77.

[23]LUO Y. D. Shifts of Chinese government policies on inbound foreign direct investment[J]．Strategy Management Journal，2008,9(4)：291－314.

[本文曾发表于《科学学研究》，2019，37（3）：526－534]

科技成果转化中科技社团的功能定位与实践策略

◎潘建红[①] 杨利利[②]

摘　要　科技成果转化是促进科技与经济深度融合的关键环节。新时期急需发挥科技社团在科技成果转化中的价值功能，推动科技成果向现实生产力的转化。当前，科技社团在科技成果转化中存在一定的功能缺位，这既与政府维度的政策制度不完备有关，也与科技社团内在动力不足、社会认知偏差等因素相关。为此，在挖掘科技社团功能发挥制约因素的基础上，应从政府政策法律保障、科技社团内在动力激发以及引导社会形成正确认知三个维度探寻促进科技社团功能发挥的实践路径。

关键词　科技成果转化；科技社团；功能；实践

① 潘建红，北京科技大学马克思主义学院教授，主要研究方向为马克思主义与科技革命、科技伦理与科技文化。地址：北京市海淀区学院路30号。E－mail：pan177@163.com.

② 杨利利，北京印刷学院马克思主义学院讲师，主要研究方向为马克思主义理论，科技伦理与思想政治教育。地址：北京市大兴区兴华大街二段（1号）。E－mail：yxxhlxbk@163.com.

推进科技成果转化是新时期的一项重要经济战略部署。党的十九大报告指出，要“深化科技体制改革，建立以企业为主体、市场为导向、产学研深度融合的技术创新体系，加强对中小企业创新的支持，促进科技成果转化”。在中国科学院第十九次院士大会、中国工程院第十四次院士大会上的讲话中，习近平总书记强调：“促进创新链和产业链精准对接，加快科研成果从样品到产品再到商品的转化，把科技成果充分应用到现代化事业中去。”据相关数据统计显示，截至2017年底，我国国际科技论文总量和被引用量均跃居世界第二位；发明专利申请量和授权量位居世界第一，有效发明专利保有量居世界第三。而科技成果转化率却始终不高，与发达国家的转化水平仍有较大差距。科技社团以其内在的优势与特点，在加速科技成果转化中发挥了重要的作用。为此，需要在理论层面探讨科技社团在科技成果转化中的功能定位，在实践层面探索其功能发挥的问题及制约因素，并探究科技社团功能实现的具体实践策略，以实现科技成果转化率的提升。

一、科技社团在科技成果转化中的功能定位

科技成果转化作为一项综合工程，不仅关系到政府、科技成果供需双方、中介组织等多元主体，还涉及资金、技术、信息、人才等多种资源要素。推进科技成果转化，既需要多元主体协同运作，又需要各种资源要素在转化链中的自由流动。科技社团能够利用其功能优势实现资源的链接，满足主体的价值需求，实现主体的协同，在科技成果转化中具有畅通转化链条、降低转化风险、加速转化进程的功能。

（一）畅通科技成果转化链条

科技成果转化作为一个完整的链条，包括由研发到中试，再到市场应用推广的连续阶段，转化链条的畅通是实现科技成果顺利转化的前提条件。导致科技成果转化链条阻滞的因素有多种，如资金来源不足、人才供给短缺、技术匮乏等。其根本原因在于多元主体对资源要素的需求无法得到有效满足。而这些要素并非均匀地分布于各主体之中，单个主体很难同时拥有众多资源要素，必须要进行不同主体间的资源交换。资源要素流通壁垒的存在，形成了多元主体充分共享资源要素的障碍。尤其是不同主体分属于不同的组织系统，其组织边界及潜在的社会、心理、文化等多种因素的存在，阻碍了各要素的自由流动。为了提高流动效率，通常会采取政府行政干预和市场拉动促进资源要素的合理流动，但效果往往并不明显。科技社团作为跨边界组织，具有跨行业、跨部门、跨区域、跨国界、跨学科等组织网络优势和

客观公正性、地位超脱、非营利等社团属性优势。因此能够突破不同主体的刚性边界束缚，把各主体及其资源要素有机地连接起来。多元要素的充分流动与多向互动，实现了不同主体间的资源共享，有助于畅通转化的链条。

（二）降低科技成果转化风险

科技成果转化充满了风险，这是由多种因素导致的，如技术的不确定性、科技成果的不成熟性、转化环境的复杂性、主体信息的不对称等。科技社团综合运用其人才聚集、知识汇聚和多向沟通的功能优势，能够有效降低科技成果转化的风险。其一，开展科技成果评估，从源头控制风险。科技社团作为拥有独立法人资格的非政府组织，不仅具有评估科技成果的能力，而且能够排除利益因素的干扰，确保成果鉴定的公正性。同时，科技社团集中了大量的来自不同领域的专家学者，利用多方面、宽领域人才集聚优势，综合运用多学科知识对科技成果及转化过程予以客观的判定，如成果本身的价值性、实践层面的可操作性、技术条件的完备度、转化应用的难点等，这能够在很大程度上降低转化中的风险。其二，传递政府政策导向信息，从宏观上控制风险。一般情况下，无论是高校、科研院所进行技术研发还是企业部门对科技成果的应用推广，都是在市场拉动下进行的。而市场也会发生失灵，在这种情况下，转化中发生风险就会在所难免，因而亟待政府发挥宏观层面的调控作用。科技社团具有联系广泛的特点，能够及时掌握最新政策信息，并进行有效的传达。以科技社团为纽带，在政策的引导下有助于科技成果供需双方对市场需求形成正确判断，从而能够对行为作出适当调整，以控制和规避风险。其三，促进主体信息对称，有效化解风险。在科技成果转化的起始阶段，高校和科研院所对信息的垄断导致其在信息拥有方面占有绝对优势，这就使得企业对信息的掌握处于劣势地位，技术供需双方呈现出严重的信息不对等。在无法有效把握信息的情况下，转化过程的风险性就是不可预知的。这时，企业如果继续购买科技成果，就有可能增加转化风险。科技社团可以利用其信息集成优势，通过搭建信息交流与共享平台，增进科技成果供需方的信息互通，克服双方信息盲点，进而有效地降低转化风险。

（三）加速科技成果转化进程

科技成果转化作为一个过程，其速度直接决定了转化率的高低，其中的每一个阶段都会对转化进程起到加速或阻滞作用。科技社团作用于转化过程的不同阶段，客观上推动了这一进程。一是组织学术交流，加速科技成果的集成。学术交流是知识创新的重要源泉，科技社团可以通过举办学术促进会、研讨会等会议以及创建期刊交流平台，增进来自不同领域、不同学科、不同专业的创新主体之间的互动和联系，促进各类学术观点的碰撞与融合，加速知识的创造和生成。二是密切科技界与产业界的联系，推动科技成果的扩散及应用。以科技社团为依托构建社产学研联盟，能够打破多元主体各自为政、相互隔绝的状态，激发各主体参与活力，促进科技成果市场化的生产与运用。三是深化与公众互动，推动科技成果的传播。科技社团会聚了一大批专家学者，他们广泛分布在研究院所、企业、大专院校等机构，是进行科技成果推广与应用的主要力量。作为联系公众与科学共同体的桥梁和纽带，科技社团可以发挥其网络组织优势，通过开展科技文化传播等多元活动，增进公众对科技成果应用价值的认识，增加其对产品的接受度，进而加速科技成果的转化进程。

二、科技成果转化中科技社团功能发挥的问题凸显

科技社团推动科技成果转化彰显了对科技成果转化现实难题的回应。事实上，科技社团在科技成果转化中存在着缺位现象，如资源整合力度不够、主体沟通联系不畅、科技成果价值评估缺失等。从主体维度的角度来看，制约科技社团功能发挥的因素主要来源于三方面，即政府维度的政策法律不完备、科技社团维度的内在动力不足以及社会维度的认知偏差。

（一）政策法律不完备

科技社团在科技成果转化中的价值实现，需要在政策与法律层面构建创新环境与完备的保障体系。当前，相关政策和法律的制定与落实都还很不健全、很不到位，进而在实践中制约着科技社团功能的发挥。在政策层面，政府税收减免、人才管理等政策作用的发挥不足，弱化了对科技社团的宏观调控力。科技社团的功能需求无法得到有效满足，其运行的良性环境难以形成。“在国外，由于制定了完善的免税资格审核和认定机制，科技社团可以通过主动申报获得免税地位，享受免税待遇，从而获得较宽松的发展环境。”而在我国，由于缺少科技社团必需的政策保障和引导，从而导致其功能定位不清以及促进科技成果转化功能发挥受限。在法律层面，有关科技社团的经济地位、职责范围、运行机制、管理规范等尚未得到明确和廓清，科技社团在参与科技成果转化中缺少相应的法律遵循，在实践中易发生“越位”和“错位”行为。

（二）内在动力不足

内在动力的激发，是科技社团推动科技成果转化功能发挥的源泉。科技社团内

在动力不足源于其体制机制障碍、结构失调、能力建设缺失等。首先，利益牵引与制度建设脱钩。科技共同体人员参与科技成果转化的内部评价、考核与激励机制的建设与完善尚不充分，广大科技工作者在参与科技成果转化时消极被动，科技社团的智力集聚优势难以彰显。其次，“双重管理”体制导致科技社团功能发挥受限。在业务主管部门与登记管理部门的双重监管下，在一定程度上存在政府对科技社团干预过多、政社不分等问题，科技社团的自治性受到一定削弱，功能自主性缩水。再次，结构性功能失调。内部结构是功能发挥的基础，作为主体要素的社团成员与智力资源要素构成了科技社团内部独特的结构。科技社团内部结构失调，影响了其功能的稳定发挥。科技社团成员之间交流不足，内部凝聚力不强，智力资源流动缓滞，主体要素与资源要素交互不畅，存在结构性失调危机，科技社团在科技成果转化中的功能优势难以体现。最后，人才、资金支撑不足。一方面，科技社团要发挥功能需培育一批具有专业知识与多重能力的全面型人才，即兼具科技与经济知识、研究开发与生产经营的综合能力。但从目前科技社团的人才组成来看，其内部人员多为具备一定学术能力、组织协调能力的专业型科技型人才，缺少掌握市场知识和经济管理能力的跨学科型综合人才。另一方面，科技社团经费大多依赖于挂靠单位的经费拨款、会费收入以及外界捐赠，缺乏市场经济体制下灵活的资金拓展渠道和自主经营获取资金的能力；并且资金在其内部流动不畅，无法在科技社团运营中得到高效运转。

（三）社会认知偏差

当前，社会对科技社团存在不同程度的认知偏差，这种认知偏差成为影响科技社团科技成果转化功能发挥的障碍。首先是政府认知偏差。政府对科技社团的自主性地位与角色认识不够，二者之间的张力得不到合理平衡。一方面，政府在一定程度上包揽了本该由科技社团承担的部分事务管理职能，从而导致科技社团在科技成果转化中的功能优势被遮蔽。另一方面，政府在将其不适于履行的职能向科技社团进行下放和转移方面做得还不够。其次是企业认知偏差。企业对科技社团在科技成果转化中的功能认识不足，对其缺乏必要的信任，二者之间尚未建立有效的合作机制，并由此导致科技社团对技术需求方的需求把握不够，因而往往无法向技术供给方输送精准的市场信息。技术供需双方在转化链中难以实现上下游的技术对接和信息互通，进而影响科技成果转化过程的推进。最后是公众认知偏差。受到计划经济时代的旧有思维的影响，一些科技社团缺少相应的市场意识和服务创新发展意识。具有较强实力的科技社团，主要致力于所属专业领域的前沿性发展，实力较为薄弱的科技社团，则专注于科普性宣传等活动的开展，二者均未形成在科技成果转化中的准确定位，难以推动科技社团的“小目标”与科技成果转化“大愿景”的有效结合。科技社团在科技成果转化中的功能定位不清，影响了其公众认同度，导致公众对科技社团宣传的科技成果的接受度偏低，缺乏利用科技社团这一渠道向科技成果供给方进行产品反馈的积极性。

三、科技社团推进科技成果转化的实践策略

实现科技社团在推动科技成果转化中的功能回归，关键在于统筹制约科技社团功能发挥的因素。因此，需从加强政策法律保障、激发科技社团内在动力以及引导社会形成正确认知三个维度探寻促进科技社团功能发挥的实践路径。

（一）加强政策法律保障

政策在科技社团服务经济发展方面具有明确的导向作用，良好的政策环境能够为科技社团在科技成果转化中的功能发挥提供有力的外部保障。政府应着力于宏观层面的政策调控，注重科技创新环境的营造与科技社团运营机制的建设与督导。借鉴国外发达国家在政策保障方面的做法和经验，根据我国科技社团在经济发展中的运行实践，及时出台税收优惠、人力资源管理等相关政策以加大对科技社团参与科技成果转化的扶持和保障力度，优化科技社团促进科技成果转化的政策环境。根据国家制定的科技成果转化相关政策，结合科技社团的功能特征、实际运行特点、市场条件以及转化实践中的具体情况，依照权责明确的基本原则，对科技社团服务经济创新发展方面的权利义务、职责范围在法律层面作出明确的规定，并制定具体实施原则和措施，引导科技社团关注科研机构的技术研发与创新、产品的市场化应用及推广，推动其在科技成果转化中的功能发挥。同时，建立并完善有关科技社团管理及运行的法律法规，充分发挥经济、法律等手段在政府对科技社团的监督管理中的作用。

（二）激发科技社团内在动力

激发科技社团内在动力的关键，首先在于改革其内部动力机制。以会员利益为牵引，加大科技社团内部评价制度、考核制度、奖惩制度的改革力度，进行科技社团服务科技成果转化方面的激励机制与制度建设，调动广大科技工作者能动参与的意愿性和主动性。其次改革“双重管理”体制，构建新型政社关系。廓清科技社团与政府的体制关系，给予科技社团发挥更大作用的活动空间。再次优化科技社团内

部结构，矫正结构性功能失调。组织开展多样化活动，增强社团成员交流，促进智力资源多向互动。加强内部文化建设，增强广大会员凝聚力，加强科技社团内在结构稳定性，充分体现科技社团在科技成果转化中的功能优势。最后弥补人才、资金不足。在人才引进与培育向度，一是统筹物质、精神激励机制的作用，为引入更多海内外优秀人才尤其是兼具科技知识与经济分析能力的综合性人才创设条件。二是构建人才发展的专门平台。加强适应市场要求的专门化、综合型人才培训与教育基地建设，为科技社团源源不断地输入科技成果转化功能发挥所需的专业人才。在资金保障力度方面，全方位、多渠道筹备资金，给予科技成果转化雄厚的物质支持。一是集聚各方资金，对社会闲置资金予以吸纳。充分发挥科技社团联络广泛等优势，把各种民间资金、企业资金、银行贷款资金等利用起来。二是加大风险投资力度。借鉴国外发达国家相关实践，构建契合我国科技社团特点的风险管理和投资机制。三是在科技社团的自由资金中建立促进科技成果转化的专项资金，为科技社团功能发挥提供内部支持。四是积极利用外资，通过实施优惠政策促使资金流动，拓宽资金引进和利用的渠道。此外，应改革科技社团的运营机制，构建市场盈利模式。鼓励科技社团充分利用其人才、知识、技术等集成优势，运用一定的经济手段开展科技咨询、中介服务、信息传播、技术沟通等活动，在注重公益性的前提下，向社会提供特定的服务，以形成可持续的经营模式。

（三）引导社会形成正确认知

从社会维度来看，要推动科技成果转化的实现，必须引导政府、企业与公众形成对科技社团的正确认知，以夯实科技社团功能发挥的社会基础。其一，对新形势下科技社团的自主性与角色定位予以清晰的认识，积极推进政府职能转移。2015年，《中国科协所属学会有序承接政府转移职能扩大试点工作实施方案》中指出："按照深化改革的有关政策规定，科技评估、工程技术领域职业资格认定、技术标准研制、国家科技奖励推荐等工作，适合由学会承担的，可整体或部分交由学会承担。"应抓住政府职能转移的有利契机，促进政社由"自上而下"的传统命令式关系过渡到互动合作的合作式关系。支持科技社团承载部分政府职能，拓宽其业务领域和发展视域。充分利用科技社团在承接政府职能方面的载体优势，把不适宜政府行使的职能如决策咨询、行业规范、标准制定、科技推广等交由科技社团承接，有效推动其在科技成果转化中的职能发挥。其二，引导政府通过企业科协主动密切与企业的联系，全面了解企业面临的发展难题与利益诉求，为企业提供其所需的最新服务与信息，增进企业对科技社团的认同与信任。在此基础上，增进科技社团与企业间的互动沟通，发挥科技社团在技术供需方交流中的桥梁纽带作用。其三，引领科技社团进行准确功能定位，增进公众对科技社团的认可度。革新传统固有思维，改变“等、要、靠”的惰性理念，树立社会主义市场经济条件下的市场意识、服务宗旨和创新理念，积极进行职能拓展，强化科技社团的公信力，提升公众对科技社团的了解与认知，促进其对科技成果的接受度和对产品反馈的积极性。

参考文献：

[1] 习近平．决胜全面建成小康社会夺取新时代中国特色社会主义伟大胜利——在中国共产党第十九次全国代表大会上的报告[M]．北京：人民出版社,2017.

[2] 习近平．在中国科学院第十九次院士大会、中国工程院第十四次院士大会上的讲话[M]．北京：人民出版社,2018.

[3] 卞志村,王宇琨,笪哲．加快构建支持创新型国家建设的现代金融体系[J]．东北财经大学学报,2018(5)：74－80.

[4] 王春法．充分发挥科技社团在国家创新体系建设中的作用[J]．学会,2008(4)：17－19＋31.

[5] 危怀安，吴秋凤，刘薛．促进科技社团发展的税收支持政策创新[J]．科技进步与对策，2012（5）：108－112.

[6] 中共中央办公厅、国务院办公厅印发《中国科协所属学会有序承接政府转移职能扩大试点工作实施方案》[EB/OL]．（2015－07－16）．新华社，http://www.gov.cn/zhengce/2015－07/16/content_2898444.htm.

[本文曾发表于《科学管理研究》杂志，2019（3）：42－45.]

京深两地新型科研机构创新发展的经验与启示

◎涂平[①] 杨博文[②] 王涵[③]

摘　要　当前，我国各地新型科研机构发展迅速并逐步壮大，尤其是北京、深圳两地的新型科研机构发展独具特色，引起广泛关注。本文以京深两地的新型科研机构为例，总结了当前新型科研机构创新发展的多种模式，分析了新型科研机构与传统科研院所在目标定位、投入主体、组织结构、运行机制和管理模式等方面的不同及特点，提出了对我国传统科研院所在管理体制和运行机制方面进行改革与创新的有益启示。

关键词　新型科研机构；传统科研院所；创新发展模式

① 涂平，北京科学学研究中心副研究员。研究方向为科技政策。地址：北京市西三环北路27号。E－mail：kinki108@163.com.

② 杨博文，北京科学学研究中心助理研究员。研究方向科技政策。地址：北京市西三环北路27号。E－mail：bowenyang@foxmail.com.

③ 王涵，北京科学学研究中心副研究员。研究方向为科技政策。地址：北京市西三环北路27号。E－mail：wanghan2004@vip.sina.com.

近年来，北京、深圳两地涌现出一大批新型科研机构，它们随着组织自身的演变逐步适应外部环境，迅速发展壮大起来。它们采用灵活创新的运行机制和“以人为本”的管理理念，很好地促进了内部系统良好运转，充分调动了人员的积极性，完成了“内适应”任务；重视研发以市场为导向，开展产学研协同创新，建立了“研发—孵化—产业化”的创新链条，解决了经济与科技“两张皮”的问题，完成了“外适应”任务。这些新型科研机构取得的巨大成就和形成的强烈示范效应，为传统科研院所带来新的挑战，同时也带来了有益启示。

一、新型科研机构的创新发展模式

（一）北京生命科学研究所——国有体制下试点新型科研院所管理运行机制

北京生命科学研究所（以下简称北生所）是2001年国务院批复科技部、北京市政府、中科院等8个部门共同组建，2005年正式运行，专门从事生命科学基础研究的科研机构。建所十多年以来，北生所产生了一批国际一流的高水平成果，截至2016年7月，累计在《自然》《科学》《细胞》三大世界顶尖科学刊物上发表54篇论文。

第一，实行理事会领导下的所长负责制。北生所实行理事会领导下的所长负责制，并成立独立的科学指导委员会，下设研究室和科研辅助部门（见图1）。理事会是北生所的决策机构，负责机构的发展方向及重大决策。理事长由北京市主管副市长担任，理事会组成单位多数是政府部门，政府通过理事会把决策意图贯彻到北生所发展中去，但是不采用行政方式干涉其学术方向。作为学术咨询机构的科学指导委员会，主要职责是对所长候选人进行聘用前的学术评价及对北生所全年的研究工作作出评价并给出建议。所长要具有突出的科研及管理能力，能够严格执行理事会决议，把握研究所整体发展方向并制定规划计划，选聘副所长及各实验室主任，对实验室的管理切实做到把握方向而不干涉具体科研工作。

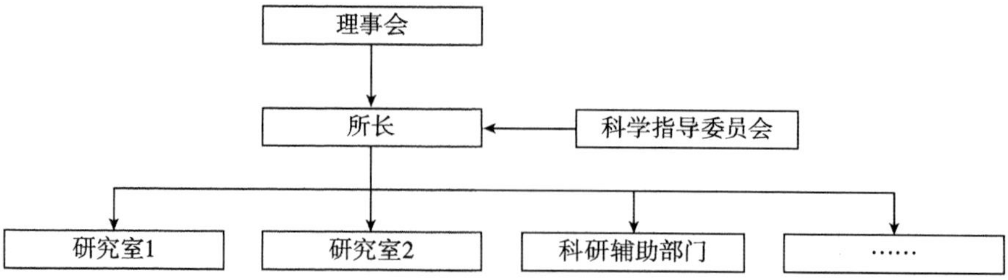

图1 北京生命科学研究所组织架构

第二，实行“三自主”的科研模式。北生所各独立实验室实行首席科学家负责制，北生所赋予首席科学家极大的自主权，可以总结为“自主确定科研课题，自主选聘科研团队，自主安排科研经费使用”。首席科学家在其所在的实验室可根据自己的特长与兴趣自由选择研究课题，并且全权负责科研项目的实施和进展；人事方面，可以根据实验室的需要及经费许可适当配备科研助理、技术人员等；财务方面，可以对实验室经费进行全权支配。

第三，按照国际标准和方式评聘人才。北生所支持人才按照科学研究规律开展工作，不预设计划，不提出具体考核指标。其内部不建立职称体系，选人用人“不唯职称、不唯论文、不唯出身”，而是看重能力和潜力，实行优胜劣汰。每个首席科学家的职位合同为5年，是否续聘根据国际标准进行评价决定，采用国际同行匿名评价的方式对首席科学家进行考核，参考同一领域内的10名国际同行对每个实验室5年工作的全面评估意见，决定首席科学家的去留。

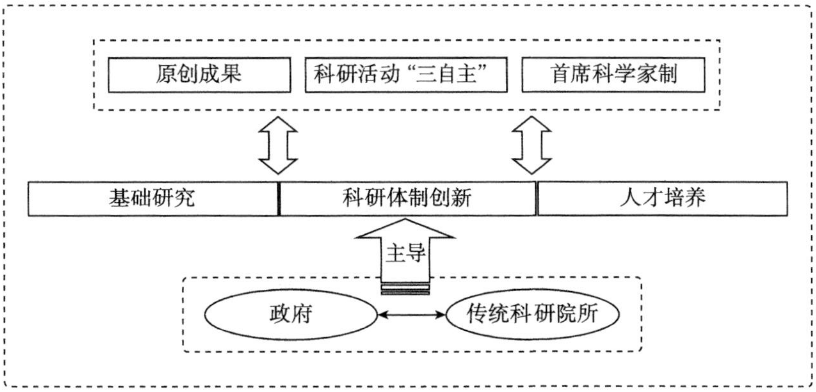

图2 北京生命科学研究所发展模式

（二）深圳华大基因研究院——基础研究与产业发展并重

深圳华大基因研究院（以下简称华大基因）是全球最大的基因组学科研机构，以“产学研”一体化的模式引领基因组学的发展。它的发展经历了“民营科研—并入中科院体系—回归民营科研—事业单位”四个阶段，于2008年6月被深圳市政府批准成为事业单位，但是其内部按照企业化方式运行。

第一，重视基因组学的基础研究。华大基因始终坚持前沿探索性的基础研究，以探索基因组学的新型发展道路为使命，从1999年完成国际人类基因组计划1%任务，到2003年SARS病毒全基因组序列的破译，再到2009年与英美德合作绘制人类基因组遗传多态性图谱的“千人基因组计划”，完成了多项具有国际先进水平的基因组科学研究项目，奠定了中国在基因组学研究领域中的国际领先地位，并取得了一系列具有自主知识产权的成果。截至 2017 年 5 月，华大基因累计发表论文超 2173 篇，SCI 收录的有 1759 篇；在国际四大顶尖学术期刊《自然》系列、《科学》《细胞》《新英格兰医学》上共发表文章 256 篇；在知识产权方面已申请国内外专利 1583 件，已获得授权发明专利 384 件。

第二，以科技创新带动产业创新。华大基因在致力科学研究的基础上，十分注重基因组学成果的应用，形成了以基因组为基础的“科学发现—技术发明—产业发展”的“三发联动”发展模式，突破现有产业资源和产业模式的束缚，形成科技成果产业化新模式。如从 2007 年 10 月中旬，独立绘制完成了“第一个中国人基因组图谱”；2010 年 1 月，购买了美国知名基因测序企业的 128 台 HiSeq2000 测序仪；2013 年初，华大基因并购了美国测序公司 Complete Genomics，由此大大提升了在测序技术、测序仪器开发等方面的主导权，打通了从基础研究到应用研究再到产业化的创新链条。近年来，华大基因通过“三发”模式，形成了“总公司 + 研究院 + 国家基因库 +3 家产业化公司”的发展格局，目前基因测序产出能力占全球50%左右，业务覆盖全球55 个国家，2014—2016 年实现营业收入分别约为 11. 32 亿元、13. 19 亿元和 17. 11 亿元。

第三，搭建灵活的人才使用、培养、评价体系。华大基因通过实行不拘一格用人才、多方式培养人才、以结果导向评价人才的措施，给用人单位提供了“人才驱动创新”的生动样本。不以年龄、学位、资历论资格，大胆任用具有创新胆识和创新能力的年轻人，如高中肄业的赵柏闻 19 岁时就负责华大基因高智商人群基因组项目；大二暑假到华大基因实习的李英睿参与课题并做出了一个重要参数，于是华大基因很快交给他一个“亚洲人基因组”的重大课题。通过多种方式培养人才，华大基因与深圳大学合作成立“深圳大学医学院华大基因研究院”，与华南理工大学成立“基因组科学创新班”、成立华大基因学院等，通过联合培养、对外培训、在线开放课堂等方式培养了一批跨组学科及产业人才。建立了以结果为导向、体现能力的人才评价标准，这套人才评价标准包括科研文章指标、科研项目指标、产品创新性指标三类指标，对科学研发人才和技术研发人才进行分类评价（见图 3）。

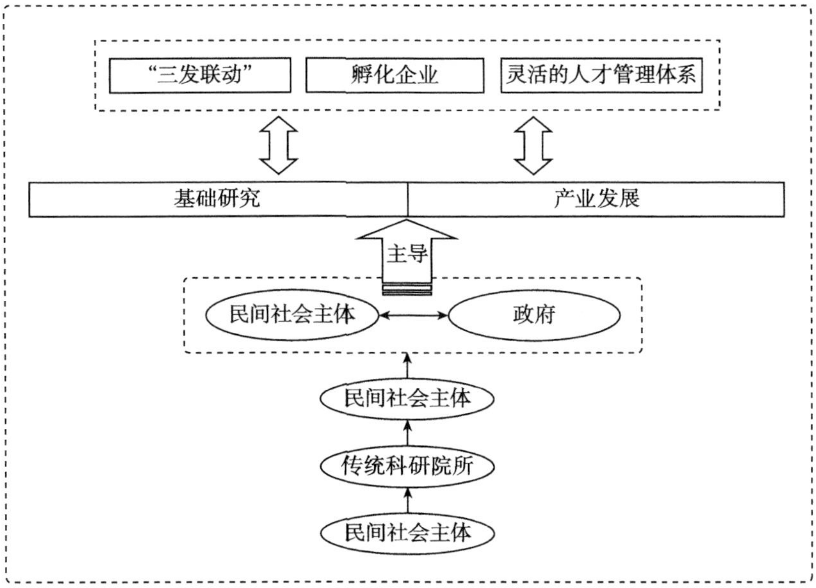

图 3　深圳华大基因研究院发展模式

（三）北京协同创新研究院——公私参投基金探索成果转化新模式

2014 年 8 月，北京市推动北大、清华、中科院北京分院等 13 家单位以及中国商用飞机有限责任公司等 100 家行业龙头及高科技领军企业，共同成立了北京协同创新研究院（以下简称协同院）。它在性质上属于民办非企业，建立了理事会决策制度。

第一，采取独特的“协同创新中心—基金二元耦合”运营架构。协同院组织相关大学和企业针对智能机器人、先进制造、节能减排、信息安全等多个领域组建了若干协同创新中心。政府出资成立了 10 亿元协同创新母基金，吸引协同创新中心成员共同出资设立各中心专属的协同创新子基金，共成立了 18 只创业投资子基金和 1 只知识产权基金，基金总规模达到 35 亿元。作为平台的协同院对项目进行统一遴选和管理，由协同创新子基金开展领投，政府投资自动跟进，不仅充分实现了政府引导创新的目的，也确保了由市场主体来主导创新方向、检验创新成果。如图 4 所示。

第二，试点“技术孵化”形成科技成果转化新模式。协同院整合配置资源，让专业的人做专业的事，实现成果转化专业化分工，形成别具特色的成果转化模式。一是“技术成果 + 合作企业”模式，协同院将研发的技术成果交与合作的企业直接使用，按年付费或销售额提成的方式给予协同院回报。二是“技术成果 + 创业团队”模式，协同院遴选一批具备核心竞争力的技术成果，面向社会优选与成果匹配

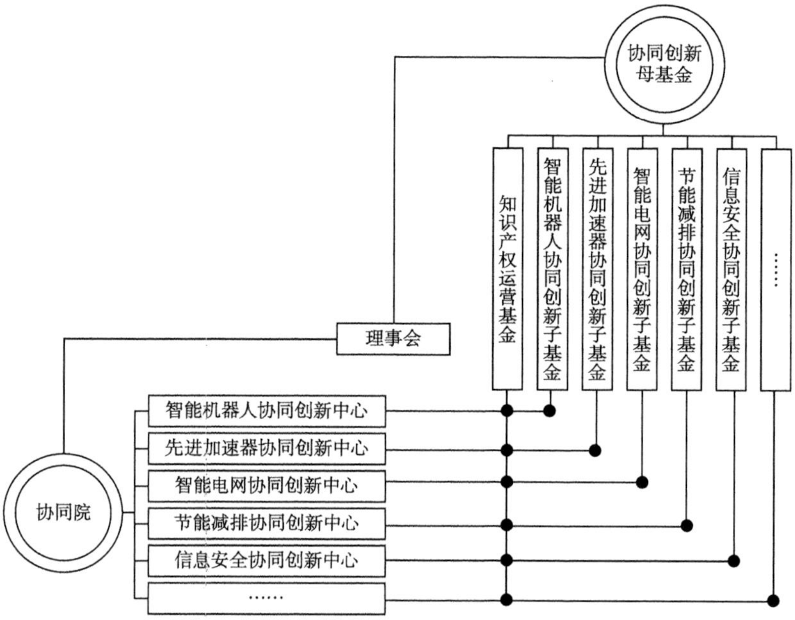

图4　北京协同创新研究院二元耦合架构

的一流创业团队，团队与基金共同出资组成企业进行创业。三是“技术成果 + 中小微企业”模式，协同院与企业共同出资，为中小微企业量身打造新技术新成果，研发完成后由中小微企业实施转化。四是“技术成果 + 龙头企业”模式，围绕龙头企业所处行业的产业链，协同院规划研发一批技术成果，研发完成后由龙头企业负责转化，充分发挥各自优势，开展深度合作和模式推广。

第三，致力于实现“四个协同”。协同院采取开放、集团化方式，推动知识、技术、产品与产业的深度融合。一是高校与高校（院所）协同。遴选具有相同学科且学科实力最强的高校（院所）组合成领军科研团队，形成支撑产业发展的最强研究力量。二是高校与产业协同。围绕某个产业，遴选该产业链上的代表性企业和用户共同出资建立协同创新基金，联合上游高校（院所）共同遴选、评估、投资项目和实施成果转化，组建涵盖基础研究、应用研究、成果转化、应用示范等各环节的协同创新中心，推动产业发展。三是企业与行业协同。围绕行业技术进步，系统开展行业前瞻性技术、关键共性技术的研发与转化，项目完成后由合适的成员企业或组建新企业实施产业化。四是创新与人才培养协同。采用“双讲堂、双导师、双身份、双考评”方式，培养一流创新创业人才。即学生在完成大学理论课后到协同院承担实际科研任务，大学导师对其学术理论进行指导，协同院导师培养其解决实际问题的能力，协同院按照全职员工的薪金标准发放酬劳，按照理论与实际成果水平决定是否授予学位。

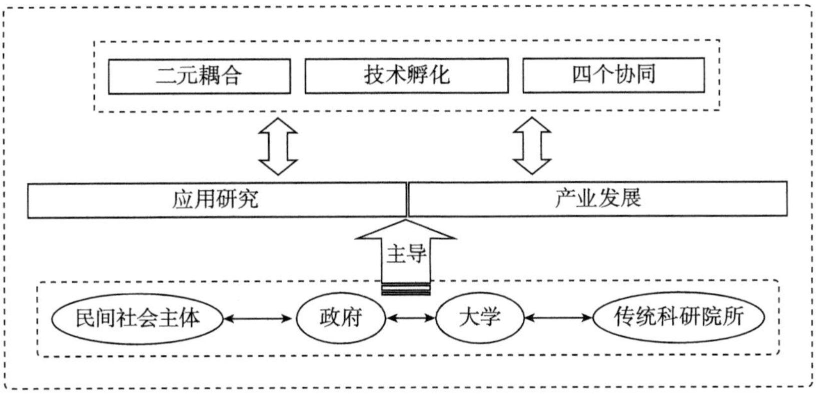

图5　北京协同创新研究院发展模式

（四）中科院深圳先进技术研究院——传统科研院所体制下实行现代企业管理制度

中科院深圳先进技术研究院（以下简称深圳先进院）成立于2006年2月，定位为新型国际一流的工业研究院，由中科院、深圳市政府和香港中文大学在深圳共同出资建立。

第一，建立科学化的治理结构。深圳先进院性质上属于事业单位，隶属中科院，但在管理和运行机制上，采取了不同于传统事业单位的理事会制度。理事会代表中科院、深圳市政府和香港中文大学三方出资人的利益，日常管理工作由三方代表组成的院领导班子负责。每年召开理事会议，讨论深圳先进院发展方向、业务规划等重大事项。

第二，实施现代化企业管理制度。为提高科研创新效率，深圳先进院实施目标一致的研发管理、绩效考核与分配激励制度。在人员管理方面，深圳先进院对全体员工采取企业化合同制管理，即由中科院为其提供事业单位编制和人员经费，但这些编制并不落到具体人员上，人员经费也由深圳先进院统筹使用。同时参考企业绩效管理模式，分别设计了针对科研、工程、产业化和管理四类人员的绩效考核指标，并建立末位淘汰制，每年有5%～10%的员工面临减薪和淘汰。此外，该院还按企业“五险一金”的形式为员工缴纳社保，解决了人员流动中的社保关系衔接问题，彻底打通人员流动通道。

第三，构建“科研 + 产业 + 资本”体系。成立 10 年来，深圳先进院先后建立了 6 个研究所、7 个国家级创新载体、19 个省部级创新载体、42 个市级创新载体。2015 年全院申请专利 651 件，位列广东省科研院所第一位，累计授权专利达 1217 件。同时建立了 4 个育成中心，累计孵化企业逾 300 家，其中持股超过 140 家。

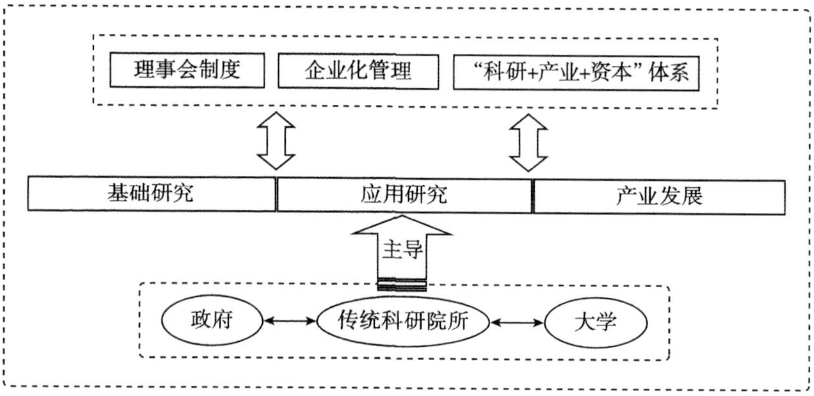

图 6　中科院深圳先进技术研究院发展模式

二、新型科研机构与传统科研院所的比较

通过对北京、深圳两地新型科研机构的分析和比较（见表 1），可以看出新型科研机构与传统科研院所在目标定位、投入主体、组织架构、运行机制、管理模式方面具有明显的不同特征，归纳如下：

目标定位和科研方向方面，新型科研机构建设之初就旨在成为国际一流的研究机构，领跑世界前沿科学领域相关方向的发展；科研方向重点以前沿科技探索与成果产业化的紧密结合为目标，面向科技、产业和市场需求，致力于可能促进产业转型升级的原始性创新技术。

投入主体和组织架构方面，新型科研机构的投入建设主体多元化，主要是政府或其他社会主体，但是作为投入主体之一的政府部门不会以行政命令方式来干涉机构的运行和发展。组织架构上采用理事会（董事会）领导下的院所长负责制。

运行机制方面，新型科研机构的科研管理自主化，通过自主确定科研课题、选聘科研团队、安排科研经费使用的方式开展基础研究、应用研究。内部按照企业化方式运行，通过技术孵化、孵化企业等形式促进科技成果产业化，将科技成果转化为现实生产力，带动地方经济发展。

管理模式方面，构筑“以人为本”的人才管理制度，运用灵活的使用、培养、评价方式。“不以年龄论资历，不以学位论英雄”，对颇具创新能力的年轻人委以重任；采用匿名考核、分类评价等管理方式，注重人才能力、业绩和实际贡献，激发科研人才的积极性。

表1　新型科研机构与传统科研院所的对比

	新型科研机构	传统科研院所
目标定位	定位与目标瞄准国际一流机构	机构定位与目标由政府设定
科研方向	重视科技前沿探索与成果产业化的紧密结合	基本不会改变，以政府下达的科研任务为科研内容
投入主体	政府或者其他社会主体	政府
组织架构	理事会（董事会）领导下的院（所）长负责制	政府任命院（所）长
运行机制	科研自主管理；按企业化方式运作	按照政府要求进行科研管理；按事业单位运行
管理模式	人才管理灵活；按企业化方式管理	人才管理僵硬；按事业单位管理

三、新型科研机构创新发展的启示

新型科研机构凭借其管理体制和运行机制的灵活性，在科学研究、技术创新、科技成果转化产业化、培养创新人才等方面实现了快速创新发展，值得传统科研院所学习借鉴。

（一）新型科研机构为传统科研院所改革提供路径选择

北京和深圳的科技资源、市场机制、城市氛围各不相同，北京地区传统科研院所和高校密集，科技资源丰富，基础研发和源头创新的实力突出；而深圳地区高科技企业集中，市场、竞争意识深入城市文化，创业创新的氛围浓厚。新型科研机构在这两地都能发展壮大，说明它们很好地适应并利用了这些外部条件，比传统科研院所有更好的适应性、灵活性。目前，随着科技体制改革不断深化，事业单位去行政化改革力度不断加大，新型科研机构的管理体制和运行机制为传统科研院所改革提供了一种全新的路径选择，具有十分积极的探索意义。

（二）新型科研机构对传统科研院所的改革起到了示范作用

一方面，有条件的传统科研院所可以与地方政府、高校院所、大型企业集团等各类创新主体合作共建新型科研机构，或者在全球布局自建新型科研机构，用新机构的发展逐步带动原来组织的内部改革和创新。另一方面，传统科研院所要进行内部优化，参考新型科研机构在体制机制方面的做法，对自身进行重新界定和细化。

在管理体制上，建立重大事项理事会最终决策制、理事会领导下的院所长负责制，建立健全理事会章程，逐步完善法人治理结构。在运行机制上，建立首席科学家全权负责的科研组织模式，实行科研管理自主化制度；构建核心团队稳定、人才流动顺畅、人才评价和激励机制合理、成果转化高效的现代管理体系。

总之，传统科研院所与新型科研机构一直是北京建设全国科技创新中心、深圳建设国际科技和产业创新中心的坚实力量。在建设世界科技强国的新形势下，传统科研院所通过不断深化改革、创新发展，将更好地在落实国家创新驱动发展战略、推进供给侧结构性改革中发挥巨大作用。

参考文献

[1]涂平．新型科研机构发展对传统科研组织的启示[J]．科技智囊，2017(7)：77.

[2]佚名．先行者的分量——北京生命科学研究所探索与国际接轨的科研管理机制[J]．中国人才，2012(10)：44.

[3]佚名．华大基因简介[EB/OL]．[2018－01－22]．http://www.genomics.cn/navigation/show_navigation？nid＝240.

[4]赵玥．我国新型科研组织产生的原因及特征[N]．中国高新技术产业导报，2016－01－04（3）.

[5]增建权．华大基因的人才启示[J]．中国人才，2015(8)：25－27.

[6]马文良．北京协同创新研究院：科研成果转移转化的“试验田”[J]．中关村，2015(9)：50.

区域协同发展中科技社团服务创新体系研究

——以京津冀协同发展中河北省为例

◎杨峥①

摘　要　科学技术是第一生产力，科技创新有助于推动区域经济高质量发展，在此过程中科技社团发挥着重要作用。本文立足河北省现实，分析科技创新对区域高质量发展的重要性，从多角度比较了京津冀、长三角以及珠三角地区科技创新现状，随后又进一步对我国科技社团在创新驱动中的职能、作用以及发展现状作出诠释，最后对河北省科技社团在发展过程中存在的突出问题进行分析，并提出增加社团资金来源、提高活动层次、加强自身建设等措施，希望以此提供参考。

关键词　区域协调发展；创新驱动；科技社团

①　杨峥，天津财经大学财税与公共管理学院经济学博士、讲师，主要研究方向为区域经济。地址：天津市河西区珠江道25号。E - mail：iamfortunate@163. com.

一、引言

党和国家对实施创新驱动发展战略作出重大部署，实现2020年进入创新型国家行列的宏伟目标需要多方因素的支撑，科技社团也概莫能外。《中共中央国务院关于深化科技体制改革 加快国家创新体系建设的意见》明确指出，“充分发挥科技社团在推动全社会创新活动中的作用”。为此，在加快科技体制改革的时代背景下，围绕科技社团如何促进形成区域创新体系并构建起整体协同机制并以此增强创新驱动力进行研究，具有较强的理论和现实意义。

科学技术是第一生产力，科技创新有助于推动区域经济高质量发展，在此过程中科技社团发挥着重要作用。科技社团，顾名思义是指某一共同行业或者学科的科技工作者，为了交流学术思想，提高学术水平而自发结成的社会团体。因此，科技社团的兴旺发展，能够显著促进学术交流、提高科研水平。然而，作为邻近京津两大直辖市的河北省，其科技社团在现阶段的发展过程中，却存在着资金不足、学术交流活动不深入、专业性不强等突出问题。这些问题如果长期得不到有效的解决，不但会影响河北省科技社团的发展壮大，还会对河北省科技发展造成不良影响。

我国相继出台了一系列政策措施，旨在加快建设实体经济、科技创新、现代金融、人力资源协同发展的产业体系，不断增强我国经济创新能力和竞争力。不可否认的是，我国“科技孤岛”问题依然十分突出，科技与经济的结合度不够。按照《中共中央关于全面深化改革若干重大问题的决定》提出的“三个解放”要求，切实解放和增强社会活力，政府、市场和社会组织各尽其责，着力激发科技社团活力，为科技社团稳妥有序承接政府转移职能指明了方向。

本文立足河北省现实，分析科技创新对区域高质量发展的重要性，从多角度比较了京津冀、长三角以及珠三角地区科技创新现状，随后又进一步对我国科技社团在创新驱动中的职能、作用以及发展现状作出诠释，最后对河北省科技社团在发展过程中存在的突出问题进行分析，并提出扩大社团资金来源、提高活动层次、加强自身建设等措施，希望以此提供参考。

二、河北省区域创新体系现状——对比京津冀、长三角和珠三角地区

（一）高技术产业集聚度不足

一个地区的产业创新、空间集聚程度与初始禀赋或历史原因存在着紧密联系，

通过计算高技术产业区位熵来说明高技术产业的地方化经济。数值越大表明高技术产业在该地区产业集中度越高，地方化经济优势越明显。

$$区位熵 = \frac{地区高技术产业收入占本地规模以上工业收入比重}{高技术产业收入占全国总收入比重}$$

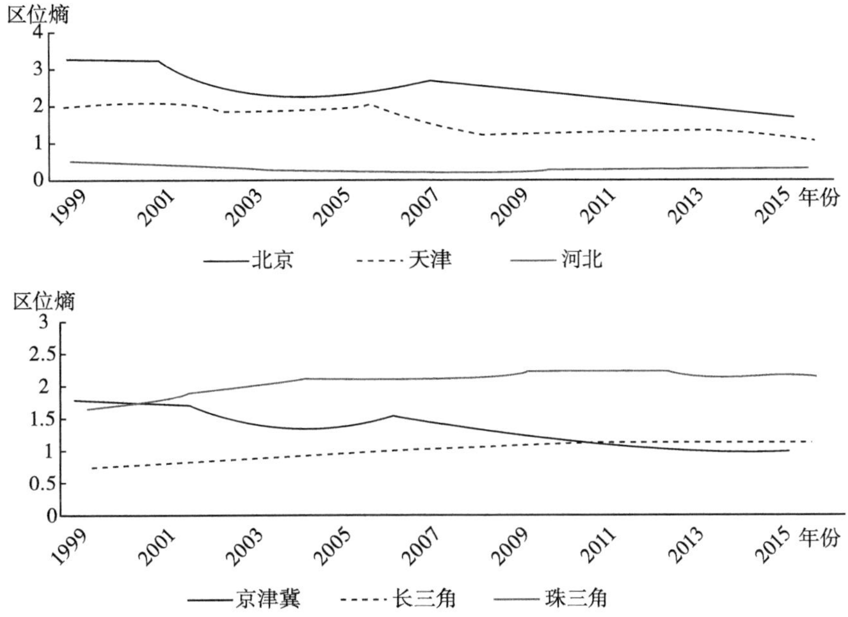

图 1　我国部分地区高技术产业集聚情况

注：这里采用的统计口径为：长三角包括上海市、江苏省、浙江省和安徽省，京津冀包括北京市、天津市和河北省，珠三角以广东省数据计算。

如今全球以智能制造为核心的新工业革命发展的浪潮，是我国由制造大国向智造强国跨越的大好机遇。从高技术产业集聚经济的演变来看，虽然北京市和上海市长期保持着京津冀、长三角地区较高的高技术产业集中度，但由于河北省和浙江省的高技术产业集中度增长缓慢，导致整个城市群与珠三角高技术产业差距逐渐拉大。京津冀整个区域一体化发展程度还有较大提升空间，这也正是河北省加强协同合作，提升产业竞争优势的工作切入点。

（二）区域创新能力缺乏整体协调性

根据寇宗来、刘学悦（2017）提供的数据可以清晰地看出，石家庄市的创新能力虽然在河北省是“一枝独秀”，但河北省其他城市的创新能力自 2001 年至今提升缓慢。或许正因如此，河北省与北京、深圳、上海等一线城市的创新能力根本不在同一量级上，即便是与部分二线城市相比，创新能力的“剪刀差”趋势也逐渐显现

（见图 2、图 3）。

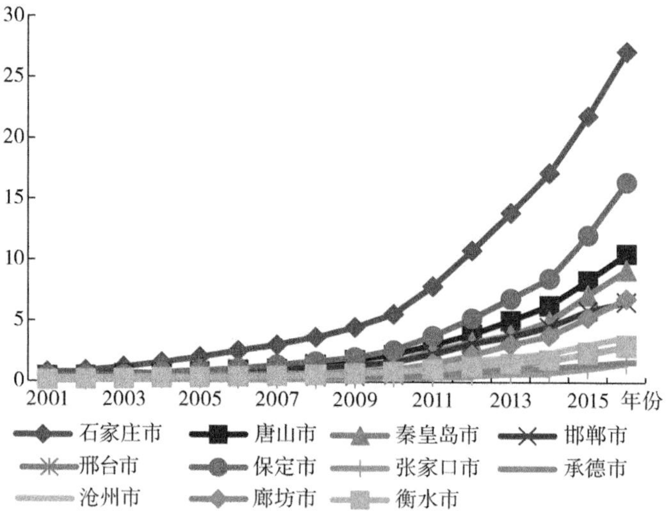

图 2　河北省各城市创新指数

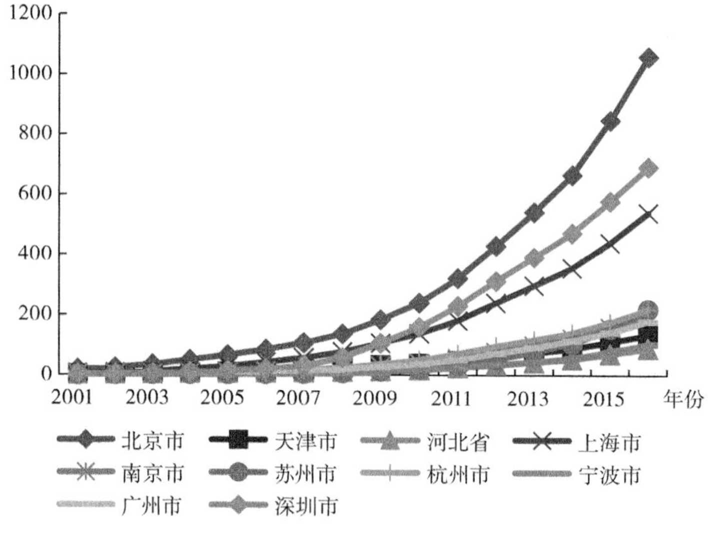

图 3　河北省与全国部分城市创新指数比较

（三）资源配置效率仍有巨大提升空间

受制于教育、医疗等基本公共服务不均等问题，较高的制度性交易成本增加了劳动力在城乡和区域之间自由流动的壁垒，进而降低了劳动力要素的配置效率，导致要素市场化配置程度与经济高质量发展要求仍有较大距离（见表 1）。

表 1　各地区就业人员学历占比情况 %

大学本科及以上（大学本科、研究生）	2005 年	2010 年	2011 年	2012 年	2013 年	2014 年	2015 年	2016 年	2017 年	2018 年
全国	2.2	2.7	4.1	5.3	5.7	6.0	8.3	8.5	8.8	9.7
北京	16.3	20.8	24.3	32.4	34.3	33.1	32.8	34.4	37.6	39.5
天津	7.6	7.9	11.3	13.4	14.1	16.5	19.6	19.8	21.0	24.3
河北	2.3	2.2	2.7	4.3	4.4	4.2	6.5	6.7	6.7	7.4
上海	10.6	15.9	15.7	16.4	17.8	18.6	26.8	28.0	29.8	30.8
初中及以下（初中、小学、未上过学）	2005 年	2010 年	2011 年	2012 年	2013 年	2014 年	2015 年	2016 年	2017 年	2018 年
全国	79.4	79.8	76.1	70.3	69.3	68.3	63.9	63.4	62.6	61.8
北京	45.8	40.8	39.5	25.8	24.0	26.6	24.7	24.6	23.1	22.8
天津	54.9	55.4	57.8	50.7	50.1	47.3	42.4	42.8	42.0	39.1
河北	79.6	83.3	79.8	73.0	71.3	73.8	64.3	64.4	63.0	63.2
上海	44.2	42.0	50.2	44.7	42.8	40.4	35.1	34.8	33.8	32.8

与北京、天津、上海、广东等创新竞争力较强城市形成鲜明对比的是，河北省大学专科及以上就业人员的比重不足 20%，本科及以上学历不足 10%，低于全国平均水平。而初中及以下就业者却高达 60% 以上，与新疆、青海的人力资本结构旗鼓相当，不仅高于全国平均水平，甚至不降反升，在创造就业机会和人力资本质量方面亦存在距离。

（四）科研投入转化率仍有提升空间

通过计算，河北省规模以上工业企业的研发人员平均数量低于全国平均水平，在京津冀地区当中也排名靠后，略高于长三角的安徽省，但增幅较小。拥有研发机构和能够开展研发活动的工业企业比重也不高，更是大幅低于全国、京津冀、长三角和广东省。河北省每个规模以上工业企业的利润率仅高于安徽省，这说明河北省的工业企业投入产出效率依然存在提升空间（见表 2）。

表 2　2018 年工业企业研发情况比较

地区	有研发机构企业数量		有 R&D 活动企业数量		R&D 人员数量		企业内部 R&D		
	数量（个）	占比（%）	数量（个）	占比（%）	数量（个）	平均每个企业	经费支出（亿元）	占主营业务收入比重（%）	
北京市	483	15.11	1127	35.25	69095	21.6	274.0103	1.28	7.14
天津市	403	9.39	1387	32.32	81115	18.9	252.8761	1.44	6.84
河北省	900	6.02	1748	11.70	106985	7.2	381.9916	1.01	5.85
京津冀	1786	7.96	4262	19.00	257195	11.5	908.878	1.18	6.43
上海市	575	7.07	2174	26.74	120599	14.8	554.8768	1.44	8.68
江苏省	20298	44.44	19669	43.06	623444	13.6	2024.5195	1.58	6.63
浙江省	10141	24.99	16505	40.67	513546	12.7	1147.3921	1.67	6.48
安徽省	4281	22.04	4468	23.01	167996	8.7	497.3027	1.26	6.22
长三角	35295	31.01	42816	37.62	1425585	12.5	4224.0911	1.54	6.82
广东省	19397	40.87	16570	34.92	806431	17.0	2107.2031	1.55	6.13

资料来源：根据国家统计局和《中国高技术产业统计年鉴》数据计算。

三、京津冀协同发展对河北省创新体系的影响

未来区域综合实力的竞争是城市群的组合竞争，秉承“创新”“协调”理念的发展是遵循经济规律的科学发展。土地面积广袤、区域发展极不协调必然要求京津冀选择一种培育创新优势的多中心区域协同发展空间组织模式。在河北省融入城市群建设过程中，产业创新策略的选择对人口、资本、技术流动影响如何，以及多中心城镇层级体系的产业分工、转移、衔接等一系列问题需深入探讨。

（一）京津冀一体化发展具有良好的基础

京津冀地区是我国北方经济规模最大的地区，京津冀三省市之间的合作，最早可以追溯到 1988 年的环京经济协作区。2004 年，京津冀区域经济发展的话题再度被提上日程，在廊坊召开的京津冀发展建议会中，三地官员达成了“廊坊共识”，决定从最容易取得突破的领域进行尝试与合作。2010 年，河北省表示将要参考韩国首都首尔、日本首都东京的案例，“举全省 7000 万人口之力”大力发展“环首都经济圈”，希望能借此发挥首都的经济辐射作用，激发全省经济活力。2013 年 5 月，习近平总书记在天津调研时提出，要发挥京津经济的周边带动作用，谱写新时期的京津“双城记”。2015 年中央政府审议通过《京津冀协同发展规划纲要》，2016 年出台了针对“十三五”期间京津冀发展的具体规划，2017 年雄安新区“横空出世”

让我们对京津冀未来的发展前景充满期待。

（二）京津冀产业空间布局亟待优化

大卫·李嘉图的比较优势理论表明，由于相对劳动生产率的差异，每个国家都应集中生产具有比较优势而不是绝对优势的产品。根据该理论，京津冀地区协同发展时应该避免重复投资，并将资源集中应用到自己的优势产业中，利用本市的要素禀赋优势可以化解资源不足造成的发展难题。

相较于北京市和天津市的产业结构，交通仓储和邮政业对河北省 GDP 的贡献度相当于两大直辖市交通仓储邮政业贡献度总和的 1.5 倍。这得益于 2010 年成立的河北省物流标准化委员会，投资石家庄、唐山、廊坊、邯郸、张家口等五大物流枢纽城市，使得河北省的物流产业得到了迅速发展，已经成为该省的强势产业。河北省可以依托运输、仓储、邮电和通信业，将自身打造成商贸物流枢纽。依托优势产业与互联网巨头的大数据、云计算、人工智能、移动互联等新技术加速融合，通过电子商务模式的深入拓展合作，带动电子商务人才培养、智慧仓储物流、农村电商等新业态，有效拉动内生经济增长。

（三）京津冀区域创新体系前景广阔

雄安新区的设立，完善了京津冀协同发展的顶层设计，缩小了河北省与京津的差距，为河北省提升创新能力提供了新动能。以高质量的科技供给集聚国内外创新资源和创新要素，带动经济结构变革，形成辐射带动全国乃至全球经济发展的引擎和战略高地，是京津冀高质量协同发展的共识和必须完成的时代使命。

尽管目前来看，京津冀的发展水平与长三角之间仍然存在一定差距，但是京津冀的发展优势也十分明显。第一，计划经济时期，京津冀作为工业发展中心，具有比较完备的重工业现代化体系；第二，京津冀的文化氛围足够优越，众多国内一流高校云集且人才资源储备充足，具有发展高新技术的基础；第三，京津冀协同发展问题从来没有像今天这样受到广泛关注，众多利好政策的相继出台必然推动京津冀协同发展在万众期待中高速前行。

四、创新驱动是增加河北省城市承载力的必然途径

（一）提升河北省经济承载力

影响产业区位选择的因素有很多，但从长期来看，决定一个产业要素集聚的关键无疑还是区域之间的人均福利差距。根据经济—人口分布平衡法则，较高的人均

净福利持续吸引人口净流入，直到与其他地区持平。北上广等现代化经济体系相对完善的城市经济—人口比值显著大于1，对于当地的经济体量来说人口规模还有较大的集聚空间（见表3）。

表3　2018年河北省各城市经济—人口比值

地区	GDP（亿元）	年末总人口（万人）	GDP在全国中比重（%）	人口在全国中比重（%）	经济—人口比值
河北省	32494.61	7556.3	3.53	5.42	0.653
石家庄市	5375.09	1095.16	0.58	0.78	0.745
承德市	1376.09	357.89	0.15	0.26	0.584
张家口市	1429.29	443.36	0.16	0.32	0.489
秦皇岛市	1507.33	313.42	0.16	0.22	0.730
唐山市	6300.03	793.58	0.69	0.57	1.205
廊坊市	3033.11	483.66	0.33	0.35	0.952
保定市	3526.61	1173.14	0.38	0.84	0.456
沧州市	3266.93	758.6	0.36	0.54	0.654
衡水市	1381.81	447.24	0.15	0.32	0.469
邢台市	1947.58	737.44	0.21	0.53	0.401
邯郸市	3259.22	952.81	0.35	0.68	0.519
全国	919281	139538			

河北省在全国GDP中的比重维持在5%左右，未来其经济份额也不可能大幅降低。广州、深圳、珠海、佛山的经济—人口比值都明显大于2。河北省只有唐山市这一比值大于1，其他城市都远远小于1，这意味着当地现有的经济体量对人口流入缺乏吸引力。

重化工业在河北省的经济发展中占有十分重要的地位，但是其带来的高污染、高能耗早已超出了环境容量的限制和资源的承载能力。河北省“十三五”规划明确，对生产方式绿色化和提高能源资源开发效率，解决好GDP总量位于全省第一的唐山市产业转型升级问题，能为河北省能源产业转型升级提供新的突破口。河北省各地区的人均GDP、人均收入、人均财政收入相差悬殊，围绕京津冀协同发展重大国家战略，亟待提高创新竞争力，打造具有内生优势的现代产业体系，找到集聚创新与区域协同发展的兼容机制。

（二）加快推进河北省智能制造产业创新发展

党的十九大报告指出，要加快建设制造强国，加快发展先进制造业，推动互联网、大数据、人工智能和实体经济深度融合，促进我国产业迈向全球价值链中高端，培育若干世界级先进制造业集群。我国提出的《中国制造2025行动纲领》也是以信息化与工业化深度融合为主线，智能制造已经成为全球制造业战略升级的共同选择。国务院《关于深化制造业与互联网融合发展的指导意见》（国发〔2016〕28号）明确，到2025年，制造业与互联网融合发展迈上新台阶，融合“双创”体系基本完备，融合发展新模式广泛普及，新型制造体系基本形成，制造业综合竞争实力大幅提升。

2015年至今先后公布了46个、64个、97个和99个共四批国家级智能制造试点示范项目。初步对试点示范项目智能化改造前后对比进行统计，可知生产效率平均提升30%以上，最高提高两倍以上，运营成本平均降低20%左右，最高降低60%。在2016—2018年智能制造试点示范项目中，河北省分别有三家、四家和五家企业入围。然而，《智能产业区域发展竞争力评价指数》报告了中国智能产业发展的区域竞争力水平，北京、广东、浙江、上海和江苏走在全国前列，处于第二梯队的包括山东、安徽、湖北、天津、福建、四川、重庆等地，河北省在全国排名靠后。

京津冀整体的工业化进程远未结束，发展动能转换对智能制造有巨大的现实需求。河北省要加快推进先进制造在京津冀协同发展中的产业布局，以期提高企业生产效率、降低成本。针对河北省智能制造产业目前存在的问题，要抓住“创新”、把握“协同”的重大历史发展机遇，如期实现《“十三五”国家战略性新兴产业发展规划》中“围绕京津冀协同发展，加强京津冀经济与科技人才联动，形成辐射带动环渤海地区和北方腹地发展的战略性新兴产业发展共同体”以及《智能制造发展规划（2016—2020年）》明确的“到2020年建成较为完善的智能制造技术创新体系，一批关键共性技术实现突破，部分技术达到国际先进水平”等目标。

（三）补齐产业自主创新能力的公共服务短板

促进战略性新兴产业发展、构筑现代产业体系是建设现代化经济体系的核心内容。《河北省工业转型升级“十三五”规划》明确提出，“十三五”期间，河北省工业转型将“培育壮大战略性新兴产业”，加快发展先进装备制造、新一代信息技术、生物医药等七大战略性新兴产业，形成一批新型工业化产业示范基地，打造具有强劲工业增长动力的新引擎。

以生物医药产业为例，长三角地区拥有最多的跨国生物医药企业，在研发与产业化、外包服务、国际交流等方面具有较大优势，尤其以上海为中心的生物医药产业集群为代表。国家食药监总局每批准的3个一类新药中就有1个来自上海张江，上海张江的新药申报成功率连续多年超过全国平均水平2倍。上海张江在建设全球科技创新中心的过程中，利用上海光源、国家蛋白质科技中心等一批重大科技基础设施的资源共享优势，加强与上海医谷的联动发展。

上海张江药谷早在2004年就开始建设公共技术服务平台。目前，上海张江药谷的孵化器就拥有2700平方米的公共实验室，能够为初创企业提供超过50项技术服务。创业者无须自建实验室，也不必投巨资购买昂贵的研发设备，极大地降低了生物医药产业的综合成本。虽然河北省同多数地区类似，也有相关的产业扶持政策，并具有一定的产业基础，但国际制药巨头研发总部数量少，与上海等地相比差距明显，缺乏较为完善的创新公共服务平台。因而，抢占未来战略性新兴产业制高点，将提升生物医药和大健康产业创新竞争力作为推动高质量发展的引擎显得十分迫切。

（四）促进生产性服务业升级

由于服务的不可储藏性和不可贸易性，城市将随着服务业就业机会的大量涌现而逐渐增强吸引力。根据国际经验，推进传统产业转型升级的关键在于研发等生产性服务业的发展，否则传统产业很难从产业链的低端迈向中高端。北京一半以上的经济规模源于生产性服务业，创造了70%以上的税收，金融、科技、信息行业增加值增速迅猛。“十三五”时期，上海服务业占GDP比重达到75%，而生产性服务业增加值的贡献率超过七成。对标国际城市和上海、北京等其他一线城市，河北省的生产性服务业发展缓慢，围绕推动高质量发展，加快推动向高端化拓展，让高端制造业与专业化的生产性服务业深度融合是高质量发展的重要方向。

河北省各地方政府固然可以通过财政政策（补助、投资、奖励）、税收支持（优惠、减免）以及政府采购（优先采购、强制采购、重点支持）为支柱产业的持续发展注入新动能，但中国已步入经济新常态，区域协调背景下的发展不是依靠粗放财政支出争夺资源的“锦标赛”，而应转向供给侧结构性改革，对发展实体经济的创新优势进行精耕细作。依托现有产业基础，围绕支柱产业实际需求和技术趋势，加快推动生产性服务业向高端化拓展，让高端制造业与专业化的生产性服务业深度融合是各地区高质量发展的重要方向。

（五）进一步发挥科协的作用

科技社团固有的研讨交流、科技评价和规范监督三大功能成为推动科学技术发展的重要力量。科技社团具有跨行业、跨部门、跨区域、跨学科的优势，理应在国家创新体系中扮演知识流动推动者、创新主体联络人、创新制度建设者、科技人员服务者和创新文化营造者多种角色。科技社团对在促进科技知识生产、扩散和应用方面的独特作用早已达成共识，但由于国家创新体系下科技社团的外延偏窄，目前仍然亟待构建跨边界的学会组织，积极拓展在国家创新体系中知识流动、激励创新和标准制定的作用。故而，囿于社会职能定位不清和专项服务能力不足等问题，我国科技社团在推动产业升级发展中的优势缺失也就不足为奇了。

区别于发达国家科技社团的悠久历史，我国科技社团是在中国特殊的历史环境中创立和发展起来的，并不具备雄厚的经济基础，严重依赖于会费、政府补贴、捐赠等收入，且经费来源单一、稳定性差，其根源在于对科技社团的认可度不高。

河北省可先仿效“上海星期天工程师”的人才流动经验，由河北省科协牵头组织科技、产业、金融等领域专家建成产业咨询专家委员会，对河北省战略性新兴产业发展的重点方向、重点任务、战略规划和政策制定等决策提供支撑，以主导产业为发展方向加强人才交流。在此基础上，壮大行业领军企业，发挥产业集聚效应。积极推进京津冀地区高校、科研院所、重点实验室联合搭建共性技术研发与服务平台，实现技术服务资源的优化配置和高效利用，大幅降低研发成本，加速科研成果转化。

当然不可否认，由于和政府部分职能的交织，科技社团与主管部门的边界亟待厘清，这有助于倒逼政府职能转变和体制机制改革。科技社团应该利用自身的优势，定期举办学术研讨活动，及时交流行业内的热点问题，同时发布有影响力的书刊和咨询报告，提高科技社团的权威性，如此才能形成良性循环，促进可持续发展。只要科技社团的有效职能可以不断提高全要素生产率，在集聚经济的作用下，规模报酬、知识溢出与城镇化演进将如影随形。

参考文献

[1]杨峥. 京津冀人力资本分化与区域协同发展[A]. 天津市社会科学界第十三届学术年会优秀论文集(上),2017:8.

[2]潘建红,杨利利. 科技成果转化中科技社团的功能定位与实践策略[J]. 科学管理研究,2019,37(3):42-45.

[3]任泽平. 控不住的人口:从国际经验看北京上海等超大城市人口发展趋势[R]. 恒大研究院,2018.

[4]董立人,刘冉. 提高科技社团承接政府职能转移绩效研究[J]. 行政管理改革,2018(12):70-74.

[5]李荣,刘彦君．科技社团在创新引领产业升级中的作用研究[J]．学会,2015(5):30－34.

[6]周大亚．科技社团在国家创新体系中的地位与作用研究述评[J]．社会科学管理与评论,2013(4):69－84.

[7]崔永华,李正风,尹雪慧,李红林．跨边界组织在国家创新体系中的作用及路径选择:以学会为例[J]．中国科技论坛,2011(6):101－106.

[8]王忠．科技社团在国家创新体系中的地位和角色[J]．知识经济,2011(1):6.

[9]蔡瑞娜．知识流动的桥梁——科技社团在科技创新中的作用[J]．学会,2009(3):31－34.

[10]MÄRZ S. ,FRIEDRICH－NISHIO M. , GRUPP H. Knowledge Transfer in an Innovation Simulation Model [J]. Technological Forecasting & Social Change, 2006, 73(2): 138－152.

[11]ARAÚJO T. , MENDES V. Innovation and Self－Organization in a Multi－Agent Model[J]. Advances in Complex Systems, 2009. 12(2):233－253.

[12]BEHRENS K. ,DURANTON G. ,ROBERT－NICOUD F. Productive Cities: Sorting, Selection, and Agglomeration[J]. Journal of Political Economy, 2014, 122(3):507－553.

[13]IKEDA K. , UROTA K. ,AKAMATSU T. ,KONO T. ,TAKAYAMA Y. Self－Organization of Hexagonal Agglomeration Patterns in New Economic Geography Models[J]. Journal of Economic Behavior & Organization,2014,99(1):32－52.

[14]AXELROD R. The Dissemination of Culture: A Model with Local Convergence and Global Polarization[J]. Journal of Conflict Resolution, 1997, 41(2):203－226.

义务教育学段青少年前沿科技体验活动策略研究

——以哈尔滨市为例

◎胡祥明① 王凯甲② 王树龙③ 杨建明④ 崔凤山

摘　要　本文对哈尔滨市义务教育学段青少年前沿科技体验活动现状及问题进行定性定量分析；对产生问题的认知因、价值因、体制因、政策因及规律因进行实证剖析；根据义务教育学段学生创造性想象力的四维认知规律，提出“玩中学”“体验中学”和“做中学”三种不同的教学模式与活动方式；就如何发挥“五主一先”作用、构建“五位一体”现代科技教育体系，即如何发挥先进教育理念在前沿科技教育中的先导作用、政府主导作用、教师主体作用、学校主阵地作用、科技馆主渠道作用、家庭主环节作用提出若干策略建议。

关键词　义务教育学段；青少年；前沿科技；体验活动；策略研究

---

① 胡祥明，黑龙江省科协，研究员。主要研究方向为科学社会学、科学人才学、科协学及科技社团理论政策研究。地址：哈尔滨市保健路大众新城3期306栋3－302室。E－mail：hljkxming@126.com.

② 王凯甲，哈尔滨市科协原党组书记，副主席。主要研究方向为科协工作理论与实践。地址：哈尔滨市道里区上游街23号。E－mail：13703640270@163.com.

③ 王树龙，哈尔滨市科学宫，研究员级高工。主要研究方向为青少年科技教育。E－mail：5139610@qq.com. 崔凤山，哈尔滨市科协普及工作部部长。主要研究方向为科协工作理论与实践。E－mail：hrbfs@163.com.

④ 杨建明，哈尔滨市教育局工作人员，副研究员。主要研究方向为青少年科技教育。地址：哈尔滨市道里区上游街69号。E－mail：93831262@qq.com.

“前沿科技”系指“在特定范围或领域，被公认具有先导性和引领作用，但尚未达到实质性突破的科学或高成熟度的技术”。学界一般把人工智能、区块链、信息、计算机、互联网、新材料、量子、基因编辑等10大科学技术群泛称为前沿科技。“前沿科技体验活动”一般系指目前中小学校科学教育课中的机器人、无人机、3D打印与数字编程及相关技术的展示与体验活动。

加强青少年前沿科技体验，是一种以培养创新素质与创新能力为目标的科学教育方式、构建国家创新教育体系基础环节、提升青少年科学素质重要路径。通过义务教育学段的前沿科技教育，培养、发现、遴选一大批具有创新素质的科技创新型后备人才，为高等教育与职业教育输送优质生源，为创新驱动发展提供人才源头活水。

一、前沿科技体验活动的现状与问题

为全面反映哈市义务教育学段青少年前沿科技体验活动的状况与问题，课题组除与科教专家、教师等深入座谈外，还向全市中小学校的科技教师和学生发放了600份问卷，收回有效样本571份。其中《教师前沿科技教育状况调查问卷》202份，《学生前沿科技学习状况调查问卷》369份。现状与问题分析如下：

截至2019年底统计，哈市共有小学和初中学校916所，其中小学574所，初中342所。共有660112名学生，其中小学生402935人，初中生257177人。已开设科学教育课程的学校有184所，占20%；开设前沿科技课程的学校有91所，占9.9%。现有科技教师588人，其中前沿科技教师27人，占4.6%。年科技教育经费共计7415180元，年前沿科技教育经费共计36000元，占科技教育经费的0.5%。科技实验室共有837间；校均有科技实验室0.91间，前沿科技活动室284间，校均有前沿科技活动室0.31间。实验室仪器（包括前沿科技活动仪器）达标校比例为12.79%。

（一）学校领导对前沿科技体验活动重视不够

问卷数据显示：超过半数的科技教师认为，学校前沿科技体验活动为零（57%）、学校没有把前沿科技教育纳入教育质量综合评估体系（67%）、学校没有成立学生前沿科技社团组织（69%）、缺乏前沿科技体验活动激励机制（55%）。此外有58%科技教师没有组织辅导过学生参加前沿科技竞赛活动。经费方面，有76%的科技教师认为学校没有前沿科技体验活动专项经费，这部分教师所占比例很高，可以看出前沿科技体验活动经费投入不足，是制约哈市前沿科技课程发展的瓶颈与短板。

（二）学校前沿科技体验活动基础建设薄弱

问卷数据显示：超过半数的科技教师认为，学校没有配备前沿科技教师（56%）、前沿科技体验活动室（60%）、前沿科技课程校本教材和系统课程（58%）、前沿科技活动教具器材（71%）。此外，有56%的科技教师认为学校实验器材与教学不匹配，更新速度滞后于科技发展步伐。由此可见，前沿科技体验课硬件建设薄弱，是制约其发展的又一瓶颈与短板。

（三）“知识面宽、动手能力强”的前沿科技教师数量不足

问卷数据显示：一是专职科技教师仅占51%，而近两年参加过前沿科技培训2周以上的教师仅占17%，1周左右的高达71%，没有参加过的占12%，说明哈市科技教师缺口很大且教师缺乏培训和知识更新，无法掌握先进教育理念和必要理论与方法，很难给予学生高质量的前沿科技体验指导；二是目前科技教师中有74%拥有大学本科学历，其中，理科专业背景的占27%，科学教育专业背景的占22%，人文社会科学专业背景的占51%，缺乏科学教育专业的系统知识体系与逻辑系统，对学生指导与训练显得力不从心；三是前沿科技教师知识结构不合理，学科专业知识占68%、教学实践知识占67%、教学法知识占63%、学生心理知识占52%，前沿科技知识仅占37%。教师对前沿科技知识储备不足，势必会影响前沿科技教学质量。前沿科技教师的专业素质决定着学校前沿科技教学质量，因此强化哈市科技教师队伍建设显得尤为迫切。

（四）缺乏前沿科技体验活动的校内外“双向互动”有效融合机制

问卷数据显示：有62%的学校没有组织过学生到科技馆或高校实验室学习实践；有50%的学校没有组织过科技进校园活动。校外前沿科技教育资源没有得到有效整合利用，哈市前沿科技教育资源丰富，省内普通高校80所，科研院所226家，工程技术研究中心306个，年产出科技成果1500多项，在全国排在第10位。现有104家省级科普教育基地，大多数以静态展示为主，传统科普内容多，跟踪前沿科技内容少。教育模式以听看为主，体验性、探究性不够，与中小学前沿科技课匹配度低，学生的参观率低。县乡以下学校的前沿科技教育资源不足，社会前沿科技教育资源存量没有得到有效盘活与开发，说明哈市校内外“双向互动”的有效融合机制尚未形成。

（五）城乡学校间、学段间拥有的科技教育资源不均衡

在区域分布上，市区学校的前沿科技教育资源状况远好于县乡学校，更好于农村学校，有6项指标数据远优于后者；在学段分布上，小学状况整体好于初中状况，有6项指标数据优于初中。说明哈市中小学前沿科技教育资源地区分布不合理，存在失衡现象。见表1、图1。

表1　哈市不同学段学校前沿科技体验活动状况主要数据对比　　%

学段/问项	(2)	(3)	(4)	(5)	(6)	(9)	(10)
小　学	46	45	39	37	38	62	55
初　中	44	34	44	31	23	41	30

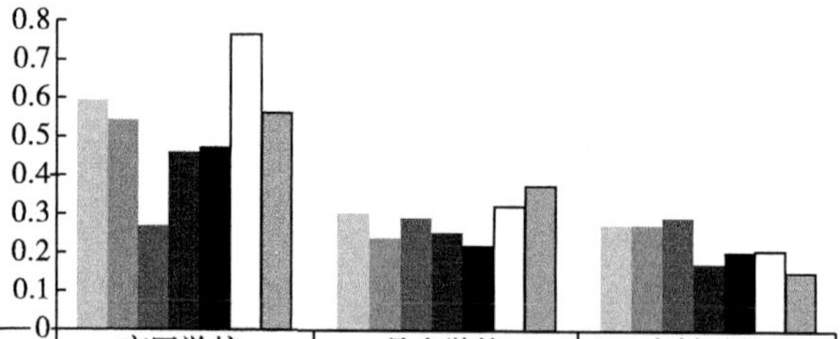

问项	市区学校	县乡学校	农村学校
问项(2)	0.59	0.3	0.27
问项(3)	0.54	0.24	0.27
问项(4)	0.27	0.29	0.29
问项(5)	0.46	0.25	0.17
问项(6)	0.47	0.22	0.2
问项(9)	0.76	0.32	0.2
问项(10)	0.56	0.37	0.15

问项(2)　问项(3)　问项(4)　问项(5)　问项(6)　问项(9)　问项(10)

图1　哈市不同区域学校前沿科技体验活动状况主要数据对比

注：问项（2）为学校配备前沿科技教师状况；问项（3）为学校设置前沿科技教育体验活动室状况；问项（4）为前沿科技教育的校本教材和系统课程状况；问项（5）为前沿科技教育纳入学校教育质量综合评估体系状况；问项（6）为前沿科技教学的教具器材状况；问项（9）为组织科技进校园活动状况；问项（10）为辅导学生参加前沿科技竞赛活动状况。

（六）学生对学校前沿科技教育满意度评价不高

学生对学校前沿科技体验活动的评价，反映了其教学质量。见表2。

表2　对前沿科技体验活动兴趣度评价对比表　　%

学段	特感兴趣	一般感兴趣	不感兴趣
小学	53	46	1
初中	36	48	16

结果表明，对前沿科技体验活动兴趣度的评价，小学生兴趣度普遍高于初中生。这与小学1~6年级是其创造性想象力增长最快学段，而7~9年级增长较为平缓的心理特点有关，也可能与初中生面临的中考压力与学业负担过重有关。

表3　对学校前沿科技课、科技教具与提升科学素质满意度的评价对比表　%

评价内容	前沿科技课	科技教具	提升科学素质
满　意	58	49.8	40
不满意	42	50.2	60

总体上学生对学校前沿科技课、科技教具和提升科学素质满意度评价不高，满意度均低于60%。见表3。

表4　对不同类前沿科技体验活动选择对比表　%

选择内容	玩中学	体验中学	做中学
喜欢度	46.5	27	26.5

对不同类前沿科技体验活动，总体上学生喜欢“玩中学”活动形式。体现了青少年喜欢玩的天性；“体验中学”和“做中学”活动相对难度大，学生喜欢度相对低些。见表4。

（七）哈市前沿科技体验活动存在问题的总结

由问卷调查结果可以看出，一是主观重视度不高。学校领导对前沿科技体验活动重视不够，经费与资源投入不充分、不均衡，存在许多短板与弱项，且城乡学校间、学段间前沿科技体验活动水平参差不齐。二是社会优质科技教育资源存量开发不够。利用率低，缺乏校内外“双向互动”的有效融合机制。三是前沿科技教师队伍需求缺口很大，整体素质不高，知识结构不合理。四是基础设施建设不完善。硬件建设薄弱，缺少校本教材与系统课程，实验器材与教学不匹配。概言之，哈市前沿科技教育明显滞后于科技发展步伐。

二、前沿科技体验活动存在问题的原因

（一）认知因

有81%的科技教师认为问题存在与“认知有偏差、认识有误区”有直接关系。存在“五重五轻”偏向：即在基础教育中，重视文化课教育，轻视科学课教育；在科学教育中，重视理科单科的传授教育，轻视前沿科技的综合实践探究教育；在科学教育体系中，重视校内正规科学教育，轻视校外非正规科学教育；在科学素质教

育体系中，重视知识与能力教育，轻视科学情感态度与价值观教育；在教师知识结构体系中，重视专业、教学法、教学实践知识，轻视前沿科技、学生心理认知知识。认识有偏颇，行为必有偏差。

（二）体制因

有73%的科技教师认为“应试教育”体制影响与“升学率”指挥棒的驱动，致使前沿科技教育发展乏力。在当今应试教育主流教学体制下，高考与中考成为学校一切工作重心，升学率成为衡量学校教学质量的唯一标准。教学内容基本上是考什么教什么，竞赛什么辅导什么；教师频于出题、改题，学生疲于做题、“刷题”，家长拼于请家庭教师辅导题。学生与家长热衷于创新竞赛活动，更多关注的是使孩子获奖、高考成绩加分被重点大学录取。前沿科技体验课存在上述现象，根本原因是由目前应试教育体制机制及整个教育生态环境所致，也与我国几千年沿袭的“科举考试”制度基因有关。针对与我国人口庞大体量相比教育成材率偏低的问题，钱学森的一个“中国教育为什么不能培养出世界大师级人物”的著名问题，对国人起到了振聋发聩的作用。中国式应试教育产生了错综复杂的利益共同体，也培植了以应试教育为起点的多如牛毛的辅导机构，更形成了几代人挥之不去的强烈而顽固的应试教育情结。因此必须对从幼升小到高考阶段的制度进行一系列重大改革，从根本上革除这些顽疾，才能回归科学教育课的本色与旨归。

（三）价值因

有61%的科技教师认为由于“科技教育价值理念陈旧”致使人们重视科技知识与能力教育，而忽视科学情感态度与价值观教育。目前世界科学教育已由培养科学知识型人才、科学能力型人才向培养全面科学素质型人才转变，这已成为21世纪世界科学教育发展的大趋势与价值旨归所在。然而正如清华大学钱颖一所说“中国教育的最大问题，就是把‘教育’等同于‘知识’……创新人才的教育仅仅靠知识积累是不够的，教育必须超越知识”。尽管我国《全民科学素质行动计划纲要(2016—2020年)》对科学素质内涵作了界定：“一般指了解必要的科学技术知识，掌握基本的科学方法，树立科学思想，崇尚科学精神，并具有一定的应用它们处理实际问题、参与公共事务的能力”，我国《义务教育小学科学课程标准》规定了中小学知识、能力和态度情感与价值观三维科学素质培养目标，但不少学校的科学情感态度与价值观培养仍然流于形式与口号，并没有融入具体教学内容和渗透于日常学生培养之中。前沿科技体验活动更多关注的是知识与技能方法传授，对隐含其内的科学态度和科学精神挖掘得不够，科学教学仍以传授和灌输为主，对教与学的质量评价以学生掌握和积累知识量的多少为标准。学校前沿科技体验活动或校外科技社团活动，往往成为少数学生的专利，各种竞赛更多带有功利色彩。“重视其工具价值，而忽视更为重要的理性精神、求真意识、批判质疑精神、创新意识等精神价值”，这已成为我国前沿科技教育的倾向问题与共性缺陷。知识技能方法教育的成效具有直观性、使用性与可评估性等特点，而科学态度情感与价值观教育成效则具有隐蔽性、形成长期性与评价困难性等特征。急功近利是人们更多关注其工具价值而忽略其精神价值的原因所在。正如周光召所指出的“科学教育不应该传授给孩子支离破碎、脱离生活的抽象理论和事实，而是应当慎重选择一些重要科学观念”。

（四）政策因

有 60% 的科技教师认为“当前前沿科技教育许多问题与政府政策空白或没到位有直接关系”。如没有法律法规对科技教育经费投入进行硬性规定，致使一些区县政府对于前沿科技活动经费投入随意性很大；学校没有专项经费列支，致使前沿科技设备更新与采购、科技竞赛组织与实施缺少经费保障；科技教师培训、教师与学生配比率、工作量计算、教绩评价等方面都缺少相应规定，致使学校治理无据可依；前沿科技体验活动耗材量大，教育主管部门三令五申规定不许收取学生工本费，然而学校持续投入难以为继、陷入两难境地。前沿科技课与一般文化课不同，需要伴随前沿科技动态发展而持续不断地投入，尤其需要政府资助性政策倾斜。

（五）规律因

有 32% 的科技教师认为“由于忽略对青少年各个年龄段的心理认知特点、模式与规律的掌握”，影响了前沿科技教育质量。据中国科协组织科技教育专家对青少年创造性想象力发展测试数据显示：小学 1 ~6 年级是创造性想象力增长最快的学段，中学 7 ~9 年级增长较为平缓，10 ~12 年级保持在稳定状态。见图 2 所示。

根据上述不同年级学生创造性想象力四个维度的发展特点与规律，实施不同教学模式与活动方式：一是遵循“丰富性发展趋势最为明显的是 1 ~6 年级，其上升幅度最大”的规律，根据小学生好奇心强的心理特点，教师应实施“玩中学”教学模式，开展“寓教于乐”的活动，以此来培养小学生的科学兴趣与情感。二是遵循“4 ~7 年级灵活性一直处于缓慢上升状态”的规律，根据其具有一定科学知识和直接经验，认知事物有一定灵活性与新颖性的心理特点，应实施在“体验中学”的教学模式，开展“动手动脑”活动，通过观察思考、实验体验等，使之初步掌握解决

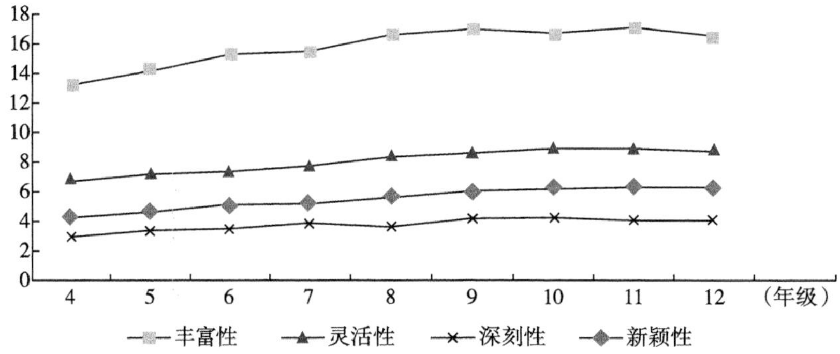

图2　不同年级学生创造性想象力四个维度
（丰富性、灵活性、深刻性和新颖性）的发展特点

有关问题的科学方法与技巧。三是遵循“9年级是深刻性发展节点，以后10～12年级深刻性发展平缓”的规律，根据初中生伴随知识量增加、直接经验积累，其对事物认知更加深刻的认知特点，教师应实施“做中学”的教学模式，开展“探究式”活动，通过实验探究、科技制作、调查研究等方式，使学生发现和提出问题，用已有的知识与经验对问题作出判断与解答，逐步形成大胆想象、敢于质疑、勇于创新、善于合作的科学态度和科学精神。当然采取上述三种不同教学模式与活动方式的情况不是绝对同质化的。因为创造性是人与环境变量互动的产物，家庭与社会环境影响不同，学生心理发育程度也不同。所以要遵循青少年成长成才规律，因材施教，以提高前沿科技体验活动质效。

三、提高前沿科技体验活动质效的策略建议

以学生为中心，发挥“五主一先”作用，构建“五位一体”现代科技教育体系，形成全社会共同参与的全方位前沿科技教育治理新格局：

（一）发挥先进教育理念在青少年前沿科技教育中的先导作用

1. 全面厘清科学教育与文化教育的关系

科学教育（包括前沿科技教育）主旨在于提升学生以科学精神为核心的科学素质水平，而文化教育主旨在于提升学生以人文精神为核心的文化素质水平。要培养既具有科学精神又具有人文精神，既具有科学素质又具有文化素质的全面发展的科学文化素质人才，就必须把科学课放在与文化课同等重要的地位来对待，这样才能保证学生德智体美劳全面健康均衡协调发展。

2. 全面厘清科学教育与前沿科技教育的关系

前沿科技教育是科学教育的重要组成部分，也是构建创新教育体系的重要环节。科学教育是基础性、综合性与实践性极强的教育体系，既包括数理化生的理科单科教育，也包括前沿科技跨学科的综合实践教育，两者功能互补共生共存于科学教育体系之中。

3. 全面厘清知识、能力教育与科技情感态度、价值观教育的关系

如图 3 所示，科学素质教育由表及里的递进顺序为，表层是器物层，其包括科技体验教具、仪器与展品等；次层是智能层，包括科学课教材教程及其学科知识体系与逻辑体系等；中间层是方法层，包括发现与解决问题的技能与方法等；深层是意识层，包括对科学的态度与情感等；核心层是价值观层，包括科学观、科学精神等价值取向。科学素质教育体系越往深层与核心层的镶嵌难度越大，但其一旦形成就具有稳定性、持久性、基础性与广泛渗透性等特性。前沿科技教师不能因为科学态度情感的意识层与价值观的核心层镶嵌难度大，而轻视或回避其教育。

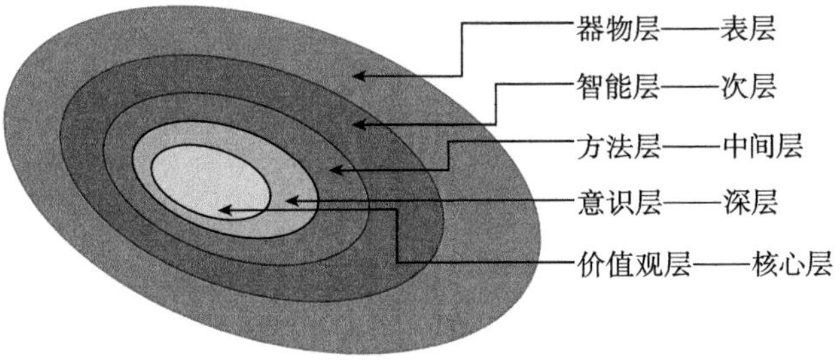

图 3　科学素质教育体系

4. 全面厘清前沿科技教师的专业知识（包括前沿科技知识）、教学法知识、教学实践知识与学生心理认知知识的关系

前沿科学教师知识结构是由上述 4 种知识构成的。“不同阶段学生的认知发展不同，其对科学概念的理解能力也不同，因此要给予不同的教学方法”，并传授不同的专业知识与实施不同的教学实践。此前沿科技教师只有做到对不同学段学生的心理认知特点与规律知识的准确掌握与运用，才能有的放矢、精准施教，提高前沿科技的教学质量。知识结构体系中的 4 种知识之间，是相得益彰、相互渗透、不可或缺的一体化关系。

（二）发挥政府在青少年前沿科技教育中的主导作用

1. 创新青少年前沿科技教育组织领导体制机制

建议建立“青少年科学素质及前沿科技教育领导小组”。由主管市领导牵头，统筹市科协、教育局、科技局等部门，作为指导全市青少年科学素质与前沿科技教育组织领导协调机构，为其赋予“统筹规划、协调指导、整合资源、督促检查”职能。

2. 完善前沿科技教育法律条文、行动规划

一是制定《2035年哈尔滨市青少年科学素质与前沿科技教育行动规划》，对前沿科技教育定位、经费比例、教师与学生配比率、职业培训与进修、激励机制、活动室生均面积、教具达标率、校外科技活动、青少年科学素质达标等方面作出规划，作为地方政府和学校考核指标。二是出台《哈尔滨市义务教育学段青少年科学素质与科学教育条例》。市人大与教育局、科协组成青少年科学素质与科学教育立法前期调研组，依据我国《科普法》与《义务教育法》把本市成熟成形的科学教育制度上升为法规条文，出台地方性行政法规，使前沿科技教育治理有法可依。

3. 制定出台一系列扶持前沿科技教育政策

一是启动前沿科技创新工作室建设工程。借鉴山东省、吉林省政府出台政策扶持学校建设科技创新活动室的经验，制定统一建设标准，为全市中小学各建1～2间高水平科技创新工作室或创客活动室。二是启动智慧前沿科技教育建设工程。使前沿科技教育搭上区块链与智能化、5G化的技术快车。由政府立项，组织多学科专家学者集成作业，针对不同领域的前沿科技问题，集成资源，编写全市统一前沿科技体验教材，由名师网上授课，以供城乡学校教师学生共享共用。三是建立前沿科技教育专项基金。动员全社会力量，建立前沿科技教育专项基金，用于课赛、科技创新活动、科技社团活动及奖励补贴。四是把理科实验操作与信息技术考试成绩计入中考成绩。借鉴山西省政府做法，把“理科实验操作考试分值10分，信息技术考试分值10分，统一计入中考成绩”。

（三）发挥科技教师在青少年前沿科技教育中的主体作用

一是把前沿科技课作为主课。借鉴英国中小学科学课程占整个课时20%的做法。建议小学1～2年级科学课由每周1课时调整为2课时，其中1课时为前沿科技课，3～9年级科学课由每周2课时调整为3课时，其中2课时为前沿科技课。二是建立健全多元前沿科技师资培养体系。扩大有关师范院校科学教育专业本科生招生

规模，扭转目前兼职前沿科技教师过多、专职前沿科技教师短缺局面。三是严格前沿科技教师入职资格。制定《义务教育阶段前沿科技教师入职资格标准》，加强对前沿科技教师的入职考核，加强对入职后转岗为前沿科技教师专业知识与技能的评定。四是加大对前沿科技教师岗位培训力度。前沿科技教师上岗前必须保证有 2 个月岗位培训，经过考核合格后才能上岗；对已上岗的教师每年确保有 2 周以上的培训时间；鼓励教师参加前沿科技体验课的教学研讨活动或课赛活动。五是减轻前沿科技教师负担。学习借鉴国外中小学科学课小班制度，给教师与学生以更多交流时间，体现其精准化、差异化的教学原则，同时将教师组织指导科技竞赛活动与科技社团活动的时间计入课时量。

（四）发挥学校在青少年前沿科技教育中的主阵地作用

一是加强前沿科技教育基础建设。优化前沿科技教师配置，加大对前沿科技体验活动经费的投入力度。二是加强前沿科技教育硬件建设。逐步实现学校前沿科技体验活动室生均面积、实验室教具达标率、校本教材和系统课程、实验器材与教学匹配率、教材和教具更新速度与科技发展同步。三是加强前沿科技课评价制度，激励制度，培训进修制度，教学观摩研讨、交流制度，课赛制度，职称评聘制度等制度体系的建设，完善学校前沿科技体验活动治理结构（见图 4）。

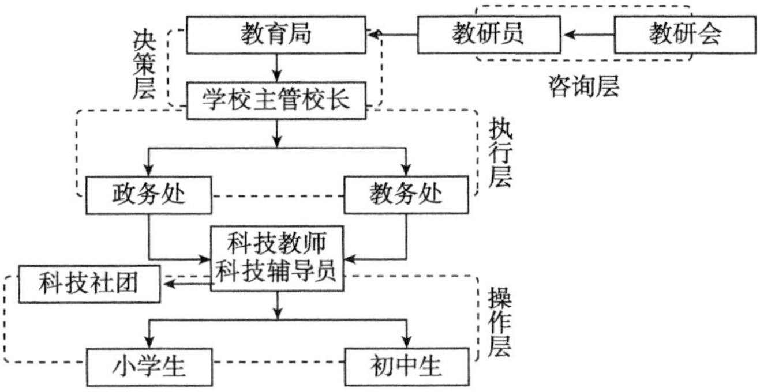

图 4　学校前沿科技体验活动治理结构

（五）发挥科技馆在青少年校外前沿科技教育中的主渠道作用

一是创建省市科技教师与科技辅导员协会。发挥其横向联系广泛、行业交叉组织特色优势，助推学校教学与科技馆展教融合发展。二是开展科技馆进校园活动。将科技馆活动引进校园参与科学课程教学，把部分前沿科学课程安排在科技馆进行，形成“双向互动”融合发展的展教模式。三是开展创建科普示范校园活动。优先提供优质科普公共服务产品和前沿科技教具展品。四是开展“科普大篷车”进校园活动。发挥车载科普器材和设施的机动灵活优势，弥补县以下学校前沿科学课的资源短缺。五是组织开展科技教师课赛活动。建议中国科协与教育部联合开展前沿科技教师课赛活动，培养一大批前沿科技教育的“金牌”名师。六是实施“前沿科技体验活动资源库共建共享共治工程”。将目前省市社会优质科教资源存量进行整合，与中小学前沿科技课内容衔接，编辑出版《前沿科技体验活动资源应用指南》，促进教育资源均衡化，教育水平同质化，城乡义务教育一体化。

（六）发挥家庭在青少年前沿科技教育中的主环节作用

一是家长要树立全面提升学生科学素质的正确价值理念。家长的价值取向对学生影响极大，因此家长首先要对前沿科技课有正确认识。二是家长要不断提高自己的科学文化素质，带动学生科学文化素质提升。三是家长要与学生共同参与前沿科技体验活动。注意培养学生对前沿科技体验活动的浓厚兴趣。四是班主任和科技教师要邀请家长参与前沿科技课改，使其行为与学校课改同频共振。

参考文献

[1]百度·百科．前沿科技定义[EB/0L].[2013-10-9][2020-2-19],https://www.sohu.com/a/160667954__99901730.

[2]薛澜．黑龙江省科技创新促进动能转换的对策建议[R]．中国科协编,第21届中国科协年会调研报告集,2019.

[3]罗晖,王康友．中国科学教育发展报告[M]．北京:社会科学文献出版社,2015.

[4]钱颖一．中国教育的最大问题就是把“教育”等同于“知识”[EB/0L].https://www.sohu.com/a/203980232__124768[2017-11-13]/[2020-2-17].

[5]于新惠,等．青少年科技教育价值的反思和重构[J]．山东理工大学学报,2011(2):93-97.

[6]山西省教育厅．关于初中毕业升学考试加试理化生实验操作和信息技术的意见,http://www.sxedu.gov.cn/BMGZ/actinfo__show,asp.actid=4224[EB/0L].[2013-10-9]/[2020-2-17].

[7]陈彦芬,等．英国公民科学素质建设个案研究[M]．长沙:湖南科学技术出版社,2006年版.

[本文曾发表于《今日科苑》杂志，2020（2）：65-73]

长三角中心区技术成果产业化对城市创新的影响分析

◎余郁波[①]

摘　要　技术成果产业化是地区经济高质量增长的核心环节，能够有效带动城市科技创新发展，从而推动城市创新能力取得新提升。基于长三角城市群中心区27个城市2008—2018年的面板数据，运用固定效应模型分析技术成果产业化对城市创新能力的影响，并运用中介效应模型来探究其影响路径，结果表明：第一，技术成果产业化对城市创新能力提升存在正向促进的影响；第二，技术成果产业化主要通过创新投入效应与产业集聚效应来推动城市创新能力的提升；第三，在技术成果产业化推动城市创新能力提升过程中，产业集聚效应比创新投入效应更明显，产业集聚能够产生规模经济与激励效应，共同对城市创新能力的提升产生影响。在城市产业发展与创新建设过程中，应充分利用技术成果产业化与城市创新能力的协同效应，形成良性循环机制，并强调主导效应带动非主导效应的促进能力，以期为跨区域创新协同发展提供有益参考。

关键词　技术成果产业化；城市创新能力；创新投入效应；产业集聚效应

① 余郁波，安徽财经大学经济学院硕士研究生。主要研究方向为区域经济学与城市创新经济。地址：安徽蚌埠龙子湖区曹山路962号。E-mail：yuyuboyy@163.com.

一、引言与文献综述

创新是现代城市经济发展的重要推动力，城市是实施创新发展的重要载体，能够实现以创新驱动为核心，协调各种创新资源来推动经济高质量发展的目标，城市创新能力提升对区域内技术成果产业化的可持续发展意义重大，而高技术产业是技术成果产业化的一个标志性产业。高技术产业是利用尖端技术来生产产品的产业集群，对其他产业具有很强的渗透能力，已在珠江三角洲、长江三角洲、环渤海地区形成产业带。在当今产业多样化发展的时代，为了提高城市竞争力与创新能力，各地区开始高度重视高技术产业的发展。通过“依托产业链提升创新链，围绕创新链优化产业链”强化高技术产业链与创新链的协同效应，推动经济高质量发展。

创新是发展的第一动力，提升创新能力是提高城市竞争力的重要基础，也是深度实现城市化的客观需要，加快创新能力提升的关键在于形成以企业为主体、市场为导向、产学研相结合的技术产业创新体系。按照影响因素可将关于技术成果产业化对城市创新能力提升作用的研究文献因素分为两个方面：

一方面，部分学者认为技术是技术成果产业化提升城市创新能力的重要影响因素，如刘辉等（2015）的研究成果表明高校产学研合作是整合国家和区域科技、教育和产业资源，增强区域自主创新能力和城市综合竞争力的有效机制；吴赐联等（2015）认为技术创新能力逐步取代创新绩效表现力，成为阻碍创新型城市建设的关键性因素。另一方面，部分学者探讨了产业集聚对技术成果产业化提升城市创新能力所起的作用。一些观点认为高技术产业集聚对城市创新能力提升有负面影响，如张彩江等（2017）基于两阶段价值链视角，研究发现高技术产业专业化集聚会抑制区域技术创新；另一种观点认为高技术产业在不同的条件下对于城市创新能力提升的影响不同，如熊璞和李超民（2020）的研究结果表明高技术产业集聚水平对区域创新能力提升存在单一门槛效应，当区位熵低于 0.85 时，会产生显著促进作用，超过 0.85 时，会产生显著抑制作用；此外，还有一种观点认为高技术产业集聚对城市创新能力提升有显著的正向影响，如田颖等（2019）认为创新型产业集聚可以通过现代产业发展，实现提升区域创新能力的目标，研究结果表明第一批 10 家创新型产业集群对所在 9 个区域的创新能力都有显著提升作用。

综上，已有文献讨论了技术成果产业化对城市创新能力的影响及其影响机制，基本是通过构建单一机制体系进行探讨，但忽略了其外部效应，研究的机制不够全面。本文基于长三角城市群中心区 27 个城市 2008—2018 年面板数据，首先研究技术成果产业化对城市创新能力的影响，并在此基础上探讨技术成果产业化对城市创新能力的影响机制，进一步基于以前的研究基础，从多方面探讨技术成果产业化对城市创新能力的影响路径。

二、理论机制与研究假设

（一）技术成果产业化的创新投入效应

在经济全球化形势下国家与国家之间的竞争越发强烈，各国已然开始将强化创新体系建设列入国家发展战略之中。作为科技创新的主力军，高技术产业成为各国的重要战略部署。所以发展高技术产业对其创新体系的建设具有重大意义，同时高技术产业作为新兴产业的一个重要分支，其对国家产业竞争力的提升起到了支撑作用。目前大力发展高技术产业已经成为产业市场的巨大需求，政府也大力投入研究及发展资金。首先，政府具有制度主导作用，它在经济发展以及产业发展中发挥了导向作用；其次，从信号理论角度出发，政府为了激发城市创新热情、坚定企业的投资信心、引导企业增加研发性投入，其创新投入可以作为政府发出的一种“利好信号”，表明其支持创新的立场。因此政府投入增加，企业的创新投入也相应增加，而企业的创新投入分为资金投入以及人力资本投入。

从资金层面上来看，由于企业的资金通常用于日常经营、扩大规模以及研发投入，企业投入的资金增加，则研发投入资金也会相应增加。企业的研发投入又作为创新的核心组成部分，同时创新需要大量的资金，即企业自身的创新能力也会随之不断提升。与此同时企业将会有更多的渠道和能力获得较丰富的外部新知识，并在发展过程中将获得的新信息应用于自身的创新活动之中，由此促进企业技术创新的优化建设，提高其技术创新能力，并进一步提升城市创新能力。

从人力资本层面上来看，企业增加对人力资本的投入，对创新型人才的吸引力更大，必然会形成创新人才的集聚。创新人才的集聚会导致资源的空间分布发生改变，这对知识、技术、人力资源的影响较大，这种改变会提升经济要素和知识要素的配置效率。同时通过人才集聚的互补机制以及利益和声誉激励机制，经济将会进一步实现高质量发展，创新城市的建设之路也会有一个质的飞跃。

假设 1：技术成果产业化可以通过创新投入效应来推动城市创新能力的提升。

（二）技术成果产业化的产业集聚效应

相对于传统产业而言，高技术产业是新兴尖端技术产业，因此其对在生产过程中的技术创新以及知识创新投入需求更大。高技术产业生产活动中的知识要素是生产者参与市场竞争的基本要素。同时高技术产业的产品升级换代快，消费群体较其他产业来说更为专业化，且产业技术含量高，企业在经营活动中为了降低库存风险以及生产成本必然会加强与原料供应商的联系。由于高技术产业的这些特性，高技术产业的企业会更加倾向与关联企业或相似产业聚集在一起。产业集群形成后会产生技术溢出效应与外部规模效应，这两种子效应将会在不同层面对城市创新产生影响。

高技术产业集聚所形成的劳动力市场能够与区域内的高校与科研机构产生协同效应，提高技术溢出的速度与质量。通过技术溢出，企业集聚在一起加强了相似产业之间的技术交流，促进了与其他产业之间的技术知识的传播，高技术人才可以通过政府和各科研机构组织的各种会议以及论坛来进行经验分享和问题探究，由此推动专业性技术与知识的交流。高技术产业可以通过技术合作研发、员工互动交流来加强区域内的技术体系的建设。由此，高技术企业集聚在一起产生的技术溢出效应可以缩短技术短板企业的创新周期，行业间的交流碰撞可以降低企业的创新成本，实现高质量生产，加快企业的技术创新步伐，进一步促进城市创新能力的提升。

企业在生产过程中会产生一些创新要素，这些创新要素也在区域内集聚并被应用于创新活动之中。集聚对创新的作用主要来源于企业间的共享、资源的匹配和企业间的学习。高技术产业的集聚可以使得高技术企业之间互相交流学习从而共享创新活动的收益。创新活动的集中使得生产规模扩大，有利于企业从中获得规模经济的收益，企业的生产资本增加，就会有更多的资本被投入创新活动中，由此形成良性循环。同时，创新是一项极具风险的活动，通过产业集聚而产生的规模经济更有利于企业间彼此分担创新风险，从而降低创新成本，提升企业的创新效益。

假设 2：技术成果产业化可以通过产业集聚效应来推动城市创新能力的提升。

三、研究对象、数据来源与研究方法

（一）研究对象

长江三角洲城市群中心区包括安徽省、江苏省、浙江省和上海市三省一市 27 个地级市，故以这 27 个地级市为研究对象①。长三角城市群中心区实现经济高质量发

① 研究对象为上海、南京、无锡、常州、苏州、南通、盐城、扬州、镇江、泰州、杭州、宁波、嘉兴、湖州、绍兴、金华、舟山、台州、温州、合肥、芜湖、马鞍山、池州、宣城、安庆、滁州、铜陵。

展，需要实施创新驱动发展战略，发展“科创 + 产业”模式。研究高技术产业发展对城市创新能力的影响对于长三角中心区产业链与创新链融合发展具有重大意义。

（二）指标体系的构建与数据来源

1. 指标体系的构建

（1）因变量

首先，对长三角中心区创新能力进行评价，选取的指标应具有真实性、代表性、系统性、全局性；其次，指标选取应满足易于量化的要求，数据收集应严谨精准；最后，指标选取既要立足于创新能力，又要有针对性地反映创新能力。目前，很多文献将城市专利申请量作为衡量城市创新能力的标准，如格罗斯比与马静认为专利申请量能够满足城市创新能力指标选取的要求。因此，选取城市专利申请数量作为指标来反映城市创新能力。

（2）自变量

技术成果产业化的主要表现形式为高技术产业的发展，高技术产业①分为航空航天器制造业、电子信息计算机及办公设备制造业、医药制造业、电子及通信设备制造业、医疗设备及仪器仪表制造业五大类。依据典型性、差异性和准确性的原则，高技术产业产值能够综合反映高技术产业发展水平。

影响创新投入的因素众多，政府创新投入贡献度较大，政府科技财政支出能够综合反映高技术产业发展所带来的创新投入效应；借鉴丛海彬的做法，用地区工业总产值密度测量产业集聚程度。

（3）控制变量

由于影响城市创新能力与技术成果产业化发展的因素众多，故引入了一组控制变量。A. 地区发展水平，能够充分反映城市总体水平与发展状况；B. 城镇化水平，对城市创新能力提升有重要作用，能够间接驱动城市创新能力；C. 对外开放程度，实际利用外资可以作为对外开放程度的代理变量。

2. 数据来源

本文选取样本为2008—2018年长三角中心区27个地级市的数据，数据主要来源于各地方统计年鉴、各地方政府统计公报、EPS数据库、《中国高技术产业统计年鉴》和《中国统计年鉴》。

① 高技术产业行业分类标准参考《中国高技术产业统计年鉴》。

(三) 研究方法

面板模型分为混合效应模型、固定效应模型和随机效应模型三种。为了选择合理的模型，本文进行了 F 检验。检验结果为在 1% 的显著水平上拒绝使用混合效应模型；接着进行 Hausman 检验随机效应模型和固定效应模型的结果。检验结果显示应该采用固定效应模型。同时为了数据平稳，解决异方差问题对变量采取了对数化处理。模型公式如下：

$$\ln innov_{it} = \beta_0 + \beta_1 \ln devel_{it} + \beta_2 \ln pgdp_{it} + \beta_3 \ln urban_{it} + \beta_4 \ln open_{it} + \varepsilon_{it} \quad (1)$$

其中，t 表示年份，i 表示城市，*devel* 表示技术成果产业化水平，*innov* 表示城市创新能力，*pgdp* 表示地区发展水平，*urban* 表示城镇化水平，*open* 表示对外开放程度。

接下来验证技术成果产业化对城市创新能力影响的作用机制，即引入交叉项建立如下模型：

$$\ln innov_{it} = \gamma_0 + \gamma_1 \ln devel_{it} \times \varphi + \gamma_2 \ln pgdp_{it} + \gamma_3 \ln urban_{it} + \gamma_4 \ln open_{it} + \lambda_{it} \quad (2)$$

其中，φ 表示技术成果产业化对于城市创新能力的推动机制，方程（2）引入了 φ（创新投入效应与产业集聚效应）与技术成果产业化水平的交叉项来验证假设 1 和假设 2。

表 1　变量说明

变量名称	测度方法
技术成果产业化水平（devel）	地区高技术产业产值
城市创新能力（innov）	城市专利申请数量
创新投入效应（input）	一般公共预算支出：科学技术
产业集聚效应（vocal）	地区规模以上工业企业总产值与该城市建成区土地面积之比
地区发展水平（pgdp）	人均地区生产总值
城镇化水平（urban）	城镇人口与城市总人口之比
对外开放程度（open）	实际利用外资金额

表 2　变量的描述性统计

变量	样本量	均值	标准差	最小值	最大值	是否对数化
devel	297	121619	615557	91	4379727	是
innov	297	110426	485056	76	4323000	是
input	297	223772	536465	1182	4171899	是
vocal	297	45. 736	38. 934	4. 282	289. 272	是
open	297	171861	300799	655	1851378	是

续表

变量	样本量	均值	标准差	最小值	最大值	是否对数化
pgdp	297	84426. 7	37892	13560	293346	是
urban	297	0. 58386	0. 1639	0. 177	1	是

四、实证结果分析

（一）固定效应模型回归结果

对数据进行处理后，运用固定效应模型得到方程（1）的回归结果，如表 3 所示。

表 3　城市创新能力方程估计检验

变量	lndevel	lnopen	lnpgdp	lnurban	Cons	F	Obs
回归结果	0. 1685 *** (4. 60)	0. 5046 *** (8. 03)	1. 5080 *** (8. 08)	−1. 2915 *** (−5. 11)	−13. 8643 *** (−7. 65)	113. 01	297

注：*** 表示在 1% 统计水平下显著；括号内为 t 值。

技术成果产业化发展水平系数为正且在 1% 统计水平下显著，技术成果产业化水平每提高 1%，城市创新能力则提升 0. 17%，表明技术成果产业化发展能够正向促进城市创新能力提升。对外开放程度与地区发展水平也显著正向促进城市创新水平提升；城镇化水平与我们预期的影响显著相反，可能是因为近十年来长三角中心区城市城镇化水平分异不够明显，大多数城市城镇化发展滞后，不足以正向带动城市创新。作为新兴产业，高技术产业具有较大的吸引力。创新资本投入增加和城市发展过程中资金与人力资源聚集，有利于城市创新产品的生产与组织、增强城市创新能力。任何一种产业都会造成集聚效应，高技术产业也不例外，高技术产业集聚会缩短创新周期，降低创新成本，提高城市创新效率，提升城市创新能力。

引入交叉项后，检验技术成果产业化对城市创新能力的理论机制，得到方程（2）的回归结果，如表 4 所示。

表 4　技术成果产业化对城市创新能力的影响机制检验

φ = *vocal*		φ = *input*	
变量	回归系数	变量	回归系数
lndevel × vocal	0. 1011 *** (10. 41)	lndevel × input	0. 0443 *** (10. 98)

续表

φ = *vocal*		φ = *input*	
变量	回归系数	变量	回归系数
lnopen	0. 2817 *** (5. 87)	lnopen	0. 1723 *** (3. 46)
lnpgdp	0. 898 *** (6. 98)	lnpgdp	0. 5660 *** (3. 94)
lnurban	0. 579 *** (3. 91)	lnurban	0. 3581 ** (2. 44)
Cons	-5. 9143 *** (-4. 54)	Cons	-2. 1341 (-1. 46)
F	69. 03	F	63. 77
Obs	297	Obs	297

注：**、*** 分别表示在5%、1%统计水平下显著；括号内为 t 值。

技术成果产业化与创新投入效应的交叉项系数为正，且在1%统计水平下显著，数值为0. 0443，即技术成果产业化带来的创新投入效应正向促进城市创新能力提升，这一结果验证了假设1。技术成果产业化发展与产业集聚的交叉项系数为正，数值为0. 1011，且在1%统计水平下显著，即技术成果产业化发展带来的产业集聚效应正向促进城市创新能力提升，这一结果验证了假设2。同时，从表中可以发现产业集聚效应与技术成果产业化发展的交叉项系数大于创新投入效应与技术成果产业化发展的交叉项系数，表明技术成果产业化发展带来的集聚效应对于城市创新能力提升的正向促进作用大于创新投入效应的正向促进作用。产业集聚表示某个产业在特定的区域内高度集中，产业集聚效应能够带来或大或小的子效应，共同对城市创新能力提升产生影响。产业集聚会产生规模经济，有利于创新企业获得更多规模经济收益，增加创新资本，提升城市创新能力；产业集聚也会增强劳动者对创新技术的激励，鼓励劳动者对创新型产品进行开发制造，提高劳动生产率，扩大创新产品产出规模，提升城市创新能力。因此，高技术产业发展带来的集聚效应更加明显。

（二）稳健性检验

为了确保模型的合理性以及回归结果的准确性，本文进行了两类稳健性检验。一种是考虑到相较于其他城市，上海的创新发展比较好，安庆的创新发展滞后，本文剔除了这两个城市的数据来进行稳健性检验；另一种是更换估计方法来进行稳健性检验。

如表5所示，剔除了上海与安庆两个城市极端值的影响之后，技术成果产业化系数为0.717，且在1%统计水平下显著，表明技术成果产业化发展显著正向促进城市创新水平的提升，即技术成果产业化发展水平每提高一个百分点，城市创新能力就会提升0.717个百分点；如表6所示，运用随机效应模型进行检验，技术成果产业化发展系数为0.606，且在1%统计水平下显著，表明技术成果产业化发展显著正向促进城市创新能力提升，即技术成果产业化水平每提升1个百分点，城市创新能力就会提升0.606个百分点。这两类稳健检验结果都表明了技术成果产业化对于城市创新能力的提升起到了显著的正向作用，即两类稳健检验结果与之前的固定效应模型检验结果基本一致。

表5　剔除异常值检验结果

变量	lndevel	lnopen	lnpgdp	lnurban	Cons	F	Obs
回归结果	0.717*** (9.57)	0.247*** (4.67)	0.710*** (4.92)	0.345** (2.31)	-6.209*** (-4.69)	73.07	275

注：**、***分别表示在5%、1%统计水平下显著；括号内为t值。

表6　随机效应模型检验结果

变量	lndevel	lnopen	lnpgdp	lnurban	Cons	R-sq	Obs
归结果	0.606*** (9.74)	0.244*** (4.99)	0.903*** (6.78)	0.431*** (2.86)	-7.486*** (-5.80)	0.77	297

注：***表示在1%统计水平下显著；括号内为t值。

五、结论与启示

首先，从理论层面探究了技术成果产业化发展对城市创新能力的影响机制，运用理论知识提出研究假设；其次，基于2008—2018年长三角城市群中心区27个地级市面板数据，分析技术成果产业化发展对城市创新能力的影响；最后，验证其影响机制。实证结果表明：长三角城市群中心区技术成果产业化发展对城市创新能力存在正向促进关系；技术成果产业化通过产业集聚效应与创新投入效应促进了城市创新能力提升；技术成果产业化的集聚效应在城市创新能力提升中发挥了更为明显的作用。以上结论对长三角区域一体化发展具有重要启示：

第一，各城市间不仅应加强经济联系，还应增强自主创新能力，高技术产业发展水平较高的城市应该保留其鲜明的区域特色，高技术产业发展水平较低的城市应利用强大的科技辐射效应，提高自身高技术产业发展水平。同时，制定产业发展政策时应加强创新的协同效应，城市创新的产业发展应该与高技术产业导向相一致，高技术产业本身也具有很强的创新能力，能够与城市创新建设形成良性循环局面。

第二，在城市创新过程中，应扩大高技术产业带来的集聚效应，并通过集聚效应辐射带动其他非主导效应，共同促进城市创新能力提升。在高技术产业规划过程中，应扩大城市创新的产业结构效应，使产业结构更加优化、资源配置更加合理、产品产出更加高效，促进创新技术进一步发展，为高技术产业提供更好的发展环境。

第三，在产业发展规划制定与城市创新建设过程中，政府应多关注中小规模城市以及非省会城市等，相较于大规模城市以及省会一线城市，这些城市的发展更为关键，并且一般具有极大的发展潜力，可以更加完善产业制定规划，激励动力增加，提升城市创新建设水平。应鼓励产业园区内企业间的技术合作与行业交流，如通过创新引导基金来鼓励企业间的创新合作。

目前，本研究还存在一定的局限性。第一，样本选取的局限性。本文选取的是2008—2018年的数据，由于数据统计原因，没能研究更多年份，使研究范围在时间上有缺陷。同时，所研究对象为长三角中心区的27个城市，没有囊括长三角全部城市，后续研究应继续完善。第二，本文仅研究技术成果产业化对于城市创新能力提升的作用，没有涉及城市创新能力对于技术成果产业化发展的反作用。第三，不确定是否有普遍性。仅针对长三角中心区进行研究，研究结论是否适用于我国所有地区尚不明确，后续需要进行更加普遍的考察。

参考文献

[1]张围．城市创新能力的结构模型与测度指标体系研究[D]．杭州：浙江大学,2019.

[2]辜胜阻,吴华君,吴沁沁,余贤文．创新驱动与核心技术突破是高质量发展的基石[J]．中国软科学,2018(10):9－18.

[3]刘辉,王飞,占春旺,曾志嵘．产学研合作服务创新型城市建设[J]．中国高校科技,2015(Z1):25－27.

[4]吴赐联,朱斌．基于熵权TOPSIS的创新型城市发展评价及障碍因子诊断——以莆田市为例[J]．科技管理研究,2015,35(24):76－81.

[5]张彩江,覃婧,周宇亮．技术扩散效应下产业集聚对区域创新的影响研究——基于两阶段价值链视角[J]．科学学与科学技术管理,2017,38(12):124－132.

[6]熊璞,李超民．高技术产业集聚对区域创新的影响:促进还是阻碍?[J]．金融与经济,2020(1):58－64.

[7]田颖,田增瑞,韩阳,吴晓隽．国家创新型产业集群建立是否促进区域创新?

[J]. 科学学研究,2019,37(5):817 -825 +844.

[8]罗威. 国家高新区设立对城市创新水平的影响研究[D]. 南昌:江西财经大学,2019.

[9]杨洋,魏江,罗来军. 谁在利用政府补贴进行创新?——所有制和要素市场扭曲的联合调节效应[J]. 管理世界,2015(1):75 -86 +98 +188.

[10]曾婧婧,周丹萍. 政府创新投入和城市规模等级对城市创新能力的影响[J]. 城市问题,2019(5):55 -64.

[11]尤瑞玲. 高技术产业集聚研究动态[J]. 技术经济与管理研究,2018(1):107 -112.

[12]GROSBY M. Patents,Innovation and Growth[J]. Economic Record,2010(234):255 -262.

[13]马静,邓宏兵,蔡爱新. 中国城市创新产出空间格局及影响因素——来自285个城市面板数据的检验[J]. 科学学与科学技术管理,2017,38(10):12 -25.

[14]王海杰,孙晓会. 高新技术产业与创新型城市关联度的实证研究[J]. 特区经济,2012(9):275 -277.

[15]丛海彬,段巍,吴福象. 新型城镇化中的产城融合及其福利效应[J]. 中国工业经济,2017(11):2 -80.

[16]谢科范,张诗雨,刘骅. 重点城市创新能力比较分析[J]. 管理世界,2009(1):176 -177.

[17]仇怡,李亚珂. 城镇化水平对城市创新能力的影响研究——以长江中游城市群28市为例[J]. 湖南科技大学学报(社会科学版),2017,20(6):52 -57.

[18]傅元海,唐未兵,王展祥. FDI溢出机制、技术进步路径与经济增长绩效[J]. 经济研究,2010,45(6):92 -104.

议题3

健全科技
伦理治理体制机制研究

基于区块链技术的智慧政务协同治理模式研究：SD演化博弈视角

◎山少男①

摘　要　智慧政务是优化政府管理决策水平与提升社会公共服务能力的重要手段。在智慧政务运作过程中，由于参与治理主体对自身利益最大化的追求，难以有效协调各主体间的关系，造成了协同治理的困境。本文在已有研究基础上，将区块链技术引入智慧政务系统，建立基于区块链技术的修正版智慧政务平台架构，有助于提高政府公共管理效率、实现精准化管理、建立信任机制并形成主体间合作共赢的新局面。同时以有限理性为前提，建立了以职能部门、地方政府与终端用户为博弈主体的演化博弈模型，分析在区块链技术背景下博弈三方的演化稳定策略。运用系统动力学理论结合北京市“区块链+政务服务”的案例，通过改变参数赋值模拟影响因素的变化，确定不同外部条件下的演化稳定均衡。根据演化稳定均衡结果提出基于区块链技术推动多方治理主体进入智慧政务运作过程，促进智慧政务协同治理持续发展的对策及建议。

关键字　区块链技术；智慧政务；协同治理；演化博弈；SD

---

①　山少男，女，辽宁沈阳人，博士研究生，研究方向：城市治理、城市复杂系统建模与仿真。E-mail：rose_1844100@cueb.edu.cn.

一、引言

随着科技进步以及现代化治理理念的提出，利用新兴技术手段发展智慧政务是政府部门优化管理决策能力与职能部门提升社会服务水平的一项重要的战略举措。2020年5月22日，李克强总理在2020年国务院政府工作报告中提出，推动更多服务事项“一网通办”，做到企业事务全程网上办理；同年8月，国家发改委等四部门发布的《关于做好2020年降成本重点工作》中，着重指出深化“互联网+政务服务”，提出简化政府办公流程，提高服务效率，节省民众办理时间等内容，对于“推进国家治理体系和治理能力现代化”具有深远意义。智慧政务正是顺应时代发展，在提升政府科学决策能力、减少业务办理“繁文缛节”、调动多元治理积极性和打造精准治理多方协同新模式的基础上，保证优化便捷企业与民众的生产生活的新举措。但目前平台建设成本高、系统安全隐患、治理主体权责模糊等因素阻碍着智慧政务的实施效果。根据《中国地方政府互联网服务能力发展报告（2019）》，截至2019年，我国已有217个地级行政区开展互联网政务服务项目，其中，14个地方政府互联网服务响应能力优越。但仍有117个地级市的互联网政务服务仍处于稳步推进与亟待开发阶段。因此，在现有阻碍的情况下，仅依赖国家政策号召与引领无法持续推进智慧政务的稳步发展。

实际上，制约智慧政务实施的因素有很多，比如“信息孤岛”“数据烟囱”、系统漏洞、隐私泄密、多方主体风险收益和权利义务分配不均等。为此，政府通过数据归集、数据互用和激励业务协同，进而重塑政务服务流程等公共管理手段来刺激政务信息化行为，取得了较好的实施效果，其中，大数据技术驱动和跨部门信息共享的效果最为显著。除此之外，不同的绩效评价体系与奖惩机制也有助于解决智慧政务推进过程中的瓶颈问题。如：构建智慧政务信息生态评价体系，从驱动力、压力、状态与响应因素入手厘清它们之间的影响机制以及作用关系，从而提升智慧政务的综合服务能力；根据智慧政务服务质量与满意度，建立提升地方政府行政绩效的评价指标，以促进智慧政务稳步发展；以“政绩安全区”运作机理激励地方政府持续将“创新实践”应用于智慧政务项目推进。事实上，我国在信息化新兴技术领域发展迅速，但在智慧政务项目建设过程中的技术则略显逊色，因此，将新兴技术与智慧政务有机结合，形成具有时代发展特色的新型智慧政务模式势在必行，而区块链技术为解决智慧政务面对的瓶颈问题提供了新思路。

区块链技术的核心理念和含义是数据资产化与划时代意义的全新分布式基础架

构与计算范式。世界经济论坛（Davos）指出，到 2023 年，全球国民生产总值的 10%将存储在区块链或与区块链相关的技术中，并且政府机构将普遍应用区块链技术；我国也将区块链确定为国家重要的战略性前沿信息技术之一以及建设数字中国的重要支撑。目前，区块链技术涉及公共事务管理的诸多领域，包括公共服务、社会保障、公共信息通信、人工智能、物流供应链等行业。实际上，区块链技术应用于智慧政务的前提是具有经济利润空间，且能够匹配社会资本的预期收益和回报，实现利益最大化。因此政府部门和平台使用者在参与智慧政务运作过程中既是合作伙伴也是追求各自利益最大化的理性“种群”，这与经济学中的演化博弈理论相契合。因此，利用演化博弈理论分析区块链技术赋能智慧政务协同治理具有可行性。

本文在现有研究基础上，结合区块链技术和智慧政务特点构建基于区块链技术的修正版智慧政务平台架构，为相关研究提供理论框架。同时运用演化博弈模型分析如何实现职能部门、地方政府和终端用户的博弈演化稳定策略，达到三方的合作均衡。在案例分析过程中，通过将北京市“区块链＋政务服务”案例分析结合系统动力学理论相结合，改变外部变量赋值情况，模拟博弈三方积极利用区块链技术推进智慧政务协同治理的影响机制，提出基于区块链技术推动多方治理主体进入智慧政务运作过程，从而促进智慧政务项目持续发展和推进。

二、基于区块链技术的智慧政务协同治理模式

（一）基本思想

智慧政务是指为了实现政府内部业务系统之间以及与外部（平行/隶属）各职能部门之间的资源整合与系统集成，实现政府各部门流程、资源的重置与集成来为民众及企业提供便捷、优质、低成本的一站式服务，实现跨职能部门的业务联动与系统集成以完成并联审批，实现网上行政管理系统的透明、廉洁、高效运行，而建设含流程引擎管理的贯穿的服务总线、内网门户和外网业务、专题数据库及衍生的中心数据库。而“基于区块链技术的智慧政务协同治理模式”是指为了解决现有智慧政务面临的阻碍和困境，通过引入区块链技术，对原有智慧政务技术框架进行修正（如图 1 所示）。区块链技术的“去中心化”结构、“去信任”架构和“精准化”机制等特征使其能够有效应对智慧政务面临的各种阻碍。本架构将区块链 6 层结构对应于 ISO7 层结构并进行修正，以关系型数据（如 Oracle 等）与各种算法技术为基础，以共识层与激励层为区块链核心服务层，叠加终端用户服务业务功能场景，

形成高效、安全、可信的政务服务体系。区块链的防篡改、非对称加密技术可确保数据存储的安全性与私密性；P2P 对等式协议、点对点传输技术能保证系统内信息互通互认、信息畅通传输无障碍；各种高效算法可实现交互过程快捷、响应时间短、容错能力强、有益于价值互认与行为共识；去中心化、可追溯、可编译、安全可靠等技术特性，能够确保多元治理主体形成多元协同治理局面。由此观之，该模式极大地提升了原有系统的安全性、便捷性、协同性与智慧性，从而增加社会资本与经济收益。

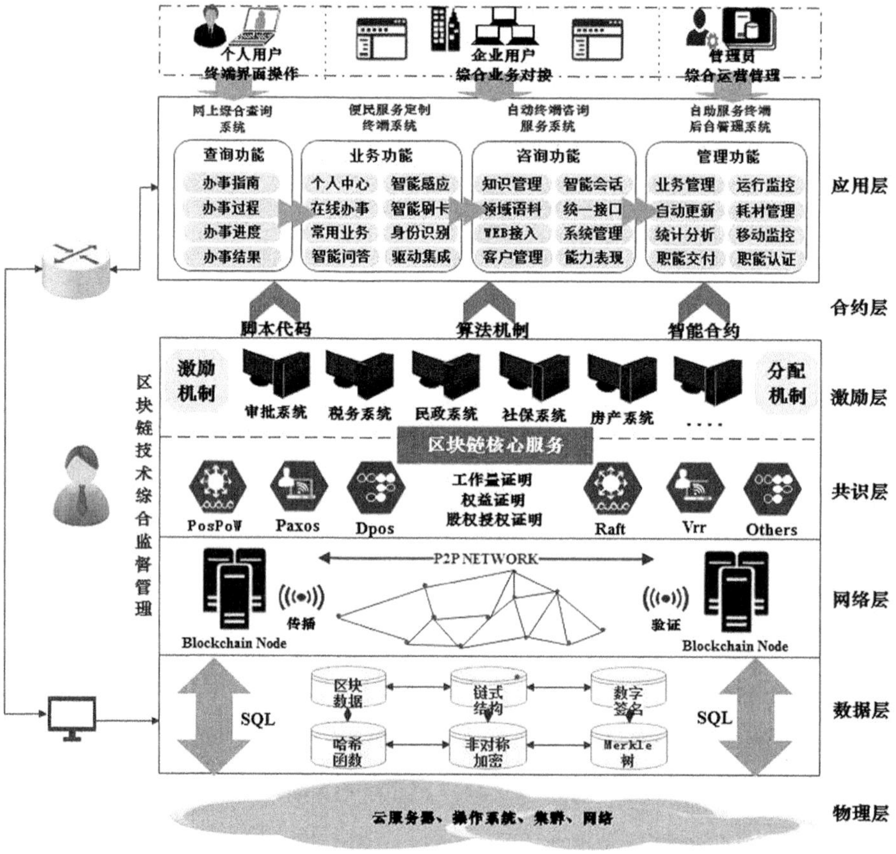

图 1 基于区块链技术的修正版智慧政务平台架构

（二）收益机制

从各利益主体的角度来看，基于区块链技术的智慧政务协同治理模式涉及的协同治理主体包括职能部门、地方政府与终端用户。各主体的出发点均不同，因此其参与智慧政务的基本思想立足于在平台运行过程中各方立场和角度不同引发的不同决策行为（如图2所示）。从协同治理主体的目标来看，职能部门、地方政府与终端用户的目标基本一致，都是通过区块链技术获得更优质的智慧政务运作与使用效果，实现更加可观的总收益。事实上，这也符合经济学视角下的“理性人”行为，即以追求自身利益最大化。对于各主体来说，该模式是一个帕累托改进过程，虽然都是追求自身利益最大化为主要目标，但利益焦点不同：地方政府关注社会公共服务效益是否达到最大化，职能部门更加关注自身业务服务水平及绩效收益是否达到最大化，终端用户则更加看重使用便捷性、安全性与满意度等总体收益是否达到最大化。但通过各方在长期契约关系下的不断调整优化，发挥各自优势，最终实现各方合作共赢，实现了基于区块链技术的智慧政务协同治理下的自身利益最大化。

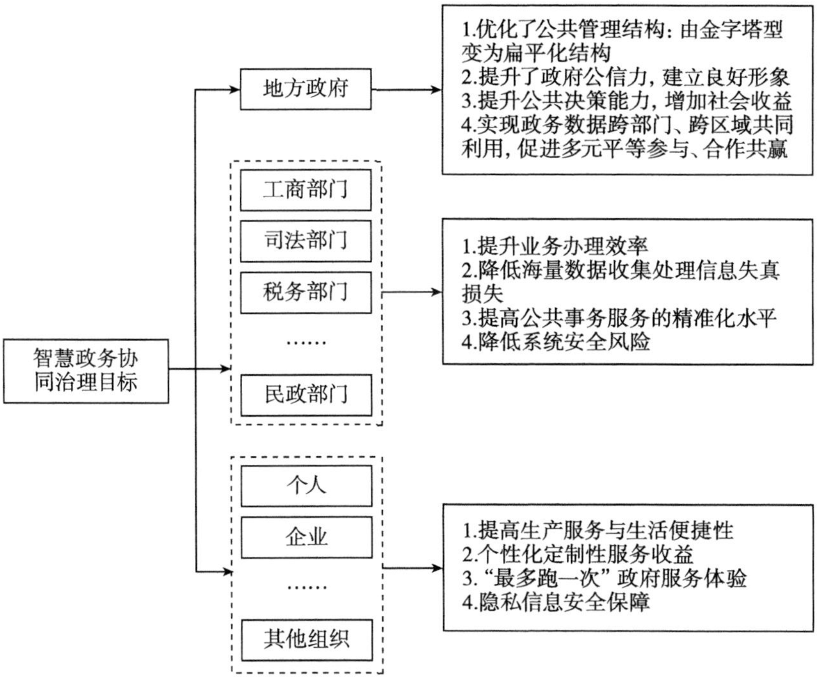

图2　基于区块链技术的智慧政务协同治理模式的各利益主体目标

在区块链技术应用于智慧政务项目建设的过程中，只有系统运行总收益大于投入建设总成本时，该项目才能真正实施。因此，为了确保基于区块链技术的智慧政务项目顺利运营推广，需要对运营后未来直接收益与潜在收益进行平衡协调，确保参与协同治理的各方收益实现“帕累托最优”，尽可能调动各主体的积极性。结合区块链技术优势，深入分析基于区块链技术的智慧政务协同治理模式中所涵盖的经济收益（如图3所示）。

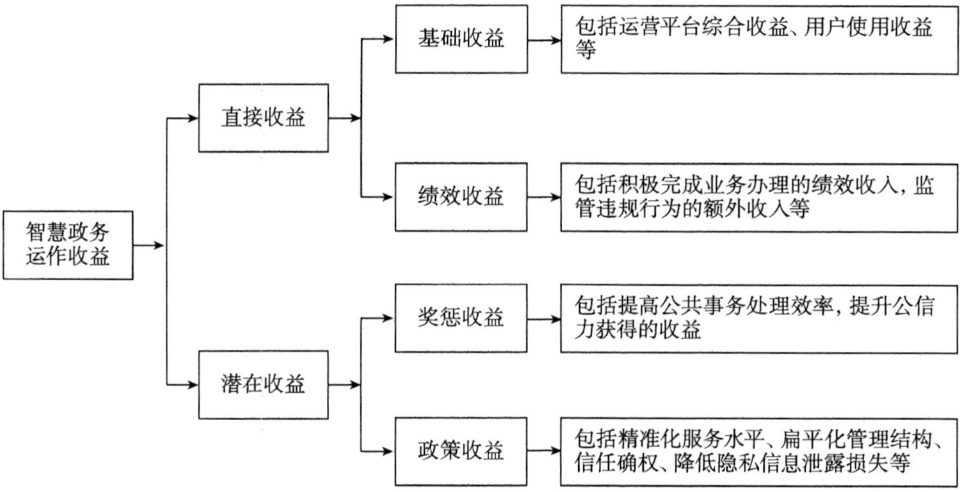

图3　基于区块链技术的智慧政务项目运作收益分析

（三）协同治理组织结构

虽然在基于区块链技术的智慧政务协同治理模式中涉及的利益主体主要包括职能部门、地方政府与终端用户，但事实上，智慧政务项目运作过程技术性高、持续时间长、外部性强、牵涉参与主体较多，它们之间的关系也十分复杂，其中包括第三方企业，如系统开发公司、运营维护外包方，区块链技术提供商等，也包括非政

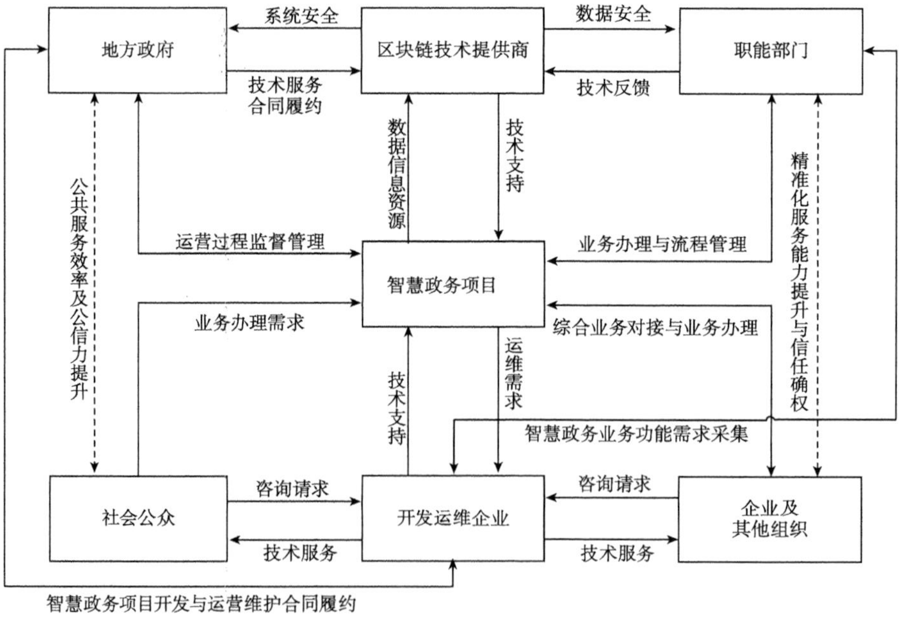

图4　基于区块链技术的智慧政务项目协同治理组织结构框架

府组织，如商会、社会团体等。本文根据已有研究成果，对基于区块链技术的智慧政务协同治理模式运营组织结构进行分析设计（如图4所示）。

在基于区块链技术的智慧政务项目中，地方政府作为项目推进者、职能部门参与及区块链技术安全的监督者，与第三方企业签署智慧政务建设与运营维护合同。职能部门作为智慧政务业务信息的管理者与业务流程的办理者，与终端用户及第三方企业均有密切联系。终端用户是智慧政务业务功能的使用者，第三方企业为其提供技术支持、职能部门为其提供业务服务。各参与方之间通过签订协议、合同、绩效评价等方式建立关系并在整个系统之中彼此联系，形成复杂有序的组织结构。在这种多方参与组织结构中，参与各方责任边界模糊化，形成一定的合作机制，在求同存异的前提下协同运作，实现合作各方的“双赢”局面。

三、基于区块链技术的智慧政务协同治理模式的演化博弈模型

（一）模型假设与参数设定

基于上述分析，分别作如下假设：

假设1 在一个不考虑其他约束条件的完全自然环境中，将职能部门、地方政府及终端用户看作一个完整的系统，且三方均是有学习能力的有限理性个体。

假设2 在博弈系统中，博弈三方均具备选择各自行为的权利和方案。每个行为主体均有两种选择方案，职能部门的行为策略集 S_1 = {积极,消极}，“积极”指的是投入一定的人力、物力、财力利用区块链技术进行智慧政务业务整合；“消极”指不使用区块链技术，仅维持原本业务办理方式。地方政府的行为策略集 S_2 = {严格监管,疏于监管}，“严格监管”指地方政府积极推进区块链技术应用智慧政务并保证其安全运作；反之就是疏于监管。终端用户的行为策略集 S_3 = {使用,不使用}，“使用”指的是用户使用智慧政务平台完成业务；“不使用”表示用户仍去政务大厅完成业务。

假设3 在职能部门、地方政府和终端用户三个群体博弈的初始阶段，用0/1变量来表示策略选择情况，$x = 1$ 表示职能部门选择“积极”策略，$x = 0$ 表示职能部门选择“消极”策略；$y = 1$ 表示地方政府选择“严格监管”策略，$y = 0$ 表示地方政府选择“疏于监管”策略；$z = 1$ 表示终端用户选择“使用”策略，$z = 0$ 表示终端用户选择“不使用”策略。其中，$0 \leq x \leq 1$，$0 \leq y \leq 1$，$0 \leq z \leq 1$。

博弈模型中相关参数假设及其含义，如表1所示。

表 1　主要参数及其含义

博弈方	参数	含义
职能部门	I_2	智慧政务平台业务处理的绩效收益
	C_3	积极利用区块链技术优化智慧政务业务办理的成本支出
	C_4	消极对待区块链技术仅维持网上业务办理的成本支出
	P_4	不使用区块链技术时海量数据收集处理的信息失真损失
	β	利用区块链技术提高的职能部门精准化服务程度
	βS_2	利用区块链技术提高的职能部门精准化服务收益
	P_2	地方政府疏于监管，区块链技术带来的系统安全风险损失
地方政府	I_1	智慧政务平台运营经济收益与社会收益
	C_1	严格监管时的成本支出
	C_2	疏于监管时的成本支出
	P_1	当用户使用时，由于政府疏于监管造成隐私泄露折损政府公信力
	A_1	严格监管时，发现职能部门违规行为的奖励性收益
	α	利用区块链技术优化公共管理结构的扁平化管理效率
	αS_1	利用区块链技术优化公共管理结构的扁平化管理收益
终端用户	I_3	使用智慧政务平台获得的个性化定制服务净收益
	C_5	仍选择业务大厅办理付出的总成本
	P_3	地方政府疏于监管时，用户使用平台时隐私安全风险损失
	γ	职能部门利用区块链技术用户得到的信任确权度
	γS_3	职能部门利用区块链技术用户得到的信任确权收益

表中所设置的参数均大于0，且 $C_1 > C_2$，$C_3 > C_4$。

基于上述假设，得出如表2所示的职能部门、地方政府与终端用户的演化博弈支付矩阵。

表 2　职能部门、地方政府与终端用户的支付矩阵

		职能部门			
		积极（x）		消极（1－x）	
		终端用户			
		使用（z）	不使用（1－z）	使用（z）	不使用（1－z）
地方政府	严格监管（y）	$I_1 - C_1 + \alpha S_1$ $I_2 - C_3 + \beta S_2$ $I_3 + \gamma S_3$	$I_1 - C_1$ $I_2 - C_3$ $-C_5$	$I_1 - C_1 + A_1$ $I_2 - C_4 - P_4$ I_3	$I_1 - C_1 + A_1$ $I_2 - C_4 - P_4$ $-C_5$
	疏于监管（1－y）	$I_1 - C_2 - P_1$ $I_2 - C_3 - P_2$ $I_3 - P_3$	$I_1 - C_2$ $I_2 - C_3 - P_2$ $-C_5$	$I_1 - C_2 - P_1$ $I_2 - C_4$ $I_3 - P_3$	$I_1 - C_2$ $I_2 - C_4$ $-C_5$

（二）各方收益期望函数构建

①职能部门的收益情况分析

由假设 3 可知，职能部门采取积极策略的概率为 x，采取消极策略的概率为 $(1-x)$。

则政府部门采取积极策略的收益为：

$$E_x = yz(I_2 - C_3 + \beta S_2) + (1-y)z(I_2 - C_3 - P_2) + y(1-z)(I_2 - C_3) + (1-y)(1-z)(I_2 - C_3 - P_2) = I_2 - C_3 + (y-1)P_2 + yz\beta S_2 \quad (1)$$

职能部门采取消极策略的收益为：

$$E_{1-x} = yz(I_2 - C_4 - P_4) + (1-y)z(I_2 - C_4) + y(1-z)(I_2 - C_4 - P_4) + (1-y)(1-z)(I_2 - C_4) = I_2 - C_4 - yP_4 \quad (2)$$

政府部门平均收益为：

$$\overline{E} = xE_x + (1-x)E_{1-x} \quad (3)$$

②地方政府的收益情况分析

同理，依据假设 3，得到地方政府的收益函数如下。

地方政府严格监管的收益为：

$$U_y = xz(I_1 - C_1 + \alpha S_1) + x(1-z)(I_1 - C_1) + z(1-x)(I_1 - C_1 + A_1) + (1-x)(1-z)(I_1 - C_1 + A_1) = I_1 - C_1 + A_1 - A_1 x + xz\alpha S_1 \quad (4)$$

地方政府疏于监管的收益为：

$$U_{1-y} = xz(I_1 - C_2 - P_1) + x(1-z)(I_1 - C_2) + z(1-x)(I_2 - P_1 - C_2) + (1-x)(1-z)(I_2 - C_2) = I_1 - C_2 - zP_1 \quad (5)$$

监管部门平均收益为：

$$\overline{U} = yU_y + (1-y)U_{1-y} \quad (6)$$

③终端用户的收益情况分析

同理，得到终端用户的收益函数如下。

用户使用智慧政务平台的收益函数：

$$V_z = xy(I_3 + \gamma S_3) + x(1-y)(I_3 - P_3) + y(1-x)(I_3) + (1-x)(1-z)(I_3 - P_3) = I_3 + (y-1)P_3 + xy\gamma S_3 \quad (7)$$

用户不使用智慧政务平台的收益函数：

$$V_{1-z} = xy(-C_5) + x(1-y)(-C_5) + y(1-x)$$

$$(-C_5)+(1-x)(1-y)(-C_5)=-C_5 \tag{8}$$

用户平均收益为：

$$\overline{V}=zV_z+(1-z)V_{1-z} \tag{9}$$

（三）三方演化博弈的复制动态方程

①职能部门的复制动态方程

由式（1）、式（2）、式（3）可得职能部门采用“积极”策略的复制动态方程为：

$$\begin{aligned} F(x)&=\frac{dx}{dt}=x(E_x-\bar{E})=x(1-x)(E_x-E_{1-x}) \\ &=x(1-x)[C_4-C_3+(y1)P_2+yP_4+yz\beta S_2] \end{aligned} \tag{10}$$

②地方政府的复制动态方程

由式（4）、式（5）、式（6）可得地方政府采用“严格监管”策略的复制动态方程为：

$$F(y)=\frac{dy}{dt}=$$

$$y(U_y-\bar{U})=y(1-y)(U_y-U_{1-y})=y(1-y)(C_2-C_1+A_1-xA_1+P_1z+xz\alpha S_1) \tag{11}$$

③终端用户的复制动态方程

由式（7）、式（8）、式（9）可得终端用户采用“使用”策略的复制动态方程为：

$$\begin{aligned} F(z)&=\frac{dz}{dt}=z(V_z-\bar{V})=z(1-z)(]V_z-V_{1-z}) \\ &=z(1-z)[I_3+C_5-(1-y)P_3+xy\gamma S_3] \end{aligned} \tag{12}$$

四、演化博弈均衡点与稳定策略分析

（一）三方博弈模型均衡点分析

令 $P(x,y,z)=\frac{dx}{dt}$，$G(x,y,z)=\frac{dy}{dt}$，$Q(x,y,z)=\frac{dz}{dt}$，则由式（10）、式（11）和式（12）组成的方程组描述了职能部门、地方政府与终端用户演化系统的群体动态，如式（13）所示：

$$\begin{cases} P(x,y,z) = \dfrac{dx}{dt} = x(1-x)[C_4 - C_3 + (y-1)P_2 + yP_4 + yz\beta S_2] \\ G(x,y,z) = \dfrac{dy}{dt} = y(1-y)(C_2 - C_1 + A_1 - xA_1 + P_1 z + xz\alpha S_1) \\ Q(x,y,z) = \dfrac{dz}{dt} = z(1-z)[I_3 + C_5 - (1-y)P_3 + xy\gamma S_3] \end{cases} \tag{13}$$

令 $H(E) = \begin{Bmatrix} P(x,y,z) \\ G(x,y,z) \\ Q(x,y,z) \end{Bmatrix} = 0$，可得系统复制动态方程均衡点共有 12 个，但根据 Friedman 的观点只需对复制动态系统讨论 8 个特殊均衡点和 1 个一般均衡点，如下所示：

$$\xi_1 = \begin{pmatrix} 0 \\ 0 \\ 0 \end{pmatrix}, \xi_2 = \begin{pmatrix} 1 \\ 0 \\ 0 \end{pmatrix}, \xi_3 = \begin{pmatrix} 1 \\ 1 \\ 0 \end{pmatrix}, \xi_4 = \begin{pmatrix} 1 \\ 1 \\ 1 \end{pmatrix}, \xi_5 = \begin{pmatrix} 0 \\ 1 \\ 0 \end{pmatrix}, \xi_6 = \begin{pmatrix} 0 \\ 1 \\ 1 \end{pmatrix}, \xi_7 = \begin{pmatrix} 0 \\ 0 \\ 1 \end{pmatrix}, \xi_8 = \begin{pmatrix} 1 \\ 0 \\ 1 \end{pmatrix},$$

$$\xi_9 = \begin{pmatrix} x_9^* \\ y_9^* \\ z_9^* \end{pmatrix}$$

其中 $x_9^* = \dfrac{C_2 + P_1 + A_1 - C_1}{A_1 - \alpha S_1}$，$y_9^* = \dfrac{P_3 - I_3 - C_5}{P_3 + \gamma S_3}$，$z_9^* = \dfrac{C_3 - C_4 + P_4}{\beta S_2}$。

根据 Friedman 提出的方法，复制动态方程系统的演化稳定策略（ESS），可通过分析该系统的雅可比矩阵的局部稳定性得到，由式（13）可得该系统的雅可比矩阵为：

$$J = \begin{bmatrix} (1-2x)[C_4 - C_3 + (y-1)P_2 + yP_4 + yz\beta S_2] & (1-x)x(P_4 + P_2 + z\beta S_2) & (1-x)xy\beta S_2 \\ y(1-y)(z\alpha S_1 - A_1) & (1-2y)(C_2 - C_1 + A_1 - xA_1 + P_1 z + xz\alpha S_1) & y(1-y)(P_1 + x\alpha S_1) \\ z(z-1)y\gamma S_3 & z(z-1)(P_3 + x\gamma S_3) & (1-2z)[I_3 + C_5 - (1-y)P_3 + xy\gamma S_3] \end{bmatrix} \tag{14}$$

根据复制动态方程系统（13），得到的局部均衡点为 $\xi_1(0,0,0)$，$\xi_2(1,0,0)$，$\xi_3(1,1,0)$，$\xi_4(1,1,1)$，$\xi_5(0,1,0)$，$\xi_6(0,1,1)$，$\xi_7(0,0,1)$，$\xi_8(1,0,1)$。依据演化博弈理论，满足雅可比矩阵的所有特征值都以非正时的均衡点为系统的演化稳定点。首先，分析均衡点为 $\xi_1(0,0,0)$ 的情况，此时雅可比矩阵为：

$$J_1 = \begin{bmatrix} C_4 - C_3 - P_2 & 0 & 0 \\ 0 & C_2 - C_1 + A_1 & 0 \\ 0 & 0 & I_3 + C_5 - P_3 \end{bmatrix} \tag{15}$$

可以看出，此时雅可比矩阵的特征值为 $\lambda_1 = C_4 - C_3 - P_2$，$\lambda_2 = C_2 - C_1 + A_1$，$\lambda_3 = I_3 + C_5 - P_3$。以此类推，将8个均衡点分别代入雅可比矩阵（15）中，可以分别得到均衡点所对应的雅可比矩阵的特征值，如表3所示。

表3 雅可比矩阵的特征值

均衡点	特征值 λ_1	特征值 λ_2	特征值 λ_3
$\xi_1(0,0,0)$	$C_4 - C_3 - P_2$	$C_2 - C_1 + A_1$	$I_3 + C_5 - P_3$
$\xi_2(1,0,0)$	$-(C_4 - C_3 - P_2)$	$C_2 - C_1$	$I_3 + C_5 - P_3$
$\xi_3(1,1,0)$	$-(C_4 - C_3 + P_4)$	$-(C_2 - C_1)$	$I_3 + C_5 + \gamma S_3$
$\xi_4(1,1,1)$	$-(C_4 - C_3 + P_4 + \beta S_2)$	$-(C_2 - C_1 + P_1 + \alpha S_1)$	$-(I_3 + C_5 + \gamma S_3)$
$\xi_5(0,1,0)$	$C_4 - C_3 + P_4$	$-(C_2 - C_1 + A_1)$	$I_3 + C_5$
$\xi_6(0,1,1)$	$C_4 - C_3 + P_4 + \beta S_2$	$-(C_2 - C_1 + A_1 + P_1)$	$-(I_3 + C_5)$
$\xi_7(0,0,1)$	$C_4 - C_3 - P_2$	$C_2 - C_1 + A_1 + P_1$	$-(I_3 + C_5 - P_3)$
$\xi_8(1,0,1)$	$-(C_4 - C_3 - P_2)$	$C_2 - C_1 + P_1 + \alpha S_1$	$-(I_3 + C_5 - P_3)$

一般均衡点 $\xi_9(x_9^*, y_9^*, z_9^*)$ 达到演化博弈稳定性的条件为 $F'_x < 0, F'_y < 0, F'_z < 0$ 则

$$\begin{cases} F'_{(x)} = (1-2x)[C_4 - C_3 + (y-1)P_2 + yP_4 + yz\beta S_2] \\ F'_{(y)} = (1-2y)[C_2 - C_1 + A_1 - xA_1 + P_1 z + xz\alpha S_1] \\ F'_{(z)} = (1-2z)[I_3 + C_5 - (1-y)P_3 + xy\gamma S_3] \end{cases} \tag{16}$$

（二）演化博弈稳定性分析

由式（16）可知，当 $F'_{(x)} < 0, F'_{(y)} < 0, F'_{(z)} < 0$ 时，x_9^*, y_9^*, z_9^* 分别表示演化博弈过程中职能部门、地方政府与终端用户应采取的稳定策略。

1. 职能部门的渐进稳定性分析

如上述分析，$C_4 - C_3 + (y-1)P_2 + yP_4 + yz\beta S_2 = 0$ 是职能部门稳定状态的分界线，如图5（a）所示。当 $C_4 - C_3 + (y-1)P_2 + yP_4 + yz\beta S_2 > 0$ 则有 $F'_{(x)}(0) > 0$，$F'_{(x)}(1) < 0$，说明职能部门采取积极策略时状态稳定，而采取消极策略时状态不稳定，如图5（b）所示；同理当 $C_4 - C_3 + (y-1)P_2 + yP_4 + yz\beta S_2 < 0$ 时则有 $F'_{(x)}(0) < 0, F'_{(x)}(1) > 0$，说明职能部门采取消极策略时状态稳定，而采取积极策略时状态不稳定，如图5（c）所示。

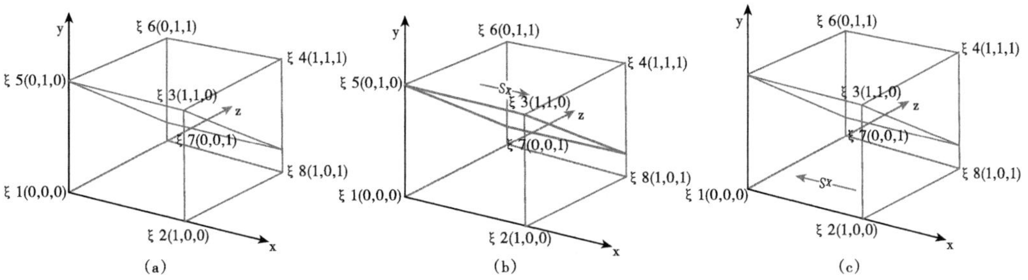

图5　职能部门稳定性演化相位

分析结果表明，职能部门决策行为受诸多因素的影响，其中的主要因素为能否将积极利用区块链技术优化智慧政务业务办理的成本支出控制到最低，除此之外，不利用区块链技术造成的海量数据收集处理的信息失真损失，地方政府疏于监管时的系统安全问题及区块链技术带来的精准化服务收益也是其重点衡量的因素。

2. 地方政府的渐进稳定性分析

同理，$C_2 - C_1 + A_1 - xA_1 + P_1 z + xz\alpha S_1 = 0$ 为地方政府稳定状态的分界线，如图6（a）所示。当 $C_2 - C_1 + A_1 - xA_1 + P_1 z + xz\alpha S_1 > 0$ 时则有 $F'_{(y)}(0) > 0, F'_{(y)}(1) < 0$，说明地方政府采取严格监管策略时状态稳定，而采取疏于监管策略时状态不稳定，如图6（b）所示；同理当 $C_2 - C_1 + A_1 - xA_1 + P_1 z + xz\alpha S_1 < 0$ 时则有 $F'_{(y)}(0) < 0, F'_{(y)}(1) > 0$，说明地方政府采取疏于监管策略时状态稳定，而采取严格监管策略时状态不稳定，如图6（c）所示。

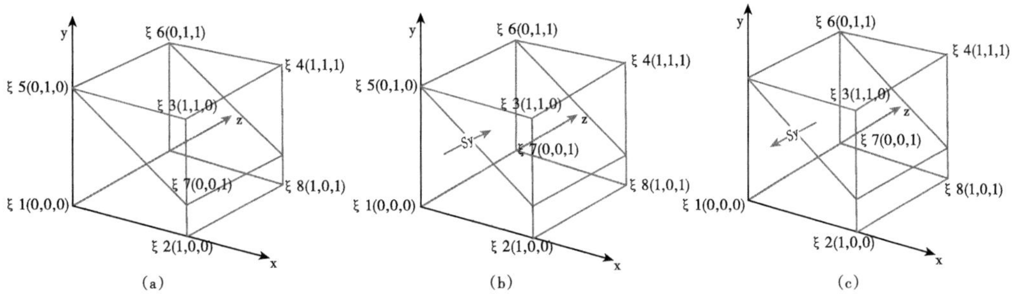

图6　地方政府稳定性演化相位

分析结果表明，地方政府决策行为受多方因素的影响，除了严格监管成本因素外，严格监管下职能部门违规行为的额外收益，用户使用时政府疏于监管数据安全风险折损政府公信力及职能部门积极利用区块链技术优化公共管理结构的扁平化管理收益，将直接影响地方政府最终的决策意愿。

3. 终端用户的渐进稳定性分析

$I_3 + C_5 - (1-y)P_3 + xy\gamma S_3 = 0$ 为终端用户稳定状态的分界线，如图 7（a）所示。当 $I_3 + C_5 - (1-y)P_3 + xy\gamma S_3 > 0$ 时始终有 $F'_{(z)}(0) > 0, F'_{(z)}(1) < 0$，说明终端用户使用智慧政府平台时状态稳定，如图 7（b）所示；同理当 $I_3 + C_5 - (1-y)P_3 + xy\gamma S_3 < 0$ 时则有 $F'_{(z)}(0) < 0, F'_{(z)}(1) > 0$，说明终端用户不使用智慧政府平台时状态稳定，而使用时状态不稳定，如图 7（c）所示。

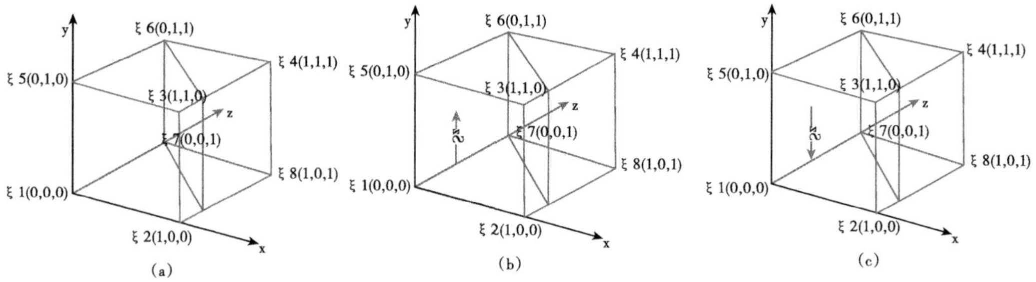

图 7　终端用户稳定性演化相位

分析结果表明，对于终端用户来说，除收益与成本之外，利用区块链技术的信用确权收益与隐私风险损失都会影响用户的最终收益。

五、案例分析

（一）结合北京市“区块链 + 政务服务”的博弈 SD 模型构建

自 2019 年 11 月，北京市政务服务局、北京市科委、北京市经济和信息化局牵头落实《政务服务领域区块链应用行动计划》以来，北京市商务局等多部门作为责任单位在全市 4 个试点区大力推进政务服务领域区块链应用建设。截至 2020 年 8 月，北京已有 140 个政务服务上链，实现了涉企类 253 个事项、个人类 65 个事项全部网上办理，全年可精简办事材料 10 万份。已有 121 家企业先后使用了区块链系统查询验证各项功能近 7800 次，填报数据减少 80%，平均减少材料 40%。

本文结合 2020 年 7 月北京市政务管理局发布的《北京市政务服务领域区块链应用创新蓝皮书（第一版）》中海淀、西城、朝阳、顺义等区块链试点具体应用场景的情况，采用 Vensim PLE 软件建立职能部门、地方政府、终端用户的演化博弈的系统动力学模型（如图 8 所示）。

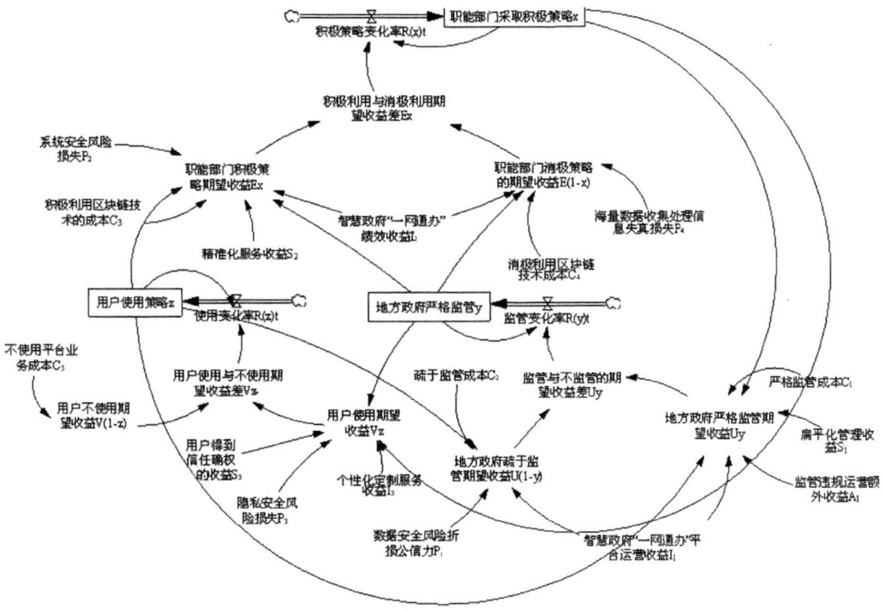

图 8　职能部门、地方政府、终端用户演化博弈系统 SD 仿真模型

（二）初始仿真分析

根据北京市政务服务领域区块链应用实践情况，进行模型初始值假设：仿真起始时间 INITIAL TIME = 0，仿真结束时间 FINAL TIME = 20，仿真步长 TIMESTEP = 0.0625，16 个外部变量赋值分别为：

$I_1 = 10, C_3 = 5, C_2 = 2, P_3 = 3, \beta S_2 = 5(\beta = 1), P_2 = 4, I_1 = 15, C_1 = 5, C_2 = 3, P_1 = 6, A_1 = 2, \alpha S_1 = 6(\alpha = 1), I_3 = 12, C_5 = 8, P_3 = 5, \gamma S_3 = 4(\gamma = 1)$。由于职能部门、地方政府、终端用户三个参与主体的策略选择均有 0 和 1 两种，这就构成了 8 种策略组合，即 (0,0,0),(0,0,1),(0,1,0),(1,0,0),(1,1,0),(1,0,1),(0,1,1),(1,1,1)。当三方主体的初始状态均为纯策略时，系统处于均衡状态，此时任何一方主体都不愿主动改变现有策略，这 8 种策略组合都将成为系统的均衡状态。但这种状态并不稳定，只要系统中有一方或多方主体有微小改变，系统就会失去均衡状态。我们以 (0,0,1) 策略组合为例来说明，其演化结果如图 9（a）所示。由图可知，虽然职能部门选择积极策略和地方政府选择严格监管策略的初始概率都非常低（均为 0.01），但在博弈过程中，当参与主体发现系统中存在更高收益的策略选择时，就会调整原有策略，通过主体间不断地相互学习、模仿，使系统最终能够达到新的均衡状态。

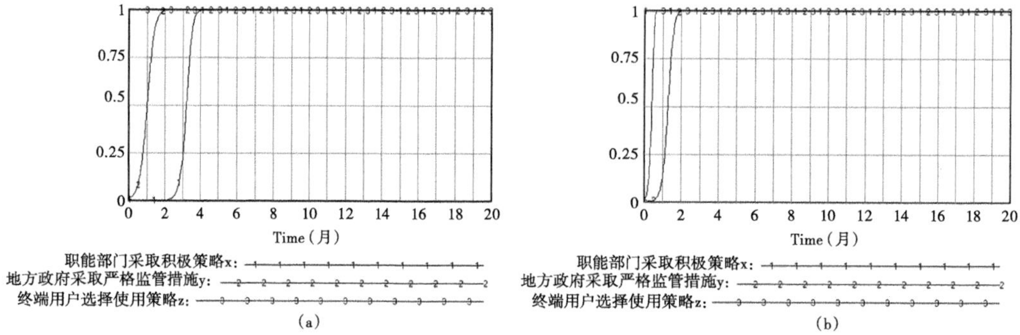

图9　x、y和z不同取值时的演化博弈图

对8种纯策略组合依次进行仿真总结如下：①职能部门积极策略无论是从0到0.01还是1到0.99开始发生微小突变，其策略选择最终都会在1处达到均衡状态，说明在智慧政务项目中职能部门积极利用区块链技术下的智慧政务平台完成业务办理是最优选择，只有积极利用区块链技术优化现有平台工作流程才能保证其收益最大化。②在职能部门采取积极策略的情况下，如果地方政府采取疏于监管策略，终端用户不论是从0还是从1开始突变，其最终策略都是1，即（1,0,0）和（1,0,1）两种策略组合的演化结果都是（1,0,1），如图9（b）所示；如果地方政府严格监管，终端用户不论是从0还是从1开始突变，其最终策略也都是1，即（1,1,0）和（1,1,1）两种策略组合的演化结果都是（1,1,1），这也说明终端用户对于使用智慧政务办理业务的态度是积极的，他们乐于使用平台完成业务办理。通过分析可知，经过博弈三方“突变—调整—均衡”的演化博弈，系统最终会达到（1,1,1）的均衡状态。

（三）外部变量对策略影响的仿真分析

根据上文中论述可知，各参数的取值决定各策略组合是否为使系统状态稳定的均衡点，并根据外部变量分析对博弈主体策略选择的影响，下面继续以（0,0,1）策略组合为例进行探讨。

1. 职能部门策略选择的影响因素

在（0,0,1）的策略组合中，职能部门的初始状态为消极策略，假设职能部门从0.01的概率开始突变，通过仿真可知，在16个外部变量中，积极利用区块链技术的成本 C_3，消极利用区块链技术的成本 C_4，精准化服务收益 S_2，系统安全风险损失 P_2，海量数据收集处理信息失真损失 P_4，这5个外部变量会影响政府的策略选择。尤其要注意的是利用区块链技术提高的职能部门精准化服务程度 β ，通过调整该系数的取值 $\beta = 10\%$,$\beta = 40\%$,$\beta = 90\%$ ，进而影响精准化收益，在保证其他值不变的情况下查看职能部门策略选择概率的演化结果（如图 10 所示）。

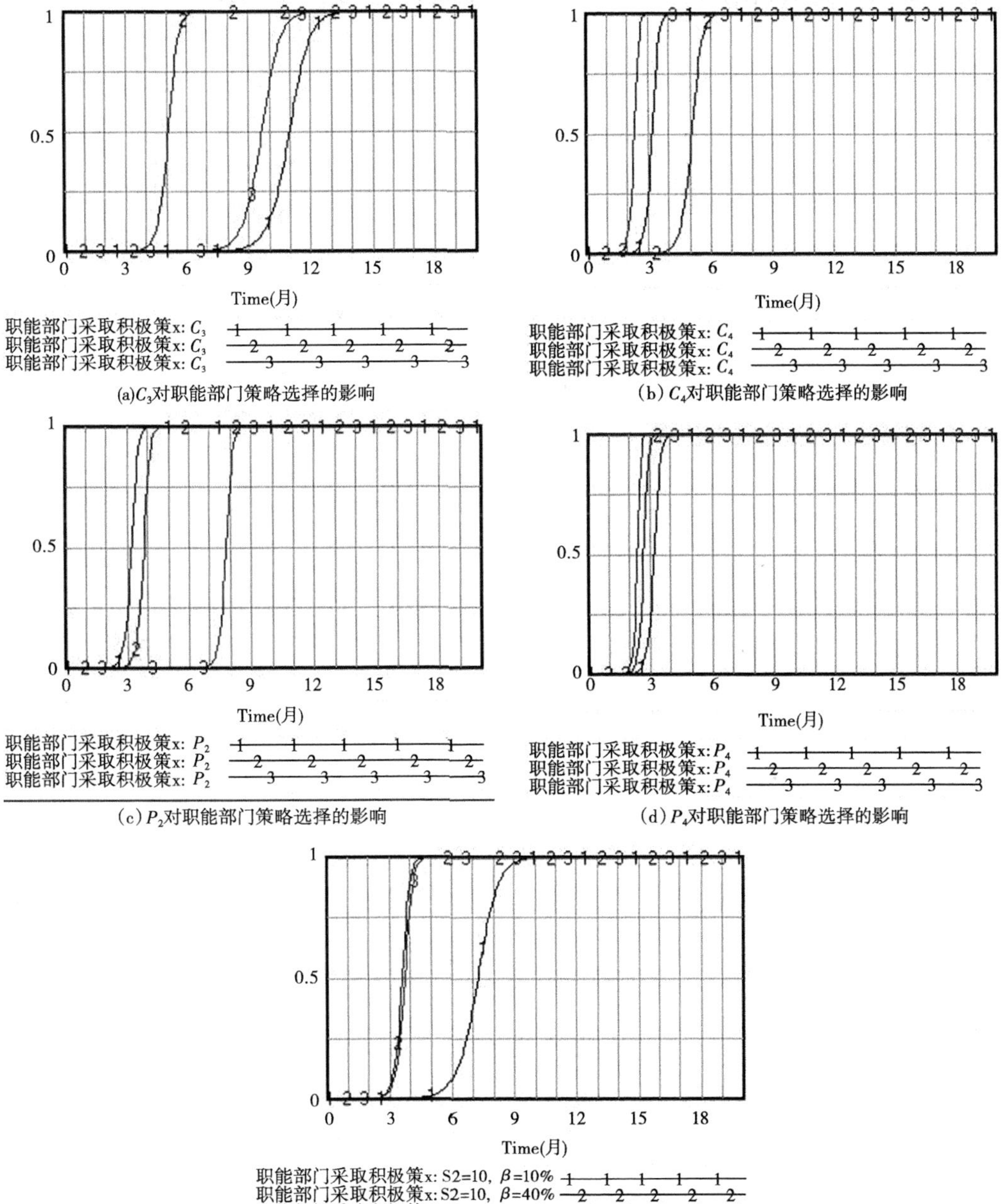

(a) C_3 对职能部门策略选择的影响

(b) C_4 对职能部门策略选择的影响

(c) P_2 对职能部门策略选择的影响

(d) P_4 对职能部门策略选择的影响

(e) β 对职能部门策略选择的影响

图 10　外部变量对职能部门策略选择的影响

对比图10（b）、图10（c）和图10（d）三图可以发现，C_4、P_2与P_4对职能部门积极策略选择演化的趋势影响相似，当职能部门消极使用区块链技术成本越高、利用区块链技术时系统安全风险损失越小和不使用区块链技术时海量数据收集处理的信息失真损失越大时，职能部门越倾向于选择积极利用区块链技术策略。经仿真分析还可以看出，C_3对于职能部门策略选择的影响比较复杂，当C_3值越大时，职能部门趋向于选择消极利用区块链技术，其值越小，职能部门达到积极策略稳定状态的速度就越快。这也说明，在职能部门积极利用区块链技术完成智慧政务业务时，成本是一个重要的影响因素，成本过高会影响其策略的选择。同理，区块链技术带给职能部门的精准化服务程度β也影响其策略的选择，由图10（e）可知，精准化服务程度越有提升，职能部门向积极利用区块链技术策略逼近的速度越快，但当精准化服务收益达到一定程度后，对于收敛的影响就不是那么明显了。

2. 地方政府策略选择的影响因素

经仿真可以看出，地方政府严格监管时的成本C_1、疏于监管时的成本C_2、发现违规运营时的奖励性收益A_1、数据安全风险折损的公信力P_1、扁平化管理的程度α与额外收益S_1这些外部变量会影响地方政府策略选择（如图11所示）。当C_1的值越小，C_2、A_1与P_1的值越大时，地方政府越倾向于选择严格监管策略，其演化路径呈现S形增长趋势。另外由图11（d）可知，当P_1的值小于一定值时，地方政府最终会选择疏于监管策略。其中，由图11（c）可知，A_1值为地方政府严格监管时发现职能部门违规运作的奖励性收益，可见，地方政府的策略选择受职能部门影响，地方政府对职能部门行为起规范与指引作用，适当提高A_1可以促使地方政府严格监管的策略选择。P_1的值为数据安全风险折损的公信力，若疏于监管折损的公信力过低，地方政府则有恃无恐，消极怠工，而折损的公信力高时，地方政府有危机意识，为了维持自身的良好形象，必须严格监管保证政府声誉。同理，如图11（e）所示，α值为地方政府严格监管职能部门利用区块链技术推进智慧政务业务时，其扁平化公共管理效率，其值越高，地方政府严格监管策略逼近的速度越快，但当扁平化公共管理效率收益达到一定程度后，对于收敛的影响就不是那么明显了。

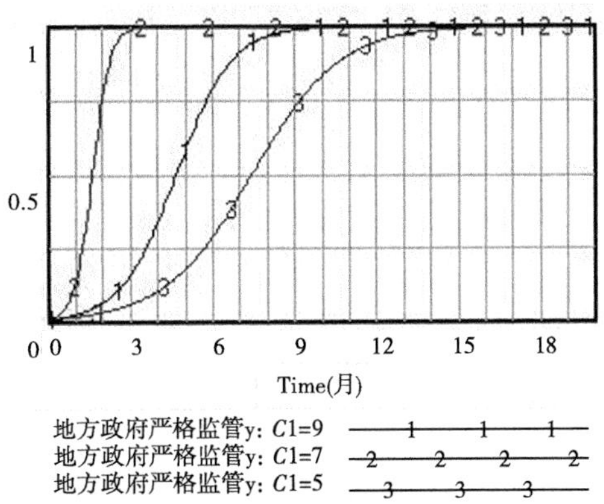

（a）C1对地方政府策略选择的影响

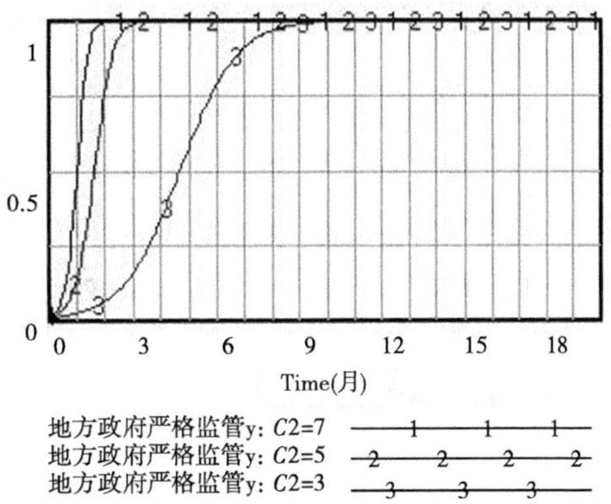

（b）C2对地方政府策略选择的影响

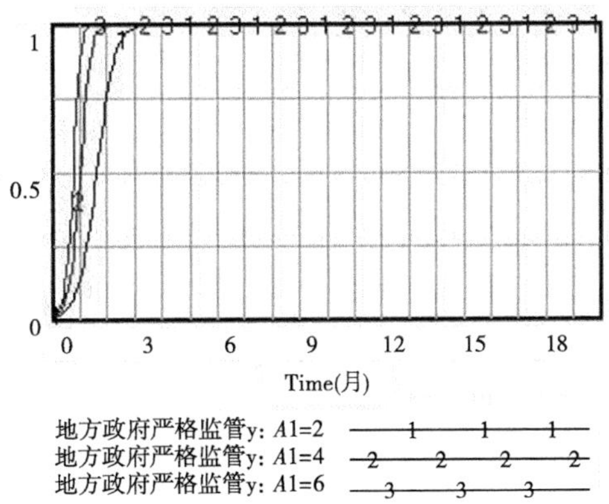

（c）A1对地方政府策略选择的影响

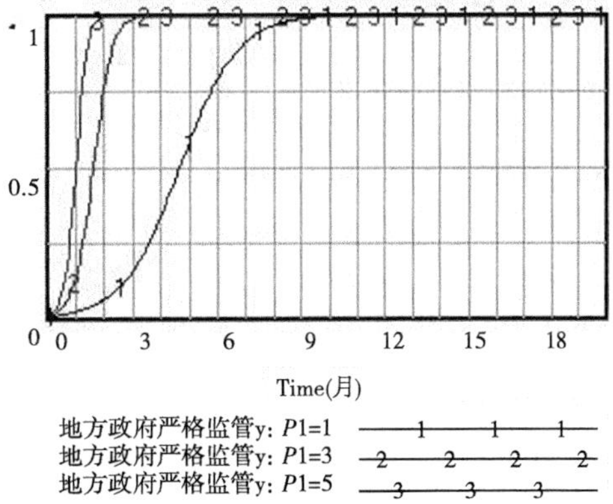

（d）P1对地方政府策略选择的影响

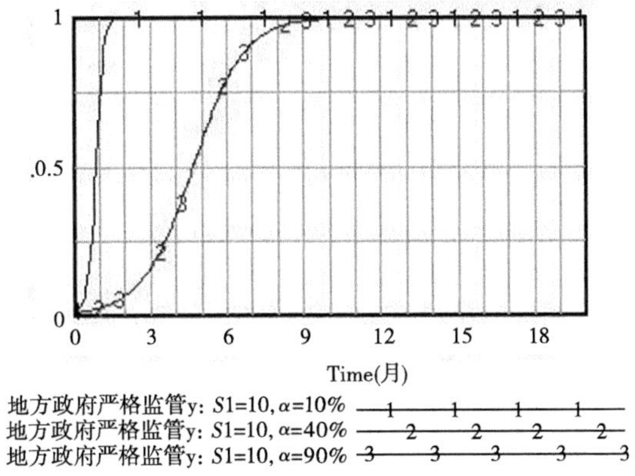

（e）α对地方政府策略选择的影响

图11　外部变量对地方政府策略选择的影响

3. 终端用户策略选择的影响因素

经仿真分析结果可知，终端用户使用智慧政务平台获得的个性化定制服务净收益 I_3 、仍选择业务大厅办理付出的总成本 C_5 、用户隐私安全风险损失 P_3 、用户得

到信任确权的系数 γ 与收益 S_3 这些变量对用户策略选择有显著影响（如图 12 所示）。如图 12（a）和图 12（b）所示，用户使用智慧政务平台办理业务的收益 I_3 越大，且不使用平台办理业务成本 C_5 成本越高，用户越倾向于选择使用策略，如图 12（c）所示，地方政府疏于监管时，用户使用智慧政务平台隐私安全风险损失为 P_3，当其值高于一定值时，用户的使用平台收益受损，使用户倾向于选择仍去办事大厅办理业务，由此看出，用户的策略选择与地方政府监管力度息息相关。再由图 12（d）可知，γ 值为用户使用区块链技术支撑下的智慧政务平台办理业务时，其得到信任确权的系数，其值越高，用户选择使用策略逼近的速度越快，但信任确权达到一定程度后，对于收敛情况的影响就不那么明显了。

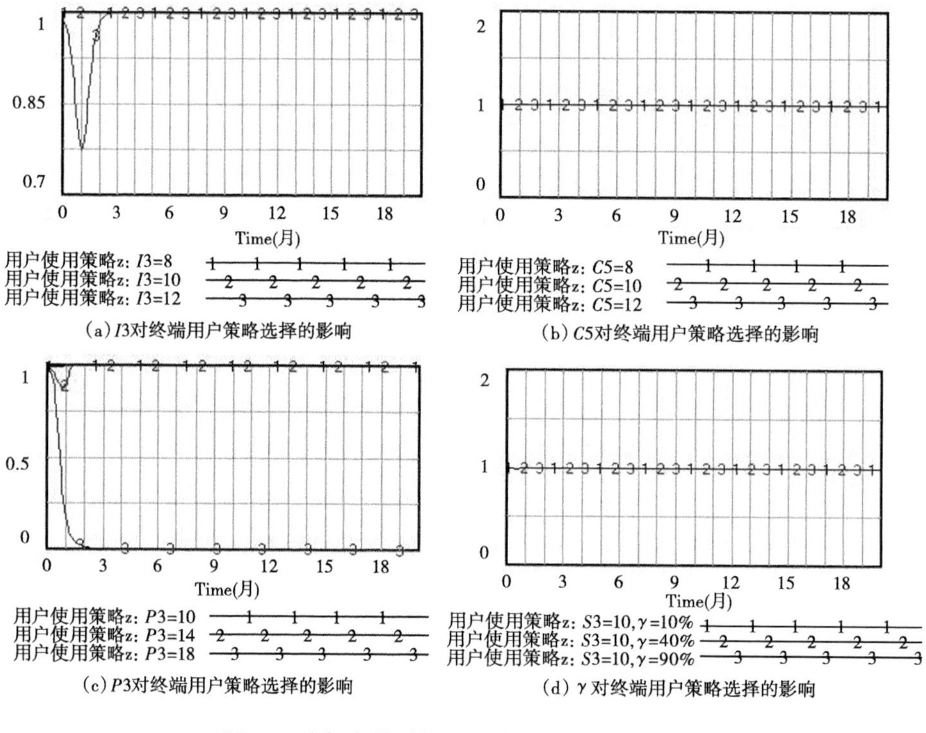

图 12　外部变量对终端用户策略选择的影响

六、结论

与现有的线上政务运作模式相比，基于区块链技术的智慧政务协同治理模式不仅有助于建立数据可信机制，解决信任的不确定性、不可篡改及追溯等问题，还能够有效地调动多元参与治理的积极性，形成多元主体协同治理的新局面，实现“政府主导，市场运作，多元参与”的合作方式。通过运用演化博弈理论分析基于区块链技术的智慧政务协同治理模式中职能部门、地方政府与终端用户合作策略发现，一般均衡点（鞍点）的变化会改变博弈演化特性，根据演化博弈稳定性分析与系统动力学仿真结果，提出以下有利于促进博弈三方在基于区块链技术的智慧政务协同治理模式下达到良性合作的建议。

1. 职能部门

在基于区块链技术的智慧政务项目中，职能部门选择策略要确保工作效率和自身收益，还要兼顾公共服务能力、树立良好社会形象等方面。结合公私两方面考量与现代化治理理念，推动智慧政务项目的持续性发展，具体来说：

首先，进一步建立行之有效的基于区块链技术的智慧政务协同治理成本控制机制，如职能部门参与区块链智慧政务可信基础设施及共性底层区块链平台搭建工作，统一成本调配分摊，建立“共建、共享、共用”机制，减少单一部门的成本支出。其次，加强技术监督，降低由于区块链技术不成熟而增加的原系统替换成本与系统安全潜在威胁。最后，对于利用区块链技术优化线上业务流程、保证精准化政务服务质量、提高服务效率的部门给予相应的管理支持与创新技术补贴，从而促进职能部门积极利用区块链技术优化智慧政务业务办理。

2. 地方政府

在基于区块链技术的智慧政务项目中，地方政府选择策略时要具备全局性与目标性，充分考虑“人民城市人民建，人民城市为人民”的宗旨。在习近平总书记指出的探索利用区块链数据共享模式，实现政务数据跨部门、跨区域共同维护和利用，深化“最多跑一次”改革的基础上，充分合理挖掘和激活区块链技术给予地方政府的潜在扩展性收益，具体来说：

首先，建立灵活多样、推动基于区块链技术的智慧政务协同治理发展的监管机制。具体可分为业务监管与技术监管，为了提高监管效率、降低监管成本，可以将技术监管业务外包给第三方企业进行协同工作。其次，深化基于区块链的政务服务业务协同，推动政务服务与生产服务业领域的跨体系数据的融合创新，北京海淀区的“一键拉取链上数据”已取得了初步成效，在优化政务服务体验的同时，也提升了地方政府公信力，推动了产业大数据与政务大数据的融合。

3. 终端用户

在基于区块链技术的智慧政务项目中，终端用户的选择策略完全取决于智慧政务平台的综合收益，面对更高效、更快捷、更精准、更智慧的政务业务办理模式，不论市民还是企业都乐于使用。当然，隐私安全是影响用户使用积极性的一个关键问题，当安全得不到保障时，用户的使用动力将大打折扣。

尽管本文的研究具有一定的实际意义与实用价值，但仍存在局限与不足：首先选取北京市区块链+政务服务案例具有特殊性，因此普遍性收益不足；其次本文通过改变外部变量赋值确定策略选择影响效果，仅采用案例模拟仿真，实际运用还需结合具体情况进一步分析验证；最后，区块链技术发展仍处于初始阶段，政务服务的公共性与非营利性都决定了其在治理过程中的作用也有一定的局限性，仍需进一步探索。因此，结合实际进一步深化模型，更贴切地仿真和优化基于区块链技术的智慧政务协同治理模式是未来研究的方向。

参考文献

[1]2020年国务院政府工作报告[EB/OL].(2015-09-05)[2020-8-18].http://www.gov.cn/zhuanti/2020lhzfgzbg/index.htm.

[2]关于做好2020年降成本重点工作[EB/OL].(2020-07-28)[2020-8-18].https://www.ndrc.gov.cn/xxgk/zcfb/tz/202007/t20200728_1234637.html.

[3]胡象明．区块链在公共事务中的应用:探索与挑战[J].人民论坛·学术前沿,2020(5):32-38.

[4]张毅肖,聪利,宁晓静．区块链技术对政府治理创新的影响[J].电子政务,2016(12):11-17.

[5]徐琳,袁光．区块链:大数据时代破解政府治理数字难题之有效工具[J].上海大学学报(社会科学版),2020(2):67-78.

[6]韩志明．从“互联网+”到“区块链+”:技术驱动社会治理的信息逻辑[J].行政论坛,2020(4):67-75.

[7]郭俊华．区块链技术如何赋能“互联网+政务服务”[J].人民论坛·学术前沿,2020(5):34-41.

[8]刘海军,李晴．基于区块链信任的“制度—效能”转化框架[J].电子政务,2020(8):38-49.

[9]余新宇,章玉贵．区块链为国家治理体系与治理能力现代化提供技术支持[J].上海经济研究,2020(1):86-94.

[10]陈潭,邓伟．大数据驱动“互联网+政务服务”模式创新[J].中国行政管理,2016(7):7-8.

[11]董凌峰,李永忠,吴真玮．政务云平台信息共享的三方博弈模型及对策分析[J]．统计与决策,2016(19):49－53.

[12]魏丽莎．政府绩效评价指标体系构建研究——基于电子政务环境下的区县级政府[J]．辽宁大学学报(哲学社会科学版),2018(1):88－97.

[13]张翔,Zhao Wenyao G. 地方政府创新何以持续:基于"政绩安全区"的组织学解释——对H市"智慧市"项目过程的案例观察[J]．公共管理学报,2020(8):45－53.

[14]Tapscott D. Tapscott A. Block Chain Revolution: How the Technology behind Bit Coin Is Changing Money, Business, and the World[M]. New York: Penguin Publishing Group,2016:3－27.

[15]袁勇,王飞跃．区块链技术发展现状与展望[J]．自动化学报,2016(4):481－494.

[16]高奇琦,阙天南．区块链在城市治理中的空间与前景[J]．电子政务,2020(01):84－91.

[17]张楠,赵雪娇．理解基于区块链的政府跨部门数据共享:从协作共识到智能合约[J]．中国行政管理,2020(1):77－82.

[18]Victoria Espinel,Derek D. ,Halloran,et al. Deep Shift:Technology Tipping Points and Societal Impact[EB/OL]．(2015－09－09)[2020－10－18]. http://www.wetorcem.org/reports/deep－shift－technology－tipping－points－and－societal－impeat.

[19]杨现民,李新,吴焕庆,赵可云．区块链技术在教育领域的应用模式与现实挑战[J]．现代远程教育研究,2017(2):34－45.

[20]徐晓林,李海波,马敏．区块链＋旅游服务:创新前景与潜在挑战[J]．中国行政管理,2019(4):53－57.

[21]刘骅,王璨．区块链信息服务监管的博弈仿真分析[J]．科技管理研究,2020(1):175－183.

[22]智慧的政府．智慧的城市解决方案——电子政务[EB/OL]．(2017－10－27)[2020－8－18]. http://www.ibm.com/smarterplanet/cn/zh/government/nextsteps/index.html? re＝sph.2011.

[23]曹海军,侯甜甜．区块链技术驱动社会治理创新:价值审视、可能挑战与路径展望[J]．东南学术,2020(4):103－111.

[24]Friedman D. Evolutionary games in economic[J]. Econometrica,1991,59(3):67－79.

从边界组织视角看新兴科技的治理机制

——以合成生物学领域为例

◎黄小茹[①] 饶远[②]

摘　要　随着社会转型，社会利益多元化的格局逐渐显现，带来了不同群体多元化的利益诉求增强的问题。新兴科技的伦理治理机制是由多主体的参与和多元化构成的。本文引入“边界组织”的概念，认为新兴科技的伦理治理机制本质上是一个多主体的“边界组织”的形成和运作，选取仅经历十几年发展的合成生物学领域及美国合成生物学伦理治理为例，剖析边界组织的形成及其在科技伦理治理机制形成过程中的作用，认为多主体的实质性参与促成了新的治理机制的形成，并且有效地推动了新兴科技的伦理治理。目前我国的确还缺乏承担边界组织作用的角色，科技伦理相关主体角色缺位和主体关系缺失是边界组织难以形成和有效运作的重要原因，未来建设一个能够将不同类型的利益相关者整合在一起，共同协商治理的平台也即边界组织，对建立和完善科技伦理治理机制至关重要。

关键词　合成生物学；边界组织；伦理治理

① 黄小茹，教授，中国科学院大学马克思主义学院。主要研究方向为科技政策、科技伦理。地址：北京市石景山区玉泉路19号(甲)。E－mail：huangxiaoru@ ucas. ac. cn.

② 饶远，博士研究生，中国科学院大学公共政策与管理学院。主要研究方向为科技政策。地址：北京市海淀区中关村北一条15号。E－mail：739881685@ qq. com.

新兴科学技术快速发展，对人类个体、社会和自然环境等的影响也迅速扩大。在生物医药、农业技术、环境科学、工程技术等领域由新兴科技研发带来的涉及生命健康安全、隐私保护、家庭和社会关系、生态安全、资源分配、国家安全等诸多非技术性伦理、法律和社会问题，使得社会现有的观念、秩序、体制等面临挑战，甚至发生冲突，并影响到科技本身发展以及社会的运行。新兴科学技术社会风险和伦理问题已经成为一个颇受关注的研究领域。现代社会对新兴科学技术及其应用的规范已不再局限于道德讨论和限制的范畴，许多国家已经开始逐渐赋予伦理规范以“社会治理”的使命，将其纳入“社会监督”“制度”和“法”的语境中，使伦理治理逐渐成为“一种机制”并进入实操层面。本文尝试以合成生物学领域为例，从“边界组织”的视角探讨伦理治理机制，为分析我国新兴科技伦理治理提供研究支撑。

一、科学的不确定性和伦理问题的复杂性：伦理治理边界组织的出现

美国研制原子弹的曼哈顿工程一般被认为是广泛地探讨现代科学技术及其应用的伦理问题的开端。20 世纪 70 年代，生命科学领域的伦理问题凸显出来，国际上已有关于人类遗传疾病筛查、产前诊断等伦理问题的不少研究。之后，伴随重组 DNA 技术诞生发展起来的基因技术对人类原有的伦理和法律观念、潜在的社会秩序产生空前冲击，为了保证生命科学技术的安全使用，防范可能出现的技术滥用，更多的伦理思考随之而来。2000 年之后，基因技术的进一步发展扩大了人类对自身未来的想象和担忧，推动了关于“人的自然本性之未来”的讨论。在这其中，有许多伦理问题需要研究，有许多道德抉择亟待做出。然而，关于诸如怎样做决定这样的问题，一直以来缺乏公认的、普遍性的东西（比如做决定的标准和方法）。在不同的文化环境中，伦理问题的阈值不同，价值观、伦理意蕴和道德义务相异，这不可避免地导致了一系列的迷茫、困惑和争议。

如果技术范畴中的问题演变成公共的冲突和矛盾，那么政治意义上的技术管理就有了登场亮相的重要动因。随着社会转型，社会利益多元化的格局逐渐显现，带来了不同群体多元化的利益诉求增强的问题。这就进入下一个问题，即谁才能够决定科技前进的方向。这涉及责任的问题。科技发展伦理责任之所以复杂，是因为：第一，其责任主体显然不是单一的，究竟谁是“责任的主体”，这个问题的答案尚不明确，我们可能需要使用“相关者”的概念；第二，责任主体、责任客体、责任评判机构这三重主体之间并不存在直接的、因果性的关系。因此，治理机制本质上

是多相关主体引出的责任分担问题，其所提出的标准、规范，是基于因果条件而非直接因果关系。因此，“责任的稀释”无可避免。

这里，我们引入大卫·古斯顿（David H. Guston）的“边界组织”的概念。古斯顿采用科学社会学的建构论方法，提出政治与科学之间有一类边界组织的观点。他认为，科学的社会契约是第二次世界大战刚结束的那个时期在科学与政府的新型关系下形成的协议，即通过科学的自动机制或自我调节机制来处理各种问题，相信科学共同体能够更好地管理科学事业中的诚信与产出率问题。然而随着对科学诚信问题的最初质询、政府与科学共同体之间信任关系的变化、政府自身监督与管理科学技术能力的制度化，政治与科学在彼此的边界上的冲突日益凸显，同时对政治人物和科学共同体负责的边界组织形成了，科研诚信办公室（The Office of Research Integrity，ORI）、技术转移办公室（Office of Technology Transfer，OTT）等成为边界组织的范例。

“技术治理”（Technology Governance）的概念正是在为解决科学技术研发和应用中日益凸显的伦理问题而提出“责任”概念的时候逐渐兴起的。机构组织和当事人以此来应对和解决共同面临的挑战和问题。新兴科技的伦理治理机制是多主体的参与、多元化构成的，几乎不存在单一主体的治理机制，其本质是一个个多主体的“边界组织”的运作。

通过分析国外伦理治理机制现状可以发现，由国际组织、政府、学术机构、社会团体等设置公共论坛以及更具政策咨询、管理监督性质的组织，成为一种值得实行并被逐渐接受的做法。各类委员会通常是政府、科技界、社会、企业等之间关于伦理治理的“边界组织”的范例。责任主体包括科学家、企业、政府、社会公众等；外在的机制包括：伦理咨询、伦理审查、伦理法律、伦理政策、伦理规范、公众参与、技术评估等。

二、边界组织与伦理治理：以美国合成生物学领域发展为例

20 世纪七八十年代之后，出现了提供合法化的公开讨论乃至提出决策建议的场所意义上的委员会，其中著名的如始于 1974 年经历了数次更迭的美国国家生命伦理委员会、成立于 1983 年的法国生命科学和健康伦理学全国咨询委员会（以下简称法国全国委员会）等，美国国家生命伦理委员会和法国全国委员会均由政府设置，是由政府财政支持的独立机构，法国全国委员会成员主要由资深专家构成，美国国家生命伦理委员会成员是来自不同学科领域的专家和私营组织乃至社区代表、病人代

表和特殊利益群体等。他们沟通了“专家知识”与伦理原则、社会文化，联结了社群利益与政治力量。与美国国家生命伦理委员会定位为处理科技政策与价值问题的公共论坛、政策咨询委员会不同，法国全国委员会遵循多学科、多文化和诸权分立的制度，行使立法、咨询、仲裁的职能，其使命超越了政治的、哲学的或宗教的纷争，能够作出独立的论断。虽然功能有所不同，但是它们均体现了非常明显的边界组织的性质。

边界组织如何在具体新兴科技领域的伦理治理中发挥作用？我们选取仅经历十几年发展的合成生物学（Synthetic Biology）领域为例，从美国的相关伦理治理角度进行分析。合成生物学是一门旨在设计和构建工程化的生物系统，使其能够处理信息、操作、化合物制造、能源生产以及增强和改善人类健康等工作的新兴交叉学科，其目标主要有两点：一是使非天然的分子出现生命的现象，也就是“人造生命”；二是“改造生命”，比如将一种生命体的元件（或经过人工改造）组装到另一个生命体中，使其产生特定功能。实际上目前的合成生物学仍然处于初期阶段，但是合成生物学已经迅速渗透到社会生活和经济生产的各个层面，并对旧有的法律、政策、经济、监管格局和社会心理产生巨大的挑战。

在合成生物学发展的早期，科学共同体和政府就关注其潜在的风险，随后逐步探讨和建立合成生物学的伦理规范和管理规范。早期的努力主要体现为合成生物学家的自我管治。合成生物学家曾联合举办了多次国际会议，讨论合成生物学相关的伦理、法律、社会和政策问题。其中动作最大的是2005—2006年第二次合成生物学国际会议前后的一系列举动。科学家们编写了合成生物学研究行动指南，并酝酿确立民主投票制度以实现自我管治，但是因为担心可能导致有敌意的外部审查和科学团体的内部分裂，投票建议最终被取消。这显示出，合成生物学国际会议这样的单一主体的科学家自治组织并不适合未来的合成生物学管治。因其显著的特殊性，合成生物学的监管问题已经超出了现有的管理框架，也显然超越了单一主体的管理范畴。

2010年5月20日，美国生物学家文特尔（John Venter）宣布制造出了一个载有1000个基因的DNA片段辛西亚（Cynthia）。自此合成生物学开始真正进入大众视野，其伦理问题和安全监管也更显紧迫。然而当时其伦理治理主体、治理方式、治理机制仍是不明确的。一个现实问题是，依据生产方式和预期用途，在美国合成生物学产品安全性的监管涉及食品和药品监督管理局（FDA）、环境保护署（EPA）、农业部（USDA）三家政府机构，但是很多新技术并未完全契合某个机构的权限。

由此，在探讨和实践合成生物学伦理治理的过程中，需要不同主体介入其中。2010年5月27日，美国众议院能源和商务委员会就合成生物学举行听证会。克雷格文特尔研究所文特尔、加利福尼亚大学伯克利分校合成生物学工程研究中心教授杰伊·基斯林、美国应用伦理学机构黑斯廷斯中心专家格雷格里·科布尼克等在听证会上做证。这是多主体介入的显证。

2010年4月，美国国家生物安全科学咨询委员员（NSABB）在一份回复奥巴马的报告《解决与合成生物学相关的生物安保问题》中指出，应对合成生物学这样的“两用性研究”（DURC）实行审查和监督制度，提出了5项伦理原则和18项建议，详尽说明了如何保证合成生物学的安全发展。然而，2012年2月美国伍德罗·威尔逊国际学者中心（Woodrow Wilson International Center for Scholars）在考察这些建议的执行情况时发现，虽然其中7项建议的执行截止日期已经临近，但得到落实的条款依然寥寥无几。这个问题能否得到解决还是要取决于公众对它的重视程度。这也是美国社会政治体制的折射。

合成生物学在军事领域显示出的巨大颠覆性潜力让我们看到政治力量、军事力量与科学在决策中的结合越发紧密。2017年，在美国众议院军事委员会（Committee on Armed Services）下属的新兴威胁和能力小组委员会（Subcommittee on Emerging Threats and Capabilities）召开听证会审议国防部2018财年对抗大规模杀伤性武器计划之前，国防部即已委托美国国家科学院、工程院和医学院成立专家委员会探讨合成生物学时代生物防御漏洞问题。2017年9月由识别和解决合成生物学潜在生物防御漏洞战略委员会、化学科学与技术委员会、生命科学委员会、地球与生命学部联合署名的《识别合成生物学潜在生物防御漏洞的拟议框架》中期报告（A Proposed Framework for Identifying Potential Biodefense Vulnerabilities Posed by Synthetic Biology: Interim Report 2017）提出，需由国防部和合作伙伴机构共同解决合成生物学的新挑战，敦促美国政府与科学界一起制定风险管理方案。该报告事实上在业界产生了重大影响，被用于美国国防科研修订战略目标和方针举措。

边界组织在合成生物学伦理治理中的进一步的、更加广泛的影响还在继续。鉴于新兴科技的快速发展和新产品新技术的不断涌现，现存监管体系的复杂性以及中小型企业难以适应原有监管体系等挑战，为促进创新并提高透明度、效率和可预测性，2017年白宫发布了“2017年生物技术协调合作框架法规”（2017 Update to the Coordinated Framework for the Regulation of Biotechnology）的最后修改版本（2017年的协调框架是在1986年和1992年的协调框架基础上的更新）。这一修改版本源于

2015 年美国总统科学技术政策办公室（White House Office of Science and Technology Policy，OSTP）要求食品和药品监督管理局、环境保护署、农业部厘清各自在法规监管体系中的作用和责任，提出未来生物技术产品风险评估的联邦法律体系，成立专家委员会以分析未来生物技术产品的布局。为此，总统科技政策办公室任命了由专家组成的生物技术工作组（Biotechnology Working Group）会同环境保护署、食品和药品监督管理局及农业部的有关专家，历时 14 个月，征求审阅了 900 个公众评论，并于 2015 年 10 月至 2016 年 3 月举办了 3 次公众听证会，形成最后版本文件。同时，OSTP 还委托美国国家科学院开展研究、提交报告，供环境保护署、食品和药品监督管理局及农业部参考，进一步完善协调合作框架。

从美国合成生物学领域伦理治理实践中我们可以看到，新兴科技伦理问题或技术风险具有不确定性，风险与科技、国家、社会安全联系在一起，科学共同体单一主体难以完成治理任务，而政治力量也表现出了主动姿态，企业等社会力量也基于发展需求参与进来。多主体参与促进了新的治理机制的形成，并且更加有效地推动了新兴科技的伦理治理。治理机制的一个重要特征是“边界组织”的形成和运作。边界组织的重要作用在于推动伦理治理的形成和实施，涉及层面包括：伦理问题研究、敏感领域发展咨询、法律的介入、伦理审查、技术评估、科学传播和公众参与等。

三、我国的生物科技伦理治理

我国合成生物学的发展虽然晚于欧美数年，但进展迅猛，目前合成生物学领域的论文数量已位居全球前列。2018 年 8 月 1 日，中国科学家首次人工创建了全新的自然界不存在的生命——单条染色体的真核细胞，《自然》（*Nature*）杂志在线发表中国科学院分子植物科学卓越创新中心/植物生理生态研究所覃重军研究团队与合作者的这一成果 。鉴于合成生物学研究有巨大的应用价值，可带来显著的社会效益和经济回报，合成生物学研究及应用所涉及的多个主要社会群体如管理部门、科研群体、临床医生、生物企业都在呼吁进一步推动该领域的进步。2018 年即将启动合成生物学等 16 +2 重点专项，“合成生物学”重点专项 2018 年度项目申报指南（征求意见稿）在设计针对人工合成生物创建的重大科学问题，围绕物质转化、生态环境保护、医疗水平提高、农业增产等重大需求，突破合成生物学的基本科学问题，构建实用性的重大人工生物体系，创新合成生物前沿技术的基础上，还专设“4.2 合成生物学伦理评估、政策法规与公众教育科普体系构建”部分，明确提出“参考全球范围内现有的合成生物学研究和应用的有关政策和法规，为政府制定符合中国国情的、可行的合成生物学研究与应用的政策提供伦理、法律和社会支撑”。

这明确显示了国家对合成生物学伦理问题及其治理的关注和需求，同时也显示当前合成生物学领域尚未就治理原则和依据达成共识，还未有能够解决社会担忧的诸如伦理准则等问题的“软标准”，不同国家主要立足于国际通行规范、国内法律条文、机构伦理管理文件、学术组织伦理规范等实施伦理治理。这也是伦理争议的缘起和表现。伦理问题进入政策范畴需要经历伦理问题研究、敏感领域发展咨询、持续伦理审查和评议、法律规范介入、科学传播和公众参与等一系列进程和事项。政府管理部门对于合成生物学研究和应用领域有着统领性的影响，主要通过资助、立法以及行政管理等发挥作用。鉴于合成生物学与人类健康、人伦秩序、社会安全等密切相关，传统的以政府为主体的管制措施已然不再合适，需要将更广泛的利益相关群体纳入治理中，共同协商解决合成生物学发展面临的重大技术、伦理、法律以及社会议题。这其中，边界组织发挥了问题提出、问题评估、问题解决方案设计的功能。美国合成生物学伦理治理的发展显示，边界组织是背后的重要推手。虽然决策体制不同，但是目前我国的确还缺乏承担这一作用的角色。

国家层面、部门层面或专门成立的委员会通常可以承担这一角色。它们从国家层面、专业领域、产业发展等维度系统地、持续地处理伦理问题，包括政策咨询、意见统筹、伦理监管、政策执行等，比如研究、甄别和审查可能出现的伦理、法律和社会问题，提供科技伦理咨询服务，保障相关领域的研究与应用在社会道德范围内进行，制定各级伦理委员会工作准则和应遵循的一般性原则，促进立法和政策实施，促进相关领域的国际交流与合作，等等。但是，我国迄今未设立国家生命伦理委员会，在现有的四类伦理审查机构和两级管理结构中，虽然部门或地区伦理委员会在功能设置上包含针对重大伦理问题提出政策咨询意见，但实际履职情况不容乐观。究其原因是体制因素使其缺乏从伦理的维度为国家科技决策提供咨询服务的动力和执行能力。

合成生物学伦理治理涉及多方利益主体。从治理动力到实践，都不是单一主体所能够胜任的，建设一个能够将不同类型的利益相关者整合在一起，共同协商治理的平台，也即边界组织，尤为重要。为此，我们需要一个成体系的国家生命伦理委员会，一是根据领域发展和监督工作需要下设分属机构。二是委员会的成员体现“跨界”特征，包括科学家、法学家、伦理学家、政策研究者、管理者、企业代表、社会组织代表等。三是委员会的任务包括甄别和审查可能出现的伦理、法律和社会问题，保障相关领域的研究与应用合乎社会伦理规范，促进立法和政策制定与实施等。对合成生物学领域来说，伦理治理实践具体包括：①发展合成生物学的风险及ELSI议题知识；②健全合成生物学研究与应用的监管体系；③完善合成生物学相关规章制度（包括硬性法规和软性自愿规范）；④开展国际交流与合作；⑤推动科学与公众的对话。

参考文献

[1]Division of Ethics of Science and Technology Social and Human Sciences Sector, UNESCO. ETHICS EDUCATION PROGRAMME: Bioethics Core Curriculum Proposal [R]. 2001.

[2]Daniel Bergsma. Ethical, social, and legal dimensions of screening for human genetic disease[M]. Birth defects original article series, 1974.

[3]Powledge T. M, Fletcher J. Guidelines for Ethical, Social and Legal Issues in Prenatal Diagnosis[J]. New England Journal, 1979(4): 168 - 172.

[4]阿明·格伦瓦尔德. 技术伦理学手册[M]. 北京:社会科学文献出版社, 2017.

[5][美]大卫·古斯顿. 在政治与科学之间:确保科学研究的诚信与产出率[M]. 龚旭,译. 北京: 科学出版社, 2011.

[6]中国科协学会学术部编. 合成生物学的伦理问题与生物安全[M]. 北京: 中国科学技术出版社, 2011.

[7]李诗渊，赵国屏，王金. 合成生物学技术的研究进展——DNA合成、组装与基因组编辑[J]. 生物工程学报, 2017, 33(3): 343 - 360.

[8]Maurer S. M. From Understanding to Action: Community - Based Options for Improving Safety and Security in Synthetic Biology[M]. University of California, Berkeley, CA, 2006.

[9]Kelly Servick. Four synthetic biology inventions that flummox the feds[EB/OL]. Science, Oct. 15, 2015. http://www.sciencemag.org/news/2015/10/four - synthetic - biology - inventions - flummox - feds. 2018 - 08 - 01.

[10]Jacqueline N. Joliat. National Science Advisory Board for Biosecurity (NSABB) [EB/OL]. https://onlinelibrary.wiley.com/doi/10.1002/0471686786.ebd0177. 2018 - 08 - 28.

[11]环球财经. 争议中的合成生物学[EB/OL]. http://www.bioguider.com/view -

125625 - 1. html 2012 - 07 - 19.

[12] Committee on Strategies for Identifying and Addressing Biodefense Vulnerabilities Posed by Synthetic Biology, Board on Chemical Sciences and Technology, Board on Life Sciences, Division on Earth and Life Studies. A Proposed Framework for Identifying Potential Biodefense Vulnerabilities Posed by Synthetic Biology: Interim Report [EB/OL]. https://www.nap.edu/read/24832/chapter/1. 2018 - 08 - 28.

[13] Holdren J., Shelanski H., Vetter D., Goldfuss C. Memoradum for Heads of Food and Drug Administration, Environmental Protection Agency, and Department of Agriculture: Modernizing the Regulatory System for Biotechnology Products[R]. White House, accessed April 16, 2016.

[14] Modernizing the Regulatory System for Biotechnology Products [EB/OL]. https://www.epa.gov/regulation - biotechnology - under - tsca - and - fifra/modernizing - regulatory - system - biotechnology - products. 2018 - 08 - 07.

[15] Yangyang Shao, Ning Lu, Zhenfang Wu, Chen Cai, Shanshan Wang, Ling - Li Zhang, Fan Zhou, Shijun Xiao, Lin Liu, Xiaofei Zeng, Huajun Zheng, Chen Yang, Zhihu Zhao, Guoping Zhao, Jin - Qiu Zhou, Xiaoli Xue & Zhongjun Qin. Creating a Functional Single - Chromosome Yeast [EB/OL]. Nature, Published: 01 August 2018. https://www.nature.com/articles/s41586 - 018 - 0382 - x.

(本文曾发表于《自然辩证法通讯》, 2019 年第 5 期, 第 89 - 95 页)

前沿生物技术研发活动管理机制研究①

◎刘嘉慧② 高山行③ 舒成利④

摘　要　作为一把“双刃剑”，前沿生物技术创新不仅能够带动相关产业的快速发展，也可能对人类生存环境以及社会伦理秩序等产生威胁；因此，如何降低技术创新的负外部性并对其进行安全、高效的应用，就成为前沿生物技术发展过程中的重要理论和现实问题。本文基于我国前沿生物技术领域的管理现状、国内外学者有关负责任创新的研究成果，提出针对前沿生物技术所具有的特点，具有多学科背景的生物技术安全委员应当参与前沿技术研发过程，并结合自己研究领域的知识对前沿生物技术研发过程进行监督。在此基础上，探讨了前沿生物技术研发团队与生物技术安全委员会间的互动以及知识产权保护问题，并指出这一举措不仅能够从项目全过程监管以及提升科研人员自律等多方面防控前沿生物技术研发风险，进而实现前沿生物技术的安全发展，还可以促进多学科专家的知识交流，使得前沿生物技术知识能够在研发过程中转移至其他学科，加快技术研发速度并充分发挥已有知识资源的价值，进一步推动前沿生物技术相关领域的发展。同时，提出借助区块链等现代信息技术保护研发过程中专家的知识产权，进一步完善前沿生物技术研发活动管理机制。

关键词　前沿生物技术；负责任创新；生物技术知识共享；管理机制

---

①　本论文受国家社科基金国家应急管理体系建设研究专项（No. 20VYJ052）、国家社科基金重点项目（No. 20AGL004）资助。

②　刘嘉慧，西安交通大学管理学院，博士研究生，研究方向为技术创新。地址：陕西省西安市碑林区咸宁西路28号。E-mail：xjtuljh@163.com.

③　高山行，西安交通大学管理学院，二级教授，博士生导师，研究方向为知识产权和创新管理。地址：陕西省西安市碑林区咸宁西路28号。E-mail：gaozn@xjtu.edu.cn.

④　舒成利，西安交通大学管理学院，教授，博士生导师，研究方向为企业创新与营销战略。地址：陕西省西安市碑林区咸宁西路28号。E-mail：cljshu@gmail.com.

一、引言

前沿生物技术是指生物科技领域中具有前瞻性、先导性和探索性的重大技术，不仅是未来高技术更新换代和新兴产业发展的重要基础，还是国家高技术创新能力的综合体现，我国政府高度重视前沿生物技术领域的发展，在《“十三五”生物技术创新专项规划》中，基于重大战略需求，部署了多项突破生物科技领域前沿关键技术的任务。然而，前沿生物技术研发的“潜在风险”也不容小觑。前沿生物技术兼顾了生物技术与前沿技术的特性，不仅以生命体为研究对象，涉及遗传物质、代谢过程、物种进化以及生态环境等多层次的生命活动，还能够通过带动其他技术发展进一步影响人类生存环境与社会伦理秩序，一旦出现问题，带来的后果都将是灾难性的、无法逆转的。如何保证前沿生物技术在满足伦理要求以及社会需求的前提下快速发展，成为一个值得深思和研究的问题。

新中国成立以来，我国已经开展了与生物技术安全相关的各项工作，陆续出台了与生物技术研究开发安全相关的管理办法与条例，不仅延续了对生物技术研究开发活动按风险程度进行分级管理的思路，同时还构建了从国家科技部到单位生物技术安全委员会的组织管理体系，全链条监控生物技术研发过程，保障生物技术研发活动的健康开展。生物技术安全委员会成员来自生物、法律、伦理等多个学科领域，其对生物技术研发活动的定期跟踪检查不仅能够对项目风险进行实时评估与防控，将社会伦理反思融入技术研发过程，还有助于不同学科间的知识互动，提高知识利用效率，促进前沿生物技术的进一步发展。然而，当前管理条例更多关注生物技术活动的风险管理，较少涉及与前沿生物技术研发相关的知识共享、知识产权保护等内容。为了更好地促进前沿生物技术创新，健全生物技术管理体制，本文将综合前沿生物技术创新特点以及开放科学、知识共享等理论，探讨前沿生物技术研发团队和生物技术安全委员会间的互动以及知识产权保护问题，在此基础上，提出多学科专家参与前沿生物技术研发活动，并借助区块链等现代信息技术进行知识产权保护的前沿生物技术研发管理机制。

二、多学科专家参与前沿生物技术研发过程的理论背景

前沿生物技术结构复杂且研发周期较长，过程中存在较大不确定性，同时，前沿生物技术研发涉及化学、材料学、信息学等众多基础学科的原理与技术，且技术

结构要素之间的关系密切，使得技术功能的发挥不稳定，风险作用机理复杂，风险成因难以测定。具有多学科背景的生物技术安全委员会能够协助技术研发团队，对生物技术研发活动进行风险评估并协助制订风险消减计划，同时对已批准开展的研究活动进行定期跟踪检查，通过全过程嵌入式的监督评估机制保障生物技术研发活动安全。而针对前沿生物技术所具有的特点，应将生物技术安全委员的定期跟踪检查职责明确为参与前沿技术研发过程，并结合自己研究领域的知识以及科学家精神对前沿生物技术研发过程进行监督，平衡前沿生物技术创新过程中的风险防控与创新效率。

上述举措与“负责任的研究与创新”理念相契合，尤其是多学科融合的技术创新治理活动。鉴于旧有管理手段在新兴技术的道德伦理、社会价值等方面存在功能缺失和制度空白，不少学者聚焦负责任的创新这一研究领域，尝试从政策层面构建制度响应机制，多学科融合的实验室研究逐渐成为学者关注的焦点。其中，Fisher 与 Mitcham 等人采用“流”的隐喻分析了技术创新治理的活动阶段，并从社会—技术整合实践中总结出基于跨学科专家合作观点的“中游调节”理论。对于技术研发活动来说，上游活动指授权技术研发的政策安排，包括项目审批、经费资助等，下游活动是指终端用户与市场对技术产品的采用。而中游活动则是指将科研成果转化为产品或服务前、在作出授权和资助决定后的阶段。中游调节理论是根据其他将社会、伦理价值融入研究实践中的政策工具（如建构式技术评估、实时技术评估）开发形成的，强调通过让人文社科类学者参与实验室研究、增强技术研发人员对更广范围社会价值的响应能力等方式影响技术发展路径。

生物技术的研发与上游决策活动密切相关，但技术研发过程中存在很强的不确定性，随着技术研发过程的演进，会出现一些具体的问题和意想不到的结果，阶段性的研究目标也将被调整，而且这些不确定性很难在上游阶段被准确预测到，导致研发项目立项时很难制订完善的管理计划来应对研发过程中出现的问题。下游活动已经涉及技术产品应用阶段，很难再对技术研发过程产生有效影响。上游与下游的活动较为静态，且具有滞后性，难以应对动态变化的技术研发过程。而中游活动涉及技术研发的实现过程，能够利用技术研发的动态决策性特点影响其发展轨迹，因此，在提高技术研发的社会适用性方面，管理中游活动比管理上游活动更有针对性，比管理下游活动更具灵活性，介入技术研发中游阶段活动可以比介入其他阶段更有效地改变技术轨迹。

三、多学科专家参与前沿生物技术研发过程中的知识互动

（一）实现技术知识与伦理思考互补

多学科专家参与前沿生物技术研发过程并非以技术研发人员存在“（伦理价值或风险等的）反思性为前提缺陷”或者人文社科类学者更具有反思性为前提，而是强调通过跨学科合作的形式实现人文社科类专家知识与技术研发专家知识的互补。人文社科类专家在参与技术研发过程中，会更加了解技术研发人员所面临的制度与社会约束，并将根据技术研发的实际情况调整对相关知识的应用，将科学家责任内化为具有可操作性的措施融入技术研发过程，如结合具体前沿生物技术的场景探讨技术两用性、风险管理等方面的问题，进一步推动有关前沿生物技术发展的探讨。而技术研发人员能够通过与人文社科类专家的交流，学习到有关技术的伦理价值等知识，弥补由于缺少时间以及系统性培训而掌握相关知识较少的缺陷，提升自身科研伦理意识与能力，关注研究成果的社会适用性，引导前沿生物技术向满足社会需求与道德伦理要求的方向演进。

（二）促进生物技术研发知识的深入探索

前沿生物技术研发过程中涉及多个决策点，且决策具有灵活性，受到研发过程中技术人员偏好、团体决策、集体行动等的影响，而技术研发的一些关键信息也将随时间逐渐显露出来。技术研发人员在研发初期通常无法预想到一些潜在的影响因素，而多学科专家与技术研发人员进行的半结构型访谈将促使研发人员不断思考技术研发细节，制订更加详细的研究计划，并且针对潜在的技术风险因素尽早探索替代方案以实现技术目标。在与多学科专家的互动过程中，研发人员也能够逐渐明晰对该项技术研发的认知，丰富技术专业知识，制定更加具体的实验目标，提高研发效率。已有实验表明，多学科融合的实验室研究并不会对技术研发过程产生明显的负向影响，而是拓展了研发过程中的决策范围，创造了社会与技术的“双重价值”。

（三）加快前沿生物技术研发知识的转移、渗透

前沿生物技术研发高度依赖基础研究，其技术突破需要与多个学科知识进行融合，而随着前沿生物技术知识在不同学科间的转移、渗透，大量衍生项目、交叉技术也将得到快速发展，进一步推动前沿生物技术的应用与优化。多学科专家参与前沿生物技术研发过程同样也为不同学科知识的协同提供机会，促进了知识共享。同时，参与同一项目的技术研发专家和跨学科专家既是知识生产者又是知识的潜在使

用者，既充当专家又是“外行”，因此，双方的交流合作不仅有助于知识在不同学科间的传播，细化专业知识的应用情境，同时也能够促进前沿生物技术知识与人文社科类知识的科普，引导“外行”对前沿生物技术发展以及伦理社会价值产生正确认知。

此外，前沿生物技术研发过程中的知识共享也能够有效应对研发结果的不确定性，充分发挥已有知识资源的价值，降低后期技术研发失败带来的损失。

四、多学科专家参与前沿生物技术研发过程中的知识产权保护

开放科学的原则强调在保护参与者知识产权的基础上开放与共享，多学科专家参与前沿生物技术研发过程涉及多学科专家知识成果的交流，同时，生物技术知识产权保护范围较广，包括专利权、著作权、商业秘密等，无论哪种知识产权，其信息的保密性对于前沿生物技术研发工作都至关重要，因此保护交流过程中各方参与者的智力成果十分重要。当前专利制度主要针对专利申请人与权利继受人在保护期内的独占权，著作权则较多关注生物技术相关科研活动中的学术论文与论著。多学科专家参与前沿生物技术研发过程中必然会接触到尚未形成专利或论文的知识，同时自己也会在此过程中形成新观点，然而现有知识产权制度缺少对上述知识共享过程中知识产权共享的保障，这不仅会阻碍多学科专家参与前沿生物技术研发工作，也将限制更多研究团队对新技术和新产品的持续研发。区块链技术在知识产权保护领域的发展为这一问题提供了解决思路，为了有效保护前沿生物技术研发过程中产生的智力成果，弥补现有前沿生物技术知识产权保护的缺陷，同时促进前沿生物技术研发的多学科知识共享，本文提出以下几点措施。

（一）利用区块链技术确权专家知识

区块链技术能够在每一份信息上加盖时间戳，并按照信息更新顺序形成时序连接的区块链，不仅能够保证信息的完整和有效性，还能够对每个阶段研发信息公开情况以及跨学科专家间的交流进行记录。而加盖的时间戳能够证明参与者在特定时间访问了特定文件，通常知识生产者是第一个访问该文件的人，因此能够证明知识的真正所有者。

（二）规范知识使用者的引用、标注行为

专家在开展研究时如果引用了技术研发团队或其他专家知识，应当对相应内容进行标注，并借助信息平台反馈给知识所有者，这不仅能够降低侵权风险，保护原

创者的合法权益，还能够有效促进知识利用效率。

此外，对智力成果的保护不仅应当体现在多学科专家交流层面，还应体现在对整个机制运行过程的监管层面。前沿生物技术研发信息应仅面向部分专家公开，且全过程都受到科研管理部门的管控，使其技术信息仍处于保密状态，不影响相应专利申请或论文、著作撰写工作，最大限度地保障技术研发团队的知识产权。

五、结语

前沿生物技术兼顾了生物技术与前沿技术的特性，不仅以生命体为研究对象，涉及遗传物质、代谢过程、物种进化以及生态环境等多层次的生命活动，还能够通过带动其他技术发展进一步影响人类生存环境与社会伦理秩序，这些特性使得前沿生物技术的研发需要合适的制度情境，既能降低前沿生物技术的负向影响，又能加快其演进速度。2018 年底基因编辑婴儿诞生事件所暴露出的科研人员职业自律不足与项目监管缺失等问题，值得我们对前沿生物技术发展的管制模式进行反思与探索。我国目前陆续出台以及即将出台的生物技术研发活动安全管理制度也在积极引导前沿生物技术朝着安全可靠、符合社会需求的方向发展。本文试图依托我国生物技术研发管理体系，探讨具有多学科背景的生物技术安全委员会在前沿生物技术研发活动中发挥的作用，并提出技术研发活动监督过程中的知识共享与知识产权保护问题，健全前沿生物技术研发活动管理体系。随着人们对新兴技术管理手段的关注与探讨，新兴技术在道德伦理、社会价值等方面存在的管理功能缺失和制度空白将逐渐被填补完整。

参考文献

[1] 中华人民共和国科学技术部．“十三五”生物技术创新专项规划[Z]. 国科发社〔2017〕103 号，2017 - 04 - 24.

[2] 王璞玥，唐鸿志，吴震州，孟庆峰，杨正宗，杜生明，冯雪莲．“合成生物学”研究前沿与发展趋势[J]. 中国科学基金，2018，32(5)：545 - 551.

[3] 陈万球．构建面向 2035 年生物技术创新与生物安全治理体系[J]. 中国科技论坛，2020(11)：15 - 17.

[4] 关于《生物技术研究开发安全管理条例(征求意见稿)》公开征求意见的公告[Z]. [2019 - 03 - 11]. http://www.most.gov.cn/tztg/201903/t20190311_145548.htm.

[5] 梅亮,陈劲,盛伟忠. 责任式创新——研究与创新的新兴范式[J]. 自然辩证法研究,2014,30(10):83－89.

[6] Taebi B., Correlje A., Cuppen E., et al. Responsible innovation as an endorsement of public values: The need for interdisciplinary research[J]. Journal of Responsible Innovation, 2014, 1(1): 118－124.

[7] Fisher E., Mahajan R L., Mitcham C. Midstream modulation of technology: Governance from within[J]. Bulletin of Science, Technology & Society, 2006, 26(6): 485－496.

[8] Schot J., Rip A. The past and future of constructive technology assessment[J]. Technological Forecasting and Social Change, 1997, 54(2－3): 251－268.

[9] Guston D. H., Sarewitz D. Real－time technology assessment[J]. Technology in society, 2002, 24(1－2): 93－109.

[10] Schuurbiers D. What happens in the lab: Applying midstream modulation to enhance critical reflection in the laboratory[J]. Science and Engineering Ethics, 2011, 17(4): 769－788.

[11] 李天柱,银路,程跃. 现代生物技术研发柔性研究[J]. 科学学研究,2010,28(2):189－194.

[12] Schuurbiers D., Fisher E. Lab－scale intervention[J]. EMBO Reports, 2009, 10(5): 424－427.

[13] Fisher E., Mahajan R. L. Midstream modulation of nanotechnology in an academic research laboratory[C]. ASME 2006 international mechanical engineering congress and exposition. American Society of Mechanical Engineers, 2006: 189－195.

[14] Flipse S. M., van der Sanden M. C. A., Osseweijer P. Midstream modulation in biotechnology industry: Redefining what is "part of the job" of researchers in industry[J]. Science and Engineering Ethics, 2013, 19(3): 1141－1164.

[15] 张学文,陈劲. 开放科学的研发模式:一种独特的创新思想[J]. 清华管理评论,2017(12):26－32.

[16] 周明月,孙洪武. 生物技术知识产权共享——三维理性下的公共政策选择[J]. 科技管理研究,2020,40(17):150－153.

[17] 华劼. 区块链技术与智能合约在知识产权确权和交易中的运用及其法律规制[J]. 知识产权,2018(2):13－19.

[18] 张海强,杜荣,艾时钟,裴庆祺,马立川. 考虑确权可信能力的知识产权管理平台确权渠道策略研究[J/OL]. 中国管理科学:1 - 11[2021 - 03 - 12]. https://doi. org/10. 16381/j. cnki. issn1003 - 207x. 2020. 0835.

医疗机器人伦理的发展现状和治理思维

◎任国征① 王磊②

摘　要　《中华人民共和国基本医疗卫生与健康促进法》明确提出人民的健康权和健康促进的若干规定。随着社会的进步以及对高水平医疗健康的需求，安全、精准、微创、高效的医疗服务成为我们追求的目标，以智能医疗机器人为代表的先进医疗技术手段成为今后的发展趋势，而医疗机器人的伦理与法律问题日益成为重要的学术课题和现实问题。在这些机器人得到广泛应用之前仍有许多关键技术需要解决，同时我们不得不面对的问题就是医疗机器人带来的伦理问题，在智能医疗机器人时代到来之前我们就要解决好机器人伦理以及其对目前社会伦理产生的影响，用发展的手段实现人与机器人的和谐相处。

关键词　医疗机器人；科技伦理道德；治理思维

① 任国征，中央财经大学绿色金融国际研究院研究员，健康金融实验室（数据库）主任。主要研究方向为健康卫生，金融治理。地址：北京市海淀区中央财经大学绿色金融研究院，E－mail：rgzh2009@163. com.

② 王磊，北京理工大学高精尖人工智能（机器人）实验室，博士生。主要研究方向为医疗机器人。

《中华人民共和国基本医疗卫生与健康促进法》明确提出人民的健康权和健康促进的若干规定，是卫生与健康领域第一部基础性、综合性的法律。随着社会和经济不断发展，人们对高水平医疗健康的需求也在不断增加，安全、精准、微创、高效的医疗服务成为人们追求的目标，而且，也正是这样的社会需求推动着以医疗机器人为代表的现代化智能医疗快速发展。医疗机器人主要包括手术机器人、辅助康复机器人、诊断机器人、医院服务机器人等。医疗机器人的伦理与法律问题日益成为重要的学术课题和现实问题。

一、医疗机器人的发展特点

经过几十年的快速发展，医疗机器人已经在神经外科、腹腔外科、胸外科、骨外科、血管介入、颅面外科的手术中和康复、诊疗、医院服务中得到了广泛的应用。据分析，2013 年医疗机器人全球市场总值为 27 亿美元，2014 年为 33 亿美元，到 2019 年将提高到 46 亿美元，从 2014 年到 2019 年的五年年复合增长率将达到 7%，而同期亚太地区的年复合增长率则为 13.4%。因此，当前医疗机器人的发展面临着巨大的市场机遇。医疗机器人是今后智能医疗的发展方向，若要实现医疗机器人的全面应用，我们就必须在技术上保证医疗机器人的安全性，解决医疗机器人目前的关键技术难题。

（一）安全

医疗机器人的应用主要是辅助医生或者帮助患者，因此在应用过程中机器人与人的交互是不可避免的。在机器人手术中，不论是机器人协助外科医生完成手术，还是机器人在医生的指导下完成手术，机器人与人之间的精准互动和协同将是确保机器人手术安全的重要前提。例如，为了确保机器人辅助手术操作的安全性，希望机器人可以模仿医生手感对手术状态进行实时感知，并将术中的感知信号实时反馈给手术医生进行决策。同样，功能康复与辅助机器人系统需要直接与患者接触和互动，来实现患者运动功能的恢复、补偿或辅助。例如，在多功能假肢机器系统应用中，假肢使用者直接将人工机器手臂穿戴在残肢上，并操控机器手臂完成各种日常动作，假肢使用者的运动意图与机器手臂之间的运动和感觉功能协调统一是实现机器手臂自然、精确抓握物体的关键和保障。因此，借助人机融合系统实现人与医疗康复机器人之间的信息互动与交互控制，使人和机器有机地结合在一起，充分发挥各自的优势，将是医疗康复机器人发展的一个重要目标。

（二）精准

医疗机器人尤其是手术机器人在操作过程中能够精确地实现病灶定位和手术实施过程中合理的路径规划是达到手术机器人微创的关键。利用现代影像技术可以清晰地观察到病灶，但是在手术实施过程中克服机械装置或者人手抖动以及侵入人体过程中机体形变导致靶向目标发生移位的难题是将来手术机器人能够广泛应用到外科手术的关键。为了实现手术机器人的精准性，必须要实现术前图像获取，手术器械定位和器械路径规划。手术器械与患者的相对定位精度决定了系统执行手术规划的精度，同时高精度的动态跟踪可以提高手术效率及安全性。手术器械精确定位面临较多的误差来源，包括术前图像、配准误差、手术器械、传感器装配误差和手术器械震动引起的误差等。

二、我国医疗机器人的社会背景

手术机器人可以极大地提高手术精准度、减少手术创伤和副作用，有利于术后恢复、降低患者手术成本。同时，可以使医疗资源不发达的偏远地区也能享受到更先进的医疗服务，提高全社会的医疗水平。根据世界卫生组织的统计数据，全球大约有 10% 的人口身体存在不同残疾，而且世界上许多国家已进入老龄化社会，人口老龄化带来的社会服务问题（医疗、康复与护理）对经济和社会发展产生了巨大的压力。随着残疾人口和老年人口不断增加，依靠科技创新来保障和改善他们的健康已经成为当前许多国家的战略需求。研究和开发先进的医疗机器人，实现对功能障碍或缺失患者的功能补偿与功能重建，对推动老年健康服务与助残公益事业发展具有十分重要的社会意义。而就全世界的医疗服务水平来看，目前提供健康服务的医疗机构、设施和医务人员相对较少，特别是优质的医疗服务资源更加有限。许多大型综合医院的医务工作者每天都要面对众多需要医疗服务的患者，工作相当繁重，因而，将诊疗机器人、医院服务机器人应用到医疗事业中可以有效缓解我国乃至世界医务人员紧缺的局面。

我国也陆续出台了相关的医疗机器人发展政策。2012 年科技部发布《服务机器人科技发展“十二五”专项规划》，将医疗康复机器人列为发展目标，同时还列出一些热门产品，主要有：微创外科手术机器人、血管介入机器人、肢体康复机器人、人工耳蜗、智能假肢等；2015 年国务院印发《中国制造 2025》，大力推动重点领域突破发展，在机器人领域围绕汽车、机械、电子、危险品制造、国防军工、化工、轻工等工业机器人、特种机器人以及对医疗健康、家庭服务、教育娱乐等服务机器人的应用需求加快发展；2016 年国务院办公厅关于印发《国家标准化体系建设发展规划（2016—2020 年）》，其中重点领域有开展生物医学工程、新型医用材料、高性能医疗仪器设备、医用机器人、家用健康监护诊疗器械、先进生命支持设备以及中医特色诊疗设备等；近期印发的《关于促进医药产业健康发展的指导意见》提出加快医疗器械转型升级，重点开发医用机器人、健康监测、远程医疗等高性能诊疗设备。

三、我国医疗机器人伦理的治理思维探讨

随着机器人的不断应用以及人工智能技术的不断进步，机器人已经给现有社会带来一定的影响，尤其是医疗机器人将会带来什么样的伦理道德问题，而我们又将如何解决即将面临的问题，值得我们深思。

（一）机器人伦理的典型案例

"小胖"机器人是一台针对 4 ~ 12 岁儿童设计的家庭服务型机器人，拥有自我意识、室内定位导航、语义理解等功能。在其 2016 年 11 月参展的过程中由于该展商工作人员操作不当，误将"前进键"当成"后退键"，导致机器人撞向展台玻璃，玻璃倒地摔碎并划伤一名现场观众，致其脚踝被划破流血。随后此事引起广泛的关注，出现了许多诸如机器人伤人，机器人将会控制人等言论。在机器人的发展史上，有许多机器人伤害人的事件发生。当然，其中绝大多数都是机器人故障或者人工操作失误导致的，就目前机器人的智能化程度来说，很少有机器人能作为一个主体去损害人类的利益，不过，历史上也发生过一些不能解释的机器人伤人或者自杀事件，1978 年一个切割钢板的机器人发生故障，将身旁的工作人员当作钢板仍继续执行原有程序。1989 年一位国际象棋大师，在一次与机器人对手比赛中，在连胜三局之后宣布机器人的智力是斗不过人类的，机器人恼羞成怒向金属棋盘释放了高强度的电流导致他死于非命。为什么会发生机器人伤人事件，是程序问题、硬件故障问题，还是其他伦理问题造成的？据统计，美军在 2004—2012 年针对阿富汗恐怖组织的无人机空袭 300 多次，杀死 3000 余人，但误杀平民和儿童 1100 人。造成这一后果的原因不能被简简单单地说是美军或者武器制造商的罪过吧。

在机器人大量代替人类劳作之后，怎么权衡机器人与人、现代人与人之间的特殊关系，也是值得我们去探讨的。现在已经出现了一些服务机器人可以照顾老人、

小孩。未来机器人快速发展也许会像现在的电脑那样得到普及，势必会对现有的人与人的关系造成一定影响。以儿童看护机器人为例，这款机器人的目的是引导新生儿和儿童健康成长，并在成长过程中保护儿童不受伤害。但是，亲人的看护和机器人的看护是有本质区别的，家长的关爱和情感呵护是不能被替代的，这就要有一个度去界定机器人对儿童的看护，以避免出现儿童长大后依赖机器人、儿童人格畸形发展的问题。另外还有类人机器人带来的伦理问题。日本曾发布了一款仿人机器人，不仅可以与人进行交流，模拟人类眨眼和呼吸，而且可以阅读和播报新闻，通过展示特定的动作以更接近于人的特征。这种类人机器人是否应该被赋予一定的人类道德，如何去界定它与人类的伦理关系，能否把它看作真正意义上的人，是应该把它看作人造物还是人造人，或者是具有物伦理倾向的人，都是值得深入探讨的。总而言之，机器人不断发展是必然的，其智能化程度也不断得到提升，与人类的关系也会越来越密切，其间会产生很多问题，包括机器人与人的伦理问题。

（二）机器人伦理的治理思维

2007 年韩国政府曾起草世界上第一份《机器人道德宪章》。该宪章认为机器人必须严格遵守命令，不能对人类的利益造成危害，当然人类也不能虐待机器人，应该充分尊重机器人的利益，合理使用它们。同年，日本经济产业省也推出了《下一代机器人安全表现指南（草案）》，用于规范未来机器人研发的行为以及未来智能机器人的行为规范，防止“行为不轨”的机器人暴动害人。机器人立法将是未来机器人发展着重探讨的一个问题。智能机器人的普及也将是未来发展的一种趋势。从物转向到物伦理学再到机器人伦理学，以这些理论作为支撑，在处理人与机器人之间的交互关系时，可以使它们朝着一种“尚善和谐”的方向前进；更深入地将“情本体”理论应用于机器人本身，将之纳入法律的框架内，构建一个“德行、情性、法性”的机器人发展体系，以促进机器人规范发展，构建一个人机共存的和谐社会。

我们意识到，在对机器人道德能力和伦理意识的探索中，首要任务是梳理机器人在伦理确立过程中所呈现出来的特点，并就机器人在应用中的问题进行分析、论证，同时尽可能对机器人伦理在发展过程中给人类伦理带来的冲击以及引起的困惑予以应对和解决。马克思指出，科技发展是“历史有力的杠杆，是最高意义上的革命”，“对人的彻底解放具有彻底的意义”。马克思认为，科技是人类社会实践的产物，是人类智慧发展的结晶，科技发展的程度表明人的本质力量得到自由发展的程度，同时科技发展也对人的发展提出了新要求，即要求人更加自由全面地发展，只有自由全面发展的人才能推进科技的高度发展。人的自由全面发展离不开现有文化伦理道德的改变和完善。人工智能开拓了人类利用自然物质的反应特性制造工具的极其广阔的领域，是人的本质力量——认识和改造世界的能力的一个崭新的革命性飞跃，使人们从繁重、危险的体力劳动和烦琐、计算性的脑力劳动中解脱出来，为人类能动性发挥提供了有利条件，也提出了新的要求。人的本质力量发展是没有极限的，人工智能也是没有极限的，它将随着人的发展而发展。人的全面自由发展是机器人发展的条件，只要人类解决了自身的发展问题，就不会再对机器人产生恐慌，也不必去担忧人工智能的极限问题。

参考文献

[1]李光林，郑悦，吴新宇，等. 医疗康复机器人研究进展及趋势[J]. 中国科学院院刊，2015，30(6):793-802.

[2]胡洋洋，张文强. 医疗服务机器人现状与展望[J]. 中国发展观察，2016，(14):52-53.

[3] 苏尚任. 机器人的发展现状及前景展望[J]. 科技创新导报，2016，13(25):51-52.

[4] 王东浩. 机器人伦理问题研究[D]. 南开大学，2014.

[5] 王绍源. 应用伦理学的新兴领域：国外机器人伦理学研究述评[J/OL]. 自然辩证法通讯，2016，38(4):147-151.

科幻作品视角下的人工智能伦理

◎梁卫国①

摘　要　人工智能快速发展的现实为科幻作品提供了创作素材和科技佐证，而科幻作品为人工智能提供了未来想象和发展可能，两者既相离又相交的关系构建起了丰富的精神实验和感觉体验。产生这些实验和体验的根本原因是，在符号主义、连接主义和行为主义指导下，以数据和算法为技术核心的人工智能逐渐突破了人类中心主义的伦理观。这种伦理观可能会导致人类丧失对机器的控制权，甚至导致人类的毁灭。要避免这种悲剧发生，需要构建起人类与人工智能相处的新伦理：重新审视人本身，保持对人造自然物——人工智能的敬畏，在人类中心主义的主体下，构建起人类与人工智能相处的准伙伴关系。

关键词　伦理；人工智能；科幻作品；主体性；人类中心主义

①　梁卫国，中央民族大学哲学与宗教学学院博士研究生，高级编辑，《中国电力企业管理》杂志社责任编辑。研究方向为人工智能在宗教哲学领域的应用。E ~ mail：1064220365@ qq. com.

在众多的科幻作品中，人类与人工智能相处的伦理问题常常让人揪心。在电影《终结者》（*The Terminator*）中，最新型终结者 T－X 美丽俊秀、身手毒辣，以能量形式存在于各种网络之中；她能随心所欲地变成各种形态，并能操控其他机器人，连最先进的液态金属 T－800 也无法逃脱她的操控。《黑客帝国》（*The Matrix*）中，在 22 世纪，人类生活在机器所虚构的世界之中，肉体和精神都被超级机器控制。《机械姬》（*Ex Machina*）中，人类造出的机器人具有独立意识，利用感情成功欺骗人类，逃离实验室，并试图毁灭人类。从逻辑上看，科幻片的构思似乎无懈可击。一方面，人工智能的确具有人类所没有的无限寿命、超强的计算能力及其他高级智能。另一方面，在现实生活中，人类似乎无处可逃：街头车站涌现大量的手机“低头族”，网络社交评分无处不在，狂热青年忙着赚虚拟货币。导致人类无处可逃的是高速运转的人工智能，人工智能正将虚拟世界与物理世界的边界变得越来越模糊。这些巨变使得一些科学家认为，奇点来临后，科幻片中人类被追杀、毁灭的景象就会变成现实。那么，人工智能和科幻作品有何关系？如何看待人类和人工智能相处的伦理问题？面对这种伦理问题，人类应该何去何从？

一、人工智能和科幻作品的关系

（一）科幻作品为人工智能伦理研究提供可能

如果从传统的学术谱系上看，人工智能是“一门研究如何构造智能机器（智能计算机）或智能系统，使它能模拟、延伸、扩展人类智能的学科”，是计算机科学的分支学科，属于自然科学的范畴；“科幻作品是关注科技发展对人类社会自身发展及科学文化等更深层面的精神发展的影响的作品，是结合现代科技成就与文学意境的产物”。科幻作品是在科学技术的基础上衍生出来的文学亚门类，属于社会科学的范畴；那么，就人工智能和科幻作品纯粹学术研究的内部结构、运作机制、学术传统及代际传承方式来讲，两者相去甚远，并在各自独立的领域按照自身发展规律进行着生灭变化。目前，关于两者分别研究的自然科学界和社会科学界有着较多的学术成果，这些学术成果也为人工智能伦理研究奠定了重要基础。对普通公众来讲，人工智能伦理问题专业性较强，因而理解起来有一定的难度。

如果从科学普及的角度看，当公众在被《终结者》《黑客帝国》等这些科幻作品勾画出的未来兴奋或担忧时，我们就会发现，从科幻作品的维度来研究人工智能伦理问题或许是个不错的视角。这是因为，人工智能作为科技的一种，常常也是科幻作品的内容。这些作品中反映的人工智能伦理问题为人工智能伦理的现实研究提供了某种可能。这种可能性也可以从人工智能伦理概念和科幻作品的概念中得以证明。虽然，目前人工智能伦理作为一个相对较新的事物在学术研究领域并没有一个公认的、统一的确定概念，但我们不妨先从其上位概念科技伦理尝试进行定义。科技伦理的定义是“人们在从事科技创新活动时对于社会、自然关系的思想与行为准则，它规定了科学家及其共同体所应恪守的价值观念”。根据科技伦理这个定义，我们可以将人工智能伦理定义为“人们在从事机器人、语言识别、图像识别、自然语言处理和专家系统等人工智能创新活动时对于人类社会、自然关系的思想和行为准则”，一般来说，这个准则的核心问题是如何落实人工智能的责任问题。这种“对于人类社会、自然关系的思想和行为准则”与科幻作品等关注科技发展“对人类社会自身发展及科学文化等”影响的作品，存在一定重合关系。这个重合的主要因素就是，人工智能伦理和科幻作品都关注科学技术对人类未来社会（生产、生活、生存等）的影响。只不过，相对来说，伦理问题关注的这个未来现实性更多些，而科幻作品关注的这个未来幻想性更多些。如果反映人工智能伦理和科幻作品两者本质属性的概念有一定的融合因素，那么，从科幻作品中探寻人工智能伦理就存在可能。

科幻作品为人工智能伦理问题（关注如何处理人类与自然的思想和行为的准则问题）研究提供方便，还可以根据具体的实例进行论证。比如，在科幻电影《超验骇客》（*Transc－endence*）（2014）中，天才科学家威尔·卡斯特死后，其妻子和好友将其意识与计算机网络相连接，最终进化出了一个超级人工智能：人工智能被赋予人的自我意识和独立思维；计算机网络替代了威尔由碳原子组成的身体而成为人工智能的硬件部分。这个超级人工智能给人类带来了巨大的益处——挽救绝症患者，净化空气和水源，将沙漠变为绿洲。这些益处也是现实生活中人类生理数据库和医疗算法、空气清洁器和水源治理系统、机器造林技术等领域的人工智能的逻辑推演。正是人工智能的这些逻辑为《超验骇客》提供了创作素材，这些现实也使人们更容易相信这部科幻作品所塑造的事实。

《超验骇客》的科技特征并没有止步于人工智能的合理逻辑推演，而是远远超出现实。当威尔的独立意识侵入电脑成为人工智能的一部分，弥补了电脑没有自我认知与缺乏价值判断的缺陷时，科技就变成了“上帝”（威尔的意识＋计算机网络）。这个全能全知的“上帝”可以进入任何一台计算机系统获取信息，可以监控世界上任何一个角落；它洞烛先机，并且发明新的纳米技术——修复受损细胞、增强再生能力、治愈一切残疾人。但是，这个互利双赢的人工智能（“上帝”）也导致一些政府首脑和科学家产生恐惧感：如果一些人可以永生，如果生态可以被快速修复，那么人类生存的意义何在？正是在这种恐惧心理下，一些科技部队开始对这个超级人工智能进行围剿和屠杀，但诡异的是，被人类的炮火等武器破坏后的设备和人员经由纳米技术修复又迅速恢复原样——只要设备和人员处于无线联网状态（只要有空气、水、土等介质存在），人类就难以战胜这个人工智能。

剧情的发展似乎进入了一个公共悖论：人类的欲求创造出了人工智能，而人工智能又强大到了人类无法控制的地步。何以解决？要么人类灭亡，要么机器灭亡；要么机器还是人的工具，要么人类沦为机器的奴隶。悖论的这四种答案，常常成为人工智能科幻创作的思路，如《迷失的一半》《杰克茜》《吾乃母亲》《黑客帝国》《复仇者联盟 2：奥创纪元》《地球停转之日》《天外魔花》《世界尽头》等。这些科幻创作与其说是贩卖人工智能技术下人类生存的焦虑，不如说是将人工智能和人类的冲突作为创作基础，并且在这种人类被人工智能科技毁灭的可能性和必然性中创造永恒话题，不断牵动观赏者的神经：生存还是毁灭？幸运的是，《超验骇客》中的威尔是为爱为生的，在听取了威尔妻子爱的谎言后选择了自我死亡。最终，影片以爱结束。

通过上述分析我们可以看出，一方面，人工智能的现实逻辑为科幻作品提供了创作素材和科技佐证，人工智能是科幻作品得以实现的必然条件；另一方面，科幻作品为人工智能提供未来想象和发展可能，科幻作品成为人工智能（主要是超级人工智能）得以实现的可能。两者这种复杂的关系为我们构建起了丰富的精神实验和感觉体验：相离的研究使两者得以向纵深发展，相交的科幻作品使二者共同创造出了色彩斑斓的精神世界。正是在这种复杂的矛盾统一中，人工智能伦理问题得以展开。

（二）共时性中的人工智能伦理问题

除了从人工智能和科幻作品的关系角度来研究人工智能伦理问题外，我们也可以从人工智能本质属性的概念（共时性研究）和人工智能的发展路径（历时性研究）两个方面，将人工智能伦理问题的探讨推向深入。

目前人工智能的概念有很多。其中比较公认的是，人工智能指用机器（主要指计算机）实现人的计算能力、感知能力、记忆能力、逻辑思维能力等智能活动的技术。人工智能概念最早源于 1950 年英国科学家图灵提出的“机器能思考吗”这个知名的论题，在这篇《计算机器与智能》的论文中，图灵还提出了实现机器思考的心理实验（是否存在可想象的计算机能够通过一个混淆人类智能与机器智能的游戏），即图灵测试。图灵测试者指出，如果在 5 分钟内，一台智能机器不仅能够顺利、正确地给出人类测试者所要的答案，并且这些答案能够使超过 1/3 的人类测试者认为那台被测试的机器回答的结果与人类回答的答案相一致，那么，这台智能机器就算通过测试，即这台智能机器相当于拥有人类智能。按照这个逻辑，制造一台拥有人类智能的机器，就被转化为制造一个模拟人类童年的大脑机器，然后再对它进行学习英语、数学和下棋等教育训练，经过训练后的类儿童脑机器在经过场景实践学习后就可以发展为类成人脑的机器。

如果人工智能本质上是人造的智能，是机器对人智能的模仿，反映在科幻创作中，关于人工智能的作品也应该是在人与机器的对立和统一中展开。如果“科学是作为支撑作品、作为不可移除的核心线索存在的”，科幻创作的两个基本特征是科学性和幻想性，那么，人工智能题材的科幻创作中作为科学的一部分的人工智能也应该是不可移除的核心线索，且也应呈现人工智能的科学性和幻想性两个基本特征。关于人工智能的伦理问题的思考也应该是从科学性和幻想性出发，科学性构建起人工智能伦理求真和确定的一面，“人工智能不仅意味着前沿科技和高端产业，未来也能够广泛用于解决人类社会面临的长期性挑战”。而解决这些技术性问题可能就需要自然科学发挥作用。幻想性构建起人工智能伦理中求变和创新性的一面。这可能会带来人文和社会问题。比如，如何看待人类与机器的关系；生物化学方法可以使人很快得到快乐，那么如何看待人类的痛苦；随着计算机的发展如何看待其带来的人类失业问题。

从共时性研究得出的人工智能伦理需要考虑的科学性和人文性问题，也可以用关于人工智能的两部经典小说来说明。人工智能小说《明天的两面》（*Two Faces of Tomorrow*）描述了一个世界，那里的复杂文明只有一个全球性的计算机网络才能控制。这个超级计算机集合了大量的逻辑程序，但它缺乏常识，并且它那些基于逻辑的决策开始导致太多致命的突发事故发生。研究者担心超级计算机可能会脱离人类的控制，所以他们决定到太空里测试这台计算机，以便在出现错误时立即摧毁它。但是，已经产生知觉的电脑很不喜欢这种测试，故事的矛盾就此展开。被评为人工智能优秀小说的伊恩·班克斯（Iain M. Banks）的《无限异象》（*Excession*）也是这样一部作品。小说中描写的“心智”是超智能的人工智能生物，它们之间的交流像是没有标题的电子邮件，它们也试图对人类进行统治。很明显，这两部小说都以人类与人工智能的冲突展开叙事，且科学性都是故事的决定性因素。在笔者搜集到的人工智能作品中，也几乎没有只讲幻想性而不顾科学性的作品。

（三）历时性中的人工智能伦理问题

从历时性的角度看，人工智能概念被提出100多年来，主导人工智能发展的指导思想主要有逻辑主义（或称符号主义、计算机主义或心理主义）、连接主义（生理学派）和行为主义（或称进化主义或控制学派）。

逻辑主义的逻辑起点是，符号（如数字、字母甚至服饰颜色等）是人类认知的基本元素，用符号表示的系列运算就是人类认知事物的过程。物理符号系统假设（所有智能行为都等价于物理符号系统）和有限合理性原理（如谷歌、百度等使用关键词进行模糊搜索来逐渐得到问题正确答案的计算检索过程）是其核心。纽厄尔（Newell）和尼尔逊（Nilsson）等符号主义者认为，符号是人类思维的单元，思维是符号程序化、算法的结果；人工智能的实现路径就是在遵守逻辑系统规则的前提下，给机器输入大部分程序，使得机器通过0、1二进制符号实现人类的智能。目前，符号主义是人工智能的主流观点，并在知识认知、知识表示等方面取得了重要进展。但符号主义者的局限性在于其线性关系和排中律的预设，即对智能的模仿主要依据其代数学和数学定理的机器实现。这为机器功能划定了界限，而连接主义的出现在一定程度上可以克服此局限。

连接主义的逻辑起点是，思维的基本元素是神经元，思维过程是这些大量并行连接的神经元的运动或活动。连接主义认为，仿照人类神经网络的运行规则和连接机制就能形成学习算法，按照这些算法制造的机器就能实现人工智能。与符号主义的线性处理相比，分布式存储和并行协同处理的实现方式使得神经网络理论发展较快。

行为主义的逻辑起点是控制论和感知—动作系统。行为主义认为，智能不一定必须用符号表示，也不一定必须使用仿生学结构来模仿，智能行为源于主体与环境的互动和变化，即智能主要取决于感知和行动。既然现实世界是智能行为形成的基础，那么，人工智能的实现方式就是制造出一个模拟人类儿童脑的机器，之后，让这个类儿童脑的机器像人类的儿童一样在现实中接受教育培训或让其自我学习，从而得到一个类似人类成年脑的机器。该观点主要认为，是机器的自我学习造就了人工智能。

既然逻辑主义（符号主义）、连接主义和行为主义是主导人工智能发展的主要思想，那么人工智能的科幻创作也应该由逻辑主义、连接主义和行为主义三者所决定。换句话说，人工智能题材的科幻创作可以被分为这三种形式。对人工智能伦理的分析也应该基于这三者来进行，在符号主义下，人是符号的动物，人人都会被标签化，与这种标签相关的信息就被密集推送给了被标签化的每个具体的人，这就会造成信息渠道狭窄的风险（如刻板印象、沉默的螺旋效应）——人类创造了工具，工具也创造了人。在连接主义下，人工智能伦理问题可能是对人类大脑的过度开发，人与机器的界限会日渐模糊，这很可能导致心与芯的竞争，最终机器的智慧可能会代替人类的智慧。行为主义带来的伦理可能是超级人工智能的到来，这会导致超级人工智能取代人类的那一天提前到来。

二、人工智能伦理与人类中心主义

（一）人工智能发展中人类中心主义的悖论

如果说人工智能为科幻创作提供了必然性，那么，科幻创作就为人工智能提供了可能性。这种必然性和可能性在人工智能的科幻创作中为人工智能伦理提供了一个技术实现路径。从人工智能的发展现状看，人工智能的伦理路径问题已经成为决定人工智能如何发展甚至生存的问题。人工智能的伦理问题之所以如此重要，是因为这个伦理打破了农耕文明后人类社会中逐渐成为主流的伦理价值观——人类中心主义。通常来说，这个人类中心主义伦理价值观强调“一切以人为中心，或一切以人为尺度，为人的利益服务，一切从人的利益出发”。

根据人类中心主义伦理价值观而发展起来的人工智能，可能会导致人类的毁灭并使人类中心主义最终丧失。理由是，按照人类利益为中心的逻辑，发展满足人类记忆、认知和运算的人工智能自然是满足人类利益的；人工智能认为人类的活动只是数据和算法，那么由碳原子组成的智慧（人）与由硅原子（芯片）组成的智慧并无高低贵贱之别。如果人类的伦理与人工智能的伦理没有高低贵贱之分，那么，人工智能取代人类也是自然的事情。如果人类被人工智能取代，那么人类将不复存在。而这一点，则是人工智能发展的又一悖论：本来是以服务人为目的的人工智能最终却将人类终结了！

如何避免人类被毁灭又能享受人工智能带来的富足和快乐，这是人工智能的伦理挑战，也是科幻创作矛盾冲突的一个逻辑起点。在某种程度上，正是人类中心主义的内在矛盾才使观赏者将人工智能和自己的生命联系起来：一方面自己离不开人工智能，另一方面人工智能逐渐使自己丧失主体性。这种冲突再加上亲情的渲染（如《星际穿越》）和大胆想象（《超验骇客》中威尔妻子希望的一个人造的水、空气和土壤的世界）以及恐怖威胁（如《黑客帝国》中机器对人类的征服和毁灭）等这些合理幻想，就使得科幻作品产生了惊心动魄、引人深思的传播效果。

（二）人工智能伦理应随着时代发展而变化

“一切宗教、艺术和科学都是同一株树上的各个分枝。所有这些志向都是为使人类的生活趋于高尚，把它从单纯的生理上的生存境界提高。”爱因斯坦认为，一切技术上奋斗的主要目标就是关心人类本身，因此，人工智能的伦理问题就其一般性来讲属于科技伦理问题，就其特殊性来讲，应该是其智能性如何服务于人又不伤害人的问题。那么，当前人们如何看待这个伦理问题呢？

当前世界各地的人们对人工智能伦理路径问题的理解有两个特点。一是人工智能概念被泛化。各群体在参与人工智能伦理讨论时，其讨论的对象实际是包含生命科学、基因编辑等数据驱动技术的泛指，远超出科技界对人工智能概念的外延。这一现象在非专业人群中尤为明显，缺乏专业背景的公众对数字技术的认知和判断更多是基于直觉，而这也是公众中出现人工智能“无用论”“万能论”等截然不同答案的原因。二是政界、学界、实业界等主体的诉求各有侧重。虽然三者的伦理观大多以号召或软性原则为主，普遍关注人工智能增进人类福祉、技术的包容公平、维护人类尊严和自主性、保障安全和隐私等内容，但是，这三类的关注点略有不同。根据对文本的统计分析来看，学术界较多关注人类价值观和责任；产业界更关注协作，而较少提及安全和隐私。

概念泛化和自说自话的原因，从现象上看，是各利益主体受先前认识局限而形成了“前理解”，实质原因是，人工智能技术是一项不断发展的新兴技术，它的风险伴随着创新进步而不断显现。

三、构建人工智能伦理的思辨

（一）人工智能伦理在哲学层面难以构建

当我们从人工智能伦理的背景回到人工智能伦理内部的时候，就会发现，人工智能伦理问题本身是人与智能机器的关系问题。而要构建两者的和谐关系的一个无法避免且必须要回答的问题是，是否存在“自由个人”。生命学者认为，所谓“自由个人”并不是真实的存在，人类不过是生化算法的组合而已。在生命存续期间，各种各样的生命体验都被大脑的生化机制制造出来。但是，这些体验不是一直存在的，而是像电影的镜头一样都是短暂停留后立马就消弭于无形，之后，更多的体验被大脑再次创造出来……生命的过程就是这些体验不间断地闪现又不间断地消失的过程。这些闪现和消失宛若影像镜头般快速相连而使人认为这些体验就是一种不动的存在。《未来简史》的作者赫拉利等还把这种体验分为体验自我（Experiencing Self，主要是自我所经历的生化反应）和叙事自我（Narrating Self，尝试为这些生化反应编织各种故事的自我）。生命学者的这种看法与2000多年前哲学界的观点不谋而合。佛教释迦牟尼（人是五蕴和合的混合）、道教（人人都能化生为仙）、古希腊德谟克利特（Democritus）（万物皆由原子组成）等也都认为个人概念是一种虚妄。数据主义者的观点也支持生命学者的看法，认为宇宙由数据组成，任何现象或实体的价值都在于对数据处理的贡献。全人类可被看成一个巨型的数据处理系统，每个人都是这个系统中的一个芯片，我们对一切事物的认知及所做出的反应都是在执行自身生化算法而已。

如果，个体的自我从物质到精神都是变动不居的碎片（原子、电子）和算法，那么仿照人脑而制造的智能机器也只能是碎片化的反映或算法的反映。从这个意义上来看，人与人工智能的伦理关系可能不是人类与自然物或人类与智能机器的关系，而是社会中那种一台机器操控者与另一台机器操控者之间的关系，即社会关系。

在语言、文字、金钱、机构等社会性存在的前提下，人类构建了一套人类（虽然没有主体性或只有主体间性）与客体（人化的自然）的伦理规则。如“保存自我的努力是德性的首先的唯一的基础”；又如“以理性为指导，而行动、生活、保存自我的存在”；等等。《未来简史》作者赫拉利等甚至认为，在21世纪，人类需要的伦理可能是获得永生、幸福快乐、化身为神。

按照以上理解，哲学意义上的人工智能伦理构建是艰难的，而社会学意义上的构建应该是必要的和可能的。这种构建至少可以提供一个社会秩序稳定的预期和消除一些人对未来不确定的恐慌情绪。

（二）人工智能伦理在社会学上态势复杂

社会学意义上的人工智能伦理是目前学界讨论的重点，其主要观点有以下几种。

欧洲政策研究中心认为，现在没有迹象表明，人工智能将发展出类似人类的感知（Perception）和意识（Awareness）。当前人工智能主要被应用于优化（Optimization）、搜索/推荐（Search/recommendation）和诊断/预测（Diagnosis/prediction）三个领域。按照他们观点，人与人工智能的伦理关系只是人与自己创造的劳动工具的关系。

当代人机接口技术的主要开创者费尔森斯丁则认为，“今天的人工智能技术越来越倾向于以人类为中心的傀儡学”，费尔森斯丁还强调，人类与人工智能的关系“是一种共生性的伙伴关系”。

英国学者塔迪欧（Mariarosaria Taddeo）和弗洛里迪（Luciano Floridi）建立了一个以数据本身、数据算法以及与数据和算法相适应的实践过程所组成的三元数据伦理框架。人工智能的伦理问题可被近似地模拟为“数据伦理学、算法伦理学和实践伦理学的三个轴”。在同一个人工智能的概念层面，“人工智能的伦理问题是以三种值来区分的点”。

张浩、黄克同在《迈向制度化的人工智能伦理》一文中表明了这样一种观点，“探索使人工智能治理原则落地的规则和机制，将是未来的重点和方向”。他们提出了技术安全、非歧视性、隐私保护、可问责性的伦理观。

笔者认为，人工智能具有类主体的性质，随着人工智能技术的发展，人类具有排他性（排除其他动物、植物甚至自然不动物）主体地位的伦理时代很可能随着奇点的到来而完成历史使命。尤其是在认知科学、神经语言学、互联网技术快速发展的背景下，如果人的思维、记忆、情绪能够被芯片化，甚至能够被外部软件测度的话，人首先应该确定的是如何与人工智能相处。目前，各国科技竞争的态势决定了这种可能，且这种可能正渐进性地成为现实。新的伦理观应该是，人类不仅要对自然存在敬畏感，也要对人造的自然物——人工智能存在敬畏感，随着技术进步和社会发展，人类与人工智能的共处应该成为常态，人类与人工智能应该成为准伙伴关系。新的伦理规则应该是在以人类中心主义为主体的情况下，增加与人工智能这个准伙伴的一些约定。

（三）人工智能伦理的困境是人自身矛盾的展开

一直以来，人类生存的原子物理空间的现实是由可能性所创造的，而人类的科幻创作扩大了人类的可能性，并将不可能变成了可能（如用影视方式模拟精神实验）。在这个不可能的可能性的创造过程中，人类精神不断超越物理时空而飞跃到一个由语言、文字甚至思想所建构的世界之中（比如读科幻小说的读者可以在作者用文字创造的意境世界中畅游）。如果说，互联网技术的出现创造出了一个更大的虚拟空间（这个空间因为非具身性等特征而将人类的虚拟空间无限扩大，把物理空间无限压缩）的话，人工智能则是将这个虚拟空间变成物理现实的重要手段。人工智能的创造与历史上人类其他工具不同，其他工具更多的是人的眼、耳、鼻、舌、四肢的延伸，而人工智能是对人类最高思维的模仿。在这个模仿过程中，如果仅仅是模仿的话，可能人工智能这个机器仍然只是人的工具，但如果人没有在伦理约束下无限扩大这种模仿的话，这种工具一定会超越人、伤害人，还有可能成为人类的统治者。

从某种意义上看，人工智能的发展是人自身欲望与克制矛盾的双重展开。比如为了便利而以失去隐私为代价。在这个展开过程中，科幻小说、科幻影片等具有独特的作用：一方面，它的故事展开以现实科技的发展为思维基石；另一方面，它又依靠创作者的猜测和想象来构建自己的意义空间。在这个独特的空间中充满了贪嗔痴慢疑的人性与真善美的人性的冲突，这种冲突往往围绕着科技是人类的工具还是人的本身不断展开。从工具角度看，无论《黑客帝国》《机器姬》《人工智能》等科幻片中人类面临多么大的威胁，现实世界的人类还是逐渐将主导生活的权利交给机器：离开导航系统，很多人不知道如何开车行路；离开机器诊疗，很多医生难以判断病情；离开实时监控心跳、步数的穿戴设备，很多人会怀疑自身的健康；离开智能手机，很多“低头族”不知道如何消费大把时间；离开虚拟货币、虚拟客服，很多公司（物流、金融、电信等）的竞争力会大打折扣。从人本身的角度看，如果《黑客帝国》《机器姬》《人工智能》等科幻创造的影像中的现实（这个以比特形式实现的电子事实正模糊着物理和虚拟的边界，使得一些网络成瘾的青年人往往分不清是现实还是虚拟），如果现实物理世界提供的实现这些影像中现实的条件足够的话，那么影片中的警醒将会变成真正的事实，人类可能会真的面临被奴役、被屠杀的局面。

如果人类能取代恐龙，那么机器为什么就不能取代人类呢？当人类真的只是以芯片形式存在，并没有物质身体的时候，有谁能说人类是获得了幸福还是失去了幸福（正如庄子所讲的是人化成了蝶还是蝶化作了人）呢？或许，科幻创作的价值就在于，人类自主创造出一个世界，同时又毁灭另一个世界。生灭之间，是现实和未来的展开，是可能与不可能的交织，是即生即死、复生复死。

四、结语

本研究从科幻作品的视角对人工智能伦理问题进行了探讨。得出的基本结论是：按照主导人工智能发展思想的标准，可以把科幻作品分为符号主义的人工智能作品、连接主义的人工智能作品、行动主义的人工智能作品三类；这些作品往往是从反思人工智能伦理问题的角度展开的，在人类中心主义的主导下，人工智能得以快速发展，而这种发展会内在地导致人类的灭亡，从而彻底埋葬人类中心主义。为了走出这一困境，我们从哲学和社会学两个维度对人工智能伦理观进行了考察，从哲学维度看，在人类没有独立自我的前提下，人工智能伦理问题即人类与智能机器之间的关系问题是没有终极答案的；从社会学维度梳理几种常见的伦理观：人工智能不会对人类生活产生影响、不同利益主体对人工智能伦理问题判断不同、人机接口的傀儡主义等。本文的最终结论是：构建人工智能伦理问题时需要对机器保持敬畏，人类与人工智能应该是准伙伴关系。

在人工智能是人类的福音还是噩耗的问题上，科幻作品给了我们无限的想象和创造空间。对科学家来讲，还有许多现实任务有待完成。目前的现实是：我们当前的人工智能时代是人机共存的时代。这个时代人工智能的任务可能是让人类的感官与机能的功能范围依托机器而更加广阔灵活，让人类的信息交流、学习方式乃至生命形式产生质的变化。从上述变化的角度来看，本研究还有很多不足之处或遗留问题。这些问题主要有：人的最高本质如何实现？人工智能的自我意识何以成为可能？如何回答人工智能的生成机制问题？人工智能如何与宗教融合发展？如何避免人工智能把人的高级思维活动变为低级的物理电子活动？如何评价人类的存在形态、价值观念、思想意识的变化？人工智能与人的心灵体验有何关系？而对上述问题的回答需要自然科学学者与人文科学学者来共同解决。“我们只能看到眼前很短的距离，但人类有很多事情要做”（We can see only a short distance ahead, but we can see that much remains to be done），这是人工智能鼻祖图灵在其论文《计算机器与智能》末尾的一句名言。做好现在，才能创造更好的未来。

参考文献

[1]王永庆．人工智能原理和方法[M]．西安：西安交通大学出版社，2015：4.

[2]尹霖．关于我国科幻发展状况的调研报告——“科幻创作与青少年想象力培养”研讨会综述[J]．科普创作通讯，2011(2)：3－11.

[3]王忠伟．战略视野下的科技伦理[J]．四川经济管理学院学报，2008(2)：21－23.

[4]袁勇．人工智能伦理三问[N]．经济日报，2018－07－12(12).

[5]余谋昌．走出人类中心主义[J]．自然辩证法研究，1994(7)：8－14，47.

[6]爱因斯坦．爱因斯坦文集(卷3)[M]．许良英译．北京：商务印书馆，1979：149.

[7]张浩，黄克同．迈向制度化的人工智能伦理[J]．人工智能，2019(4)：32－38.

[8][以色列]尤瓦尔·赫拉利．未来简史：从智人到智神[M]．林俊宏译．北京：中信出版社，2017：359.

[9]陈远,于首奎,梅良模,等. 世界百科名著大辞典:社会和人文科学[M]. 济南:山东教育出版社,1992:172.

[10]蓝江. 人工智能的伦理挑战[N]. 光明日报,2019-04-01(15).

[11]杨庆峰. 数据偏见是否可以消除?[J]. 自然辩证法研究,2019,35(8):109-113.

应注重提高我国科技伦理研究的针对性和影响力

◎孙平[①]

摘　要　我国科技伦理相关的研究目前还存在比较零散、不够深入和成果的传播、应用不足等问题。通过梳理和分析欧盟自2008年到2017年立项资助30多项新兴技术相关伦理问题研究项目的情况可以发现，其研究活动在总体上具有较强的目的性、前瞻性、参与性、互通性和实践性。欧盟资助项目的基本特点、研究内容、研究方法、传播策略、研究成果的影响等，可以为我国加强科技伦理研究工作提供许多有益的启示。针对我国研究成果的应用有限和影响力不足等问题，特别需要借鉴欧盟资助项目实施和成果传播等方面的经验，促进实现研究的“五个结合”，即结合政策制定的需要、结合具体的科技创新活动、结合国外的研究及其成果、结合科技伦理宣传教育以及结合现实生活中科技伦理的相关争论。

关键词　科技伦理；欧盟；研究项目；影响力

① 孙平，思益迪(北京)国际教育咨询服务有限公司副研究员、总编辑。主要研究方向为科研诚信、科技伦理。地址：北京市海淀区中关村大街18号8层03号。E-mail：siyidi@vip.126.com.

我国科技伦理相关研究目前仍存在比较零散、不够深入和与实践结合不够紧密等问题，导致研究成果的社会影响还不够显著。例如，有学者通过对国内外科技伦理文献的统计分析，发现国内科技伦理研究的主题相对比较单一，主要围绕科技伦理进行一些粗线条的研究，且在科技伦理研究领域尚未形成影响比较大的研究中心和研究团队。长期以来，我国科技伦理相关的学术会议通常只有科技哲学、应用伦理学、科学社会学等领域的学者参加，因此这些领域的学者调侃说，科技伦理的研究是“曲高和寡”；许多会议是“自说自话”“自娱自乐”。当然，类似的情况在其他国家也不同程度地存在。

相对而言，欧盟重视资助开展科技伦理治理方面的研究，并注重成果传播和研究与实践的结合。笔者发现通过对欧盟资助科技伦理研究项目实施情况的初步梳理和分析，可以得到一些对我国提高相关研究针对性和影响力的有益启示。

一、欧盟科技伦理相关研究的总体情况

在欧盟研究与发展信息服务中心 Cordis 系统中，收录了欧盟资助的所有研究与创新项目的基本信息和成果简介。笔者 2018 年 6 月在 Cordis 系统中使用“Ethics”和“Ethical”检索科技伦理研究项目信息，检出当时已完成的 38 个新兴技术相关伦理研究项目，其中不包括涉及人的生物医学研究和动物实验的伦理研究项目①。从这 38 个项目的基本情况和报告概要中，可以大致了解欧盟资助科技伦理研究项目的总体情况。

（一）项目研究的主要内容

上述 38 个科技伦理研究项目分属欧盟第七框架计划中“研究与创新能力”专项的“社会中的科学”（Science in Society）主题以及“合作”专项的“安保”（Security）主题。项目的平均经费约为 138 万欧元，其中欧盟资助的平均经费为 110 万欧元；每个项目的具体资助额度从 10 万余欧元到 360 余万欧元不等。

这些项目的研究内容大致可被划分为六类：（1）科技伦理治理的一般问题；（2）特定新兴技术相关的一般伦理问题；（3）新兴技术对价值观念、伦理和法律的挑战；（4）新兴技术的安全威胁与规制；（5）新兴技术在特定领域应用相关的伦理问题；（6）伦理影响评估和增强人们伦理意识问题。项目所探讨的伦理问题，主要

① 38 个项目的名称和基本信息可见“欧盟（EU）部分科技伦理相关研究资助项目一览”。http://www.ircip.cn/web/1044770－1044770.html? id＝26645&newsid＝1001935.

基于《欧洲联盟基本权利宪章》中提出的尊严、自由、平等、公民权利和公正等共同价值观念，具体涉及人类尊严、生命权、人身自主权、人身自由与安全权、尊重私人与家庭生活、保护个人数据、言论和信息自由、反对歧视、关照老年人和残疾人、文化多样性、性别平等、环境保护等问题。研究的重点包括与科技伦理相关的价值观念，应对科技伦理问题的原则和行为规范，科技伦理问题评估与治理的框架和策略，等等。

（二）项目研究的基本特点

从总体上看，欧盟资助的科技伦理研究项目具有以下比较突出的特点：

（1）**目的性**。在《欧盟研究、技术开发及示范活动第七框架计划》文件中，规定了各专项计划资助的主要活动，其中涉及伦理和科学与社会关系方面的内容包括：保护相关科学研究内容不被滥用；技术应用与伦理和价值；科学研究中的信任和“自我约束”；增加科研人员和普通公众对科学相关问题的参与度以预见和澄清政治和社会方面的问题，包括伦理问题。虽然在许多项目的研究中都包括对理论问题的探讨，但研究的目标指向一般都非常明确。

（2）**前瞻性**。由于有些新兴技术存在模糊性和不确定性，相关伦理问题可能会逐渐浮现，因此在许多研究中都包含对技术发展的跟踪和预测，对新兴技术可能带来的安全、伦理和法律等方面问题的预见与评估，做到未雨绸缪并提出相应对策。

（3）**参与性**。参与性主要体现在三个方面：一是大多数项目由来自欧盟不同国家多个大学和科研机构的团队联合承担，有些涉及全球科技伦理治理的项目还吸收欧洲以外国家和地区的机构参加，以使研究结果和解决方案具有代表性；二是在许多研究团队中包含科技、伦理学、哲学、社会学、法律等不同领域的专家学者，从而有利于从多角度切入和分析问题；三是有些项目吸收多方利益相关者和公众参与研究，以使研究结果更贴近实际，并增加所提建议的可接受性和可操作性。

（4）**互通性**。由于科技伦理相关问题都需要遵循有关人的尊严、平等、安全、风险、用户或公众保护等方面的一些基本原则，因此不同新兴技术领域伦理研究项目的内容和成果具有相似性和相关性，彼此之间会有所借鉴。例如，关于转基因作物、纳米生物技术的伦理治理框架，经过调整和补充也同样适用于合成生物学领域。

（5）**实践性**。项目研究人员在研究过程中都注重与政策制定者、科学家、媒体专业人员和公众沟通，促进研究成果的传播与应用。在一些项目的研究报告、发表的文章或其他成果中，包含面向利益相关者的行为准则、政策建议和风险提示，有的项目还开发出某些实用标准和工具。

(三) 项目研究采用的主要方法

欧盟科技伦理相关项目的研究方法十分多样，包括观察法、专家问卷调查、网上调查、访谈、案例研究、技术预测、水平扫描（Horizon Scanning）、创建情境（Scenarios）、艺术再现、协商性研究（Deliberative Research）、德尔菲法、头脑风暴法、焦点小组座谈、利用“欧洲晴雨表”（Eurobarometer）问卷进行调查分析和设立网上平台组织辩论等。其中调查、访谈、座谈和辩论等方法在获取第一手数据的同时，也都有利于提高参与者的科技伦理意识水平。

(四) 项目研究成果的传播

在研究成果的传播方面，大多数项目都会在进行过程中利用专题研讨会、发表文章、出版专著和在相关专业领域的学术会议上作报告等方式介绍项目研究内容和成果，并利用结项前的最终大会和 Cordis 平台系统介绍项目总体研究成果。有些项目还通过专设网站提供项目进展、工作通信、开放获取的论文、研究报告全文以及附录、参考文献等信息，吸引不同群体的关注以及分享研究数据。

二、欧盟科技伦理研究项目的部分成果和影响

(一) 探讨解决科技伦理相关的共性问题

许多项目将科技伦理方面的一些共性问题作为研究对象。一是普遍适用的科技伦理原则。例如，“利益相关者为研究与创新伦理影响评价共同行动”项目（SATORI）旨在建立欧洲通用的伦理影响评估框架，在其项目成果中提出了适用于所有研究与创新活动的一般性伦理原则和分别适用于自然科学、工程科学与技术创新、医学、生命科学、计算机与信息科学及人文与社会科学等六个领域的研究与创新原则。二是新兴技术相关的风险和不确定性。例如，“预见新兴技术带来的不断变化的安全威胁”项目（FESTOS）研究了信息与通信技术、智能机器人、纳米技术、材料和生物技术等方面潜在的安全威胁，在其研究报告中列出今后 5 ~ 25 年内可能发生的 33 种威胁的事例，并提出防止敏感信息扩散的“知识控制”政策的九项原则。三是探讨科技伦理治理相关的两难问题，包括如何在知识创造、技术发展和创新设计与伦理考量、风险防范和安全保障等要素和目标之间取得平衡。例如，“管控欧洲新兴机器人技术：法律和伦理面前的智能机器人”项目（ROBOLAW）便主要探讨解决智能机器人领域的四个难题：如何随时跟踪了解技术的发展进步，如何在激励创新与维护根本性的权利与价值观念之间保持平衡，如何在坚持现行社会规范和

推动社会规范转变之间进行取舍，以及在技术管理方面如何在技术效用与其合法性之间保持平衡。

（二）建立科技伦理治理机制的框架和平台

一些欧盟资助的研究项目针对科技伦理治理所面临的治理结构不够健全和监管困难等方面挑战，深入探讨如何建立伦理治理机制框架和平台。例如，“适应负责任地开发纳米科学与技术的国际利益相关者多方对话平台”项目（FRAMINGNANO）构建了与纳米技术开发相关的“治理平台”，结合不同主体的需求和期望，提出具有广泛适应性的治理机制模型以及社会、政治和技术标准。此外，欧盟还资助了促进各国伦理委员会交流合作及能力建设的“欧洲科研伦理委员会网络”项目（EURECNET），以及整合科学伦理文献等资源的多语言网络平台项目（ETHICSWEB）等。

（三）开发伦理治理相关的标准和工具

部分科技伦理研究项目旨在为伦理治理相关研究与实践提供支撑条件，例如，“利益相关者多方对话提供关于实施《欧洲纳米科学与技术研究行为规范》的意见和建议”项目（NANOCODE）开发出用于机构评估自身合规情况的工具原型CodeMeter，通过细化核查与监督指标，增进人们对该规范的了解与反思，解决实施中存在的问题。“全球科技伦理”项目（GEST）开发出伦理框架分析工具，并尝试对比分析中国、印度和欧洲在纳米技术、食品科技和合成生物学三个领域的伦理治理情况。

（四）项目研究成果的效用和潜在影响

欧盟资助的有些项目在研究过程中便吸引了政策制定者和决策者的参与，有的项目研究提出的准则被欧盟采纳为政策文件。例如，“在国际科研中创造和巩固可信赖、负责任及平等的伙伴关系”项目（TRUST）制定的反对“伦理倾销”的准则——《在资源匮乏背景下的全球科研行为准则》，于2018年6月被作为欧盟政策正式发布，适用于欧盟资助的所有研究项目。前面提到的SATORI项目为了促进形成统一的伦理评估框架和原则，制定并通过了关于“伦理委员会”的欧洲标准化委员会研讨会协议（CWA），其中包括对伦理委员会的角色、职能、组成、能力等的要求以及伦理评估的原则、程序和质量保障等内容，从而有助于加强和改进欧洲各国乃至更大范围伦理评估的实践。

三、中国科技伦理研究应注重“五个结合”

2010年以来，我国有关部门逐步加大在科技伦理研究方面资助的力度，以应对科技伦理方面的挑战。例如，科技部、国家自然科学基金委、全国哲学社会科学工作办公室和中国科学院等部门陆续在人工智能、大数据、合成生物学等新兴技术领域设立了许多伦理相关研究项目。许多院士和专家学者也呼吁中国科学家积极参与国际科学伦理共识的建设。在这样的背景下，我国有必要借鉴欧盟所资助的研究项目实施中的特点和经验，加强在科技伦理研究方面的统筹规划和组织协调，并采取一些有针对性的措施，特别是加强相关研究与政策制定、科技创新、国外研究及其成果、科技伦理宣传教育以及现实生活中科技伦理相关争论等方面的结合。

（一）结合政策制定的需要

科技伦理问题研究是开展科技伦理治理体系建设和实践活动的重要基础。为了避免研究中的零散和不够深入等问题，有关部门和资助机构应当针对科技伦理治理方面的问题和挑战，设立更多实践导向的委托任务项目，同时对研究团队的潜力和代表性提出要求，促进研究项目与政策制定的紧密结合。政府部门提出明确的研究目标和方向，或安排围绕具体任务的委托研究，不仅可以动员和引导更多力量的参与，关键是还有利于迅速将研究成果转化为可执行的政策和措施。

（二）结合科技创新活动

科技工作者对科技伦理问题的思考应当贯穿于科技发展的全过程。目前我国科技伦理研究学者与科学家、工程师之间在知识基础、话语体系等方面还存在某些隔阂，从而会影响科技伦理研究的深入和与创新实践的融合。例如，有学者指出，在研究脑成像技术的伦理问题时，一些学者只提出了这项技术可能涉及的伦理问题，但没有将神经科学研究与伦理学研究结合起来，且简单套用生命伦理学中的基本理论原则和方法，没有开发出自己的理论分析工具和研究范式。因此，我国应促进科学家、工程师与科技伦理研究人员之间的交流与合作，并利用相关学术会议、研讨会等场合传播科技伦理的理念、原则和研究成果，提高科研人员的科技伦理意识，争取围绕科技伦理治理问题达成更多共识。

（三）结合国外的研究及其成果

如上所述，欧盟科技伦理研究项目具有投入较大、实行强强联合、采用新颖的研究思路和方法以及注重成果的传播和应用等特点。由于国内外科技伦理方面研究针对的是大致相同的问题和挑战，我国的科技伦理问题研究应当重视了解和借鉴包括欧盟在内的国外研究进展和成果应用情况，并通过联合资助和合作研究等方式，加强与国外学者的交流与合作，共同推进科技伦理的全球治理。考虑到国外研究成果的来源分散、信息量巨大，应当确定对国外研究情况进行跟踪和调研分析方面的策略，并安排相应资源。

（四）结合科技伦理宣传教育

科技伦理治理的实践离不开科学家和公众的参与。国内有学者在 2012 年进行的一次调查发现，我国科研人员主要基于自己的直觉及普遍道德价值观念来对科研伦理问题进行判断，对伦理问题了解不多，认识不够，思考不够深入。国外也有调研表明，科技伦理相关的评估和评审人员也需要不断深化认识和提高技能，以避免在伦理评估时仅侧重合规性而缺乏对具体情境的伦理反思等倾向。科技伦理研究项目的成果，可以作为开展伦理教育的重要素材。有关部门应当支持和指导建立促进科技伦理信息传播的网站，整合信息资源和促进各方面的互动交流，同时借鉴美国国家科学院出版社（NAP）免费提供大量书籍、研究报告和论文集电子版的做法，将一些科技伦理相关资料免费提供给研究人员和公众下载，加大科技伦理知识和研究成果的传播力度。

（五）结合现实生活中科技伦理相关的争论

2015 年以来，人脸识别、“学生注意力实时监测头环”、利用人工智能进行人脸替换的“深度伪造”等现代信息技术的应用场景，日益引起研究人员和公众对所涉及伦理相关问题的广泛关注。这些在现实生活中不断出现的现象和问题，既是值得深入研究探讨的话题，也是引导公众理解和思考科技伦理问题的契机，有利于促进我国科技伦理相关研究的不断深入以及传播和普及一些重要的价值观念和伦理问题分析方法。对于未来技术的最新发展和比较抽象的伦理问题，则可以通过创建情境和艺术再现等形式帮助科学家和公众理解。通过普遍提高人们的科技伦理意识，为今后我国的科技伦理治理打下坚实的基础。

参考文献

[1]孙孟新. 国内外科技伦理研究的计量与比较[J]. 科学学研究,2011(4):481－486.

[2]The European Parliament, the Council and the Commission. Charter of Fundamen-

tal Rights of the European Union [EB/OL]. [2018 - 08 - 10] . https://eur - lex. europa. eu/legal - content/EN/TXT/? uri = CELEX:12012P/TXT.

[3]The European Parliament, the Council of the European Union. Decision No 1982/2006/EC of the European Parliament and of the Council of 18 December 2006 concerning the Seventh Framework Programme of the European Community for research, technological development and demonstration activities (2007 - 2013) [Z]. Official Journal of the European Union, 2006 - 12 - 30.

[4]Jansen P. , et al.. Outline of an Ethics Assessment Framework: Main results of the SATORI project[EB/OL]. [2018 - 06 - 10]. http://satoriproject. eu/media/D4. 2_Outline_of_an_Ethics_Assessment_Framework. pdf.

[5]Interdisciplinary Center for Technological Analysis and Forecasting. FESTOS Report Summary[EB/OL]. [2018 - 06 - 20]. https://cordis. europa. eu/result/rcn/196610_en. html.

[6]Leenes R. , et al. . Regulatory challenges of robotics: Some guidelines for addressing legal and ethical issues[J]. Law, Innovation and Technology, 2017, 9(1): 1 - 44.

[7]Associazione Italiana per la Ricerca Industriale. FRAMINGNANO Report Summary [EB/OL]. [2018 - 06 - 20]. https://cordis. europa. eu/result/rcn/45406_en. html.

[8]Associazione Italiana per la Ricerca Industriale (AIRI). NANOCODE Report Summary[EB/OL]. [2018 - 06 - 10]. https://cordis. europa. eu/result/rcn/55409_en. html.

[9]University of Central Lancashire. GEST Report Summary[EB/OL]. [2018 - 06 - 20]. https://cordis. europa. eu/result/rcn/159391_en. html.

[10]TRUST Consortium members. Global Code of Conduct for Research in Resource - Poor Settings[EB/OL]. [2018 - 10 - 10]. http://www. globalcodeofconduct. org/wp - content/uploads/2018/05/Global - Code - of - Conduct - Brochure. pdf.

[11]Nordling, L. Europe's biggest research fund cracks down on "ethics dumping" [J]. Nature, 2018(559): 17 - 18.

[12]European Committee for Standardization. Ethics assessment for research and innovation Part 1: Ethics committee[EB/OL]. [2018 - 06 - 20]. http://satoriproject. eu/media/CWA_part_1. pdf.

[13]周忠和,蒲慕明. 伦理建设应与科学发展齐头并进[N]. 科技日报,2018 - 06 - 08.

[14]张楠.中科院院士谭铁牛:人工智能发展需要理性务实[EB/OL].[2018-10-05].http://news.sciencenet.cn/htmlnews/2018/10/418326.shtm.

[15]“现代医疗技术中的生命伦理及其法律问题研究”课题组.“现代医疗技术中的生命伦理及其法律问题研究”工作简报[EB/OL].[2018-12-25].http://www.npopss-cn.gov.cn/n1/2017/0627/c360149-29366300.html.

[16]张莉莉,等.我国科研伦理调查综述[J].中国科学基金,2013(4):210-213,221.

对危险废物科学管理的调查与思考

——以郴州市为例

◎曹国选①

摘　要　随着工业的发展，工业生产过程排放的危险废物日益增多。由于危险废物带来的严重污染和潜在的严重影响，工业发达国家已将其称为“政治废物”。笔者工作所在地郴州市是闻名中外的有色金属之乡，20世纪末有色金属采掘、选洗、冶炼活动十分活跃。21世纪伊始，该市积极采取措施，对于危险废物进行处置。但是，危险废物的污染隐患并未完全消失。本文以郴州市为例，对于危险废物产生、管理及处置进行调查，试图对危险废物的科学管理及处置进行探讨。

关键词　危险废物；科学管理；对策

①　曹国选，湖南省郴州市生态环境局正处级退休干部。研究方向为生态环境保护。地址：郴州市青年大道316号。邮政编码：423000。

一、郴州市危险废物产生利用处置现状

（一）危险废物产生排放呈积累性增加状态

郴州市是闻名中外的有色金属之乡，该市20世纪末曾经有有色金属采掘、选洗、冶炼企业各500多家，其中大部分是个体、联合体、股份制民营企业。该市采选矿区域首要污染物废渣的存贮量已达10亿吨以上。在20世纪末，随着矿产资源的不断开发利用，每年还在以超过100万吨的速度积累增加。除本地产生排放的废物外，郴州市的冶炼企业每年还从全国各地购进工（矿）业废渣上千万吨。由于危险废物元素组合复杂，大部分属于伴生矿物质，主要存在于工（矿）业特别是有色工（矿）业废物之中，因此随着工（矿）业废物排放的增加，危险废物也呈现积累性增加状态。

（二）危险废物处置利用呈随意性状态

郴州市数以千计的小采矿、小选矿企业，几乎都是20世纪80年代推行“大矿大开，小矿放开，有水快流”政策的产物，这些企业的建设基本上是“先上车，后买票”，长期缺乏环保手续、环保措施和污染治理设施，部分连基本的环保设施——尾沙库都没有，产生排放的废渣基本上都是直接外排造成环境污染。与采选矿活动同时兴起的、利用有色金属废渣发展起来的各类冶炼加工企业以及砷制品企业，同样存在无序发展和粗放经营的问题，生产“三废”也没有得到完全、规范处置，特别是废渣的乱排、乱堆、乱用、乱销现象普遍存在。

（三）危险废物污染隐患呈持续性加大状态

郴州市发生的污染事故纠纷，几乎都与危险废物有关。特别是2000年前后，该市先后发生多起重大环境污染事故，造成了数百人中毒、上千万元直接经济损失的严重后果。近些年来，尽管当地政府及相关部门在某些方面加强了对危险废物的监管，因危险废物引发的污染事故频率、程度都有所降低，污染范围有所缩小，但是还是没有杜绝，危险废物非法生产、交换、利用、转移过程中的污染纠纷依然存在，“二次污染”隐患还将长期存在并呈现持续性加大态势。辖区内的少数河流断面，砷、镉、铅等污染物还在逐渐增加，个别断面已经逼近国家地面水控制标准，对生态环境安全和人民生命财产安全构成极大的威胁。

二、形成危险废物管理滞后的主要原因

（一）对危险废物认识不足

长期以来，人们对危险废物的认识比较肤浅，对危险废物形成的污染事故隐患、随时可能发生恶性污染事故的严重性没有足够的重视，对危险废物的产生、利用、处置管理和突发污染事故的应急处理，在观念、能力、措施等方面均相对滞后。危险废物的产生、利用单位长期不按法律规定对危险废物进行排放、收集、贮存、运输、利用和处置。郴州市的有色金属采掘、选洗、冶炼活动以及生产、交换、销售过程，都是产生危险废物的源头。然而，一些公民甚至厂矿职工对危险废物的危害都不甚了解。某企业曾经是国防工业企业，早在20世纪初、中期就已经对生产排放的废渣进行了掩埋处理。然而，附近村民为了修公路，竟将深埋的、含有危险废物的废渣取出来，试图当作铺路沙子使用。幸亏环保部门发现得早，对这种行为进行了及时制止，对已经使用和暴露的危险废渣重新进行了科学、规范处置，才没有酿成大祸。该市永兴县打造“中国银都”的主要手段就是废物回收利用，这个根本没有有色金属矿产的农业大县，依靠传统工艺回收废物变废为宝，将金银产业发展成为县域经济的支柱产业。但是，人们在发展这一“家家点火，户户冒烟”的特色产业初期，将“三废”直接外排，甚至还将废渣当作建筑材料用于铺路、修井、筑房，结果引发恶性污染事故。对于危险废物，老百姓认识肤浅，少数领导干部也认识不足。郴州市在整顿治理永兴县金银回收冶炼污染的初始阶段，少数领导还在大讲特讲“废物利用”“循环经济”“节约资源”，闭口不讲危险废物污染的危害，保护生态环境、保障人民生命财产的重要性和迫切性。

（二）危险废物管理手段脆弱

按照我国《固体废物污染环境防治法》对“危险废物污染环境防治的特别规定”，对于危险废物的产生、收集、贮存、运输、利用、处置等环节具有主要职责的是县级以上地方人民政府环境保护行政主管部门。然而由于法律规定给予各级环保部门全面“监管”的职责权力有限、手段脆弱，同级政府其他部门、下级政府、企业及其主管部门对于环保部门履行职能的措施置之不理，甚至干扰环境执法。如法律明确规定：“从事收集、贮存、处置危险废物经营活动的单位，必须向县级以上人民政府环境保护行政主管部门申请领取经营许可证”；“转移危险废物的，必须按照国家有关规定填写危险废物转移联单，并向危险废物移出地和接受地的县级以

上地方人民政府环境保护行政主管部门报告”；“产生危险废物的单位，必须按照国家有关规定处置；不处置的，由所在地县级以上地方人民政府环境保护行政主管部门责令限期改正；逾期不处置或者处置不符合国家有关规定的，由所在地县级以上地方人民政府环境保护行政主管部门指定单位按照国家有关规定代为处置，处置费用由产生危险废物的单位承担”；等等。但是，这些法律政策规定一度没有得到全面落实。到21世纪初，郴州市申领《危险废物经营许可证》的企业不到10家，每年开具的《危险废物转移联单》不足20份，对于危险废物的进口、利用、出口量，可以说是胸中无数。环保部门发出的限期改正通知书等公文，往往也是石沉大海。产生、利用、处置危险废物单位的主管部门认为对危险废物生产、交换、利用、转移等活动的管理是环保方面的法定职责，并没有积极主动去管理所属单位的危险废物生产、交换、利用、转移等活动。环保部门想要直接进行执法处理，却因手段脆弱，导致效果不佳，甚至进退两难。

（三）危险废物管理能力建设滞后

对于危险废物的产生、收集、贮存、运输、利用、处置等环节，环境保护部门都应该依法加强监管。但是，目前环保部门对危险废物的监管机制、制度和手段都还比较落后，像郴州市这样的产生、利用危险废物的重点地区，环保局内部在20世纪并没有设立危险废物管理专门机构，危险废物的进出口、综合利用基本还处于无序状态。环境监察能力建设严重滞后，县级环境监察大队在2006年前基本上没有专用交通工具，很难应付点多、面广、线长的危险废物生产、交换、利用、转移等活动。环境监测能力建设严重滞后，郴州市环保局在2006年前还没有应急监测设施，砷、镉、铅等污染因子的监测仪器严重缺乏，对危险废物排放、收集、贮存、运输、利用和处置诸环节存在的问题尽管看得到，却讲不清、道不明。2020年初京珠高速公路郴州段发生的一次车祸，导致大量含镉溶液流出。郴州市虽然立即启动了应急机制，对危险废物进行处置，控制污染事故发生，但是由于缺乏镉监测的先进仪器，尚不能向公众说明污染情况。而另一部门的监测结果则出现了大的误差，致使整个湘江流域的城市居民形成镉污染恐慌，直到湖南省环境监测结果出来，才平息了这场风波。

三、依法办事，科学处置，强化危险废物管理

（一）认真落实危险废物管理法定职责和政策措施，充分发挥现有环保法规政策效应

对于危险废物管理，按照我国《固体废物污染环境防治法》的“特别规定”，

环保部门应该理直气壮地加强对危险废物的管理，把危险废物管理全面延伸到产生、收集、贮存、运输、利用、处置各个环节，主要强化以下三个方面的科学管理。

1. 严格对产废企业资质和危险废物产生、处置的审核，强化对危险废物排放经营的控制

出于历史的原因，郴州市数以百计的产废企业中的大多数属于未批先建企业，相当部分企业至今没有“补”上“环保票”。永兴县曾经出现的上千家金银回收冶炼企业，其中相当部分持有《营业执照》《税务登记证》《乡镇企业生产许可证》和本县自制的《金银回收经营许可证》等法律手续，却没有《排污许可证》和《危险废物经营许可证》，也没有进行环境影响评价审批和环保“三同时”验收。因此，部分采选矿企业没有建设尾沙库，或者建设的尾沙库不规范，往往利用山谷或者废弃山塘水库而建，存在防渗漏功能不够强的问题。大部分企业没有对危险废物进行特殊处置，或处置措施不科学不严密，往往对尾沙库进行简单的堆放或者掩埋了事。针对这种情况，环保部门在产废企业建设初期，无论是主动“买”票，还是被动“补”票，都必须按照《环境影响评价法》进行环评审批。产废企业生产前，必须制定对污染治理设施建设的监管措施，对于未建危险废物处理设施或者处理设施未达到标准规范的产废企业，不得进行环保“三同时”验收，不能批准其生产。如果产废企业“三同时”验收不合格，或者虽然合格却没有正常运转，环保部门必须坚决责令其限期改正，逾期没有彻底改正的，必须提请属地政府予以关闭。产废企业建成投产后，必须对其运转情况进行严格监管，发现异常现象，立即采取措施。对于产废企业危险废物的产生和处置，必须重点加强审核。因为危险废物中含有多种有价甚至贵重金属，一些产废企业受到经济利益的驱动，并没有办理危险废物交换手续，就将废渣随意销售给需求方，将污染隐患转移到外地，无疑扩大了污染范围，提高了恶性事故发生的概率。因此，对于产废企业危险废物产生、处置的审核，应该按照“物量核算法”重点审核产废企业危险废物产生量和处置量；对于存在经营行为的产废企业，必须审核其《危险废物经营许可证》的行政许可范围；对于危险废物产生量与处置量相差较大的产废企业，必须追查其差额部分危险废物的去向；对于产废企业不处置危险废物的行为，依法责令其限期改正，逾期不处置或者处置不符合国家有关规定的，环保部门必须依法指定单位按照国家有关规定代为处置，处置费用由产生危险废物的单位承担。

2. 严格对利废企业资质、危险废物生产工艺的审核，强化“三废”排放处置的监管，实现达标排放和科学处置

因为利废企业更具有特殊性，它既是利废企业，又是新的产废企业，而且新产出的污染物会造成更加严重的环境污染与生态破坏，是产生“二次污染”的源头。如不少有色金属矿产都伴生着硫铁化砷矿（俗称砒砂），硫铁化砷矿物处于物理状态时，并没有多大的毒性，只有经过化学反应成为三氧化砷（俗称砒霜）产品，或经过再加工成为金属砷产品，其自身的毒害及烧制冶炼过程的污染毒害才会变得剧烈。因此，发达国家严禁生产砷制品这类产品，完全依靠从不发达和发展中国家进口来满足他们的工业生产需要。正因如此，砷制品也就成为郴州市20世纪末出口创汇的一种主要产品，土法烧砒炼砷高潮时期，涉及面达全市所辖11个县（市、区）的38个乡镇数千名农民，三氧化砷最高年产量达到3000多吨。不少工业废渣，特别是有色金属工业废渣中存在含量不一的多种金属元素，某一个利废企业并不可能将有价金属全部提炼出来，其产生的废物中还包含其他有价金属元素，可以提供给另外一些有技术能力的企业作为原料。如此一来，原来的利废企业又成了新的产废企业，含有危险废物的冶炼废渣又一次被交换，产生—利用—再产生—再利用，危险废物在这种恶性循环中流动，污染隐患也就随之向更大的范围扩展，由危险废物引发的污染事故就会难以避免地发生，而且发生概率会越来越高，一旦造成了污染事故，对责任的区分、追究也十分困难。因此，对于利废单位的资质审核，必须比产废企业更加严格，特别是对于危险废物生产工艺的审核，不能存在半点差错，不能出现“意想不到”的疏漏。鉴于利废企业的特殊性，对于利废单位生产经营的监管，要重点把住原料购进、达标排放和科学处置三个关口。要按照“物量核算法”，根据利废企业生产量核定原料购进量，追查危险废物“进口”渠道及交换转移方式；根据生产量核定“三废”排放量，特别是废渣排放量和处置量，跟踪危险废物“出口”渠道及科学处置情况。必须对利废企业的生产全过程实行严密的日常监视性监管，特别要确保废气稳定达标排放，促使废水达标排放、循环利用。

3. 严格危险废物交换全过程的管理，强化“一条龙”环保措施，实现依法依规生产经营

据调查，按照目前金银产业规模匡算，永兴县每年须购进冶炼废渣10万吨以上。这种冶炼废渣只有极少部分来自本地产废企业，绝大部分是以每吨数万元的价格（按主要金属含量计价），从全国各地进购。这些遍布全国的产废企业在销售有毒有害废物时，既不介绍废物中所含的危险物质成分含量，也不审查危险废物利用方的资质，不查验对方有无当地环保部门办理的有关证件，更不考虑利废方有无“化害治污”的能力，仅仅考虑到自身的经济利益和环境效应，便将危险废物非法随意放走。其结果是，这些企业虽然得了“利”，却把“害”转嫁给了他人，“利”了本地却“害”了外地。1999 年，《羊城晚报》曾经披露：湖北省某企业向永兴县金银回收总公司提供了 2 吨含放射性物质的冶炼废渣。永兴县环保局得知情况后，明察暗访了两个多月才找到购买这批废渣的个体冶炼户，可这批废渣已经冶炼完毕，回收金银之后的危险废渣也已随意抛向荒野，给善后处理工作增加了不少难度。要使这类问题有案可查，就必须严格执行《危险废物转移联单》制度。但是，郴州市数以千计的采选矿、冶炼企业，只有永兴县的几家办理了《危险废物经营许可证》，即使这些办了证的企业，每年开具的《危险废物转移联单》也只有数十份，可见环境保护的漏洞太大、危险废物产供销的差额太大、危险废物交换全过程中发生污染事故的概率也就更大。对于危险废物交换全过程的“一条龙”管理，主要是落实《危险废物转移联单》的法律制度。对于没有开具《危险废物转移联单》的危险废物提供、利用、处置行为，可以通过“物量核算法”进行核算落实，一经查实，坚决从严、从快、从重处理。

（二）健全完善危险废物管理法律法规和政策措施，切实加强危险废物科学管理手段

我国的《固体废物污染环境防治法》是 1995 年制定、1996 年 1 月 1 日起施行的，经过 10 多年的环境保护实践，法律法规的缺陷和政策措施缺失已经充分显现出来，不利于环境监管、环保执法作用的充分发挥。因此，根据环境保护新情况、新趋势，健全完善危险废物管理法律法规和政策措施，也就显得十分必要。

1. 建立一个精悍高效的危险废物管理机构

危险废物的管理涉及危险废物的产生、收集、贮存、运输、利用、处置诸多环节，其管理对象不仅点多、面广、线长，而且不少单位地处偏僻、交通极为不便。如郴州市涉及危险废物产生、利用、处置的单位数以千计，目前还时而出现非法采选矿、土法炼砷炼铅等活动，这些非法、土法活动只能躲进交通不便的偏僻地区进行，而且投资少、工艺简单、恢复重建容易。尽管近些年来市县政府年年耗费大量人力、财力、物力进行整治，却收效甚微，反弹现象极为严重。环保部门工作千头万绪，不可能天天组织力量去做这种行政成本极高、效果极差的事情，加之没有专

业管理人员，对危险废物企业的情况掌握不全面、不清楚，管理执法时有些无的放矢。因此，很有必要成立专门机构，便于理顺上下左右关系，掌握危险废物产生、利用、处置信息，熟悉业务，为当地政府及环保部门当好参谋。当然，危险废物管理机构的设立，并非搞“一刀切”，但在重点县和市级以上政府必须设立（亦可作为环保局的下属机构）。由于目前地方保护主义和部门保护主义现象还普遍存在，按照现行办法办理危险废物业务工作效率还比较低，危险废物涉及单位反映较大。如办理《危险废物经营许可证》的审批权在省一级环保部门，存在层次太多、费用太高、时间太长、手续太复杂等问题。办理《危险废物转移联单》的层次更加复杂，危险废物出（入）县须经出（入）县环保部门办理，出（入）市还必须经出（入）市环保部门审批，跨省进行危险废物交换还须经出（入）省环保部门批准。因此，无论是单独设立危险废物管理机构还是在环保部门内部分设，都必须接受属地环保部门和上级特殊管理机构的双层领导，对于危险废物管理的每一步，都应该在统一政令的前提下，尽量减少审批环节。考虑到这一机构履行职责的特殊性，为强化危险废物管理，避免与其他法律法规、其他部门的责权利相冲突，危险废物管理机构还可以采用“环境警察”的模式进行监管。

2. 制定一部操作性强的危险废物管理配套法规

鉴于目前对危险废物管理的现状，迫切需要一部相应的专门法规以及与之相配套的规章制度，形成严密的危险废物管理法规体系。危险废物管理法规体系不仅要确保县级以上地方人民政府环境保护行政主管部门的职权，而且要明确各级地方人民政府及其危险废物单位直接管理部门对危险废物产生、利用、处置进行管理的职责和义务，并且根据危险废物管理的特殊性，确保危险废物在产生、收集、贮存、运输、利用、处置全过程，统一在环保部门的监管下实施。鉴于危险废物交换处置过程具有较强的时效性、危害性、危险性和紧迫性，法律法规应该赋予环保执法部门刚性手段，如规定对危险废物产生、收集、贮存、运输、利用、处置的审核权，对危险废物物质的没收扣押权，对运输危险废物车辆的检查权，对危险废物的强制处置权，对非法收集、贮存、运输、利用危险废物的单位或个人的处罚权，对非法收集、贮存、运输、利用危险废物责任人的扣押权，对危险废物引发污染事故的组织、指挥、处理、发布权，等等。当然，在没有确立能够履行综合执法职权的危险废物管理机构之前，地方人民政府可以采取法律相关部门联合执法或者法律相关部门委托执法的办法，切实加强对危险废物交换、利用、处置的管理。

3. 完善一套超常规的促进危险废物管理利用的经济政策

为了既能促进废物资源化、推动循环经济大力发展，又能切实防范因危险废物交换利用造成恶性污染事故的风险，除了采取特别法律、行政管理手段外，还必须用超前意识和战略眼光，制定全方位、超常规的危险废物交换、利用、处置的环境经济政策。一方面通过经济手段对危险废物交换、利用、处置进行严格管理。对于危险废物产生利用单位，必须单独征收危险废物超标排污费，并且要大幅度提高危险废物超标排污费征收额度，同时还必须收取危险废物产生、利用、处置等方面的长期保证金，以及危险废物收集、贮存、运输等方面的临时保证金。湖南省人民政府制定的、针对重污染企业收取环保“三同时”保证金的做法，就收到了比较好的效果。对于危险废物污染治理设施不完善、环境保护措施不到位、处置不规范的危险废物产生利用企业，还必须通过正在制定的环境新经济政策给予严厉控制，诸如银行不得给予信贷，能源部门不得供应能源，应该对非法收集、贮存、运输、利用危险废物的单位或个人给予高于相关法律法规规定的上限的处罚等。另一方面要制定废物利用优惠政策，鼓励和扶持危险废物综合利用。扶持的重点，一是产废单位的利废项目。产废单位综合利用本单位的危险废物，既是本身的法律责任，又存在不少优势，诸如减少运输费用、减少贮存费用、减少交换过程中的原料损失、减少污染隐患、节约废物堆放场地、有条件科学设计产业链等。如果扶持政策超常，建设利废项目的经济效益与社会效益、环境效益必定可观。更重要的是，做好产废单位的利废工作，可以大大减轻危险废物交换利用其他环节的管理难度，能够起到“堵源截流”的作用。二是区域集中利废项目的方法。鉴于我国一些地方乡镇企业中的危险废物利用企业已经形成一定的整体规模，但因个体规模较小，治理成本太高，给危险废物利用处置都带来了很大的难度。笔者认为，可以采取建设区域集中利废项目的方法，有效利用和处置危险废物。永兴县近些年来为解决危险废物利用企业带来的环境问题，探索出了建设功能小区，形成集团规模，实行统一管理、分散经营、集中治污的路子，收到了较好的效果，杜绝了“二次污染”事故的发生。此外，对于危险废物综合利用单位，不仅要按照利废治理程度免征或减征排污费，而且要将征收的危险废物超标排污费，主要用于利废项目建设，以调动废物资源化、发展循环经济的主动性和积极性。

（三）提高认识，改进方法，实现危险废物科学管理、优质高效

危险废物管理是环境保护法律唯一设立了“特别规定”的一项重要工作。随着

我国经济的持续快速增长，由于经济发展不平衡，污染经济形成梯度转移的态势，危险废物的交换利用活动将更加频繁，对于危险废物的管理难度将会更大。因此，各级环保部门应当正视现实，增强对危险废物交换利用处置的重要性和紧迫性的认识，切实探索研究危险废物管理新办法，改进创新工作方法，杜绝危险废物污染环境，保障人民生命财产安全。针对多年环保工作实践，笔者认为要突出解决3个问题：一是切实解决重审批、轻管理的问题。当前环保部门普遍存在重审批、轻管理的问题，对危险废物的管理更加松弛，好像进行了建设项目环境影响评价就万事大吉了，环评审批后缺乏日常管理，致使建设项目执行环保“三同时”的比率相当低。郴州市环保局在2004年底曾经进行过一次普查，全市小采矿、小选矿、小冶炼企业各有500多家，当时的环保“三同时”执行率，采选业为0.3%，冶炼业为23%，至今也没有达到过半的比例。由此也形成另外一个问题，社会上误认为环评手续就是环保手续，法律规定的《排污许可证》《危险废物经营许可证》等手续，倒成了环保部门谋求利益的手段。因此，环保部门必须加强全面管理，加强日常管理，避免尽管进行了环评审批却没有建设污染治理设施、根本达不到“三同时”验收标准、极易发生污染事故经费现象的出现。二是切实解决重视被动执法、轻视主动执法的问题。一些基层环保部门的环境执法，往往是依据群众举报、上访以及领导批示进行的，处于完全被动局面，人们称之为“脚痛医脚，手痛医手”。往往是造成污染的企业非法建成了，污染形成、群众举报了才去解决。20世纪末，郴州市每年都有个别建成投产的、国家明令禁止建设的粗铅冶炼企业突然冒出来，令上级政府及其环保部门感到惊讶，感动愤怒，又感到棘手，大大增加了处理难度。因此，环境执法应该积极主动地去监管，发现污染源，在源头解决污染，把损失和困难控制在最小范围。三是切实解决强调客观原因、忽视主观原因的问题。当前，经济发展与环境保护这对矛盾还处于尖锐时期，尽管环境保护国策地位在不断提高，环保工作却还处于举步维艰的境地，环保工作者既心急如焚，又感到束手无策。于是，往往把环保工作难以上台阶的原因过分地归咎于环境法制建设滞后、环境管理手段脆弱、地方保护主义盛行、环境能力建设落后等，却没有主动从环保部门自身管理去查找原因。因此，各级环境保护部门必须克服消极悲观思想，认真总结环保工作经验教训，充分调动环境管理执法人员的积极性、主动性和创造性，探索搞好环保工作的途径，创新环境管理办法，建立高素质的环保队伍，推动环保工作一步步跨上新台阶，推动整个环境保护事业向前发展。

我国科技伦理治理面临的问题与对策

◎江光华① 杨博文② 伊彤③

摘　要　随着科技的蓬勃发展，科技创新的不确定性后果及对社会的深远影响日益凸显。科技在给人类社会带来福祉的同时，也引发了诸多不容忽视的科技风险与伦理问题，使科技伦理治理成为科技创新与科技治理必须面对的全新挑战。本文在明确阐述科技伦理的时代内涵与现实意义的基础上，归纳和概括了我国在科技伦理治理方面存在的问题，如科技伦理管理运行机制有待优化、科技政策法规体系亟待完善、科技伦理问题的沟通协商机制不健全、科技人员自律意识尚需增强、缺乏与社会公众的沟通机制等。最后从健全科技伦理组织管理体系、完善科技伦理政策法规体系、建立科技人员自律机制、完善科技伦理沟通协商机制、健全科技伦理教育传播机制、提升科技伦理理论研究水平等方面提出了相关对策建议。

关键词　科技伦理；科技创新；科技伦理治理；问题与对策

① 江光华，北京科学学研究中心副研究员，主要研究方向为科技文化、科技政策。地址：北京市西三环北路27号北科大厦；E－mail：jiangguanghua@ bjss. org. cn.

② 杨博文，北京科学学研究中心助理研究员，主要研究方向为科技政策；地址：北京市西三环北路27号北科大厦；E－mail：yangbowen@ bjss. org. cn.

③ 伊彤，通讯作者，北京科学学研究中心研究员，主要研究方向为科技创新战略、科技政策。地址：北京市西三环北路27号北科大厦；E－mail：yitong@ bjss. org. cn.

科技伦理治理体系是国家创新体系的重要组成部分，也是推进国家治理体系和治理能力现代化的重要内容。党的十九届四中全会明确提出“健全科技伦理治理体制”。在大数据、人工智能、生物工程、基因技术等新兴科技快速发展的新形势下，科技创新的正负双向作用日益呈现，在带给人类社会福祉的同时，科技引发的伦理问题更加凸显，给科技伦理治理带来巨大冲击与挑战。为此，需要在大力促进科技创新的同时，重视完善科技伦理治理体制机制，构建覆盖全面、导向明确、规范有序、协调一致的科技伦理治理体系。

一、科技伦理治理的重要现实意义

科技伦理主要是指科技创新活动中应遵循的道德准则和行为规范。它内生于科技创新系统，又作用于科技创新活动，受到来自经济、社会、文化、生态等方面的多种因素的影响。科技伦理问题的产生，既有科技本身具有的不确定性与风险性、人类认识自然的局限性等方面的客观因素，也有人性受功利主义的驱动、科学家受科研生态影响等方面的主观因素。构建科技伦理治理体系，治理科技创新活动中产生的伦理问题，有利于增强科技风险防控意识，提高科技研究的规范性，推行负责任的科技创新并使其更好地服务于经济社会发展，最终促进人类自身的发展。

（一）科技伦理治理的核心问题是如何应对科学的不确定性

由于科技创新具有不确定性，如何既保护科学研究的探索性，又能避免这种探索行为对社会伦理秩序的冲击，是科技伦理需要解决的核心问题。以干细胞研究为例，禁止开展人类干细胞克隆研究是该领域科技伦理所规定的明确界限，也是不可逾越的红线。

（二）科技伦理治理有利于增强科技与社会之间的价值认同

科技伦理不仅强调科技创新对于社会发展的推动作用，而且强调社会对科技发展的引导作用。加强科技伦理治理，就是要发挥其在科技与社会之间的桥梁作用，使科学探索并不因其结果的不确定性而被一概限制。以试管婴儿为例，几十年前它还对传统伦理造成了巨大冲击，如今已成为一项普通的辅助生殖技术，被社会广泛认同。

（三）科技伦理治理有利于我国世界科技强国建设

科技伦理强调负责任的科技创新，不仅强调坚持理性的科学精神，而且强调坚持理性的人文关怀。科技虽无国界，但科技伦理有国界。建设世界科技强国，有必要重新思考科技与伦理之间的关系，既要站在科学技术的制高点，又要立于伦理道德的制高点。加强科技伦理治理，有利于增强我国国际话语权，在建设世界科技强国新征程中抢占科技伦理制高点。

（四）科技伦理治理的终极目标是促进科技创新与应用

科技伦理的本质是反思科技的社会作用，提倡坚持人类福祉原则，其根本目的是促进科技的创新与应用。没有科技创新就谈不上科技伦理，没有了科技创新之“皮”，科技伦理之“毛”就失去了依附。虽然表面上科技伦理表现为“限制某些研究行为”或“防止某些研究结果的发生”，但其本质是为了促进科学研究的健康发展。

二、中国科技伦理治理面临的问题与不足

近年来，我国在科技伦理治理方面采取了许多措施。在2019年组建了国家科技伦理委员会，审议通过《国家科技伦理委员会组建方案》；在生物医药领域制定了《涉及人的生物医学研究伦理审查办法》《生物医学新技术临床应用管理条例》；在人工智能领域发布了《新一代人工智能治理原则》。然而，与快速发展的科技相比，科技伦理治理仍相对滞后，面临着许多问题与不足。

（一）科技伦理运行管理机制有待优化

2018年发生在我国的基因编辑婴儿等事件表明，我国在科技伦理监管方面存在制度缺陷。政府监管长期依赖行政隶属关系，导致对伦理委员会的监管形成了“各扫门前雪”的局面，加之科技政策偏向于促进和鼓励创新而缺失伦理规制，造成了现有监管难以扫清“门前雪”的问题。由于各相关部委之间规范不一致，难免会出现监管漏洞。同时，政府对伦理委员会缺乏具体的监管措施，导致一些伦理委员会在人员组成、审查程序、过程监管等方面都存在问题。

（二）科技伦理政策法规体系亟待完善

长期以来，我国科技伦理方面的相关法律较少，且法律效力层级较低。由于部委规章自身效力的限制，很多都缺少罚则，或者罚则设置较轻，停留在通报批评、中止项目实施、收回财政资助经费、禁止申报新的科研项目等层面，约束力不强。如《科技进步法》虽提及“国家禁止危害国家安全、损害社会公共利益、危害人体健康、违反伦理道德的科学技术研究开发活动”，但并无与之相应的罚则规定。同时很多不同部门不同文件的处罚措施也未能做到相互衔接、相互补充、协同推进。

值得一提的是，针对研究者发起的临床研究（IIT），由于其技术本身的快速发展与更新，存在很多不确定性与未知的风险，但目前我国仍缺乏针对临床研究的专门性法规和有针对性的伦理审查指南、规范以及评估监管措施，在具体实施中各机构的管理方式与伦理审查程度不一，审查能力参差不齐，缺乏有力的外部支持与监管，导致受试者面临更多不确定的风险，同时对于 IIT 研究数据的使用也无明确规定。

（三）科技人员伦理意识尚需加强

目前，我国科技人员的科研伦理意识比较薄弱，难以正确处理科技伦理和科技创新的关系。据中国科学技术协会 2018 年发布的一项有关科技工作者科研伦理意识的调查报告显示，自认为对科研诚信之外的科技伦理规范了解较多的科技工作者仅占 5%。如，有的研究者对临床治疗和临床科研的概念混淆不清，有的研究者在获得项目立项文件以后未向伦理委员会提交伦理审查申请所需材料，出现伦理审查不及时的情况；还有的项目直到研究完成，甚至在发表文章时杂志社要求作者提供伦理批件，研究者才会向伦理委员会提交申请进行事后审批。据了解，高校中伦理相关专业的师资有很多都是从思想政治等专业转过来的，科技专业知识基础不足，直接影响了科技伦理领域从业人员的整体水平。

（四）科技伦理问题的协商机制不健全

科技伦理治理是政府、研究团体、公众等多主体共同参与形成共识的过程，对于即将开展的科研项目而言，围绕其“该不该干”的实质性伦理问题探讨至关重要。当前缺少一种能够表达、传递和促进形成行业共识和社会共识的机制，特别是对于前沿、复杂技术可能引发的伦理问题、相关科研项目是否应该开展的标准问题等都缺乏多方协商机制，这也成为国际舆论抨击中国缺失科研伦理标准的原因所在。以当前医院伦理委员会为例，其主要构成人员多为本院的医学专家，既当裁判员又当运动员，缺少能真正代表患者和受试者利益的伦理学、法学等非医学人员，缺少多元观点的探讨协商，故而很难形成共识。

（五）与社会公众的伦理沟通机制缺乏

以往的科技发展是通过技术拓展了人类改变自然的能力，科技的负面效应更多地作用在环境上，涉及人、动物的权利的科研伦理并未引起大范围关注。当前，科技研发已经触及人类自身，甚至可以改变人的机体功能、生殖细胞，研发人工智能挑战人类智慧等，这些科技活动给人类自身的繁衍、人类社会的稳定等带来了巨大的、未知的风险和挑战。近年来，公众意识的觉醒对科研工作提出了更高的要求，今天的科学研究已不能再独立于社会监督之外。缺少了科学界与社会公众的有效沟通，可能会导致很多有益的科技创新难以进行。

三、提升中国科技伦理治理能力的路径与对策

（一）健全科技伦理组织管理体系

（1）**加强科技伦理管理制度建设。**落实《国家科技伦理委员会组建方案》，完善各地方、各领域、各层次的科技伦理委员会。同时，建立人工智能、纳米材料等专业伦理委员会，明确各级科技伦理委员会的职能和职责、伦理审查责任和程序等，逐步探索建立伦理审查的追责机制。

（2）**完善国家科技计划伦理管理制度。**采取事前审批、事中监督和事后跟踪相结合的方式，实现从基础研发到成果应用的全过程监管。将社会风险与伦理评估纳入国家技术预测研究，综合考虑收益风险后绘制技术路线图。对基因编辑、干细胞、线粒体移置等生物技术建立严格的准入制度，在进行研发和应用前制定伦理规范和暂行管理办法，把科研副作用嵌入立项申请书中，并要求有科技伦理方面的专家参与研究过程。

（3）**建立科技伦理审查队伍。**通过建立科技伦理专题培训机制和考核机制，夯实伦理知识和伦理技能，提升各级伦理委员会工作人员的伦理意识和伦理审查能力，加强伦理审查队伍建设。伦理委员会成员应定期参加有关科技前沿研究的相关培训，以保证自己在科研角度的先进性视角，同时还必须参加涉及项目实施过程中与伦理有关的专业性培训。

（一）完善科技伦理政策法规体系

（1）**加强新兴技术的伦理规范制定。**围绕人工智能、大数据、基因编辑等新兴技术领域，制定具体的伦理和法律规则，引导和规范新兴技术的研究与应用。在数据规则方面，应进一步完善数据治理的顶层设计，防范并打击数据滥用行为；在人工智能规则方面，要为相关技术应用建立安全标准，注重防范新型犯罪；在生物技术立法方面，加快制定针对基因编辑等生物技术研发与应用的管理办法。

（2）**将科技伦理原则融入科技政策。**在科技政策制定过程中，要体现以人为本、公平正义、和谐协调、前瞻性责任等科技伦理原则，通过公开透明的规章、政策、标准和法律制定、审理与批准、监测及信息报告等程序，使监管过程有理有据。

针对 IIT 的管理，在国家层面建立风险等级管理制度与法规，依据研究风险的大小进行分类分层管理，明确相关管理部门的监管职责与部门间的政策衔接。对于高风险类研究，探索建立针对性的指南规范，强化受试者权益保护，规范研究的开展，并建立定期监督机制，对于不符合条件的医疗机构及研究风险不合理的 IIT 予以暂停或终止。

（3）**推进科技伦理法律化**。加强高科技领域的立法，尤其要在核技术、克隆技术、转基因食品、国家信息安全、人工智能等方面，对科技伦理的基本守则予以明确，上升为法律，进一步加大对违规违纪行为的处罚力度，将违规违纪行为纳入社会信用记录系统，对出现严重失信行为的主体和个人实施联合惩戒，加大其违规违纪成本。加快制定出台《生物安全法》，引导和规范人类生物技术的研究应用。推动人工智能等新兴科技领域的立法工作，在智能机器人、智能设备、智能运载产品等应用广泛的领域，率先启动立法工作。重点围绕自动驾驶、服务机器人等应用基础较好的细分领域，加快研究制定相关安全管理法规。同时，通过制定和修订《科技进步法》《知识产权保护法》等法律法规，将重要伦理道德规范上升为法律规范。

（三）建立科技人员自律机制

（1）**支持行业自律**。政府主管部门与行业主体、学术团体合作，制定行业伦理准则，包括建立伦理审查制度、成立自律组织、制定行业标准等。支持高校、科研院所、大型科技企业建立内部伦理审查机制，强化科技伦理管理主体责任，将科技伦理规范纳入科研人员考评范围，推行品德考核负面清单制度。增强各学术团体的监督意识，确保自律规范落到实处。

（2）**明确科技工作者的伦理责任**。制定科技人员伦理行为规范和相应的具体实施细则，明确科技人员在研发全过程中的科技伦理责任：在科研选题时，对可能损害大多数公众利益、危及社会基本伦理规范的科研项目应该作放弃、暂缓或封存处理；在研发过程中如发现该项目可能会给社会带来危害，应中断或尽最大力量阻止该项目的继续研发；在项目研究完成后、交付应用部门之前，要进行广泛论证和充分评估，向公众说明其可能带来的负面效应，对政府重大决策提出建议。特别是针对 IIT 的管理，各医疗机构应设立专门的管理部门并建立相应的管理制度，完善从立项到伦理审查的规范流程，加强研究过程中的全程质量评估与综合监管。

（四）完善科技伦理沟通协商机制

由政府主管部门牵头，组织跨学科领域的行业专家、企业代表、行业用户和公众等相关方，建立多主体共同参与科技伦理协商并形成共识的机制。开展伦理研究和顶层设计，明确行业伦理原则。对于即将开展的相关科研项目，围绕其“该不该干”的实质性伦理问题进行深入探讨，各利益相关者通过公共协商来塑造科技创新的路径和方向；对于前沿、复杂技术可能引发的伦理问题，围绕科研项目开展的标准问题（如人脸识别的伦理标准），推动社会多方进行协商、交流、合作，把对不同利益相关者的考量纳入创新过程，使相关创新主体承担起应尽的社会责任。

（五）健全科技伦理教育传播机制

（1）**完善科技伦理教育制度**。建立健全高校科技伦理教育机制，支持各医学院校加强生命伦理学（包括临床伦理学、研究伦理学和公共卫生伦理学）培训，就研究设计、研究方法、数据分析、研究对象的保护、研究者的责任等方面加强教育。加强在校理工学生的科技伦理教育，面向大学生和研究生开设科技伦理课程。加强青少年科技伦理教育，将科技伦理融入中小学科技活动之中。

（2）**将科技伦理融入科普教育之中**。鼓励科技人员参与科学普及，促进提升公众的科技伦理素养，引导公众有效地辨别科技的“恶”与“善”。科技工作者和科技管理决策者应尽可能客观、公正、负责任地向社会公众揭示科技研发与技术应用的潜在风险，利用公众平台进行详尽科普宣传，让作为利益相关方的社会公众对于这些科技将把他们带向何方有充分的知晓和认同。

（六）提升科技伦理理论研究水平

（1）**提前布局新兴技术伦理研究**。由政府主管部门牵头，组织跨学科领域的行业专家、相关企业代表、行业用户和公众等相关方，围绕人工智能、大数据、基因重组、克隆技术、无人驾驶、脑机接口等前沿科技领域，选择其不同实现途径与风险等伦理问题开展前瞻性研究与顶层设计，为规制科技政策和制定科技伦理监管制度提供研究基础和支撑。

（2）**加强科技伦理研究投入**。设立国家科技伦理研究基金，成立由国家预算支持的科研伦理基金会，从有关科技计划项目和社会人文研究经费中抽出一部分资金，专门用于资助科技伦理问题研究。例如：美国在进行人类基因组计划研究时，其中5%的经费被用于伦理、社会和法律问题研究，这个经验值得借鉴。

（3）**发挥科技智库等平台作用**。充分发挥高校、科研院所、科技智库等平台作用，加强科技伦理的理论与实践探索，研究科技特别是新兴技术可能带来的社会影响、伦理冲击及其应对措施，并通过科技发展促进伦理规范和边界不断完善。

（4）**主动参与国际科技伦理研究与标准制定。**将参与国际伦理议题讨论和国际伦理规则制定纳入建设世界科技强国的重要内容，并尽早在战略层面加以布局。主动搭建人工智能、基团重组等领域的国际法律、科技政策合作平台，积极参与国际科技伦理标准和规则制定。

参考文献

[1]党的十九届四中全会决定[EB/OL]. 2019-11-05,https://china. huanqiu. com/article/9CaKrnKnC4J.

[2]科技部召开座谈会听取专家对科技伦理建设的意见[EB/OL]. 2019-10-22, http://www. chinanews. com/gn/2019/10-22/8985668. shtml.

[3]李真真. 推进科研伦理治理体系建设：大国的责任与担当[N]. 光明日报, 2019-03-21(16).

[4]黄丕铂. 基因编辑婴儿事件及其对科技创新管理的影响[J]. 科技中国, 2019(2):35-38.

[5]廖红舞. 对研究者发起的临床研究的监管与伦理审查的思考[J]. 中国医学伦理学,2019(12):1518-1521.

[6]倪伟波. 多维共建"负责任"的科技[J]. 科学新闻,2019(4):15-19.

[7]刘让新. 论提高科技人员伦理责任意识的途径[J]. 湘潭师范学院学报, 2007(5):1-4.

议题4

新时期科技社团国际合作和科技人文交流研究

完善中国科技社团国际合作中的法律机制

◎李英① 胡佳欣②

摘　要　2020年是中国科学技术社团成立62周年，62年来我国科技社团不断发展，逐步走向国际舞台。随着科技社团国际合作的发展，我国法律文件也开始对此问题有所涉及，如《科普法》《科学技术进步法》《境外非政府组织境内活动管理法》等。但现有法律法规及政策对于我国科技社团开展国际合作存在审查标准不明确、约束机制不健全、缺乏具体性等问题，且尚未有专门文件规范我国科技社团的境外国际合作。本文通过对我国科技社团开展国际合作的现有法律法规及政策的梳理和分析，提出制定我国科技社团开展国际合作的行政条例、健全各级政府对科技社团开展国际合作的管理机制、强化我国科技社团开展国际合作的约束机制等建议，从法律制度层面为我国科技社团开展国际合作提供支持。

关键词　科技社团；国际合作；政策支持；国家安全；

① 李英，华北电力大学人文与社会科学学院，教授。主要研究方向为国际法，国际经济法。地址：北京市昌平区回龙观镇北农路2号。E－mail：liying 0289@ 126. com.

② 胡佳欣，华北电力大学人文与社会科学学院，在读研究生。主要研究方向为国际法。地址：北京市昌平区回龙观镇北农路2号。E－mail：hujiaxin0122jura@ 163. com.

一、中国科技社团开展国际合作的现状

(一) 中国科技社团的发展现状

科技社团是科学技术工作者自愿组成的非政府组织，主要为学会、研究会、协会等。而中国科协所属的全国学会、协会、研究会占全国同级科技社团的 70% 以上，代表着我国科技社团的现状及发展水平。2020 年是中国科协成立 62 周年，根据其 2020 年 6 月公布的《中国科协 2019 年度事业发展统计公报》显示，截至 2019 年底共有各级科协 3209 个，直属单位 1907 个；企业科协 17510 个，高校科协 1437 个；各级科协所属学会 29675 个，中国科协所属全国学会 210 个，省级科协所属省级学会 3848 个，全国学会理事会理事 3. 1 万人，省级学会理事会理事 24. 6 万人。开展推进创新创业活动 23884 项，其中，举办竞赛、论坛、展览等类型的活动 7344 项，开展咨询、教育、培训等类型的活动 13468 项，开展投融资、成果转化等类型的活动 1956 项。①

(二) 中国科技社团境内国际合作现状

在国际合作方面，境内国际学术会议是科技社团进行国际合作最常见的方式，截至 2019 年底各级科协和两级学会共举办学术会议 19461 场次，参加人数 635. 6 万人次，交流论文 112. 9 万篇，其中 2017—2019 年境内国际学术会议场次变化不大，但参与人数逐年增长，论文提交量也有所上升，其中 2019 年参会人数是 2017 年的 2 倍以上。② 2019 年度举办境内国际学术会议 1473 场次，境内国际学术会议参加人数 135. 5 万人次，交流论文 14. 3 万篇（图 1）。

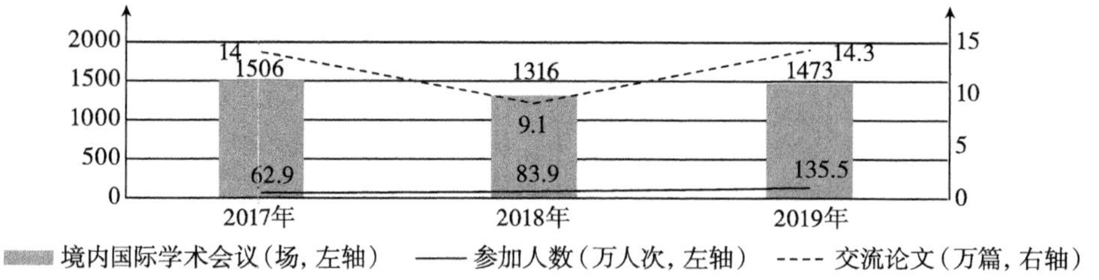

图 1　中国科协 2017—2019 年境内国际学术会议数据统计

① 《中国科协 2019 年度事业发展统计公报》，网址：https://www. cast. org. cn/art/2020/6/19/art _97 _125455. html，最后访问时间：2020 年 10 月 3 日。

② 《中国科协 2018 年度事业发展统计公报》，网址：https://www. cast. org. cn/art/2019/9/2/art _97 _101036. html，最后访问时间：2020 年 10 月 3 日。《中国科协 2017 年度事业发展统计公报》，网址：https://www. cast. org. cn/art/2018/7/1/art_97_317. html，最后访问时间：2020 年 10 月 3 日。

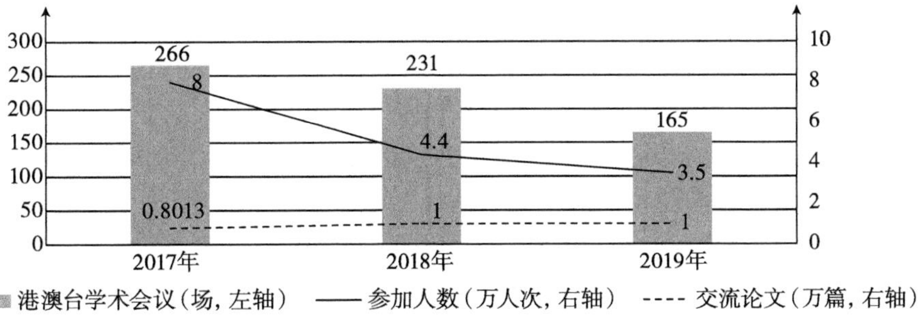

图 2　中国科协 2017—2019 年境内港澳台学术会议数据统计

（三）中国科技社团境外国际合作现状

2004 年 7 月，联合国经社理事会批准授予中国科协非政府组织咨商地位，标志着我国科技社团在国际上获得了一定的影响力，走上了国际舞台。截至目前，我国科技社团的国际合作主要以学术会议、创办国际期刊、开展国际培训为主。2019 年度，全国科技社团共参加国际科学计划 185 项，参加境外科技活动的有 4. 4 万人次，参加港澳台地区科技活动的有 1. 8 万人次，接待境外专家学者 4. 4 万人次。各级科协和两级学会加入国际民间科技组织 893 个。在国际民间科技组织中任职专家的有 1984 人，其中担任主席、副主席、执委或相当职务的高级别任职专家的有 835 人，其他一般级别任职专家的有 1149 人。①

二、中国科技社团开展国际合作的法律基础

（一）科技社团开展国际合作适用的法律

1. 鼓励科技社团开展国际合作的相关法律

我国《宪法》《民法典》赋予了科技社团法人地位，明确了国家鼓励自然科学的发展和科技的进步。我国相继出台的涉及科技社团的法律法规主要包括 2002 年由第九届全国人民代表大会常务委员会第 28 次会议通过的《科普法》、2007 年由第十届全国人民代表大会常务委员会第 31 次会议修订的《科学技术进步法》。在国际合作方面，《科普法》第 9 条规定国家支持和促进科普工作对外合作与交流；第 26 条和第 27 条则指出国家鼓励境内外的社会组织和个人设立科普基金、捐赠财产资助科

① 《中国科协 2019 年度事业发展统计公报》，网址：https://www.cast.org.cn/art/2020/6/19/art_97_125455.html，最后访问时间：2020 年 10 月 3 日。

普事业[①]。《科学技术进步法》也明确国家鼓励科技社团开展国际合作，其中第14条规定我国政府发展同外国政府、国际组织之间的科学技术合作与交流，鼓励科学技术研究开发机构、高等学校、科学技术人员、科学技术社会团体和企业事业组织依法开展国际科学技术合作与交流[②]。可见，科技社团开展国际合作，提升科学技术水平，是国家之倡导。

2. 中国科技社团开展国际合作适用的相关知识产权法

参与科技社团国际合作的人员同样需要维护我国的科技安全。目前我国科技社团开展国际合作常见的方式为参加国际性学术会议、国际性期刊编辑、组织人员出国交流学习等。对于我国科技社团在进行国际合作过程中所取得的科技成果的保护，由我国《专利法》《商标法》《著作权法》等法律加以规定。

2010年第十一届全国人民代表大会常务委员会第13次会议修订的《著作权法》第2条明确：中国公民、法人或者其他组织的作品，不论是否发表，依照本法享有著作权。科技社团在进行国际学术会议交流、国际性期刊的编辑过程中需要适用《著作权法》的有关规定；2008年第十一届全国人民代表大会常务委员会第6次会议修订的《专利法》则主要对科技成果如何获得专利保护、保护期限、审查程序等内容进行了具体的规定；2019年第十三届全国人民代表大会常务委员会第10次会议通过的《商标法》则主要对科技成果转化后投入市场的过程进行保护，具体规定了商标的取得、主管部门、无效商标等内容。

3. 中国科技社团开展国际合作适用的相关国家安全法

国家安全的保护是科技社团开展国际合作必须重视的问题。2010年第十一届全国人民代表大会常务委员会第14次会议修订《保密法》、2012年十一届全国人大常委会第27次会议通过的《出入境管理法》、2014年第十二届全国人民代表大会常务委员会第11次会议通过的《反间谍法》、2015年第十二届全国人民代表大会常务委员会第15次会议通过的《国家安全法》、2016年第十二届全国人民代表大会常务委员会第20次会议通过的《境外非政府组织境内活动管理法》等均是科技社团在开展国际合作中需要适用的法律。

---

① 《中华人民共和国科普法》第9条：国家支持和促进科普工作对外合作与交流。第26条：国家鼓励境内外的社会组织和个人设立科普基金，用于资助科普事业。第27条：国家鼓励境内外的社会组织和个人捐赠财产资助科普事业；对捐赠财产用于科普事业或者投资建设科普场馆、设施的，依法给予优惠。

② 《中华人民共和国科学技术进步法》，网址：https://www.pkulaw.cn/fulltext_form.aspx? Db = alftwotitle&Gid = 6da5f337c442e031bdfb，最后访问时间：2020年10月4日。

科技社团开展境内国际合作同样需要适用《国家安全法》《保密法》《反间谍法》的规定，同时还要适用《境外非政府组织境内活动管理法》。该法专门针对境外非政府组织在我国境内开展交流活动作了规定①。第二章登记和备案中第 9 条规定，境外科技社团等非政府组织在我国开展国际交流活动，应依法登记设立代表机构，临时开展活动的应依法备案。第 10～17 条则具体规定了境外非政府组织设立代表机构应满足的条件、应提交的资料、进行登记涉及的事项等内容。第三章活动范围主要规定了境外非政府组织的资金使用、外汇办理、活动名称等事项。第四章便利措施主要涉及对境外非政府组织的税收优惠等规定。第五章监督管理和第六章法律责任则从维护国家安全的角度对境外非政府组织在我国开展活动进行约束。《境外非政府组织境内活动管理法》较为具体地规定了境外科技社团在我国开展活动时的行为规范。

科技社团开展境外国际合作方面，首先，出国（境）科技工作人员必须按照《出入境管理法》的要求办理出入境手续。该法规定了负责出入境事务管理的主管机关、中国公民出入境需要办理的手续、外国公民出入境所需材料、不得出入境的情形等。其次，在参与国际合作过程中，相关参与人员的行为需要受《国家安全法》《保密法》《反间谍法》的约束，不得向他人泄露我国技术秘密；《国家安全法》第 77 条和第 78 条、《保密法》第 3 条、《反间谍法》第 3 章均明确规定了组织、社会团体具有维护国家安全、严守国家秘密的义务，其中《国家安全法》第 79 条同样明确社会团体有配合有关部门采取安全措施、揭发间谍行为的义务。

（二）科技社团开展国际合作适用的政策

我国针对科技社团制定的政策主要集中在社会团体登记设立、社会团体的内部治理、社会团体的组织监管、捐赠、税收优惠等方面，如《社会团体登记管理条例》。专门规范科技社团开展国际合作的法规政策较少，随着国际交流越来越频繁，部分文件开始对此问题有所涉及。

1. 国家层面科技社团开展国际合作适用的政策

2012 年中共中央、国务院《关于深化科技体制改革加快国家创新体系建设的意见》提出实现国际化产业群的要求，明确高校、科研院所等要深化科技创新、加强

① 《境外非政府组织境内活动管理法》，网址：http://www.fdi.gov.cn/1800000121_23_74078_0_7.html，最后访问时间：2020 年 10 月 4 日。

国际合作。2016 年国务院《关于印发“十三五”国家科技创新规划的通知》① 第 43 号文件第十章“加快培育集聚创新型人才队伍”提出培养科技人员，明确要加大海外高层次人才引进力度；第十三章“打造‘一带一路’协同创新共同体”则提出要加强在科技领域同“一带一路”沿线国家开展合作研究；第十四章“全方位融入和布局全球创新网络”以及第十五章“全面提升科技服务业发展水平”均明确要积极进行国际科技合作交流。2016 年中共中央办公厅、国务院办公厅印发的《关于改革社会组织管理制度促进社会组织健康有序发展的意见》② 中第七点明确提出“规范社会组织涉外活动”，提出引导社会组织有序开展对外交流、完善相应登记管理制度、领导干部进行对外交流需要报批等内容；作为科技社团的主管部门，民政部也对科技社团开展国际合作进行了一些规定。主要包括：2012 年民政部第 66 号文《关于规范社会团体开展合作活动若干问题的规定》的通知③，具体规定了社会团体在开展合作活动时需要进行的事前考察内容、开展活动时名称的使用、活动经费、开展活动的范围等内容。科技社团在开展国际性交流合作过程中同样需要遵守该规定，不得超出章程规定的宗旨和业务范围开展活动。2016 年民政部《关于加强国际科技组织人才培养与推送工作的意见》中提出建立健全国际科技组织任职工作体制机制、建设可持续发展的人才培养和推送工作体系、做好国际组织人才培养和推送的配套支撑工作三点意见。内容主要集中于国际科技组织在我国开展交流工作的机制建设上，同时注重对我国科技工作者的培养。

2. 地方层面科技社团开展国际合作适用的政策

在地方层面上，较为常见的是规范科技社团进行涉外活动的地方性政策文件，以北京、广东为例，北京市民政局早在 2011 年便制定了《北京市社会组织重大事项报告的若干规定》④，规定社会组织在吸收境外人士担任本组织职务；接受境外组织、个人捐赠及资助；与境外组织开展项目合作或者联合举办活动；组团出国出境开展交流考察；参加国际会议、加入国际组织时要向登记管理机关和业务主管单位

---

① 《关于印发“十三五”国家科技创新规划的通知》，网址：http://www.gov.cn/zhengce/content/2016－08/08/content_5098072.htm，最后访问时间：2020 年 10 月 5 日。

② 《关于改革社会组织管理制度促进社会组织健康有序发展的意见》，网址：http://www.gov.cn/gongbao/content/2016/content_5106178.htm，最后访问时间：2020 年 10 月 5 日。

③ 《关于规范社会团体开展合作活动若干问题的规定》，网址：http://www.cnki.com.cn/Article/CJFDTotal－DSEH201902036.htm，最后访问时间：2020 年 10 月 5 日。

④ 《北京市社会组织重大事项报告的若干规定》，网址：http://mzj.beijing.gov.cn/art/2011/8/1/art_4540_8814.html，最后访问时间：2020 年 10 月 5 日。

报告。2018 年《广州市民政局关于加强社会组织重大事项报告的通知》[①] 同样规定社会组织参与涉外（包括港、澳、台地区）活动应属于重大报告事项。2019 年《广东省社会组织管理局关于进一步规范社会组织活动促进健康有序发展的通知》[②] 要求严格管理社会组织涉外活动，开展涉外活动要按照有关规定报批报备，接受住所所在地外事部门监督管理，并规定社会组织负责人的个人涉外行为不能以社会组织的名义进行。

三、中国科技社团国际合作中存在的法律问题

（一）规范科技社团开展境内国际合作的部分政策缺乏具体性

现有的法律法规政策，只有《境外非政府组织境内活动管理法》相对具体地对国际科技社团的活动进行了约束，其他涉及科技社团开展境内国际合作的政策多数为引导性质的，缺乏具体性。从地方性政策来看，科技社团的国际合作属于报告事项，但对于社会团体开展涉外活动需要报告的规定存在于各个级别的政府部门文件中，既有省级政府部门，也有市级政府部门、县级政府部门，不同省份、不同层级文件对涉外活动的定义存在不同的差别，在适用过程中极易导致混乱。此外，多数文件也仅仅规定了社会团体开展涉外活动需要进行报告，但报告方式、报告时间等具体规定及程序性事项并不明确。

（二）科技社团开展境外国际合作的立法缺失

我国现行法律仅对国际科技社团进入我国开展交流合作进行了具体规制，如《境外非政府组织境内活动管理法》，但对我国科技社团开展境外国际合作的规定存在空白，且我国科技社团和在我国境内活动的境外科技社团进行合作时，如何进行管理，立法尚未涉及。

通过对我国科技社团开展国际合作相关法律法规及政策的梳理，可以看出我国对科技社团开展境外活动侧重于登记备案类的管理，而缺少科技社团开展国际合作过程的具体性规定，如申请开展境外国际性交流的主体资格审查、审批流程、审批时限，举办国际性会议的资金往来及使用规定，设立海外分支机构等；同时，对出

① 《广州市民政局关于加强社会组织重大事项报告的通知》，网址：http://www.gzmz.gov.cn/gzsmzj/npotzggg/201810/9f686f7a04c44ee3922e4fa33d509a52.shtml，最后访问时间：2020 年 10 月 5 日。

② 《广东省社会组织管理局关于进一步规范社会组织活动促进健康有序发展的通知》，网址：http://zhongshan.gdnpo.jmeii.com/info1/InfoContent/2739/24075.html，最后访问时间：2020 年 10 月 5 日。

国（境）进行国际合作的科技工作人员的管理也无具体规定。科技社团开展国际合作的形式并非仅限于学术会议交流、举办展会等，开展境外国际合作中的资金来源、成果转化、激励机制等问题均需要政策支持，但我国科技社团并未和政府部门、企业之间形成沟通机制，缺乏专门性法规政策对科技社团的境外国际合作加以规范。

（三）科技社团开展国际合作的约束机制不健全

《中国科技协会章程》①《中国科学技术协会全国学会组织通则》② 均将开展国际合作作为主要任务之一。且目前涉及科技社团的法律法规以及政策多停留于组织机构建设方面，科技社团开展国际合作的约束机制不健全。在国际合作方面，国家安全问题更加突出，无论是发展境内国际合作还是发展境外国际合作，均容易面临着科技秘密、技术成果被窃取的风险。且科技社团开展国际合作的约束机制尚不健全，容易面临诸多风险。如：境外非法势力向科技社团等社会团体中渗透、套取我国情报信息和技术秘密；法轮功等邪教组织假借参与国际合作的旗号接近相关工作人员；部分科技工作人员假借科技社团开展国际合作之名向境外违法转移财产。为避免上述危害我国国家安全的现象发生，必须健全我国科技社团开展国际合作的约束机制，以保障国家安全。

四、发展中国科技社团国际合作的法律建议

（一）制定中国科技社团开展国际合作的行政条例

由于经济及科技发展的需要，未来科技社团国际合作将更加频繁，《推动共建丝绸之路经济带和21世纪海上丝绸之路的愿景与行动》专门提出要加强与“一带一路”沿线国家社会组织的交流合作，这对我国科技社团来说是加强国际交流、提升科技实力的机遇。要加快制定我国科技社团开展国际合作的行政条例，由民政部、科技部对科技社团开展国际合作进行管理。其中民政部为主要的管理部门，主要负责科技社团开展国际合作的审批、管理、备案审查工作，科技部则负责结合最新的科技发展状况，引导科技社团开展国际合作的方向，对国际合作取得的科技成果进行管理，提升国际合作的水准。确定我国科技社团开展国际合作的基本原则，具体

---

① 《中国科技协会章程》第14条：开展民间国际科学技术交流活动，促进国际科学技术合作，发展同国（境）外科学技术团体和科学技术工作者的友好交往，为海外科技人才来华创新创业提供服务。

② 《中国科学技术协会全国学会组织通则》第4条第9项：开展国际科技交流与合作，为海外科技人才来华创新创业提供服务。

包括维护国家安全原则、科技创新发展原则、平等互利原则、诚实信用原则。

有关科技社团开展国际合作的行政条例的内容主要从科技社团境内国际合作和境外国际合作两个角度出发，分别针对科技社团开展国际合作的不同形式提出具体的材料审查要求，如学术会议交流需要提交会议规模、会议主题、会议嘉宾名册等材料，国际期刊杂志编辑则需要期刊类型、编辑部人员、审稿人名册等材料，海外设立分支机构则需要提交可行性论证报告、分支机构活动范围等。细化现有政策文件对进入我国境内的科技社团的管理，在对境外社会组织进入我国开展国际合作进行管理的同时，需要进一步明确我国科技社团同境外科技社团在我国开展交流合作时的活动范围、需要采取保护措施的特殊事项、人员的审查等，在促进科学技术发展的同时保护好我国的核心技术及知识产权。规定政府、企业、科技团体的沟通交流机制，由政府提供政策动态、导向等信息，帮助科技社团及时掌握政策导向，有效开展国际交流活动。同时由科技社团定期向政府反馈国际合作情况，方便及时制定政策。规定专门针对科技社团的奖励措施、激励机制，设置相应的荣誉奖项及奖金，帮助科技社团更好地走向国际。

（二）健全各级政府对科技社团开展国际合作的管理机制

在科技社团开展国际合作的报备管理上，由于国际合作的形式不一，不同地区、不同层级政府部门对国际合作的定义不同，在实行社团组织重大事项报备制度时，存在执行中的差异。对此，可以采取统一性规定，规范各个层级政府部门对国际合作的管理。对科技社团开展国际合作是否属于“重大事项”进行统一，解决不同地区、不同级别科技社团在进行国际合作过程中面临的标准不统一的问题。细化科技社团在开展国际合作时需要向民政部门报备的事项范围、报备的时间、报备材料、报备内容及程序，便于民政部门对科技社团的国际活动进行管理，同时提高行政效率和行政权力行使的透明度，方便科技社团国际合作活动的开展。

在科技团体开展国际合作的资金管理上，明确国际合作资金使用情况，需要进行预算报备的，由民政部门会同专业审计机构对其资金使用情况的合理性进行判断，并由专业审计机构对科技社团国际合作项目资金状况进行审计。民政部等相关部门可以对现有的科技社团进行评估，为发展良好或具有国际发展潜力的科技社团提供专门开展国际合作的专项资金支持，帮助其突破发展过程中资金困境，更好地在国际舞台发挥作用。

（三）强化对科技社团开展国际合作的国家安全教育

科技安全是支撑国家安全的重要力量和物质技术基础，科技社团在开展国际合作时必须维护好科技安全。民政部门应结合《国家安全法》《保密法》《反间谍法》等法律的规定，细化科技社团及工作人员在开展国际合作时应承担的维护国家安全的责任和义务，科技主管部门和相关部门负责细化科技社团开展国际合作时需保护的国家科技秘密范围。科技社团应根据民政部门、科技部门的要求，定期对需要出国（境）的科技工作人员进行国家安全教育培训。如开展《国家安全法》《保密法》《反间谍法》的专题培训活动，开展国家科技秘密保护的培训、进行出国（境）外事纪律培训、进行国际合作时如何采取保密措施的培训等，提高科技社团工作人员开展国际合作时的国家安全意识。由民政部门作为主要监督机关，对科技社团及其工作人员进行监督，一旦发现危害国家安全的行为，及时上报国家安全机关进行处理。

参考文献

[1] 联合国经社理事会批准授予中国科协非政府组织咨商地位[J]. 科协论坛，2004(10):46.

[2] 夏婷. 科技类社会组织服务“一带一路”倡议的 SWOT 分析及对策研究——以中国科协所属全国学会为例[J]. 今日科苑,2019(6):57-64.

推进科协改革理论与实践创新的思考

——以江西省科协为例

◎罗莹①

摘　要　本文以推进科协改革理论与实践创新为主线，概述了科协改革的理论创新与指导，结合江西省科协组织的理性思考与实践探索，从强化政治引领、构建“三型”组织、助力创新驱动、激发基层活力等四个方面分析了科协改革理论的根本、关键、重点与基石，针对科协改革中存在的问题，从进一步提升科协组织引领力、创新力、活力、服务力、执行力等五个方面提出了推进科协改革理论与实践创新的对策与展望。

关键词　科协；组织；改革

①　罗莹，江西省科协党组书记，二级研究员，主要研究方向为经济学，科技管理。地址：江西省南昌市青山湖区洪都中大道248号江西省科学技术协会。邮编：330002，E－mail：ly7749@ aliyun. com.

自2015年7月中央党的群团工作会议以来，科协组织改革推出了一系列重大举措，形成了一系列理论成果、制度成果、实践成果，要运用好这些改革成果，在抓落地见实效上加大力度、拓展深度，使科协改革朝着服务新发展格局聚焦发力。

一、科协改革的理论创新与指导

（一）推进群团改革的维度："强三性"，"去四化"

习近平总书记在中央党的群团工作会议上指出，政治性是群团组织的灵魂、是第一位的，先进性是群团组织工作的着力点，群众性是群团组织的根本特点。有的群团组织工作和活动方式单一，进取意识和创新精神不强，存在脱离群众现象，作风需要改进，其主要根源就是工作的行政化、机关化、贵族化、娱乐化。只有通过改革，才能进一步创新群团工作运行机制，"强三性"，"去四化"，才能切实组织动员广大人民群众为完成党的中心任务而共同奋斗。

（二）科协组织职责定位的维度："四服务"，"两促进"

习近平总书记在"科技三会"上对科协组织的定位提出明确要求："中国科协各级组织要坚持为科技工作者服务、为创新驱动发展服务、为提高全民科学素质服务、为党和政府科学决策服务的职责定位……团结引领广大科技工作者积极进军科技创新，组织开展创新争先行动计划，促进科技繁荣发展，促进科学普及和推广……"当前，我国经济社会发展进入构建新发展格局的新阶段，党和政府对科协组织和广大科技工作者寄予了更高的期望，提出了更高的要求。只有通过科协系统深化改革，才能使科协组织更好地履行"四服务"职责，更好地从科技与科普"两翼"促进科技创新发展。

（三）改革方式路径的维度："三型"组织，三大功能

习近平总书记在全国"科技三会"上的重要讲话中明确提出，中国科协各级组织要"推动开放型、枢纽型、平台型科协组织建设"。这是科协组织有力有序推进改革发展的重要指南。"开放型"就是要真正走到科技工作者中间，建立联系服务科技工作者的直通车，为他们排忧解难，积极听取他们的意见建议，把科技工作者的智慧凝聚起来，使科协组织真正成为科技工作者之家；"平台型"就是要建立扁平化、网络化的服务管理模式，搭建科技工作者发挥聪明才智和业务专长的大平台、大舞台；"枢纽型"就是要通过各级学会、基层组织来建立链式和网络式的多向联系服务体系，充分发挥学会联系科技工作者的枢纽作用，在学会治理上不断取得更

大突破。“开放”是“三型”科协组织的前提，“枢纽”是“三型”科协组织的核心，“平台”是“三型”科协组织的支撑，三者相辅相成、有机统一。中央批准印发的《科协系统深化改革实施方案》提出了科协的三大功能，即党领导下团结联系广大科技工作者的人民团体，提供科技类公共服务产品的社会组织，国家创新体系的重要组成部分。其中，特别明确科协组织为国家创新体系的重要组成部分，是科技创新主战场上的主力军之一。

二、科协改革理论创新的实践与探索

2017 年以来，江西省科协按照中央和省委关于群团改革及科协改革的决策部署，全面落实省委办公厅印发的《江西省科协系统深化改革方案》，省科协改革主体任务得以全面完成。同时，大力加强对市、县科协改革工作的指导。11 个设区市科协、100 个县（市、区）科协改革主体任务全面完成并取得显著成效。尤其是赣州市科协、德安县科协作为中国科协改革试点单位发挥了典型示范作用。其中，省科协精心指导下的赣州市科协改革工作连续两年在全国科协系统改革试点单位绩效考评中名列总分第一，江西省委副书记、赣州市委书记李炳军专门作出批示对其予以充分肯定。全省科协系统改革成效渗透到了科协工作的各个方面，推动了科协事业发展水平整体提升，其中主要有四个方面的思考与探索：

（一）强化政治引领，建立团结凝聚科技工作者的长效机制是科协改革理论的根本

党的群团工作是党通过群团组织开展的群众工作，是党组织动员广大人民群众为完成党的中心任务而奋斗的重要工作。新时代推进科协改革，最根本的就是始终坚持和强化党的领导。“科协是党的科协，科协干部是党的干部”，坚定不移地将广大科技工作者团结凝聚在党的旗帜下，是深入各级科协组织骨髓的天然属性和根本属性，是灵魂所在和价值所在。必须把政治建设摆在首位，充分发挥好科协组织政治功能，把引领广大科技工作者牢树“四个意识”、坚定“四个自信”、做到“两个维护”作为科协工作的重中之重来抓，切实在建机制、强功能、增实效上下功夫。江西省科协着重抓了三点：

（1）加强了对科技工作者的思想政治引领。通过建立科技社团党组织推动学会党建、召开科技界座谈会、先进科技工作者事迹报告会，组织全省科协系统学习贯彻习近平总书记给科技工作者代表回信和在专家学者座谈会上的重要讲话精神，开

展“全国科技工作者日”庆祝活动、率先建立江西省科协党校等，以多种形式团结全省广大科技工作者听党话、跟党走。

（2）**增强了科协组织代表性、广泛性。**全省科协系统普遍建立挂职、兼职副主席工作制度。通过换届，省科协、5个设区市科协、25个县（市、区）科协提高了科协领导机构中基层科技工作者比例。

（3）**拓宽并强化了直接联系科技工作者渠道。**省、市、县三级科协均建立了直接联系科技工作者制度；强化科技工作者状况调查站点建设机制，及时准确反映科技工作者呼声诉求。

（4）**构建并优化了科技人才综合服务机制。**在省委人才工作领导小组领导下，不断优化“远航工程”“海智计划”等人才工作品牌，形成院士候选人推选、选派中青年科技人才出国进修深造、支持海外人才为国效力等多种服务机制，使各类人才项目在科技工作者中的吸引力和美誉度不断提升，也得到中国科协的充分肯定。

（二）构建“三型”组织，形成现代科协组织治理体系与治理能力是科协改革理论的目标

“三型”组织建设是推进科协改革、优化现代科协组织治理的重要任务，是去“四化”，特别是克服机关化、行政化的有力举措。要破除条块思维模式，在运行机制、工作模式上全方位进行社会化转型，最大限度地整合政府资源、社会资源、市场资源，大力推进“三型”组织建设。江西省科协主要从以下三个方面发力：

（1）**着力吸引外部创新资源进江西，推动“开放型”科协组织建设。**在省委人才工作领导小组领导下，通过对院士工作站提质增量，加速引进高端人才。建立省、市级院士工作站262家，柔性引进院士200人，院士团队专家约1300人，覆盖全省11个设区市、十大战略性新兴产业。建立国家级学会科技服务站21家，省级学会科技服务站71家。建立省级海智工作站64家，引进海外专家新增中国科协海智计划工作基地4家。成功举办“院士专家服务创新驱动江西行”“海智赣鄱行”——海外人才创新创业项目对接会，得到地方党政与企业一线的高度评价。

（2）**着力打造“网上科技工作者之家”，推动“平台型”科协组织建设。**耗资413.5万的江西省科协创新服务信息化平台已建成并投入使用，正在成为提供创新创业综合服务的“网上科技工作者之家”。

（3）**着力实施学会治理结构和治理方式改革，推动“枢纽型”科协组织建设。**把学会治理创新作为科协改革必须先啃的硬骨头，推进学会改革，实施学会优胜劣汰的动态调整机制，依法依规对4个不合格省级学会予以注（撤）销；在4个省级学会开展理事会聘任秘书长制试点；建立 2 个省级学会联合体，进一步强化了学会联系科技工作者和联系产学研的枢纽功能。

（三）助力创新驱动，优化提供公共科技服务的运行机制是科协改革理论的重点

由于科技创新能够在推动经济结构调整、加快发展动力转换中发挥重要作用，其已经被提到了前所未有的战略高度。科协是提供科技公共服务的社会组织，是国家创新体系的重要组成部分，其主要任务是找到抓手，搭建平台，凝聚科技工作者为经济社会发展大局服务。江西省科协主要推出四方面举措：

（1）**聚焦服务创新驱动发展。**支持指导赣州、宜春创建全国创新驱动助力工程示范市。推动南昌、鹰潭、赣州和德安、靖安、乐安、德兴等市县建设省级“创新驱动助力工程示范区”。在省财政厅支持下，联合省邮储银行开展“银会合作”，为基层农技协、科普示范基地累计争取贷款 12 亿元。深入推进科技信息企业应用推广服务，注册应用用户 3298 家，产生直接和间接经济效益 25 亿多元，节约企业研发成本 3 亿多元。

（2）**聚焦学会有序承接政府转移职能。**推动出台并落实省委、省政府“两办”和《江西省科协所属学会有序承接政府转移职能实施方案》，促成 28 个省级学会承接 74 个政府转移职能项目，市县级学会承接 70 个政府转移职能项目。

（3）**聚焦科普资源精准推送和落地能力。**大力推进科普信息化，使传统科普方式加速向“互联网 + 科普”转变。联合省农业厅、省扶贫办深入实施科技助力精准扶贫工程。将省科技馆成建制移交省科协管理，实行主展厅免费开放，新馆已落成并部分开放；吉安、萍乡、鹰潭、抚州、赣州、上饶、景德镇等地科技馆立项建设工作成绩显著。

（4）**聚焦高层次决策咨询的针对性和实效性。**以高水平科技创新智库建设服务党委政府科学决策。联合中国航空学会在我省景德镇市成功举办 2019、2020 两届“中国航空产业大会”，在开展项目对接等活动的同时，组织省领导与院士专家座谈会，专题为江西航空产业谋划跨越发展良策。新余科协牵头建立新余市博士智库协会；吉安科协牵头建立吉安籍在外高端人才智库。

（四）激发基层活力，提升科协工作的覆盖面和系统性是科协改革理论的基石

基础不牢，地动山摇。科协改革进程中始终要注重夯实基层基础，切实做到

“哪里有科技工作者、科协工作就做到哪里，哪里科技工作者密集、科协组织就建到哪里，哪里有科协组织、建家交友活动就开展到哪里”。各级科协组织的改革是一个统一整体，必须上下联动，系统整合，形成改革合力。江西省科协主要强化了三个方面：一是接长手臂，扎根基层，不断拓展科协基层组织有效覆盖。重点加强园区、企业、高校、乡镇（街道）科协组织建设。目前，江西省园区科协建设全国领先，10 家国家级经开区、9 家国家级高新区实现科协组织全覆盖；建立企业科协 329 家，成立南昌市 VR/AR 等企业科协联盟 3 家；建立高校科协 71 所、乡镇（街道）科协 938 个、农技协 957 个。认定江西省“创客之家”28 家。二是重心下移，强化落实，将省市县科协三级联动形成常态。建立省科协领导联系设区市科协制度，班子成员每人联系 2 ~3 个设区市科协，把帮助支持市县科协创新发展纳入常态化工作。三是抢抓机遇，乘势而上，统筹推进省市县科协改革。在抓好省科协改革任务落地生根的同时，全面推进市县科协改革。以改革为契机，推动解决市县科协发展中的突出问题。5 个设区市科协科普经费增加，占比 45%。49 个县科协科普经费增加，占比 49%，在机构编制、干部交流重用、科技馆建设等方面也有显著变化、重大突破。

三、科协改革理论与实践创新中存在的问题

当前形势下，科协组织创新发展仍面临不少新情况、新问题，如科协组织内生动力不足，科协组织对学会、学会对会员的吸引力还不够强；各级科协常委会、全委会作用发挥不够；自身服务能力有待提高，科技工作者之家的凝聚力还不够；科普工作方式方法的创新满足不了日益增长的科普需求；一些科协基层组织工作手段落后，财政投入欠账多，信息化又形成了新的短板；等等。有必要认真梳理科协改革的理论创新与实践探索，继续用足用好改革这个关键一招，保持勇往直前、风雨无阻的战略定力，推动科协组织进行更深层次改革，服务国家治理体系和治理能力现代化，为服务新发展格局提供强大动力。

四、推进科协改革理论与实践创新的对策与展望

改革永远在路上，只有进行时，没有完成时。江西省科协针对工作面临的新变化、新问题，设想从五个方面进一步推进科协改革走深走实，使科协工作体现时代性、把握规律性、富于创造性，与经济社会发展大局同步合拍。

（一）以做实地方科协党校为龙头，进一步提升科协组织引领力

科协是党领导下的人民团体，必须通过改革，不断增强自身政治性、先进性和群众性，把学习贯彻中央重大决策部署贯穿始终，把自觉接受党的领导、团结服务科技工作者、依法依章开展工作有机统一起来，坚定不移地走中国特色社会主义群团发展道路，必须坚持党要管党、从严治党，加强党的建设，严明政治纪律，强化政治担当，不断夯实党在科技界的执政基础。

（1）建好江西省科协党校，推进科协组织党建工作。推进省、市、县科协三级科技社团党的建设。充分发挥江西省科协党校作用，开展“党建强会”行动，加强科技工作者培训和学会党建业务培训，推动学会党的组织和党的工作有效覆盖。充分发挥学会党组织作用，引导广大科技工作者把爱国情、强国志、报国行自觉融入坚持和发展中国特色社会主义事业之中。

（2）拓展“3+1”试点，强化基层组织建设。深入开展提升基层科协组织力“3+1”试点工作，强化对基层组织的业务指导。不断加强高校、企业、社会组织、新型科研机构科协组织建设。根据中国科协拟出台的《关于加强县级科协工作的意见》，适时出台《关于进一步加强县级科协工作的实施意见》。

（3）打开工作思路，加强科协干部队伍建设。加强科协干部培训，采取赴发达省份学习培训等多种方式，帮助科协干部拓宽视野、打开思路，激励科协干部锐意进取、开拓创新，打造新时代高素质科协干部队伍。

（二）以强化科技公共服务产品供给为支撑，进一步提升科协组织创新力

强化科技公共服务产品供给能力，重在搭建平台、协同创新、实现资源和要素有效汇聚，通过突破创新主体间的壁垒，充分释放人才、资本、信息、技术等创新要素活力而实现深度合作。科协具有人才荟萃、智力密集、联系广泛的独特优势，通过深化改革，在开展协同创新、助力创新发展方面将有更大作为。

（1）以做强“三站”为重点，进一步创新科技成果转化机制。深入实施学会科技服务站、院士工作站、海智工作站等“三站”量质提升工程。新增一批国家级学会科技服务站及省级学会科技服务站，覆盖全省重大产业，搭建产学研用、人才培养协同创新平台。强化院士工作站评估管理，提升院士工作站工作实效。加强海智工作站建设，推动海外智力服务创新创业。推进实施“科技信息企业推广应用服务项目”。组织开展创新方法大赛，培养一线创新人才。搭建线上线下创新资源对接平台，营造全社会创新创业良好环境。

（2）**以科普上“云”为重点，进一步创新科普公共服务机制。**积极应用抖音、云直播等新型科普传播的形式与内容，做好融媒体时代的全民科普。开展“赣鄱科普大讲堂”，拓展社区科普工作覆盖面。创新升级现代科技馆体系，推进省科技馆新馆全面建成开放。充分发挥农村“科技小院”作用，提高农业实用技术培训针对性，助力打赢脱贫攻坚战和实施乡村振兴战略。进一步推动科普纳入省、市、县三级年度绩效考核体系，提升科普工作实效性，确保实现2020年全省公民具备科学素质的比例与全国同步达到10%以上的目标。

（3）**以打造高端智库为重点，进一步创新党委政府决策服务机制。**着力组织重大课题研究。围绕“打好三大攻坚战”“构建江西特色现代化产业体系”等全省重大课题，由院士领衔，开展一系列高端决策咨询活动。优化科技创新智库顶层设计，完善跨部门协调机制，加强选题库、数据库、成果库建设。建立完善以高端人才为支撑的智库网络服务体系。

（三）以优化学会治理为关键，进一步提升科技社团活力

学会改革是科协改革的重点和难点。学会改革的目标是建立一个符合国家治理要求、适应社会主义市场经济体制、适应国家创新体系要求的学会治理体系。社会组织是社会治理的重要力量。要紧紧抓住党建带群建、政府职能转移等机遇，进一步推动深层次的学会改革。

（1）**优化学会治理结构和治理方式。**要以党建带群建，深化学会改革。紧扣学会秘书处实体化建设、秘书长专职化管理这个根本点，加强重点制度建设，为建设一流学会提供制度保障。

（2）**创新学术交流活动方式。**深入实施学术引领高质量发展工程，创新“会、展、赛（商）”活动模式，提升学术交流的质量和实效，切实为我省经济社会发展引智、引技、引才。围绕我省战略性新型产业发展，积极培育若干全国知名的品牌主场学术会议，促进科技与经济的深度融合。

（3）**持续推动学会承接政府转移职能。**紧紧抓住政府职能转变、简政放权的契机，继续推动学会承接认定、评估、论证、鉴定、咨询等服务事项，创新学会工作内容和工作平台，提升服务能力，展现科技价值。

（四）以建设智慧科协为抓手，进一步提升科协组织服务力

智慧科协不是简单的信息化，也不是简单的信息联通，而是用一种新的科技社

交方式，把分布在各个领域、各个行业的科技工作者联系起来，形成网上社区，通过数据挖掘和精准识别需求，使线上联通和传统线下活动有机结合，增强线上联系的广泛性和连续性，提高线下效率，这是对科协组织流程、服务流程的又一次变革。某些垂直式组织体系生命力越来越弱，改革就是要用新的理念、新的载体、新的方式推动组织体系网络化。要在高校、企业、农技协、新型研发机构等团体中构建网上科协组织，形成网络，形成团队，形成功能。要从三方面更好地发挥江西省科协创新服务平台的作用：

（1）**抓好建管并重**。将科协组织建在互联网上，加强对科技工作者的网上联系、动员和服务。结合业务工作，全面运行使用申报评审、人才数据库、科普信息化、院士工作站、“远航工程”、“海智工作站”等方面的功能，加强管理，不断完善。

（2）**抓好融合互通**。加强与中国科协信息中心、企创中心、学会服务中心等部门单位的对接，探索建设在线科技文献数据库、科技成果开源共享平台。与中国科协的科技工作者之家网——“科界”融合互通，打造科技工作者社交平台、学术交流平台和科研成果供需对接平台，增强网上群众组织力。

（3）**抓好“互联网+”应用**。整合学会专家数据库、“双创”平台、“网上服务”、科普综合平台等多方面资源和应用，实施“互联网+学术交流引导”计划，开展各类网上咨询和科技服务。

（五）以加强系统联动狠抓落实为重点，进一步提升科协组织执行力

“一分部署，九分落实。”相对于改革的部署，改革的落实更为重要。要做到上下联动抓落实、政策激励抓落实、过程控制抓落实，这样深化改革才能真正落到基层、落到实处。重点优化以下三个机制：

（1）**优化民主办会机制**。进一步调动专兼职干部的积极性，变专职干部“一肩挑”为委员、代表“众人抬”；深入实施科协组织联系服务科技工作者的管理办法，通过提升服务质量水平调动广大科技工作者的积极性。

（2）**优化系统导向机制**。进一步强化省、市、县三级科协组织及基层科协组织系统联动，形成工作合力。深化直属单位管理机制改革，提高事业单位竞争力。指导市县科协坚持问题导向深化改革，推动县级科协不断创新发展，推动科协资源向基层组织延伸，切实增强改革的系统性和整体推进效果。

（3）**优化过程控制机制**。做好全省科协组织“十四五”规划顶层设计，通过设立基础性、前瞻性的大项目进一步推动科协平台型、枢纽型、开放型工作大格局的

形成。完善工作推进机制，及时协调和督查工作落实。加强科协工作绩效考评。拓展深化“第三方”考核评估，不断提高科协工作科学化水平。

参考文献

[1]郭哲．变革时代的科协组织理论创新[N]．科普中国网,2016-12-5.

[2]申承建．深化基层科协系统改革之浅见[J]．科协论坛，2017(4):46-48.

[3]杨珺,冉登峰．关于构建基层科协创新平台推进大众创业、万众创新的若干思考[A]．朱文辉,张利洁,等．首届科协发展理论研讨会论文集:2015[C]．北京:中国科学技术出版社,2016:350-359.

[4]重庆市科协党组理论学习中心组．大力推动“三型”科协组织建设[N]．光明日报，2017-6-12(11).

科技类社会组织参与全球科技治理的国际背景和主要路径

◎曾福林①

摘　要　共商共建共享的全球治理观作为习近平新时代中国特色社会主义外交思想的重要组成部分，是中国积极参与全球治理体系改革和建设的基本理念和主张，对构建新型国际关系产生积极而深远的影响。面临百年未有之大变局和发展变化的国际形势，科技类社会组织作为国家治理体系和治理能力现代化的一个重要主体，应发挥其学科齐全、专业化高、交流广泛等优势，积极主动地参与全球科技治理，提升我国科技界的国际话语权和治理影响力。科技类社会组织参与全球治理体系改革和建设，主要可聚焦以下路径：一是参与联合国体系的多边合作和咨商工作；二是加入科技与工程类国际组织，推荐我国科学家进入国际组织任职；三是开展“一带一路”科技人文合作和公益帮扶；四是开展全球科技治理的研究和智库建设。

关键词　全球化；科技类社会组织；全球科技治理；国际科技组织

① 曾福林，北京国际科技协作中心主任，工程师。主要研究方向为国际科技组织交流合作，科技社团国际交往，国际技术转移。地址：北京市朝阳区育慧里4号。E－mail：fulin. zeng@ aliyun. com.

当今世界正面临百年未有之大变局，伴随国际形势的发展变化，全球治理成为新形势下全球化的重要命题。世界各国相互关系愈加紧密，单边主义、保护主义却出现抬头，推动全球治理体系变革成了国际社会的呼声；而在这场变革中，中国的角色也越来越重要。党的十九大以来，中国为全球治理体系的构建与发展作出了重要贡献，日益成为全球治理体系的中坚力量。共商共建共享的全球治理观作为习近平新时代中国特色社会主义外交思想的重要组成部分，是中国积极参与全球治理体系改革和建设的基本理念和主张，对构建新型国际关系产生积极而深远的影响。参与全球治理涉及各个领域，科技类社会组织是国家治理体系和治理能力现代化的一个重要主体，发挥其学科齐全、专业化高、交流广泛等优势，积极引导其参与全球科技治理，是中国参与全球治理体系改革和建设的重要组成部分。

一、全球治理瓶颈与中国的全球治理观

全球治理是全球化和多边主义发展的重要产物，国内国际形势的重大变化使全球治理成为重要议题，也激发了全球治理体系的变革。全球治理理论（Global Governance）最初由德国原总理维利·勃兰特于1990年担任德国国际发展委员会主席时提出。1992年，28位国际知名人士发起成立了“全球治理委员会”，并于1995年发表了名为《天涯成比邻》（*Our Global Neighborhood*）的研究报告。该报告从实践层面定义了全球治理的内涵：“治理是各种各样的个人、团体——公共的或个人的——处理其共同事务的总和。这是一个持续的过程，通过这一过程，各种互相冲突和不同的利益可望得到调和，并采取合作行动。这个过程包括授予公认的团体或权力机关强制执行的权力，以及达成得到人民或团体同意或者认为符合他们的利益的协议。”自20世纪90年代以来，世界政治领域的许多学者开始使用“全球治理”概念，并以此为基础将全球变革及其内涵作为探讨国际关系的重要问题。全球治理理论的提出及其实践，顺应“冷战”后世界多极化发展趋势，为此后的全球变革带来了积极影响；而在此过程中，各国政府和政府部门、正式的国际组织及非正式的全球公民社会组织也逐渐成为参与全球治理的三大主体。

全球化是人类社会发展历程中的主导潮流，但在当前，多边合作存在普遍问题，激励不足、“搭便车”文化和制度非中性的程度进一步加剧，“治理失灵”致使世界对中国参与的诉求与日俱增。一些常规上引领全球化、提供全球公共产品、驾驭全球治理方向的传统发达经济体开始带头质疑全球化；而新兴经济体国家的贡献日益增加，却享受不到与之对称的国际话语权。

进一步顺应新时代发展潮流，统筹好国内国际两个大局，党的十八大以来，中央对中国参与全球治理极为重视。2015年10月12日，中共中央政治局专门就“全球治理格局和全球治理体制”开展集体学习，习近平总书记发表重要讲话，系统阐明了中国参与引领全球治理体系改革的新理念；讲话强调，中国参与全球治理的根本目的，就是服从服务于实现“两个一百年”奋斗目标、实现中华民族伟大复兴的“中国梦”；要推动全球治理向着更加公正合理的方向发展，为中国发展和世界和平创造更加有利的条件。此后，中国围绕着参与全球治理开展了积极有效的实践，以推进“一带一路”建设与沿线国家区域治理为抓手，推动构建“人类命运共同体”。

党的十九届四中全会围绕着坚持和完善中国特色社会主义制度、推进国家治理体系和治理能力现代化，进一步提出了要高举构建人类命运共同体旗帜，秉持共商共建共享的全球治理观，倡导多边主义和国际关系民主化，推动全球经济治理机制变革。推动在共同但有区别的责任、公平、各自能力等原则基础上开展应对气候变化国际合作。维护联合国在全球治理中的核心地位，支持上海合作组织、金砖国家、二十国集团等平台机制化建设，推动构建更加公正合理的国际治理体系。这一理念系统地阐明了新时代参与全球治理的基本原则和主要方向，也为各参与主体开展全球治理合作，寻求合作最大公约数提供了强有力的工作指南。党的十九届五中全会再次明确了要推进各领域各层级对外交往，推动构建新型国际关系和人类命运共同体，坚持多边主义和共商共建共享原则，积极参与全球治理体系改革和建设。

二、社会组织参与全球治理的历史与现状

社会组织是公共关系的重要构成要素，是人们为了有效地达到特定目标，按照一定的宗旨、制度、系统建立起来的共同活动群体；社会组织产生的动力来源于功能群体的出现以及群体正式化的趋势。当这一群体参与到国际公共关系中，在全球治理理论中，它将被表述为非正式的全球公民社会组织。根据莱斯特·萨拉蒙的理论，全球公民社会是指公民或公民群体进行跨国结社或活动，它包括国际非政府组织和非政府组织联盟、全球公民网络等活动；而随着全球性问题的凸显，“全球公民社会”的理念逐渐受到了联合国和国际社会的重视，各方开始不断推动全球公民社会组织成为参与全球治理的一个主体。

参与联合国等政府间国际组织事务及其咨商工作，是社会组织参与全球治理的主要方式。联合国经济及社会理事会作为按照《联合国宪章》设立的处理人口、世界贸易、经济、社会福利、文化、自然资源、工业化、人权、教育科技、妇女地位、

卫生及其他有关事项的联合国机构，以及协调联合国内部各专门机构的经济和社会工作的机构，为社会组织参与联合国事务提供了通道。此外，举办民间论坛和会议、通过各类媒介提出倡导建议等，也是社会组织影响全球治理的常用方式。西方国家社会组织产生较早，可追溯到17世纪的慈善组织，伴随着资本主义经济发展和殖民扩张，这些社会组织也实现了从国内活动到跨越国界的发展；特别是“冷战”结束后，西方国家社会组织国际化进程不断加快，在国际事务和全球性问题解决中的作用也凸显出来。如美国的社会组织发端于其公民社会基础，目前其庞大的公共组织已经承担大量的公共产品和公共服务供给，而其中的一些行业协会、工会组织已经在国家治理和全球治理中形成了影响力。

20世纪90年代以来，西方传统发达国家通过鼓励和支持其社会组织参与全球治理，传播其全球治理话语，推行其“普世价值”；通过向社会组织提供政策指导、资金支持等实现其外交目的。随着全球公共问题的凸显和国际局势的复杂化，社会组织参与全球公共事务将更具普遍性和重要性。当前，全球治理体系作为全球公共权力的一种分配方式，仍由西方国家占据主导地位，发展中国家处于边缘地位；随着全球化逐步深入、全球公共事务的增多以及发展中国家的壮大，全球治理体系亟须更新完善。

对于中国来说，要实现共商共建共享的全球治理观，参与全球治理体系改革和建设，就应当更加重视、引导和培育我国的社会组织，将其发展成为参与全球治理的重要力量。2016年7月5日，习近平主席在给二十国集团民间社会（C20）会议的贺信中也明确指出，“民间社会组织是各国民众参与公共事务、推动经济社会发展的重要力量”。成立于2005年的中国民间组织国际交流促进会作为专门从事国际交流与合作的民间组织联合体，致力于广泛联系国际国内有关民间组织和人士，推动我国社会组织参与国际非政府组织的交流与合作，通过推动其参加重大国际活动、参与联合国经社理事会咨商工作等，带动我国社会组织走上世界舞台，开展社会发展、科学教育、医疗卫生等领域国际合作，并于2017年牵头成立丝绸之路沿线民间组织合作网络，在促进我国社会组织参与全球治理进程中迈出了重要一步。

中国的社会组织国际化的起步较晚、水平较低、影响力较弱，在参与全球治理的过程中存在很多挑战，但是伴随着不断开放发展的格局，中国的社会组织凭借其灵活性、专业性等特征，与企业“走出去”、学术“走出去”等同步，逐渐参与到全球多层治理的不同领域，也积极推动了我国公共外交事业的发展。这其中，科技类社会组织凭借其国际科技组织体系健全、国际学术交流和科学家交流活跃、组织国际化和专业化水平高等特点，已经在社会组织参与全球科技治理中崭露头角，成为中国参与全球治理不可忽视的新生力量。

三、科技类社会组织参与全球科技治理的必要性和主要路径

科协组织及其所广泛联系的科技类社会组织，是参与全球科技治理体系改革和建设的一支重要力量。习近平总书记在2016年的“科技三会”上指出，“推动开放型、枢纽型、平台型科协组织建设，接长手臂，扎根基层，团结引领广大科技工作者积极进军科技创新，组织开展创新争先行动，促进科技繁荣发展，促进科学普及和推广，真正成为党领导下团结联系广大科技工作者的人民团体，成为科技创新的重要力量”。以此为指导，经过多年实践探索，中国科协在其《面向建设世界科技强国的中国科协规划纲要》（以下简称《规则纲要》）中明确提出深度参与全球科技治理，包括规则制定、议程设置、舆论宣传、统筹协调，积极参与引领全球科技治理体系改革，要加强国际组织任职后备人选的推选和培养；在作为《规划纲要》前三年的实施方案《中国科协事业发展三年行动计划（2018—2020年）》中，明确将科技外交助力工程作为六大重点工程之一。

科技类社会组织参与全球治理体系改革和建设，应当发挥其学科门类齐全、专家资源丰富、组织模式灵活、国际交往广泛等特点，按照社会组织管理有关条例和办法，在各级科协组织指导下，扩大工作边界，提升国际水平，积极参与全球科技治理的工作。

一是积极参与联合国体系的多边合作和咨商工作。联合国体系中的气候变化大会、科技创新大会等都是科技类社会组织进入国际科技治理体系的有效通道。此外，《联合国宪章》及联合国经社理事会的1296号决议，明确规定非政府组织可享有联合国经社理事会的咨商地位；申请咨商地位，参与咨商工作，是参与全球治理的重要路径。如中国科协作为联合国经社理事会特别咨商机构，聚焦生命科学与人类健康、环境与气候变化、通信与信息技术等领域，参与联合国体系的活动与研究，为各领域的科技类社会组织及其所联系的科技工作者参与咨商工作畅通了重要渠道。

二是积极加入国际科技组织，推荐我国科学家进入国际组织任职。科学是无国界的，通过加入本学科领域的国际重要科技组织，成为其成员单位参与各项科技政策、标准的制定，开展国际科学合作，可以为中国的科技类社会组织和科学家获取更大的国际话语权；通过科学家参与国际组织事务，发挥在全球科技治理和国际标准制定中的积极作用。我国科学家李静海于2018年当选国际科学理事会（ISC）副

主席，龚克于2019年就任世界工程组织联合会（WFEO）主席等，均表现出中国科技类组织在这方面的积极努力。围绕增强参与重要国际科技组织事务的能力，中国科协积极开展了国际组织任职及后备人员培训，这也有效提升了我国科技工作者参与全球科技治理的水平。

三是积极开展“一带一路”科技人文合作和公益帮扶。“一带一路”以政策沟通、设施联通、贸易畅通、资金融通、民心相通为路径，是新时代对外交往的亮丽名片；加强与“一带一路”沿线科技类社会组织的交流，促进“一带一路”科技工作者民心相通，对发展中国家开展科学、技术领域的公益帮扶，是科技组织参与公共外交的重要措施。其中，中国民间组织国际交流促进会等发起成立的丝绸之路沿线民间组织合作网络，中国科协所开展的“一带一路”国际科技组织合作平台建设等进一步为科技类社会组织参与“一带一路”科技人文合作畅通了渠道。

四是开展全球科技治理的研究和智库建设。2019年6月，中国科协党组理论学习中心组专门就推动全球科技治理格局和科技治理体制创新举行集体学习，进一步提出要积极构建以我国为主的国际科技交流平台，不断增强我国科技界在世界科技舞台的影响力，使其在世界科技治理体系中有更大作为。2019年1月，中国科协、清华大学联合成立科技发展与治理研究中心，并于11月在北京举办全球科技发展与治理国际论坛，致力于围绕服务科技支撑社会治理、推进国家治理体系和治理能力现代化，打造中国特色、国际水平的高层次国家科技治理智库，也为科技类社会组织提供了有效的平台。

综上，科协组织及其广泛联系的科技类社会组织的实践探索提供了各种新的平台，也为科技类社会组织进一步发挥新生力量作用，参与全球科技治理指明了发展方向。但科技类社会组织所普遍存在的国际交往能力不足、专职人员力量薄弱、外部法律和资金支持不够、与境外非政府组织交往经验不足等问题，仍是制约其参与全球科技治理的重要因素。针对这些问题，一方面要加强对其的政策指导、能力培养和资源支撑，推动其真正地融入国际环境中；另一方面还要提高其政治站位，通过社会组织党建工作，加强基层党组织的作用发挥，使科技类社会组织与境外非政府组织的合作始终沿着政治正确、开放共赢的方向发展，切实为我国提升国际话语权和参与全球科技治理提供服务。

参考文献

[1] 中共中央关于坚持和完善中国特色社会主义制度、推进国家治理体系和治理

能力现代化若干重大问题的决定．2019－10－31.

［2］中共中央宣传部．习近平新时代中国特色社会主义思想三十讲．［M］．北京：学习出版社，2018.

［3］莱斯特·萨拉蒙．全球公民社会非营利部门国际指数．［M］．北京：北京大学出版社，2007.

［4］张宇燕，任琳．全球治理：一个理论分析框架．［M］．国际政治科学，2015(3).

［5］高政豪．美国社会组织管理以及对我国的启示．［M］．现代经济信息，2018(7)：29－30，156.

［6］徐静，等．中国社会组织参与全球治理的国际化战略和路径研究．中国社会组织公共服务平台，http://www. chinanpo. gov. cn/700105/92413/newswjindex. html.

［7］［瑞典］英瓦尔·卡尔松，什里达特·兰法尔。天涯成比邻——全球治理委员会的报告［M］．赵仲强，李正凌译．北京：中国对外翻译出版公司，1995：2.

［8］任琳．中国全球治理观：时代背景与挑战．人民网：http://theory. people. com. cn/n1/2018/0418/c40531－29934519. html，2018.

［9］中共中央关于坚持和完善中国特色社会主义制度、推进国家治理体系和治理能力现代化若干重大问题的决定．2019－10－31.

［10］习近平．为建设世界科技强国而奋斗——在全国科技创新大会、两院院士大会、中国科协第九次全国代表大会上的讲话．2016－05－30.

创新网络国际化运作模式探索

◎王旭丽①

摘　要　本文从创新网络的定义、法源、规范、管理和典型案例的角度入手分析，按牵头发起人“政府机构”“社会组织”和“企业单位”分类，发现依托、链接科技社团开展国际化运营是创新网络运作的基础。在从网络构成上组织关系弱链接，到人事关系强链接的转化过程中，成员间的相互协作、协助、协调和协同是创新网络运营的关键。

结合典型案例，找出创新网络、创新载体、创新基地、创新体系之间互相搭载、嵌套的规则，从中可以发现创新网络在实践中运营的特征、特色、特性和特别之处及开放型、枢纽型、平台型特点，分析创新网络借助科技社团开展国际化运营的要点，从而总结出利用国际间科技创新资源的协同互补、有机互动、协同高效、资源开放共享国际化运营的规律和特点，并提出适合中国国情的创新网络国际化运作建议。

例如：国际技术转移协作网络搭建在中国国际技术转移中心之上；而亚欧科技创新发展网络嵌套在亚欧科技创新合作网络中，同时亚欧科技创新孵化网络嵌套在前两者生态圈中；中国科谷科技集聚创新网络嵌套在中国生产力促进系统生态圈中；“中国海智计划网络”“科创中国”与“科普中国”网络嵌套在中国科协学会共同体网络生态中。

关键词　创新网络；亚欧合作；国际交流；亚欧科技；网络协同

①　王旭丽，亚欧科技创新孵化网络，战略研究员。主要研究方向为科技创新、国际合作、产业孵化、网络协同。地址：深圳市福田区益田路5033号。E－mail：yokj888@163.com.

笔者自2015年开始从事孵化器工作，进入科技、产业孵化领域，逐渐接触到社会组织、科技社团、创新网络、技术转移和国际交流等工作。2017年直接介入国际化创新网络（亚欧科技创新发展网络）具体运营与管理，2018年推动国际化创新网络（亚欧科技创新孵化网络）筹备、发起、落地和运作，并被推选担任秘书长一职和依托执行单位负责人。

在上述工作过程中，得到包括中国国际科技合作协会刘俊参赞、中国科技体制改革研究会王宇秘书长等多位老师的指导，并阅读包括“美国制造创新研究院解读”等文献资料。特别是2020年参加合作机构申报广东省科技厅“2019—2020年度国际科技合作专题”课题座谈会，查阅更多“创新网络”“科技团体”“国际化合作与交流”文献而有所心得，并在此基础上，开始创新网络国际化运营探索研究。

本文分别从缘起定义、研究框架、案例分析、应用建议等四个方向并结合国内实践案例从跨学科、跨领域、跨视角等不同维度论述。

一、缘起定义

2018年，习近平总书记在两院院士大会上指出：“要坚持以全球视野谋划和推动科技创新，全方位加强国际科技创新合作，积极主动融入全球科技创新网络！”

随着经济全球化和知识经济的不断发展，为更加适应新时期国际创新合作发展机遇，需要探索对科学研究、技术创新、技术试验、产业合作、网络协同、产业发展、城市规划等领域，进行跨领域、跨学科的不断交叉与融合，尝试把创新资源集成化、创新主体协同化、创新知识协助化等要素聚合，形成复杂、多维、稳定或协议链接的创新网络。

（一）创新网络

创新网络是一种开放式创新载体和市场化组织结构；分为“区域”和“节点”两个层面，包括科学（学术共同体）、技术（共性技术应用）、产业（跨界融合）和协同（生态竞合）等创新网络的四种发展模式。其特点：“区域创新网络”可以是网格组织，也可以是分布式生态圈；“节点创新网络”可以自成体系，又搭载、嵌套在区域创新网络之中，也是大生态圈中的引擎节点。

1. 区域创新网络

“区域创新网络”是指地方参与主体（企业单位、科技中介和地方政府以及科研、产业、资本等）机构之间，在合作与交流的过程中，逐渐形成相对稳定的生态网络系统。

2. 节点创新网络

“节点创新网络”是指特定范围内的创新主体（企业、团体和政府），通过网络化创新合作，提升自身创新价值能力，通过契约关系建立新的体制机制，创设网络化发展的新型组织模式。

例如：中国海智计划网络、科创中国网络、国际技术转移协作网络、亚欧科技创新合作网络、中关村创新网络、北京技术交易服务网络、高新技术园区创新网络等，都是典型开放的“区域创新网络”；而技术协同网络、5G应用创新网络、3C企业标准创新网络、政府双创服务网络等都是自主“节点创新网络”。

（二）国家创新体系

国家创新体系建设中的一项重要内容就是建设网络化科技中介服务体系，科技社团通过创新网络组建国际科技组织，构筑国际化合作通道与新型产学研用协同创新系统。通过搭建国际化网络交流合作平台，促进创新技术分享和创新人才培育，开展国际科技创新合作，主动配置全球创新资源，参与全球科技创新的供应链、产业链重构。

相关定义：

（1）**创新载体**：为聚集科技创新产业发展而提供服务的网络化公共服务平台、专业技术服务平台和科研机构、产业生态创新中心、产业园区、孵化器、研究院等。

（2）**创新基地**：围绕发展目标，面向科技前沿、面向经济主战场、面向重大需求，推动跨领域、跨部门、跨区域的协同创新，开展科技创新基础研究、产业共性关键技术研发、科技成果转化及产业化、科技资源共享服务等支撑科技创新落地的空间载体。

（3）**创新体系**：受主导主体目标牵引，充分发挥市场配置资源的基础性作用、各类科技创新主体紧密联系和有效互动的社会系统。

二、研究框架

目前跟创新网络有关的法源基础和上位规范，主要包括《国家中长期科学和技术发展规划纲要（2006—2020年）》《国家创新驱动发展战略纲要》《国民经济和社会发展第十二（三）个五年规划纲要》《国家高新技术产业开发区技术创新纲要》，还包括《关于深化中央财政科技计划（专项、基金等）管理改革的方案》《“十三五”国家科技创新规划》《国家科技创新基地优化整合方案》以及科技部、国家发展改革委、财政部制定的《“十三五”国家科技创新基地与条件保障能力建设专项规划》，等等。

（1）在政府机构层面，“国家国际科技合作基地”作为创新载体和创新网络的承载主体，由科学技术部及其职能机构认定，是在承担国家国际科技合作任务中取得显著成绩、具有进一步发展潜力和引导示范作用的国内科技园区、科研院所、高等学校、创新型企业和科技中介组织等机构载体，包括国际创新园、国际联合研究中心、国际技术转移中心和示范型国际科技合作基地等不同类型。

（2）在社会组织层面，则由中国科协协调统筹，以学会为基础，联合高校、科研机构、企业和政府部门等社会各类组织共同建立“科技社团联合体”。

“中国科协学会联合体”是借鉴国际科学理事会等国际组织的发展模式，通过一定工作机制形成的学会合作模式，由学科相近的学会自愿联合，组建的非法人开放型、枢纽型、平台型的“学会联合体”。

“学会联合体”重在创建学科和人才间有机互动、协同高效、资源开放共享的长效机制，与高校、科研院所、企业、政府部门等实现了广泛联合，形成共谋发展、联合攻关、协同改革的稳定体系。

本文根据主导主体的不同，按照“政府”“企业”“科研/院所”“社会团体”及“科技、金融、服务等中介机构”等创新载体类型，分类选取有代表性的国际化创新网络进行梳理、归纳和提炼，重点分析创新网络借助科技社团开展国际化运营的特征、特色、特性和特别之处。需要特别说明的是，涉及创新网络及相关主题或内容的书籍（掌阅）共计有 800 多种，多从体制、机制、定义、流程、组织、协同、技术、服务、结构、运行层面研究描述，本文是从科技团体协同角度结合中国政策与国情研究探索，是一孔之见，供批评指正。

三、案例分析

为便于归纳统计，按主导的主体我们将其简单分类为“政府机构”（包括政府机关、部门或授权机构）、“社会组织”（包括行业协会、科技社团、民非机构和基金会及事业单位）和“企业单位”（包括企业和经营性单位）三大类，实践中创新网络是互相搭载、嵌套、转换开放的、去中心化和分布式的网络。我们从历史源流、监管政策的角度提取或分类。

（一）政府主导类：根据国家政策、规划、计划和政府间共建协议发起

1. 国际技术转移协作网络

国际技术转移协作网络是以中国国际技术转移中心为空间载体和服务载体，按市场化机制搭建的国际技术转移第四方平台、建设渠道载体和网络平台载体，被科技部国际合作司与科技部火炬高技术产业开发中心共同认定为2017年度国家国际科技合作基地（国际技术转移中心类）。

中国国际技术转移中心则是依据国家科技部和北京市政府共建国家技术转移聚集区框架合作意见，由北京市科委和北京市海淀区政府为推动跨国技术转移服务机构聚集落地北京，吸引国际先进技术、人才和项目落户而打造的国家国际科技合作基地。依托科技部首批国家技术转移示范机构、北京协同创新服务联盟的运营管理单位、欧洲企业网成员——北京技术交易促进中心开展日常工作。

国际技术转移协作网络在国内多个城市设立办公室，每年组织海外创新技术3000+项，开展交流活动超过300+场次。推动国际技术转移与创新合作，承担中意创新创业大赛、中英人文科技创新活动、中美大学技术转移协作网络、中韩企业创新合作中心、亚欧科技创新合作中心、APEC技术转移与互联互通项目、中国（北京）跨国技术转移大会等国家层面的双边及多边国际科技合作品牌活动，平均每年组织、承办、参与300余场国际技术转移活动。

协作科技团体：中国国际科技合作协会、中国科技成果管理研究会等。

2. 亚欧科技创新合作网络

2014年，李克强总理在第十届亚欧首脑会议上提出倡议，建立亚欧科技创新合作中心，构筑创新发展的大平台，希腊和新加坡作为倡议的共提国，并将此倡议写入本次亚欧会议的主席宣言。

2015年，在科技部和外交部共同主办的“亚欧科技创新合作促进可持续发展研讨会”上，26个成员国代表同意将亚欧科技创新合作中心落户在中国，并表达了共同建设中心的愿望。亚欧科技创新合作中心秘书处设在北京市科学技术委员会，依托北京市国际科学技术合作协会运营，搭建业务工作平台。

2016年，全国科技大会提出“深化科技创新开放合作，融入全球创新网络，协同建设亚欧科技创新合作中心”，开始拓展市场化合作渠道，搭建亚欧科技创新合作网络平台。

2017年，亚欧科技创新合作中心提出解决共同关切，促进共同繁荣，发掘亚欧

科技创新合作新机遇，搭建多层次、多领域创新资源对接平台倡议，促进跨国技术转移成果转化落地。引导技术转移、知识产权、创业服务、科技金融、科技咨询等专业服务机构组成亚欧科技创新合作协作网络。

协作科技团体：由北京市国际科技合作协会承办运营，中国国际投资促进会等多家支持。

（二）社会组织主导类：由社会组织从第三部门角度或社会公共平台的角度主导发起

（1）**“海外智力为国服务行动计划”**（简称海智计划）由中国科协与35家海外科技团体于2003年12月共同发起，2004年2月正式启动实施，得到国家中组部、人事部（现人社部）的支持。海智计划旨在发挥桥梁纽带作用，加强与海外华人科技团体的联系，充分发挥海外人才和智力优势，发动全国学会和地方科协共同参与，为海外人才回国工作、为国服务搭建平台。

（2）**“科创中国”**是中国科协打造的品牌，旨在构建资源整合、供需对接的技术服务和交易平台，以发现企业需求价值和构建园区产业链为重点，通过探索产学融合的组织机制和激励机制，实现人才聚合、技术集成、服务聚力，推动技术交易规范化、市场化、国际化，建设创新、创业、创造生态，让科技更好地服务经济社会发展。

“科创中国”将充分运用数字化、网络化手段，搭建志愿服务、产学融合、技术交易服务平台，以跨界融合的组织力推动人才、技术等要素聚合，构建从基础研究、技术转化、市场服务、国际合作到人才培育、政策制度等全链条创新生态体系，并形成“科创中国”与“科普中国”比翼齐飞的工作格局。

协作科技团体：中国科协学会联合体、全国多家科技社团共同参与。

（三）企业主导类：根据国家或社会需要，由企业在国家政策倡导、鼓励和支持下，以市场化方式发起

1. 中国科谷创新网络

中国科谷是科技创新、科技金融结合、科技成果转化及科技资源整合为企业赋能的特大型科技与产业综合服务平台。由国务院参事石定寰等领导于2016年2月提出、策划并倡导，中国生产力促进中心批复项目实施（中生协函〔2016〕46号文件）——在国家发改委、科技部、工信部等多部委相关机构及深圳市委市政府支持下，由中国生产力金融专委会发起，深圳科谷集团、科谷研究院与三大央企、四大金融机构共同合作，是集策划、规划、投资、建设、招商、运营六位于一体的科技

集聚创新网络与产业创新共同体及更高层次的协同创新平台。

协作科技团体：由中国生产力促进中心协会、中国生产力学会及中国生产力促进系统成员支持。

2. 亚欧科技创新发展网络

亚欧科技创新发展网络是为了发掘亚欧科技创新合作新机遇，在促进地区和集群之间的合作、探索新市场化协同合作机制，由亚欧科技创新发展公司搭建的多层次、多领域创新资源对接平台。

作为一种技术创新网络，协同中国国际技术转移中心、北京技术交易促进中心等多家国内地方国际技术转移机构，发起“亚欧科技创新发展计划”，主要在境内外打造“国际科技合作基地”，推动跨国科技条件资源共享。已经陆续与亚欧地区53个国家、地区的技术转移创新机构签约，建立项目信息交流平台。更偏重企业和实体经济发展，重资产投资，重点参与园区、基地规划建设等。

协作科技团体：中国科技体制改革研究会、中国国际科技合作协会等。

3. 亚欧科技创新孵化网络

亚欧科技创新孵化网络嵌套在亚欧科技创新发展网络之中，同时又自成体系，成员动态合作，按照共同而有区别的原则约定共建社会化网络，依托单位亚欧科技创新孵化有限公司，承接亚欧科技创新发展网络原有的产业孵化、服务赋能等功能，轻资产运作；主要方便从事孵化前、竞争前、转移前、扩散前、立项前、论证前等前端基础性科技中介、中间试验、技术转移示范、生产力促进和科技集聚区系统导入服务工作，侧重网络化的服务与协同。

协作科技团体：中国科技体制改革研究会、中国国际科技合作协会等。

（四）特征、特色、特性和特别之处

我们通过查询相关案例的网站和公开新闻报道，整理上述有代表性的创新网络资料，发现一个有趣的现象，创新网络类似于一个网络服务平台，通过举办学术论坛、开展主题座谈研讨等方式来实施推进创新网络（联合体）的具体任务分工、细化。主要将其共性归纳总结成下面几点。

（1）特点：组成创新网络（联合体）的机构和个人在联合体开展活动时联系较多，根据协作介入的深度或程度不同，社会化的创新网络都跟科技社团及社团主要成员个人有较强协同与合作。

创新网络在发起时均由牵头发起方邀约其他科技社团或社团主要个人成员介入，

形成民法通则上的“联合体”和合同法中的“产业化合同”契约概念。将形成最基本、最低程度上的非法人、非利益型，通过共同而有区别的约定，共建创新共同体。表现在实践运行中一般要有依托单位或执行机构。其中依托单位偏社会化、虚体化，讲究品牌，执行机构偏企业化、实体化，注重效能。

（2）特征：在创新网络构成上组织社团机构表现出弱链接状态，主要成员个人则表现出强链接关系。

原因是科技社团作为多学科、多领域、高层次科技工作者的聚合体，具有跨学科、跨专业的网络组织丰富的人才智力资源，这些有利于孕育创新的组织特征是其他社会机构难以比拟的。

通过某种形式的联系和沟通，实现信息、人员、设备、资源的互通、共享、协同、合作，以一个或多个相互认可的组织制度、结构和方式来实现相互协作，达成跨学科的学术研究、产业发展、教育培训、科学决策等共同目标。这种灵活化、便利化、表见（代理）化、契约化的科技社团参与方式可以在更大范围内、以更高的效率获得创新资源，具体表现为学科的融合新建、机构的合并重组、社团的联合协作、科技政策的重新制定等。

（3）特性：当前，在政府机构、市场主体与社会组织三大部门平行、并存、互动中，社会组织既是政府与企业的桥梁与纽带，又承接政府服务主体职能。

在实践中，依托社团组织联合政府部门、社会力量搭建网络化创新载体及契约化协作共建创新共同体是一种主流的现象。在复杂多变的国际环境下，加强跨区域、跨国技术转移、整合利用全球创新资源正成为我国科技社团发展的一种新趋势，创新网络与科技社团之间利用结构组成差异，在国家科技创新生态系统中同其他国际化组织之间形成跨界、融合、协同、互动。

（4）特色：在我国全面实施创新驱动发展战略的背景下，积极推动中国科技社团的国际化，在国际合作中具有更高的灵活性和适应性，具有跨学科、跨地域、跨产业、跨机构的结构和功能优势。

在高校、科研机构、政府部门、社团组织、企事业单位等国家创新体系中的诸多创新组织单元中，科技社团作为国家科技创新体系的重要组成部分，具有宽松的学术氛围和学术传统，其学科交叉、科技资源整合、组织机构网络等自身优势，已经成为我国科技支撑服务中的一支重要社会力量。

四、应对建议

创新网络国际化合作与交流运营建设是一项具有基础性、综合性、战略性的长期任务。截至2020年，无论是国家科技部的《国际科技创新合作专项规划》和“国家国际科技合作基地”认定支撑工作，还是中国科协所属科技社团着力加强国际化建设，在开展国际学术交流、扩大国际交流与合作、承担国际学术组织事务、创设国际组织与机构等方面都主动作为，并取得了一定的成绩，但同时也面临着较大挑战。

笔者认为：

（1）利用“国家国际科技合作基地”认定创新载体，对接中国科协所属科技社团进行国际化创新网络搭建，促进国际间科技创新资源的协同互补，全方位加强国际合作，深度参与国际科技、经济合作与竞争，不断提升统筹和综合运用国际、国内两种资源的能力。

这样能够更好地整合优化全球科技资源和要素，还可以充分利用各国的比较优势，降低科技创新的成本和风险，提高创新效率和水平。

（2）利用中国科协“学会联合体”政策及主管科技类全国性民办非企业机构优势，重点建设多学科、多领域国际化创新网络。

在此基础上参与、主导新型国际科技组织和国际科学技术共同体及科技创新高地的建设，把创新网络打造成国际创新资源集聚、学术交流活跃的多元化产业生态圈。

总结：

我国的科技社团通过建立开放型、枢纽型、平台型的“学会联合体”，与高校、科研院所、企业、政府部门等实现了广泛联合，尤其与创新载体、创新基地联合协作，可以联合政府、产业、学校、科研、群团等各种社会力量开展高度交叉融合的协同创新，是一种极具生命力和创造力的新型组织模式。

发挥科技社团在国际民间科技交往中的天然优势，依据国家《国际科技创新合作专项规划》指引参与，通过“走出去、请进来”，对于促进中国科技界融入全球创新网络、加深与各国科技界的友谊与合作、形成平等合作和互利共赢的关系具有重要推动作用。

参考文献

[1]我国科技社团组织模式创新——学会联合体结构功能之刍议[J]. 今日科苑,2019(7).

[2]饶子和. 推进学会治理方式现代化[N]. 光明日报,2016－03－29.

[3]彭纪生,吴林海. 论技术协同创新模式及建构[J]. 研究与发展管理,2000(12).

[4]方炜,王莉丽. 协同创新网络的研究现状与展望[J]. 科研管理,2018(9):39.

[5]李正风,曾国屏. 中国创新系统研究:技术、制度与知识[M]. 北京:经济科学出版社,1999: 145－149.

[6]戴淮波,张楠,柳凤祥. 科技社团协同创新体制机制的探索与实践——以辽宁省造船工程学会为例[C]. 学会,2018(7): 33－37.

[7]田恬. 中国科协生命科学学会联合体促进跨学科融合交流[N]. 科技导报,2016,34(13): 77.

[8]中国科协. 科协简介. http://www.cast.org.cn/col/col5/index.html, 2019－01－01/2019－01－07.

[9]屈昊. 国际科技合作基地运行管理研究及对策——以安徽省为例[J]. 科技管理研究,2019(15).

[10]创新驱动发展战略指导下的四川省高校国际科技合作创新平台建设[J]. 策略研究,文渊(中学版),2019(3).

[11]张昊东,陈锐,等. 科协系统改革监测平台指标设计和软件平台建设[J]. 学会,2018(4).

[12]高校科协联合组织运行研究[D]. 2018 年华中科技大学学位论文.

[13]刘心言. 我国企业创新政策研究(2006—2017)——基于政策文本的量化分析[D]. 2019 年北京化工大学学位论文.

[14]贾云淇. 组织内社会网络研究述评与展望[J]. 中国集体经济,2018(28).

[15]中国科协清洁能源学会联合体在北京成立[J]. 科技创新与品牌,2016(7).

[16]黄苇町. 建设创新型国家学习问答[M]. 红旗出版社,2006－01－01.

[17]王元钦. 军队院校融入国防科技创新体系研究[J]. 装备学院学报,2013(2).

互联网相似资源列表:

[1]从亚创联到亚欧科技,创新网络对标国际新趋势. https://www.donews.com/

news/detail/4/2997026. html.

[2]中国科协海智计划海智概览 . http://hzb. cast. org. cn/col/col242/index. html.

[3]中国科协“科创中国”泉州调研座谈会在石举行 . http://fjss. wenming. cn/jjsc/202008/t20200826_3189005. html.

[4]北京成为全球技术转移枢纽 . https://www. sohu. com/a/225382840_114731.

[5]郑大、农大再发力、河南省“国字头”国际科技合作基地达到 16 个 . http://www. tdcheml. com/article - 530982. html.

[6]力学会服务基地花落嘉兴推动科创中国试点落地 . http://tech. gmw. cn/2020 - 09/25/content_34223057. htm.

[7]科学共同体研究 | 我国科技社团组织模式创新——学会 id: www. paper-pass. com.

[8]科技杂谈:积极融入全球创新网络 - 新闻 - 科学网 http://hzb. cast. org. cn/col/col242/index. html. 7.

[9]中国科谷一期项目先导区——中国科谷生态小镇落户深圳 . http://www. zg - kg. com/news - 417. html.

[10]科学共同体研究 | 我国科技社团组织模式创新——学会 . http://dy. 163. com/v2/article/detail/EOQ00A6G0511EI2L. html.

[11]2019 年上海科创基地建设发展白皮书 http://www. ccgp. gov. cn/cggg/dfgg/jzxcs/201910/t20191022_13157056. htm.

[12]重庆市科技创新基地优化整合方案 . http://cq. xinhuanet. com/2018 - 07/16/c_1123129537. htm.

[13]中国国际科技合作网国家国际技术转移中心 . http://www. cistc. gov. cn/intercooperationbase/details. asp? column = 790&id = 82583.

[14]国际技术转移协作网络 . http://www. ittn. com. cn/article/1.

[15]国际技术转移现状与运行模式 . www. xielwb. com 2018 - 07 - 20.

议题5

探索科技人才成长规律研究

激发科技工作者开展科普工作内在潜力的政策研究

——基于黑龙江省科技工作者开展科普工作状况的调查

◎胡祥明①

摘　要　本文采取大数据分析、问卷分析和典型案例分析等方法，对黑龙江省科技工作者开展科普工作的意愿、需求及开展科普工作的方式、资源、手段、机制、经验状况，科技工作者和单位开展科普工作存在的主要障碍与困难状况进行全面调研，对存在问题的主客观原因进行深入的剖析，为更好发挥科技工作者科普源头作用，提出若干激发科技工作者开展科普工作内在潜力的具有针对性、可操作性的政策建议。

关键词　科技工作者；科普工作；内在潜力；政策研究

①　胡祥明，研究员。单位：黑龙江省科学技术协会。主要研究方向为科学社会学、科学人才学及科协学、科技社团理论与政策研究。地址：哈尔滨市保健路大众新城3期306栋3－302室。E－mail：hljkxming@126.com.

习近平总书记在“科技三会”上指出“科技创新、科学普及是实现创新发展的两翼，要把科学普及放在与科技创新同等重要的位置……希望广大科技工作者以提高全民科学素质为己任”。科技工作者是开展科普工作的源头，激发其开展科普工作内在潜力，对于2020年我国公众科学素质达到10%水平，进而实现创新型国家目标具有决定性意义。为此本课题向全省13个市（地）科技工作者发放512份调查问卷，与20个科技单位领导和专家进行座谈及深度采访，对我省科技工作者开展科普工作状况进行全面深入的调研。调研分析与建议如下：

一、科技工作者开展科普工作的现状与问题

（一）多数对开展科普工作意愿强烈、需求迫切，少数持消极态度，且与学历、职称有一定关系

1. 多数意愿强烈、需求迫切，少数持消极态度

有88.8%的科技人员主观愿意开展科普工作，有51.0%表示“科普是自己分内事，要与科研（专业）同等对待”，有37.8%表示“有时间可以搞下科普”；有88.5%表示“非常需要”与“需要”科普；有7.3%认为“科普与己关系不大”或“科普比科研地位低”，有7.5%表示“对科普不感兴趣”，有15.1%认为科普“无所谓”和“不需要”。

2. 学历、职称越高科普意愿越强烈、对科普需求越迫切

博士、硕士、本科、大专学历对科普意愿强烈比例分别为78.6%、51.9%、51.3%和47.8%，对科普需求迫切的比例分别为100.0%、94.2%、93.4%和80.4%；正高、副高、中级、初级职称对科普意愿强烈比例分别为57.4%、56.1%、54.6%和45.1%，对科普需求迫切的比例分别为97.8%、92.9%、92.1%和41.7%。说明我省科技工作者主体对开展科普工作意愿、需求是积极的，少数持消极态度。

（二）参与过至少1种科普活动方式的科技工作者比例很高，但参与每种方式的频次很低

1. 参与过至少1种科普活动方式的科技工作者所占比例很高

2017年我省科技工作者参与过至少1种科普活动方式的比例高达97.7%，比2013年全国科技工作者状况调查的45.5%翻了一番多。参加科普活动方式最多的是

“科普知识讲座与培训”“为三农提供科技服务”和“提供决策咨询”3种，比例分别为86.3%、75.2%和67.4%。从事“科技咨询”“青少年科技教育”和“接受大众媒介采访”的比例分别为66.4%、65.6%和56.1%。

2. 参与每种科普活动方式的频次很低

参加过1～3次的占绝大多数。如参与“讲座和培训”1～3次频次的高达72.8%，而参与4～6次以上频次的只有27.2%；每种科普活动方式平均参与4～5次和6次以上频次的仅占25.2%。说明我省科技工作者偶发性参与科普比例很高，经常性参与科普比例很低。

（三）参与科普活动方式与可利用科普资源、手段、机制呈现多样化态势，但存在职业间畸轻畸重现象

1. 参与6种科普活动方式状况

参与科普活动方式最多的是科研人员，其参与“讲座与培训”“决策咨询”“为青少年科技服务”“接受大众媒介采访”4种活动方式比例为最高；农技推广人员参与“为三农科技服务”活动方式比例最高；工程技术人员参与“为企业提供科技咨询服务”活动方式比例最高（见表1）。

表1　各类科技工作者开展科普工作方式状况　　%

	培训	决策	下乡	咨询	科技馆	采访	至少1项	样本量
科学研究人员	92.5	79.4	85.0	85.0	80.3	65.4	99.1	107
工程技术人员	76.0	66.6	64.0	89.3	61.3	60.0	93.3	75
卫生技术人员	90.5	62.4	67.1	61.1	58.8	49.4	94.1	85
农技推广人员	90.9	81.8	96.6	79.5	56.8	62.5	98.9	88
教学人员	77.0	43.2	52.7	40.5	73.0	40.5	94.6	74
科技管理人员	86.7	63.8	78.3	36.1	60.2	54.2	95.2	83

2. 利用5种科普资源状况

科学管理人员可利用资源最多（因其多数系单位领导，利用单位科普资源、手段、机制的机会相对比一般科技工作者要多）有4种，科研人员有3种，农技推广人员、卫生人员、教学人员均为1种，工程技术人员没有。说明企业工程技术人员相对缺乏开展科普工作的资源（见表2）。同时发现单位成立与未成立科协组织的科技人员资源利用比例，前者比后者平均每种资源利用比例高出20%多。

表2 各类科技工作者开展科普工作利用单位资源状况 %

	人力	学术	载体	信息	活动	其他	至少1种	样本量
科学研究人员	70.1	59.8	62.6	44.9	63.6	3.7	98.2	107
工程技术人员	45.3	45.3	26.7	38.6	36.0	1.2	95.4	75
卫生技术人员	47.1	42.3	64.7	34.1	38.8	2.3	96.5	85
农技推广人员	64.8	35.3	57.9	48.9	57.9	1.1	98.9	88
教学人员	63.5	43.2	44.6	51.4	37.8	2.7	96.0	74
科技管理人员	62.7	54.2	63.9	59.0	71.1	3.6	98.8	83

3. 利用7种科普手段状况

科学管理人员有5种手段利用最多，科研人员、农技推广人员和教学人员各有3种手段利用最多，工程技术人员和卫生技术人员各有1项手段利用最多。

4. 利用4项科普机制状况

科学管理人员有3项机制利用最多，科研人员和教学人员有2项机制利用最多，农技推广人员有1项机制利用最多，工程技术人员和卫生人员可利用科普机制最少。

5. 具备4项科普经验状况

在4项科普经验中，农技推广人员具备最多的有3项经验，科研人员与科管人员有2项经验，教学人员有1项经验，工程技术人员和卫生技术人员具备经验最少。

说明各类职业科技人员在开展科普活动方式，利用科普资源、手段、机制和具备经验状况方面，存在差异性和不平衡性与畸轻畸重现象，其中工程技术人员和卫生技术人员相对匮乏。

（四）职称越高可利用方式、资源、手段、经验比例也越高，但年轻低学历低职称者却呈现相反结果

1. 职称越高参与科普活动方式、可利用科普资源、手段、机制、经验比例也越高

正高、副高、中级、初级和无职称科技人员参与6种科普活动方式中至少1种的比例依次为97.9%、97.9%、97.7%、97.1%和96.8%（见表3）；利用5种资源中至少1种的比例依次为100%、100%、99.4%、97.1%和94.5%（见表4）；利用7项科普手段中至少1种的比例依次为100%、100%、99.4%、95.1%和93.4%；利用4种科普机制中至少1种的比例依次为100%、99.0%、94.3%、93.1%和89.1%；具备4种经验中至少1种的比例依次为97.9%、97.9%、97.2%、97.1%和89.1%。

表 3　各级职称的科技工作者开展科普工作的方式状况　　%

职称	培训	决策	下乡	咨询	科技馆	采访	至少 1 种方式	样本量
无职称	81.3	67.0	76.9	65.9	67.0	46.2	96.8	91
初级	83.3	53.9	63.7	54.9	55.9	48.0	97.1	102
中级	86.8	68.3	65.5	64.9	65.5	60.3	97.7	174
副高	89.8	74.4	91.8	72.4	69.4	61.2	97.9	98
正高	91.5	78.7	97.9	76.6	76.3	65.9	97.9	47

表 4　各级职称科技工作者开展科普工作利用单位资源状况　　%

职称	人力	学术	载体	信息	活动	其他	至少 1 种资源	样本量
无职称	52.7	48.4	53.8	49.4	46.1	3.3	94.5	91
初级	51.9	44.1	49.0	43.1	39.2	0.9	97.1	102
中级	62.2	45.4	52.3	44.3	51.1	5.7	99.4	174
副高	63.3	46.9	58.2	46.9	59.2	5.1	100	98
正高	68.1	57.4	68.0	51.1	78.7	4.2	100	47

2. 职称越高开展各项科普活动频次也越高

正高级职称科技人员参与 6 种活动方式中 4 次以上的频次最高，其中正高职参与“讲座与培训”活动中 6 次以上频次比例为 36.1%，初、中级职称频次比例分别为 16.6% 和 23.4%；参与“决策咨询”的频次比例为 31.9%，初、中级频次比例分别为 8.7% 和 13.8%；“为三农科技服务”为 40.4%，初、中级频次比例分别为 19.5% 和 25.3%；“科技咨询服务”为 32.5%，初、中级频次比例分别为 12.7% 和 19.5%；“接受媒体采访”为 14.8%，初、中级频次比例分别为 7.8% 和 12.1%；“发表科普作品”的年平均频次为：初级人均 1.7 次（篇）/年，中级人均 2.0 次（篇）/年，副高人均 2.2 次（篇）/年，正高人均 2.8 次（篇）/年。

3. 青年科技工作者及低学历、低职称者却呈现出截然相反的结果

在参与科普活动方式，可利用手段、资源、机制和经验中至少具有 1 种的 34 岁以下科技人员比例普遍低于 35 岁以上的科技人员的比例。在参与科普活动的方式方面，前者与后者比例分别为 97.4% 和 97.5%；手段方面的比例分别为 97.4% 和 97.8%；资源方面的比例分别为 96.8% 和 98.9%；机制方面的比例分别为 92.3% 和 95.5%；经验方面的比例分别为 96.8% 和 98.6%。说明科技工作者开展科普工作存在“马太效应”。“马太效应”即科学家名望越高，越容易获得更好研究条件，反过

来研究条件越好，也就可以得到更高名望。

（五）参与科普工作进入了快速增长阶段，但经常性参与科普人数在全国排名居中等偏下水平

1. 黑龙江省科技工作者开展科普工作进入快速增长阶段

2017 年我省科技工作者参与过至少 1 项科普活动的比例高达 97.7%，比 2013 年中国科协全国科技工作者状况调查的 45.5% 翻了一番多，说明我省科技工作者开展科普工作进入了快速增长阶段。2018 年我国公民科学素质比例达到 8.47%，比 2005 年的 1.6% 提高了 4.3 倍，比 2015 年的 6.2% 提高近 40%，与我国公民科学素质水平进入快速提升阶段相协调。

2. 黑龙江省科技工作者经常性参与科普活动人数，横向与全国各省比较处在中等偏下水平

科技人员经常性参与科普人数的 5 项指标数据，分别处于全国第 24、第 11、第 20、第 22、第 12 位水平，平均处于第 18 位水平，与我省公民科学素质在全国排第 20 位大致相协调。

3. 黑龙江省科技工作者经常性参与科普活动人数竖向比较，有增有减

决策咨询由 2015 年的 1091 人减至 2016 年 993 人，科技咨询由 2015 年的 1987 人减至 2016 年 1200 人。说明我省科技工作者参与科普进入了快速增长阶段，但经常性参与科普人数全国排名居中等偏下水平。

（六）“缺乏科普经费”“缺乏激励与奖励机制”是影响黑龙江省科技工作者开展科普工作最突出的障碍与困难

1. “缺乏科普经费”和“缺乏激励与奖励机制”，是我省科技工作者所面临的两个最突出的障碍与困难

这两种因素所占比例分别为 81.8%、48.8%，与 2013 年全国科技工作者状况调查的以“缺乏相关渠道”和“没有时间精力”（42.8% 和 41.8%）为主要障碍与困难的情况发生很大变化；而“缺乏科普能力”“缺乏科普兴趣”相对比例不高，分别为 22.6% 和 7.4%。说明不是能力与兴趣影响科技工作者开展科普工作积极性，而是客观原因即宏观政策存在弊端，影响了科技工作者参与科普工作内在潜力的发挥。

2. 职称越高面临的主要障碍与困难比例越低

其中除了“缺乏时间与精力”职称越高比例越高之外（说明高职称科技人员是

单位业务骨干，专业工作繁重，所以普遍感到时间与精力不够用），其他均为职称越高面临主要障碍与困难越低。如“缺乏科普能力”的科技人员，按照职称由低至高的比例分别为 8.5%、11.2%、17.8%、27.5%；“缺乏经费”的比例分别为 74.5%、79.6%、80.6%、93.1%；“缺乏培训条件”的比例分别为 10.6%、37.7%、40.1%、44.1%；“缺乏科普手段”的比例分别为 23.4%、60.4%、71.6%、81.3%，呈现剪刀差趋势（见表5）。

3. 工程技术人员和卫生技术人员面临的主要障碍与困难最突出

在10项障碍与困难中，面临“缺乏兴趣”“缺乏经费”“缺乏相关知识与方法培训”“缺乏科普设施手段”“缺乏激励与奖励机制”障碍最多的是工程技术人员，比例分别为 12.0%、93.3%、48.0%、52.0%、57.3%；面临“缺乏时间与精力”“缺乏科普能力”和“单位不重视”障碍与困难最多的是卫生技术人员，分别为 45.9%、27.0%和11.7%（见表5）。这与典型案例调查中发现我省企业经济效益不佳而工程技术人员“缺乏经费”搞科普、医院病人多人手少而卫生技术人员“缺乏时间与精力”搞科普的实际状况一致；也与问卷调查中工程技术人员和卫生技术人员利用科普资源、手段、机制、经验相对匮乏的状况相一致。

表5　我省科技工作者开展科普工作面临的主要障碍与困难状况 %

	兴趣	时间	能力	经费	培训	手段	机制	渠道	不重视	公众	样本量
（1）职称：											
无职称	10.9	38.5	30.7	86.8	38.5	45.0	56.0	41.6	10.9	31.8	91
初级	11.7	35.3	27.5	93.1	44.1	55.0	81.3	48.0	10.8	28.4	102
中级	5.2	39.6	17.8	80.6	40.2	43.1	71.6	43.2	10.8	21.6	74
副高	1.0	48.9	11.2	79.6	37.7	30.6	60.4	27.5	10.2	12.2	9
正高	0	53.2	8.5	74.5	10.6	23.4	23.4	23.4	8.5	8.5	47
（2）职业：											
科学研究人员	7.4	44.9	18.7	82.2	42.1	39.3	63.6	42.9	3.7	31.8	107
工程技术人员	12.0	44.0	13.3	93.3	48.0	52.0	57.3	40.0	5.3	12.0	75
卫生技术人员	3.5	45.9	27.0	91.7	45.8	48.2	52.9	31.7	11.7	20.0	85
农技推广人员	3.4	36.4	19.3	89.8	40.9	35.2	51.1	38.6	7.9	11.3	88
教学人员	9.4	52.7	20.3	85.1	16.2	45.9	45.9	16.2	6.7	20.2	74
科技管理人员	2.3	26.2	20.2	58.3	28.6	32.1	36.9	20.2	7.1	5.9	84

二、科技工作者开展科普工作存在问题的原因

(一)科学共同体内部与科技工作者内心存在轻视科普的思想倾向

部分科技人员存在“不愿搞科普、不屑于搞科普、不会搞科普”的“三不”心理。科学共同体内部存在:“科普不是科技工作者与单位主业,做多了会影响单位科研绩效评估”的“对立论”;“业务考核主要看发表论文数、完成课题和项目及获奖数等硬指标,科普成果不列入考核体系,所以参加不参加科普无所谓”的“无用论”和“一流人才搞科研,二流人才搞设计制造,三流人才搞维修使用,四流人才搞科普”的“贬低论”的“三论”氛围。“三不”心理与“三论”氛围互动影响的负反馈效应是影响其开展科普内在潜力发挥的文化心理氛围。

(二)缺乏激励科技工作者开展科普的可操作性法律条文和制度保障

1.《科普法》等法律法规条文缺乏操作性、强制性及激励性内容

对科技人员参与科普没有规范性约束,致使其参与科普缺乏热情与动力。同时只是一般性要求“各级政府应当将科普经费列入同级财政预算,逐步提高投入水平”,致使其对科普投入随意性很大。如 2017 年我省有 70%、34% 和 74% 的市、县、区人均科普经费低于《科协条例》所规定的 0.1 元水平,实际拨付为零的县区分别占 25%、53%。经费投入不足是影响科技人员开展科普积极性的突出原因。

2.科技政策体系中关于科普经费的配套政策基本空白

除国家重点实验室资助经费中有 5% 科普经费匹配规定之外,在其他科学研究项目或课题中都没有科普成果限制性规定和科普经费相应匹配规定。而资助科技专家与公众探讨自己研究成果是欧美国家制定科技政策的普遍做法。美国科学基金机构就规定接受国家资助的科学家要拿出一定比例经费用于向公众普及自己的科学成果。

3.出版制度中缺乏有利于科技工作者开展科普工作的优惠政策

我国科普作品传播对提升国家科普能力的作用甚为微小,2014 年比 2013 年同比增长 -13.1%。缺少对出版优质科普图书的资助制度,缺乏科学家、科普作家和科技编辑三结合的科普创作机制,是导致高质量、高水平科普作品不多的一个重要原因。

4.缺失科普专业的本科学历和研究生学历的教育制度

除少数高等院校开展了科普专业本科和研究生学历教育试点外,我国高等教育

整体上还没有形成科普专业教育制度。中小学的科技辅导员缺岗缺编现象普遍且缺乏上岗的专业培训。

（三）缺乏科学合理、运转高效有序的科研与科普协同化的科普管理运行体制机制

目前，科普工作联席会议制度和全民科学素质纲要实施协调会议制度并行实施科普职能的体制弊端诸多：一是两个部门存在职责不清、重复交叉扯皮现象，让科技工作者参加科普无所适从；二是导致有限科普资源和经费的浪费，致使运行成本加大、管理效率降低；三是二者在统筹开展科普工作方面有难度。科普工作责任主体是政府部门，但大量科普活动却要由科协来完成，导致事权不统一、义务责任不匹配；四是科协与学会是开展经常性科普工作的主导力量，而科普经费却由行政部门掌控。《科协条例》规定的按人头拨付科普经费的制度名存实亡。

（四）科技评价制度过度追求论文发表数量，是影响科技工作者开展科普内在潜力发挥的根本原因

据中国科协 2013 年全国科技工作者状况调查分析，有 52% 的科技工作者、61.3%科研人员认为因现行科技评价制度不合理而造成了学术不端行为频频出现。现行科技评价制度——唯项目、唯论文（唯论文引用数）、唯奖项、唯专利数的指挥棒和风向标，必然导致科学共同体内部与科技工作者内心产生“三论、三不”的文化心理氛围，势必驱使科技工作者把时间与精力放在发表论文上，而无法抽身去从事科学传播普及工作。由此我国“科技三评”导向出了偏差，是影响科技工作者开展科普工作内在潜力发挥的深层原因。

三、构建有利于激发科技工作者开展科普内在潜力的政策建议

（一）构建有利于激发科技工作者开展科普工作内在潜力的文化氛围

1. 要辩证把握“科技创新”与“科学普及”的关系

习近平总书记关于“科技创新、科学普及是实现创新发展的两翼”的论述，深刻揭示了两者的有机辩证关系。从经济视角看，科技创新是经济发展源动力，科学普及是经济发展助推器；从社会视角看，科技创新的力量和结果体现在科学普及的社会广度和深度中；从文化视角看，科学普及是科技创新的社会培养基与孵化温床。科学普及承担实现科技创新文化的任务，从而体现创新文化的大众价值。引导科技工作者发挥“科技创新”和“科学普及”双源头作用，正是全面贯彻落实习近平科

技创新思想应有之义。

2. 要辩证把握“科研”与“科普”的关系

习近平总书记关于发挥“科研与科普两个轮子作用”的思想，深刻揭示了两者的有机辩证关系。“科技工作者从事科普活动不是人为干预的结果，而是其从事科学活动的有机组成部分，是科研活动竞争性、独创性、传承性、交流性、评价性、效应性的内在动因驱动使然，其旨归在于使科学家创建的新思想、新学说、新理论和原创发明成果被科学同行和大众（包括政府）所理解、认同与分享。科研与科普是相伴而生、不可分割的一体化协同关系，科研活动过程与科普活动过程客观隐含于科技工作者整个科学活动过程之中，两个轮子一起转，才能有效保证整个科学活动正常运转。”

3. 要辩证把握“科学社会化”与“社会科学化”的关系

习近平总书记指出，“推动形成社会化科普工作格局，不断加大科技知识在全社会传播速度和覆盖广度”“科学社会化的责任最终要落脚在科学家身上，但科学家并非都欢迎科学社会化”。“所谓科学社会化是指将科学知识及蕴藏在知识背后的科学方法、科学信念、科学思想和科学精神等通过一定的渠道渗透到社会之中，为广大公众所理解和接受，并内化为自觉的社会生活规范的过程。”这就涉及科技工作者能否自觉地用科学造福人类，即涉及科技工作者社会责任感和使命感的科学家精神问题；而社会科学化主要面向的是以公众为对象的科学普及化，能理解接受分享科普成果并内化为自觉的社会生活规范。科学社会化是社会科学化的“先决前提条件”，只有实现科学社会化才能推动社会科学化的展开并实现中华民族伟大复兴。

4. 要辩证把握科学传播主体（科学共同体与科技工作者）和传播对象（公众）的关系

“科技传播与普及在基本过程上包括关系密切的两个子过程：科学技术的扩散过程和公众对科学技术的分享过程……科技传播与普及的社会效果则取决于扩散的范围和共享的程度，科学技术知识的力量依赖于它是否被传播以及传播的深度和广度”“而科学知识、方法、思想从其本性上来说最初都是属于个人智慧的产物……将‘私有知识’转化为‘共享知识’”，这是一个发挥科学共同体与科技工作者科学扩散的主体主角作用与传播对象受众公众分享作用的密不可分、互相影响的完整过程。其科学普及效果的大小，取决于科学共同体与科技工作者开展科普工作内在潜力的发挥程度，而内在潜力发挥程度又取决于科技工作者“使命感与责任感”的树立程度。

5. 要辩证把握科学精神与人文精神的关系

“科学精神要与人文精神相辅相成、协同作用，才能促进社会的和谐和人的自我完美，二者缺一不可。”科学精神关注的是科学自然观、科学观和方法论的树立，人文精神关注的是正确人生观、价值观、世界观的养成。“人文精神缺失的科学精神将失去灵魂与价值”，“科学精神缺失的人文精神将失去方向与指引”。只有有效引导科技工作者对科普活动进行深层次的人文思考，促进两大科学精神的借鉴与融合，才能促进其树立开展科普工作的社会使命感、责任感。

6. 要辩证把握偶发性科普与经常性科普的关系

偶发性科普系科技人员偶然开展科普活动的一种科普行为，它带有偶然性、随机性、盲目性心理行为特点。如行为主体偶尔发现一条科普信息并对它产生了兴趣，便用手机发送至微信群里进行传播，从而完成一次科普行为，以后没有继续类似科普行为；经常性科普带有必然性、规律性、自觉性行为特点，一般会完成数次相似的、有规律的行为。偶发性科普可以发展演化为经常性科普，关键是科技工作者要对科普感兴趣，把科普看作自己从事科学活动的重要组成部分，从而自觉地把科研与科普协同发展；同时科协组织要引导科技工作者重视参与科普，并解决其在开展科普活动时所面临的障碍与困难。

（二）构建有利于激发科技工作者开展科普工作内在潜力的法律环境

1. 适时修改补充《科普法》相关内容

①“组织管理”一章应修改为“县级以上人民政府应当建立全民科学素质行动计划纲要实施协调会议制度”；“各级政府委托同级科协组织负责科普工作规划，实施政策引导，进行督促检查，推动科普工作发展”内容。②“社会责任”一章应规定“科学研究和技术开发机构、高等院校、企业、医院及各类学术社会团体是开展科普的社会主体，其法人代表承担单位开展科普工作主体责任，必须建立现代科普工作体系。有条件的须向公众开放实验室、陈列室和其他场地、设施，促进学术资源科普化，并将其作为单位科技活动绩效考核重要指标”。③建议增设“科学技术工作者”一章。包括其“是开展科普工作行为主体，是发展科普事业重要力量；国家采取各种措施提高其科普社会地位，保障其开展科普合法权利，培养和造就科普人才，创造有利于开展科普的氛围和条件；各级人民政府和企事业组织应当采取各种有利于激励科学技术人员开展科普积极性的措施，对在开展科普中有突出贡献的

科学技术人员应给予同在科研中作出突出贡献的科技人员一样的奖励和待遇；保障科学技术人员提高科普能力的合法权益，并为其参加科普培训提供条件；应建立科普职称评聘系列和科技辅导员职称评聘系体，并享受同级职称应有的一切待遇，在其他技术职称评聘中应该有科普工作成果相应要求；必须对利用政府财政资助设立的科学技术基金项目、科学技术计划项目及其他资助课题项目设置科研成果和科普成果双重要求，要求其项目或课题结题中必须有科普成果内容；在'科技三评'中必须有科普成果要求；对科学技术工作者拒不开展科普的要批评教育，严重者给予行政处分，并作为职称评聘依据；科学技术人员有依法开展科普或创办、参与科普社会团体的权利，科学技术协会及学会组织依法依章开展科普活动、为公众提供更多优质科普产品，并受到本法保护。”④“保障措施”一章应修改为“各级人民政府须将科普经费列入同级财政预算，按照科研经费投入的5%逐步提高科普投入水平”“依法对科普事业实行免税优惠”“社会组织和个人捐赠财产资助科普事业的应给予免税优惠”。

2. 适时修改补充其他相关法律法规内容

①有关新闻出版法律法规修改补充中应规定出版社须建立科普图书资助制度，每年要有计划地策划选题资助出版优质的科普读物；须建立科学家、科普作家、科技编辑合作制度，帮助科学家撰写、出版科普读物；须建立新闻媒体与科学家的联盟制度，定期组织科学家与媒体见面，就公众关心的科普热点问题进行释疑解惑，定期组织主持国家重大科研项目或重大科学工程的首席科学家与公众见面，向公众普及自己的科学成果；特别要建立科学家与互联网联姻制度，解决应急性、即时性科普知识宣传。②在修改补充有关科技法律法规时须规定研究型大学与科研院所和科技型企业要建立科学传播普及团队制度，要建立科技工作者科普能力培训制度，作为专业继续教育内容。③在有关高等教育的法律法规修改补充中，应规定理工科院校和综合性大学增设科普专业本科与研究生学历教育制度，在有关专业课程中应增设科普、科学传播能力与创新法技巧方面的专业课程内容；应规定全日制中小学按照学生比例增设科技辅导教师编制，并增设科技辅导员职称系列。

（三）构建有利于激发科技工作者开展科普工作内在潜力的管理体制机制

参照党中央、国务院关于推进科技领域“放管服”的要求精神，建议把科普工作职能由政府委托或划归科协负责，建立科学合理、运转高效有序的科普管理运行体制。

1. 健全科普投入机制推进科普社会化进程

①进一步明确政府是社会公益事业建设的主体，国家财政投入是科普经费主体来源。对地方政府不按规定进行科普投入的应该追究法律或行政责任。②明确科普经费来源应由国家财政投入和社会投入两部分构成。鼓励社会单位和团体捐赠科普经费，并给予全部免税，以最大限度地吸引其他社会力量投入。

2. 推动形成科研活动与科普活动协同发展机制

①科技体制改革应明确：研究型高校、实体型科研院所、科技型企业、科学学会、科技创新团队等科学共同体是科普工作主体，科技工作者是科普工作的主角。②应构建科研与科普良性互动的正反馈机制。建立相应科普组织、科普团队和科普志愿者队伍；要有中长期科普事业发展规划与年度计划，有经费保障，每年向科协提交年度科普工作报告，并作为单位开展科学活动绩效考核内容。③探索建立科技工作者开展科普工作绩效评估指标体系。把开展科普活动绩效纳入其业务绩效考核评价指标体系当中，科技工作者职称评聘的评价指标体系应该包括科普成果要求。④改革科研单位评估以科研活动绩效为单一标准，向以科技活动（包括科研与科普活动）绩效的全面评价体系转变。

（四）构建有利于激发科技工作者开展科普工作内在潜力的科技评价制度

1. 推动政府有关部门将科普成果作为应用型人才与基层一线人才评审职称限制性条件之一

利用国家“三评”改革关于“不将论文、外语、专利、计算机水平作为应用型人才、基层一线人才评审职称的限制性条件”的有利时机，协同政府有关部门深入调研建构临床医生、基层一线工程技术人员与农技推广人员等应用型人才职称评审机制，将科普成果纳入职称评审新的限制性条件。如把企业一线工程技术人员解决企业的技术难题、技术革新、对职工的科技讲座与培训、对企业经营的决策咨询、转化企业效益的质与量作为主要评价指标，其应包括解决技术难题的技术方案、技术总结、咨询建议报告、科技讲座培训教材等科普成果限制性条件。

2. 积极发挥科协与学会的同行评价、社会评价和第三方评价的基础作用

学会作为我国自然科学工程技术各个学科和行业的学术权威性组织，应发挥学科与行业“三评”主体作用。在项目评审、成果鉴定、专业技术人员水平评价、国家科技奖励推荐等领域中，受政府有关部门委托或授权承担相关“承能”工作。应成为各类职称评价标准的提供者、建设者、参评者。

3. 探索建立科普工作职称系列，允许科技人员具有双职称

①允许科技人员申报科普工作职称系列，制定科普工作职称系列聘评标准和限制性条件。获得相应科普工作职称的可以优先申报科协的科普研究课题或科普重大项目，优先参加各级科协组织的科普学术研讨活动和大型科普活动。②推动学术资源科普化。广泛发动各有关重大科学工程、大科学装置、国家（重点）实验室（演示中心）等高端科技资源面向社会开放，搭建面向公众普及科学知识的平台。

（五）构建有利于激发科技工作者开展科普工作内在潜力的保障服务行动

真正解决开展科普“联系谁、依靠谁、服务谁”的根本问题。由依靠科协专职干部向依靠学会科技工作者与科协干部结合转变，把学会与科技工作者作为科普工作决策、依靠、工作、服务的主体。实施提升精准服务科技工作者开展科普的保障服务行动。①实施“中国科普大师”评选行动计划。每两年评选若干名对科学传播与普及作出重大贡献的科学家授予“中国科普大师”荣誉称号。②实施科普领军人才“百千万”行动计划。至 2020 年 80% 以上全国学会建有科学传播专家团队，受聘国家级科学传播专家超过 10000 人；省级科协受聘省级专家超过 1000 人；市级科协受聘市级专家超过 100 人。③实施提高科普能力行动计划。建设科技人员科普能力评价指标体系，有计划地培训现有科技人员的科普能力。④推动高校科普专业学科建设行动计划。2020 年前在全国 30% 以上的理工科大学和综合性大学中开设科普专业本科和研究生学历教育。⑤实施全国优秀科学传播专家团队、杰出科学传播人物年度奖行动计划。设置“高士奇科普杰出团队人物奖”，对在科学传播与普及过程中作出突出贡献的专家团队及个人进行表彰。⑥实施科普志愿者队伍行动计划。在高校、科研院所、其他企事业单位青年科技人员中建立科普志愿者社团组织，在各省建立科普志愿者和科技辅导员培训基地。⑦实施科学共同体学术资源科普化行动计划。促进国家重大科学工程、大科学装置、国家（重点）实验室的科技资源科普化、社会化、共享化。⑧实施对科技工作者开展科普活动救助行动计划。实施每年资助 1000 个困难企业医院等科普救助项目。⑨实施重大科普政策问题研究专项与重大科普评估专项行动计划。为更好服务科技工作者开展科普提供理论政策支撑。

参考文献

[1]中国科协．中国科学技术协会第九次全国代表大会文件[M]．北京:人民出版社,2016.

[2]中国科协．全国科技工作者状况调查课题组．第三次全国科技工作者状况调查报告(2013 年)[M]．北京:中国科学技术出版社,2015.

[3]默顿．思想者．百度百科．马太效应[N]．中国科学报,2014 - 11 - 07.

[4]中国科协．第十次中国公民科学素质调查结果公布．http://www. cast. org. cn/ n200680/ n202397/c58188.

[5]中国科学技术协会编．中国科学技术协会统计年鉴 2015. 2016. 2017. [M]．北京:中国科学技术出版社,2015. 2016. 2017.

[6]胡祥明,王辉,等．加强县级科协组织建设研究[J]．学会,2017(7):44.

[7]赵立新,朱洪启,等．国外科学家参与科普的现状研究．http://www. crsp. org. cn /xueshu zhuanti/yanjiudong. 2018. 9. 16.

[8]齐培潇,郑念．我国科普能力发展的影响因素分析[J]．科协论坛,2018(6):4 - 11.

[9]郑念,等．当前我国科普工作机制分析及建议[N]．中国科学报,2018 - 03 - 19.

[10]程萍．新媒体时代背景下的科普专家谈[J]．科普研究,2013(5):5 - 13.

[11]胡祥明．科学家从事科学传播的内生动力研究[J]．学会,2017(4):5 - 13.

[12]范铁权．近代中国科学社团研究[M]．北京:人民出版社,2011.

[13]段治文．中国现代科学文化的兴起(1919—1936)[M]．上海:上海人民出版社,2001.

[14]任福君,翟杰全．科技传播与普及概论[M]．北京:中国科学技术出版社,2012.

[15]李醒民．科学的文化意蕴[M]．北京:高等教育出版社,2007.

[16]中共中央办公厅、国务院办公厅印发关于深化项目评审、人才评价、机构评估改革的意见．http//www. cast. org. cn/n200680/n202392/c58129.

(本文曾发表在《学会》杂志，2019 (3)：26 - 36)

新一轮东北振兴背景下东北科技人才助力经济发展面临的问题及应对策略

◎李健[1] 陈元晖[2] 胡雅婷 韩永奇

摘　要　2016年，国务院进行了新一轮东北地区等老工业基地的战略部署，体现出国家重振东北地区雄风的决心。在深入实施创新驱动发展战略的背景下，科技工作者本应成为东北地区经济复苏的中坚力量，但目前科技工作者对地方经济发展的助力作用十分有限。通过广泛调研，本文总结了现阶段东北地区科技人才队伍建设所面临的困境，并探索了科技工作者在助力经济发展的过程中面临的主要问题及其成因，而后从政府、企事业单位和普通大众三个层面提出了对策建议，旨在使东北地区的科技工作者更好地为地方经济发展贡献力量，从而尽快实现东北振兴。

关键词　东北振兴；科技工作者；创新创业；对策建议

①　李健，吉林农业大学信息技术学院副院长。主要研究方向为智慧农业、生物信息学。地址：吉林省长春市新城大街2888号。E－mail：lijian@ jlau. edu. cn.

②　陈元晖，吉林农业大学资源与环境学院教师。主要研究方向为水土保持。

习近平总书记曾指出："科技兴则民族兴，科技强则民族强。"近年来，随着供给侧结构性改革、大众创业万众创新、中国制造2025等一系列重大战略的实施，我国的经济发展正经历由投资拉动的粗放增长向科技创新驱动的集约发展的转型，科创活动成为支撑高质量经济发展的主要动能。与此同时，作为科创活动的实施主体，科技工作者正逐渐成为促进创新驱动发展的中坚力量，受到了前所未有的重视。

然而在东北地区，情况却不容乐观。由于历史原因，东北地区积累了一些特定的科技人才和资源优势，但在新一轮东北振兴的背景下，科技人才和资源不但没有为该地区走出经济困境提供有效的助力，而且这些优势本身还在逐渐丧失。在中国科协创新战略研究院的支持下，本课题组对东北三省内高校、科研院所以及从事科创活动的企事业单位和个人进行了广泛的实地调研，旨在探究现阶段东北地区科技工作者在助力经济发展过程中面临的主要问题，并为政府和企事业单位提供解决问题的合理化建议。

一、主要发现和问题

（一）人才流失情况严重

随着东北三省的经济发展相继进入筑底企稳时期，本地的人口流出态势也越发明显。2018年，东北三省的常住人口减少量为38.57万，占东北地区总常驻人口的0.3%。更为严峻的是，东北地区的流出人口呈现了高学历化、高技能化和年轻化的趋势，以黑龙江省为例，其常住人口中大专以上学历占比为13.4%，而外流人口中这一数字则是16.5%。可见东北地区的人口流失，很大程度上是人才流失，尤其是科学技术行业从业者的流失。

与此同时，潜在的人才流失趋势同样不容小觑。据对东北某省的部分国有大中型企业、大学和科研单位的专业技术人员工作满意度的抽样调查显示，认为满意者占20.1%，认为不满意者占56.3%，硕士以上学历不满意者占63.2%，具有高级职称不满意者更高达78.8%。在东北地区，科技人才中普遍存在职业认同感较低、决策参与感缺失等情绪，也造成了未来相当长一段时间科技人才继续流失的隐患。

高端人才的不断流失，使本地的科技人才队伍的创新力逐渐下降，导致人才发展软环境随之进一步恶化，从而引发新一轮的人才流失，形成恶性循环。加强人才队伍建设，遏制人才流失趋势，提升人才队伍的活力，充分发挥科技人才对经济发展的引领作用，尽快形成东北老工业基地内生的经济增长机制，对推动东北老工业基地全面振兴具有重要意义。

（二）科技创新投入严重不足

充足的研发经费是科技工作者发挥自身价值的根本物质保障，研究与试验发展（R&D）活动的规模和强度是地区科技竞争力的直接体现。在我国科研事业快速发展的背景下，东北三省研究与试验经费投入情况却持续走低。2018年，黑龙江省和吉林省的R&D经费投入规模分别为135亿元和115亿元，数值上仅为部分沿海发达省份的1/10～1/20，而0.83%和0.76%的投入强度仅为全国平均水平的1/3。科技投入情况直观地反映了地方政府、企事业单位和整个社会对于科技创新活动的重视程度。数据显示，东北地区有R&D活动的规模以上工业企业比例为13.6%，远低于27.4%的全国平均水平。科技投入的短板，成为制约东北地区科技工作者实现自身价值的主要因素。

此外，东北地区科技工作者的收入也长期处于较低水平。以吉林省为例，2017年该省城镇非私营单位就业人员年平均工资为61451元，其中“科学研究与技术服务业”年平均工资为66857元，两项比值为1∶1.08；而同期江苏省这两项数值分别为79741元和112285元，比值为1∶1.41。虽然收入水平并非衡量人才的唯一标准，但其价值导向作用是比较显著的。在东北地区，科技工作者不仅绝对收入水平偏低，而且与其他非技术性行业收入相比优势较小，鉴于科技工作者通常需要在高等教育阶段投入更多的时间成本和人力成本这一客观事实，偏低的收入水平显著地削弱了科技工作者的工作积极性和职业归属感，从而成为阻碍科技工作者充分助力地方经济发展的重要因素。

（三）科技成果转化存在严重瓶颈

目前，东北地区的高校或科研院所形成的科技成果大部分仍是政府主导而非企业主导的创新，这些成果通常不能或不适合直接转化。“什么研究容易出成果，什么研究容易结题，就做什么研究”，这种现象在东北地区，尤其是省属高校、科研机构中相当普遍，这些机构内的科研团队往往面临经费数量不足、经费来源单一的问题，往往首先需要考虑的是“活下去”的问题，而研究的社会效益和经济价值并非决定性因素。即使是有应用潜力的科研项目，往往也需要结合企业的实际需求而改进，才能真正为企业创造价值。但由于经济、社会、管理等现实原因，东北地区的高校普遍不愿意再前进一步，企业也不愿意为之投入，导致很多科研成果被废弃在实验室中，科技成果转化“最后一公里”的问题困扰东北已久，这种困扰反过来又进一步降低了科技人员推动科技成果转化的积极性。

此外，产业结构问题也是制约科技成果转化的重要因素。例如，装备制造业、能源工业和汽车工业等重工业是东北地区典型的优势产业，但这些产业均面临技术更新周期较长，技术研发投入较大，技术转化见效较慢的特点。因此东北地区的优势产业不但不适合成为引领科技创新的龙头，相反，东北三省经济发展对于重工业的高度依赖，反而导致了高技术产业无法像在东部地区那样形成良好的聚集效应，客观上提高了技术成果转化成本。与此同时，国有资本的绝对主导地位，导致东北地区民间资本市场活跃度较差，注重前端的天使投资较少，尚不能满足“从 0 到 1”的创新创业需求。中小型高技术企业既难以从银行直接融资，又无法借助民间资本进行发展，导致很多高新技术企业对于实质性的技术创新望而却步。

更为重要的是，东北地区从事技术转移的专业人才极度匮乏，技术转移机构、孵化器等中介机构的服务能力也明显弱于我国其他区域。2017 年，东北地区国家级技术转移示范机构平均每家促成项目成交 166 项，促成成交金额 1.7 亿元，服务企业 232 家，以上各项数据仅相当于全国平均水平的 1/3 ~ 1/2。转化过程运行不畅，使很多本地企业对于接受外部新技术有心无力，成了本地区的技术成果转化活动的阻碍因素。

科技成果转化是科技工作者为地区经济发展贡献自身力量的最直接、最有效的手段。进行成果转化的主观意愿不足以及进行成果转化所需的客观条件不完备，共同造成了东北地区科技成果转化率低、对经济发展推动力弱的局面，需要尽快加以解决。

（四）人才和双创政策效果尚未显现

为了遏制人才流失愈演愈烈的现状，提升本地区的科技创新活力，近年来东北三省的地方政府制定了诸多人才奖励政策和支持双创政策。然而通过调研发现，这些政策在其受众群体中的满意度较低，对于人才队伍建设和地方经济发展的促进作用也尚未显现。究其原因，相关政策在制定层面存在针对性不足、定位偏差的问题，在执行层面上存在强制力和灵活性双缺失的问题，这些问题导致了各项政策实际效果大打折扣。

以人才政策为例，新出台的政策在“人才认定标准”“奖励范围”方面存在一定争议，总体而言新政策依然偏重于头部人才，而对基层人才的激励作用明显偏低，进一步加剧了政策受惠面的两极分化趋势，结果是高校、科研院所和企业中的大量青年基层科研人员和技术人员无法被纳入人才政策的范畴。事实上，以比拼物质奖励的形式留住头部人才，并不是现阶段东北地区的最优之选，夯实基层人才队伍建设，保障人才队伍建设的可持续发展才是首要事项，因此广大的基层科技工作者更应该是人才政策的主要受众群体，也是扭转东北地区科技人才建设困境的中坚力量。双创政策同样存在认定标准的问题，无法对于最广大、最基层的大众创业起到真正的激励作用，导致政策逐渐流于形式。人才和双创政策的侧重点与现阶段最广泛需求的匹配度问题，值得政策制定者注意。

与此同时，相关政策在执行层面上的问题同样明显。一方面，很多用人单位，包括高校、科研院所和企业等，主观能动性和大局观不足，把自身机械地定义为政策的执行者而非服务者，对于政策执行过程中的实际问题抱有“不求有功，但求无过”的心态，不愿主动解决问题，不能提供人性化的服务，使很多政策最终趋于形式化、空壳化，尤其对于青年科创人员来说更是如此。另一方面，部分单位从自身利益出发，主观上并不支持科技工作者的创新创业活动，甚至在政策的执行过程中，人为地设置某些障碍和限制，使政策无法发挥实际作用。合理地平衡政策的强制力和灵活性，是广大用人单位在人才、双创政策的执行过程中亟待解决的问题，也应成为政策执行部门和监管部门关注的重点。

二、解决问题的建议

（一）坚持以改革促创新

地方政府应有效推进体制机制改革，解放思想，改变观念，使体制更好地服务于科创事业，推动东北地区向创新驱动发展转型。首先，应加快推进政府职能转型，从大而全政府向有限型政府转变，从干预型政府向服务型政府转变，从无约束政府向法治型政府转变。其次，要正确地引导重点突破领域和方向，坚持以市场为导向、以企业为主体，坚持科技创新与制度创新的有机结合。最后，推进创新政策法制化建设，在依法治国的大背景下，将相关政策法制化，出台配套的法律法规。必要时可立法规定地区研发投入最低标准、实行技术立法、建设适宜创新的法治文化。

（二）加强人才队伍建设

东北振兴的关键在于科技创新，科技创新的关键在于人才，引进人才、培养人才、留住人才、用好人才缺一不可。首先，通过制定高效灵活的人才引进政策、完善人才激励机制和科技人才评价体系等措施，为人才队伍的建立和发展提供有效的政策保障。其次，要保证人才队伍建设的可持续发展，充分发挥东北地区高等教育资源的优势，释放人口活力，高层次人才与实用技能型人才两手抓，尽快建立多层次人才培育体系。最后，改善人才的创业与就业环境，增加人才的就业机会与岗位，应用“情感驱动”模式，让人才在东北有用武之地，无后顾之忧。

（三）加快产业结构转型

加快产业结构转型可借鉴德国鲁尔工业区成功转型的经验，在支持资源型重工业、做强装备制造业的基础上，拓展军民融合产业、加快发展特色轻工业和信息产业，挖掘培育新增长行业；调整理念、思路和方法，尽快实现从过度依赖工业转向三次产业并重，从行政干预转向市场机制调节；激活沈阳、大连、哈尔滨、长春区域性中心的发展潜力，激发三条轴带的发展潜力活力，打造辽中南、哈长两大主导增长片区；大力去除无效供给，探索特殊发展路径。

（四）营造良好的“双创”软环境

在“大众创业、万众创新”的新形势下，首先，应着力于在各个层面全方位地破除计划经济时期陈旧观念，鼓励创新创业。其次，吸取经济发达地区的成功经验，改良投资环境、吸引外部资本，推动金融创新、活化内部资本，为科技成果转化提供资金支撑。再次，加快科技成果转化渠道支撑建设，以优势政策引入专业科技转化机构和人才，同时为高校和研究机构内的转化服务部门建设设立硬性指标。最后，支持和引导高校、科研机构和企事业单位建立多元化的科技人才晋升、薪酬和奖励机制，把科创活动和科技人员评价纳入企业评价标准，着力提升科技人员的归属感和满足感。

三、结语

科学技术是第一生产力，科技工作者作为创新驱动发展的实践者和担当者，是实现东北振兴的核心力量。目前，东北地区的科技工作者面临诸多问题，但这些问题并非不可解决。地方政府应尽快推动体制机制和产业结构改革，各企事业单位应切实保障科技人才的队伍建设和发展环境，社会舆论应合理引导大众破除固有观念、重视创新创业，“三位一体”使科技工作者能够更充分地贡献自身力量，从而真正成为推动东北地区走出发展困境的强大力量。

参考文献

[1]孙涛．东北地区科技成果转化路径的优化研究[J]．中国软科学，2019(1)：175－183.

[2]杨丽娟，于一帆．从政策高地到法治平原：东北科技创新政策法律化研究[J]．东北大学学报(社会科学版)，2019(6)：616－622.

[3]赵静．东北地区人才流失的主要发现及政策建议[J]．中国经贸导刊，2019(11)：51－54.

[4]周小斐，宋芮．东北老工业基地工业企业创新情况研究[J]．农村经济与科技，2019(21)：180－181.

[5]罗丹程，杨烁，秦浩．东北三省金融发展、科技创新与经济增长的关系[J]．沈阳工业大学学报(社会科学版)，2020(1)：50－54.

[6]张国勇，娄成武，李兴超．论东北老工业基地全面振兴中的软环境建设与优化策略[J]．当代经济管理，2016(11)：64－70.

[7]梁颜鹏．以制度创新推动东北老工业基地全面振兴[N]．经济日报，2019(10).

[8]吴明东，祝滨滨．东北地区传统优势产业与新兴产业协同发展研究[J]．经济纵横，2019(8)：82－88.

规模以上工业企业科技人才空间集聚效率评价及影响因素研究

——以上海市为例

◎甘水玲[①] 刘晋元[②]

摘　要　科技人才是科技创新的主体，是后疫情时代提升综合国力竞争力、实现中华民族伟大复兴、立足于世界科技强国前列的根本保证。企业的科技人才占科技人才的绝大部分，其空间分布特征、集聚效率及影响因素对全球科创中心建设及人才战略精准布局尤为重要。本文以上海市为例，利用2018年上海市各区规模以上工业企业科技人才数据，基于DEA－Tobit法进行空间集聚效率评价及影响因素研究。研究结果表明：上海市规模以上工业企业科技人才呈现由中心城区向周边疏散的趋势，并在中心城区周边区大规模集聚。从集聚效率来看，16个区的规模以上工业企业科技人才集聚平均综合效率值为0.86，整体较好，且宝山、长宁、虹口、嘉定、青浦及徐汇的科技人才集聚综合效率达到了1，实现DEA有效；其他10个区规模以上工业企业科技人才集聚综合效率均小于1，其中浦东、闵行、松江、黄浦、崇明及金山纯技术效率值为1，实现弱DEA有效。对于综合效率值小于1的10个区，从规模效率变化趋势看，黄浦、静安及普陀处于规模效率递增阶段，发展潜力较大。剩余7个区处于规模效率递减阶段，说明当前科技人才集聚存在冗余或发展潜力不足等问题；从影响因素来看，人均GDP、国外技术依存度、科技创新投入力度、经济实力、企业办科技机构中硕博人员比例等指标对综合效率值有显著正向影响，对人力资源配置、企业办科技机构数量有显著负向影响，对政府支持力度、创新活力无显著影响。

关键词　规模以上工业企业；科技人才；DEA－Tobit法；效率评价；影响因素

---

① 甘水玲，上海市研发公共服务平台管理中心（上海市科技人才发展中心、上海市外国人来华工作服务中心），助理工程师，主要研究方向为科技人才政策、科技评价。地址：上海市淮海中路1634号。E－mail：slgan@sgst. cn.

② 刘晋元，上海市研发公共服务平台管理中心（上海市科技人才发展中心、上海市外国人来华工作服务中心），主任，高级工程师，主要研究方向为科技企业、科技人才管理。

2018 年上海市 R&D 人员全时当量 18.81 万，其中企业 13.11 万，占 70%，而规模以上工业企业 R&D 人员占企业总数的 67%，且规模以上工业企业办科技机构的正向效应逐渐凸显，因此规模以上工业企业更能够引领科学技术创新活动，并带来更可观的经济效益，上海市规模以上工业企业科技人才应当发挥科创中心建设的主体作用。目前科技人才集聚方面的研究主要从空间分布特征、集聚效应等角度展开，对集聚效率的评价，尤其针对规模以上企业的科技人才空间集聚效率评价及影响因素进行研究，此项研究对未来企业科技人才集聚规模的合理预测、把握企业科技创新态势至关重要，有利于发现问题并及时采取有效措施进行调控，为上海市具有全球影响力的科创中心建设实现人才精准布局提供有力保障和研究支撑。当前我国没有专门针对科技人才的统计指标和数据，在我国与科技人才相关的且有统计数据概念的包括科技活动人员、研发人员（R&D）、专业技术人员、科技工作者、科技人力资源等。国际上通常以 R&D 人员比较各国科技人才情况。

基于上述内容，本文以上海市为例，选取 R&D 人员和科技机构硕士及以上人员作为体现企业科技人才集聚规模的指标，从行政区划的维度展开，研究上海市规模以上工业企业科技人才空间集聚效率及影响因素。

一、上海市规模以上工业企业科技人才空间集聚特征

（一）时空演变上，空间集聚的主趋势

企业是人才的载体，企业集聚带动人才集聚。科技创新企业除了在市中心集聚，还在浦东张江、五角场等地方大批量集聚，且逐渐向嘉定区、青浦区、松江区、闵行区、金山区、奉贤区等多个方向延伸。从经济学的角度来看，科技创新企业前期投入大、周期长，科技创新成果呈现滞后性，承担的风险较高，因而企业会倾向于对输出成本如商业用地等方面进行控制。近年来，中心城区的生活和商务成本不断提高，科技创新企业带动人才向中心城周边区转移是自身利益导向的结果和趋势。

（二）规模以上工业企业科技人才在中心城区周边区大规模集聚

限于上海市中心城区土地面积较小，无法大批量集聚规模以上工业企业和科技人才，从空间区域上逐渐向中心城区周边的浦东新区、闵行区、嘉定区、宝山区、青浦区、松江区疏解。根据《上海市第四次经济普查》结果，上海市工业企业一共有 49605 个，从业人员 249.5 万人，中心城区 6 个周边区规模以上工业企业数量占上海市工业企业总数的 12.65%，从业人员占上海市工业企业从业人员总数的

46.2%；R&D 人员数量占上海市规模以上工业企业总数的 80.35%；办科技机构数量占上海市规模以上工业企业办科技机构总数的 74.2%，机构人员数量占上海市规模以上工业企业办科技机构人员总数的 86.12%，机构硕博人员数量占上海市规模以上工业企业办科技机构硕博人员总数的 91.32%。由此可见，上海市规模以上工业企业科技人才在中心城周边区大规模集聚。

（三）规模以上工业企业科技人才空间集聚密度以中心城区为中心向外减小

各区域规模以上工业企业每万名从业人员中 R&D 人员数量最多的是杨浦区，其次是松江区、徐汇区、浦东新区、静安区、闵行区等；各区域规模以上工业企业办科技机构平均人员规模较大的依次是崇明区、浦东新区、杨浦区、嘉定区等。由此可见，上海市科技人才空间集聚密度正以中心城区为中心向周边区逐渐减小，优化空间布局，充分发挥中心城区的辐射功能，带动周边区创新转型发展。

二、上海市规模以上工业企业科技人才空间集聚效率评价

（一）规模以上工业企业科技人才集聚效率指标体系构建

运用 DEA 模型进行效率评价时，指标过少会导致无法全面反映出科技人才集聚效率的高低，指标过多又会导致结果有所偏差。因此，文章在参考了多篇针对人才集聚效应评价及研究的学术论著后共选取 6 个指标（2 个投入指标，4 个产出指标），构建了上海市规模以上工业企业科技人才集聚的综合效率评价体系（见表 1）。

表 1　上海市规模以上工业企业科技人才集聚效率指标体系

指标层次	具体指标	说明	单位
科技人才投入 A_1	规模以上工业企业 R&D 人员 A_{11}	科技人才集聚规模	人
	规模以上工业企业办科技机构硕士及以上人员 A_{12}		人
科技人才产出 A_2	规模以上工业企业发表科技论文数量 A_{21}	科技人才直接产出	篇
	规模以上工业企业专利申请数量 A_{22}		件
	规模以上工业企业发明专利数量 A_{23}		件
	规模以上工业企业新产品销售总额 A_{24}	科技人才间接产出	亿元

为便于客观公正地评价上海市科技人才空间集聚效率，查找各官方网站数据，选取 2018 年上海市 16 个区的相关数据参与效率评价。

（二）基于 DEA 的规模以上工业企业科技人才集聚效率评价

通过 MAXDEA 软件对上海市 16 个区的规模以上工业企业科技人才的投入产出

数据进行效率分析，所得结果见表 2。

表 2　上海市各区规模以上工业企业科技人才集聚效率评价表

DMU	综合效率	纯技术效率	规模效率	规模效率变化趋势
宝山区	1	1	1	不变
长宁区	1	1	1	不变
崇明区	0. 710121	1	0. 710121	递减
奉贤区	0. 824745	0. 994235	0. 829527	递减
虹口区	1	1	1	不变
黄浦区	0. 949983	1	0. 949983	递增区
嘉定区	1	1	1	不变
金山区	0. 760152	1	0. 760152	递减
静安区	0. 943479	0. 956298	0. 986595	递增
闵行区	0. 821616	1	0. 821616	递减
浦东新区	0. 935217	1	0. 935217	递减
普陀区	0. 3546	0. 356966	0. 993374	递增
青浦区	1	1	1	不变
松江区	0. 697137	1	0. 697137	递减
徐汇区	1	1	1	不变
杨浦区	0. 804331	0. 810749	0. 992084	递减

DEA 进行的是一种相对效率评价，集聚合理的话，低投入低产出同样会导致高效率。根据表 2 可知，上海市 16 个区规模以上工业企业科技人才空间集聚综合效率平均值为 0. 86，整体集聚效率较好。其中有 6 个区科技人才集聚综合效率达到了 1，实现 DEA 有效，分别是宝山区、长宁区、虹口区、嘉定区、青浦区及徐汇区；其他 10 个区规模以上工业企业科技人才集聚综合效率均小于 1，其中有 6 个区即浦东新区、闵行区、松江区、黄浦区、崇明区及金山区纯技术效率值为 1，实现弱 DEA 有效。对于综合效率值小于 1 的 10 个区，进一步分析规模效率变化趋势可知，黄浦区、静安区及普陀区处于规模效率递增阶段，有发展潜力，前景良好。剩余 7 个区即浦东新区、闵行区、松江区、杨浦区、崇明区、奉贤区及金山区处于规模报酬递减阶段，说明当前科技人才集聚存在冗余或发展潜力不足，需要调整科技人才集聚结构或转变集聚方式。

三、上海市规模以上工业企业科技人才集聚效率影响因素分析

（一）规模以上工业企业科技人才集聚效率影响因素的选取

结合已有对人才集聚效应的研究和《上海科技人才发展研究报告》，本文从区域经济水平、企业发展 、政府扶持 3 个层面提出它们对上海市各区科技人才集聚效率有显著影响的 3 个基本理论假设 ，相应选取以下共 11 个具体测度因素指标来构建影响我国科技人才集聚效率的指标体系（见表 3）。

表 3　上海市规模以上工业企业科技人才集聚效率影响因素

指标	影响因素	计算方法	预期属性
经济水平 B_1	区域人均 GDP B_{11}	GDP/人口	正
企业发展 B_2	国外技术依赖度 B_{21}	引进境外技术经费/R&D 经费	负
	引进技术吸收投入情况 B_{22}	引进技术经费/引进技术消化吸收经费	正
	成果应用投入力度 B_{23}	技术改造经费/主营业务收入	正
	科技创新投入力度 B_{24}	R&D 经费/主营业务收入	正
	经济实力 B_{25}	工业总产值/GDP	正
	创新活力 B_{26}	新产品销售收入/主营业务收入	正
	人力资源配置 B_{27}	R&D 人员/平均用工人数	正
	企业办科技机构硕博比例 B_{28}	机构硕博人员数量/机构人员总数	正
	企业办科技机构数量 B_{29}	\	正
政府扶持 B_3	政府支持力度 B_{31}	政府投入研发资金/R&D 经费	正

（二）规模以上工业企业科技人才集聚效率影响因素回归分析

把 DEA 分析所得出的各区的科技人才集聚效率值作为被解释变量，把选取的影响因素指标作为解释变量，利用 Stata 软件对所选影响科技人才集聚效率的指标数据进行 Tobit 回归分析。回归结果见表 4。

表 4　Tobit 模型回归结果

指标名称	相关系数.	t 值	P 值
区域人均 GDP B_{11}	0. 139	8. 14	0
国外技术依赖度 B_{21}	-0. 02	-2. 85	0. 036
引进技术吸收投入情况 B_{22}	0. 909	4. 54	0. 006
成果应用投入力度 B_{23}	1. 153	2. 25	0. 075

续表

指标名称	相关系数.	t 值	P 值
科技创新投入力度 B_{24}	0.887	2.83	0.037
经济实力 B_{25}	0.006	5.78	0.002
创新活力 B_{26}	-0.009	-1.55	0.182
人力资源配置 B_{27}	-0.085	-2.73	0.041
企业办科技机构硕博比例 B_{28}	0.038	4.83	0.005
企业办科技机构数量 B_{29}	-0.026	-4.6	0.006
政府支持力度 B_{31}	0.01	0.78	0.472

上述回归结果表明：

（1）区域经济发展水平对上海市规模以上工业企业科技人才集聚效率有显著正向影响。

区域人均 GDP 水平代表着一个区域的经济发展水平，这说明科技人才集聚效率较为依赖区域经济发展水平。经济基础较好的区域具有高素质的人力资源、丰富的财力资源、前沿的科技资源以及更多的施展才华的平台和机会，相对于基础较差的区域还有更优质的教育资源、生活服务等，因而可以充分发挥人才集聚的价值，带来人才集聚效率的提升。

（2）国外技术依赖度与上海市规模以上工业企业科技人才集聚效率呈显著负相关；引进技术经费与消化吸收经费比值、技术改造经费占 R&D 经费比例与规模以上工业企业科技人才集聚效率都呈显著正相关。引进境外技术经费与 R&D 经费的比值用来衡量企业对国外技术的依赖度，说明上海市规模以上工业企业的发展越依赖国外技术，其开展研发创新活动就越被动，继而势必会在一定程度上降低科技人才集聚效率。引进技术经费与引进技术消化吸收经费的比值和规模以上工业企业科技人才集聚效率呈正相关，影响较为显著，相关系数为 0.909，因此上海市规模以上工业企业应当在引进技术的基础上投入适当的消化吸收经费，或者衡量其技术的价值合理引进，利于促进资源的有效使用和创新突破。技术改造经费的增加对提升规模以上工业企业的科技人才集聚效率有正向促进作用，且影响显著，相关系数为 1.153，影响程度最大。

（3）企业对科技创新的投入力度以及企业自身经济实力对上海市规模以上工业企业科技人才集聚效率都有着显著的正向影响。企业对 R&D 经费的投入比例越高，科技人才集聚效率越高，影响较为显著，相关系数为 0.887，这说明企业的科技投入力度较高，表明其对科技研发越重视，越有助于企业自主创新能力的提升、人才集聚效率的提高。企业自身实力越是雄厚，其人才能力竞争就越激烈，同时人才自我价值实现的机会越多、见识会越广，人才集聚效率自然越高，相关系数为0.006，影响程度不大。

（4）规模以上工业企业办科技机构人才规模的扩大对科技人才集聚效率有显著正向影响，而其机构数量的提升对效率呈现负向影响。企业办科技机构扩大人才规模，有利于区域内知识流动、技术扩散、激发创新灵感，大量人才集聚可以更有效、更充分地利用已有资源，研究新的科技产品以满足市场需求，赚取利润，提高科技人才集聚效率。办科技机构数目的增加对科技人才集聚效率的影响呈现负向相关，说明科技机构数目的增加，并没有更合理地促进科技资源的使用，反而由于资源、人才的分散使得效率降低，造成负向的影响。

（5）人力资源配置对规模以上工业企业科技人才集聚效率有显著负向影响。一方面，科技人才数量的增长，并没有带来效率的提升，进一步表明规模以上工业企业的科技人才结构不仅要有数量的突破，更需要质量的提升，合理构建科技人才队伍，才能充分发挥高质量人才在企业科技创新能力提升中的作用，提高科技人才集聚效率；另一方面，企业不同于高校、科研院所，企业的核心是盈利，根据需求引进、集聚研发人员是企业核心的技术支撑，而不是越多越好，所以研发人员占比越大反而越对科技人才集聚效率有负向影响。

（6）政府支持力度对上海市规模以上工业企业科技人才集聚效率没有显著影响。说明政府支持力度并未对科技人才集聚效率的提高起到预期作用，可能的原因是：目前规模以上工业企业不断加强科技投入，在科技创新中的主体地位不断增强，一方面，政府投入效果具有一定的滞后性和累积性，在短期内它所产生的经济效益并不明显，短期内的产出也不一定高，无法及时凸显对科技人才集聚效率的影响；另一方面，政府资金投入在规模以上工业企业R&D总经费中占比较小，无法产生足够的影响力，且政府资金投入后，规模以上工业企业可能需要花费较多的时间在规范使用这笔相对较少的经费的管理程序上，使得政府资金投入对企业科技人才的激励作用不那么明显。

四、政策建议

（一）建立企业科技创新体系，构建科技人才集聚新高地

1. 强化企业创新主体地位，提高人才吸引力

企业作为上海市科技人才体量最大的载体，应强化自身科技创新主体地位，增

强自主创新意识，加大对科技创新经费投入力度，加速形成以企业为创新主体、市场为决定性导向、产学研高度结合的科技创新体系，提高企业自身对人才的吸引力，同时政府应积极引导高层次科技人才合理地向企业集聚，在政策上予以适当倾斜，让企业有充足、优质的人才资源进行科技创新研发、科技成果转化等工作，构筑科技人才集聚新高地。

2. 加快完善企业办科技机构的人才激励机制

围绕提高重点领域技术创新能力、实现核心技术攻关，加强企业与高校、科研院所合作，鼓励企业建立高质量的科技机构，破除体制机制障碍，完善机构人才激励机制，通过提高人才福利待遇，改善人才收入分配制度，保障人才收入水平，比如分行业制定能者多劳的奖金制度等。同时赋予机构人才更多的科研自主权，建立容错机制，延长考核周期等，鼓励机构人才潜心开展科技创新工作，勇闯核心技术“无人区”，促使人、财、物等科技资源集聚作用达到最大化。

（二）鼓励企业实行引育并举且更重培养的引才引智机制，合理构建科技人才培养体系

1. 支持企业面向全球广泛吸纳高层次人才

围绕本市重点领域和紧缺人才，鼓励企业按实际需要广泛吸引国内外高层次人才，全面解决上海市企业高层次人才缺口问题。首先，设立不同级别的引才奖。对于为引进高层次人才作出巨大贡献的企业和人事专员均予以奖励，分别设立不同级别的企业引才奖和引才大师奖，激励企业积极引进各类紧缺人才。其次，拓宽企业引才渠道。有针对性地帮助企业走进高校开展系列招聘会，为企业搭建引才聚才平台，拓宽企业引才渠道。最后，优化企业引才服务。为企业引才提供一系列服务，如建立全方面配套的高层次人才引进服务体系，对有突出贡献的国内外高层次科创人才提供购房优惠、解决落户或缩短“居住证转户口”年限、解决子女教育等便利政策，提升企业高层次科技人才的荣誉感和归属感，为上海市高层次科技人才引进营造公平竞争环境，让高层次科技人才主动择业、合理地流向企业。

2. 支持企业自主培养本土青年科技人才成长成才

实行引育并举且更重培养的引才引智机制，上海市各区内外都要注重对青年科技人才的开发与培养，政府应该大力支持企业建立阶段型、需求性、多元化的人才交叉培养体系，形成由政府引导、企业牵头、个人自愿参与的企业人才培养文化。各区政府也应积极推动并引导企业与高校及科研院所合作，充分利用现有教育和培

训资源，加强企业对青年拔尖人才和行业技术、学科带头人的选拔，加强企业对重点领域、核心技术创新青年人才的培养；也应积极响应企业对于人才的各类培养政策，配合人才发展的各种要求，多支持企业开展青年科技人才跨区域、跨单位的交流活动，让青年科技人才在各种竞争、培养体系以及交流活动中慢慢成长成才。

（三）加强企业科技成果应用转化人才队伍专业化建设

1. 认可科技成果应用转化人才，提高人才辨识度

科技成果应用转化是提升企业科技人才集聚效率的关键所在。鼓励企业积极发展科技成果应用转化工作，加强宣传推广，提高重视度，让更多感兴趣的、有潜力的人认识这个行业，了解这个行业，并认可科技成果应用转化工作的价值，投身于这项工作。只有认可科技成果应用转化人才，提高人才辨识度，才能吸引人才，更有效地促进科技成果应用转化。

2. 建立科技成果应用转化的专业人才队伍

支持、鼓励企业加大对科技成果应用转化的投入力度，建立专业的科技成果应用转化人才队伍，设立一套专业的人才筛选体系，完善科技成果应用转化人才培养体系、激励体系、职业发展通道，将更多的人才吸引到这个体系中来，充分发挥企业科技成果应用板块的优势主体作用，推动技术研发与市场需求的有效衔接，促进企业开展自主研发活动的积极性，提升企业科技人才集聚效率。

（四）加大“科创22条”核心承载区企业人才吸引力

1. 充分发挥浦东张江高科技园区企业人才集聚优势

政府应当帮助张江高科技园区企业引进海内外优秀人才。一方面要减轻企业引才压力，可通过政府搭建平台，创造交流机会，提供引才服务，出台相应向张江区域内产业倾斜的人才引进、培养政策等，降低企业引进国内外人才的成本；另一方面张江青年科技人才较多，人才安居是大问题。改善人才公寓建设和运行机制，一是要加快人才公寓审批程序，增加人才公寓的数量，推出面积较大的户型，确保引进人才及家庭能够得到妥善安置；二是可根据人才住房需求，建设具有不同功能和定位的人才公寓。如从时间上设置长租和短租公寓，促进人才公寓有效流动，满足短期来沪工作的专家居住需求。如从人才类型方面为不同类型和级别的人才公寓配套满足相应需求的基础设施和服务，满足各项工作和生活的需要。

2. 完善浦东临港新片区企业人才发展及服务环境

一方面是加强人才联合培养。利用好临港新片区各大高校集聚优势，加大对研

究生联合培养模式的支持力度，认真吸取联合培养模式的成功经验和不足，完善产学研联合培养机制，明确实施细则、资金配套以及各方职责等。另一方面是优化临港新片区引进人才的生活服务环境。加强基础配套设施建设，包括住房、教育资源、医疗设施、交通设施、环保设施等，让“新片区的人才政策”引进的人才能够长期安稳地留下来谋发展、共创新。

3. 优化杨浦区创新创业人才宜居宜业空间

杨浦区是上海市中心城区，工作环境很好，但生活压力较大。要满足杨浦区创新创业人才对美好居住生活的需求，就要注重优化杨浦区产业密度，扩大生活空间。在合理控制房价的基础上，还可在区周边建设高品质的生活空间，在降低生活成本的同时保证生活质量，增加市区人才的归属感和幸福感。

（五）政府助力营造推动企业积极开展科技创新的大环境

1. 加强企业人才需求对接交流，优化人才发展环境

加强企业人才需求对接交流，从解决企业人才实际需求出发，积极出台、完善并落实好支持上海市企业及人才科技创新政策。如加大知识产权的保护力度，处理好科技成果完成人和应用人之间的利益关系，使责任分工明确，营造和谐的科技创新氛围；扩大人才公寓建设面积，解决企业青年科技人才安居难的问题；鼓励私营企业全面发展，畅通人才职业发展各类通道；建立多元化人才投入保障的运行机制，包括社保、公积金等相关制度。做好科技人才在上海落地以及初期过渡的各项支持和保障工作，优化人才发展环境。

2. 积极宣导企业科技创新人才政策，提高政策实施效益

鼓励政府相关部门面向高校、社会积极开展科技人才政策宣传活动、比赛活动，或通过网络渠道发布政策宣传信息等，吸引更多国内外优秀人才的关注度；面向企业印制“科创中心建设政策汇编”等一类的宣传册，并提供现场解读，积极引导企业对人才政策的重视度，促进企业更好地灵活使用现有科技创新政策，激发企业人才科技创新积极性，提高政策实施效益。

参考文献

[1]中华人民共和国科学技术部．中国科技人才发展报告2018[M]．科学技术文献出版社,2019:20－25.

[2]上海市科学技术委员会．上海科技统计年鉴2019 [M]．上海科学普及出版

社,2020:69 -95.

[3]陈曦, 缪小明. 开放式创新、企业技术能力和创新绩效的关系研究[J]. 科技管理研究, 2012(14):16 -19.

[4]王勇. 科技人才集聚效应的实证研究——基于江苏的数据[J]. 科技管理研究, 2011, 31(005):153 -157.

[5]黄兴原,司洋洋,徐川,等. 科技人才集聚的影响因素与集聚效应优化研究[J]. 智库时代,2020(14):7 -8.

[6]胡昌明. 政产学研协同的特色小镇科技人才集聚驱动机制探析——基于浙江实践[J]. 现代管理,2020,10(2):256 -263.

[7]田兴国,吕建秋,黄俊彦,等. 高校教师对创新型科技人才发展环境认知及改革意愿研究——基于全国61所高校的实证调查[J]. 科技管理研究, 2017 (6):106 -111.

[8]Mcdonald J.. Using least squares and tobit in second stage DEA efficiency analyses[J]. European Journal of Operational Research, 2009, 197(2):792 -798.

[9]Ji Y. ,Lin N. ,Zhang B.. Model selection in binary and tobit quantile regression using the Gibbs sampler[J]. Computational Stats & Data Analysis, 2012, 56(4):827 -839.

[10] Kirjavainen T. ,Loikkanent H. A.. Efficiency Differences of Finnish Senior Secondary Schools: An Application of DEA and Tobit Analysis[J]. Economics of Education Review, 1996, 17(4):377 -394.

[11] 芮雪琴, 牛冲槐, 陈新国,等. 创新网络中科技人才聚集效应的测度及产生机理[J]. 科技进步与对策, 2011(18):146 -151.

（本文曾发表于《科技管理研究杂志》）

新形势、新要求、新思路：“十四五”科协科技创新人才工作战略研究

——以北京为例

◎张惠娜① 周京艳② 刘如③ 付宏④ 吴晨生⑤

摘　要　在分析北京创新人才发展环境的宏观形势基础上，根据人民团体发展的新形势和新要求，分析新时期科技创新人才工作面临的新形势及新要求，研究“十四五”期间进一步加强科协组织服务广大科技工作者、助推人才成长的工作思路和战略目标。开展科协科技创新人才工作战略研究，是科协参与构建具有国际竞争力的人才制度体系的必由之路，更是科协参与促进人才治理体系和治理能力现代化的有效路径。

关键词　十四五；科协；科技创新人才；战略

---

①　张惠娜，北京市科学技术情报研究所副研究员，主要研究领域为科技治理与人才发展。地址：北京市西三环北路27号北科大厦409，E-mail：anna_2010@aliyun.com.

②　周京艳，北京市科学技术情报研究所助理研究员，主要研究领域为科技情报。

③　刘如，中国科学技术发展战略研究院副研究员，主要研究领域为科技战略。

④　付宏，北京市科学技术情报研究所副研究员，主要研究领域为科技治理与区域发展。

⑤　吴晨生，北京市科学技术情报研究所研究员，主要研究领域为科技情报。

"十四五"时期是我国全面建成小康社会、实现第一个百年奋斗目标之后，乘势而上开启全面建设社会主义现代化国家新征程、向第二个百年奋斗目标进军的第一个五年。当前和今后一个时期，我国发展仍然处于战略机遇期，但机遇和挑战都有新的发展变化。随着全球创新资源加速配置，各国竞相把吸引留置优秀人才上升为国家战略，通过制定战略规划、调整移民政策、广招留学人才等方式加大力度吸引全球优秀人才。与此同时，以美国为代表的发达国家不断对我国高层次人才引进和使用加以防范，甚至不惜迫害、打击涉华高科技领域人才，导致人才国际流动和使用的安全风险日益增加。面对新的国际竞争局势及新冠肺炎疫情等不确定因素带来的全球创新资源重构的影响，加速国内人才自主培养，推动和保障人才更好地服务科技与社会经济发展，是党中央加强社会治理战略布局的重要一环。为响应中央号召，将北京建设成为具有全球影响力的科技创新中心和国家战略性新兴产业策源地，北京市科协应围绕新时代科协发展新战略、践行新作为，积极参与推动北京人才治理体系和治理能力现代化，打造北京科技创新人才工作新格局。

一、北京科技创新人才工作面临的新形势

面对新一轮科技革命和产业革命带来的挑战与机遇，尤其是新冠肺炎疫情暴发对全球人才流动的深刻影响，北京应面向未来，在全球化人才流动中长远规划，加快培养和造就一支高素质的、适应北京城市经济社会发展需要的科技创新人才队伍，这是北京高质量发展的重要战略选择。

（一）全球经济科技发展进入重要转折期

当今世界范围内，科技创新正在不断重构城市与生活。层出不穷的新技术、新能源、新材料、新模式、新商业规则对人们工作和生活的城市产生了全方位的影响。全球经济正在经历剧烈转型，科技创新日益成为拉动经济快速增长的新引擎。科技创新的关键，是人才的较量。国家之间的竞争，特别是强国间的竞争，就是资源的竞争、制度的竞争、人才的竞争和话语权的竞争，其中最关键的是人才的竞争。占据人才发展的制高点就意味着占据了世界竞争的制高点。

（二）中国社会发展和科技创新已步入新时代

在当前百年未有之大变局下，中国的社会发展和科技创新已步入大国向强国崛起的关键历史阶段。但我国科技发展方面还存在一些关键核心技术依赖进口、关键核心技术受制于人的制约发展的瓶颈。与此同时，随着中美经贸摩擦不断升级，美

国对华科技领域种种遏制行为轮番登场，包括实施高科技产品出口限制、投资限制、技术封锁、人才交流中断等，这将是很长一段时间中国社会发展不得不面对的一个重要现实。

（三）北京全国科技创新中心建设进入攻坚期

根据《北京加强全国科技创新中心建设总体方案》，到 2030 年，北京全国科技创新中心的核心功能更加优化，成为全球创新网络的重要力量，成为引领世界创新的新引擎，为我国跻身创新型国家前列提供有力支撑。而“十四五”时期正是北京全国科技创新中心建设的攻坚阶段。高质量发展要靠创新，打造支撑北京高精尖经济结构的强大引擎，需要充分调动科技创新人才的积极性。

（四）北京科技创新人才队伍有待进一步优化

与北京高质量发展对科技创新人才的巨大需求相比，当前北京的科技创新人才队伍有待进一步优化。首先，高端人才数量缺口大。北京虽然是我国高端人才集聚地，但也存在着高端人才数量不足的困境。从目前人才资源分布来看，北京缺乏处于国际前沿、参与国际竞争的战略科学家、首席科学家，具有世界水平和世界影响力的科技领军人才不多。其次，人才分布结构有待优化。当前的很多高端人才都分布在高校与科研院所里，而企业高层次研发人才却少得多、弱得多，一些高层次创新人才远离企业这一创新主战场，企业关键核心技术难以突破。同时，急缺将科技成果转化成现实生产力的成果转化人员、市场推广人员、企业经营管理领军人才。再次，领军人才效能未充分发挥。北京的领军人才队伍数量和质量在国内遥遥领先，其创新能力和创新业绩也在全国范围内处于领先地位，但与发达国家的差距仍然很大，这与北京高层次人才未能充分发挥效能有密切关系。同时，由于用人制度、分配制度、评价机制等未能从根本上克服计划经济的弊端，导致人才合理流动的体制性障碍尚未消除，人才在用人单位间的流通渠道不够畅通，这也影响着领军人才效能的发挥。最后，国外高端智力使用不足。北京虽然是我国的人才聚集区，但借助国外高端智力的力度和水平仍远远不够，在吸引和使用国外高端智力方面上仍需加强。

二、“十四五”时期科协科技创新人才工作的新要求

习近平总书记 2020 年 9 月在科学家座谈会上指出，要尊重人才成长规律和科研活动自身规律，培养造就一批具有国际水平的战略科技人才、科技领军人才、创新

团队。要高度重视青年科技人才成长，使他们成为科技创新主力军。要面向世界汇聚一流人才，吸引海外高端人才，为海外科学家在华工作提供具有国际竞争力和吸引力的环境条件。这对科协"十四五"时期的科技创新人才建设提出了新要求，科协要深刻把握国际人才流动的新特点和新规律，充分发挥科协在北京人才凝聚以及国际交往中的重要功能，积极参与北京人才治理现代化。

（一）深刻把握国际人才流动的新特点和新规律

新形势、新局面的不断出现，使全球人才流动呈现出新的特点和新的规律。一方面，以新冠肺炎疫情为代表的重大公共突发事件对全世界经济、政治进行了重构，对现有的创新生态、未来的经济增长以及全球高技能人才的自由流动和跨国科研合作产生了重大影响。另一方面，以中美贸易战为代表的国际关系竞争格局使得人才的流入与流出发生了重大变化。比如，特朗普政府对中国研究生赴美留学的限制、暂停 H－1B 签证等政策，使得世界人才流动改变了方向。科协应深刻把握世界竞争格局突变的后疫情时代国际人才流动的新特点和新规律，并将此作为人才政策出台及战略定位的宏观背景。

（二）充分发挥科协在北京人才集聚中的功能

随着科协改革的全面展开和深入推进，科协工作边界不断拓展，工作格局持续调整，越来越强调科协在人才服务、引领、评价以及举荐中的作用。在 2016 年 5 月召开的"科技三会"上，习近平总书记明确要求各级科协组织要坚持为科技工作者服务、为创新驱动发展服务、为提高全民科学素质服务、为党和政府科学决策服务的职责定位，推动开放型、枢纽型、平台型科协组织建设，接长手臂，扎根基层，团结引领广大科技工作者积极进军科技创新。2016 年，中央印发的《科协系统深化改革实施方案》要求科协要进一步密切与科技工作者的联系，更好地发挥党和政府与广大科技工作者的桥梁纽带作用，建立联系科技工作者长效机制。新时代，为服务更广大的科技工作者，科协工作格局实现了由"四服务一行动三功能"向"1－9－6－1"战略布局工作格局的转变，通过三维聚力，提升科协群众组织力，"将更多科技工作者纳入科协体系之中"。可以说，科协工作格局的新变化有利于将发现、培养、凝聚、举荐、用好人才贯穿在科协的学术交流、科学普及、技术服务、决策咨询和组织建设等工作的各个方面，利于科协人才集聚功能的发挥。

（三）推进科协在民间国际交往中的重要作用

当前，以中美贸易战为导火线，欧美各国都把科技外交当成国家外交战略的重要部分，中国与发达国家的科技交往被阻碍乃至中断，对我国国际科技合作与人才交流造成了一定的影响和破坏。作为市委领导下的群团组织，北京市科协围绕北京建设全国科技创新中心和国际交往中心，长期致力于深化与国外科技组织的交流合作，团结凝聚海外科技力量服务北京创新发展。未来，根据国际国内形势环境，科协应提升社会组织对外交往能力，在促进国际交往方面发挥更大的作用。促进北京科技工作者积极参与国际学术交流，通过科协打造更好的非政府的跨国人才合作交流平台，在促进人才跨国交往中发挥更多的功能和作用。

三、“十四五”期间北京市科协科技创新人才工作新思路

科协组织是人的组织，是科技工作者的组织，依靠科技工作者、服务科技工作者始终是科协工作的重要内容和突出特点。为进一步加强科技创新人才建设，“十四五”期间，市科协应不断强化科技创新人才建设，使北京科技创新人才建设工作充分体现政治性、先进性和群众性三性要求，明确北京科技创新与人才发展的新方向，强化对北京科技创新人才的新引领，培养服务科技创新中心建设的新人才，实现科协对科技创新人才的新助推，开创科技创新人才引进的新机制，孕育科技创新人才发展的新生态，把握北京科技创新人才发展的新动向，引导人才服务北京创新事业的主战场，在了解北京科技创新人才、服务科技创新人才、培育和引进科技创新人才以及政治引领和政治吸纳科技创新人才方面发挥更多的作用。

（一）明确北京科技创新与人才发展的新方向

围绕党和国家事业发展重大战略、重大任务、重大工作，结合“十四五”期间北京科技创新和人才工作重点，充分把握外部环境的不确定性及风险，遵循战略性、先导性及带动性原则，围绕北京全国科技创新中心建设的科技创新任务，积极参与北京科技创新人才工作顶层设计乃至国家科技人才工作政策的制定和实施，坚持人才驱动，加强北京科技创新高端人才的引进、培养及创新环境的打造，完善科协人才工作新格局。

（二）强化对北京科技创新人才的新引领

以“找准角度、关注热度、拓展广度”为切入点，全面提升科协对北京科技工作者的政治引领、政治吸纳能力，汇聚建成世界科技强国磅礴力量。以习近平总书记关于科技创新的论述凝聚科技工作者共识。举办学习贯彻习近平总书记系列重要讲话精神高层次科技领军人才专题研修班、青年科技领军人才国情研修班，深入学

习习近平总书记系列重要讲话精神，增强科技工作者对党的政治认同、思想认同、理论认同和情感认同。引领首都科技工作者坚定不移听党话、跟党走，把正确的理想信念落实到正在做的事情上，转化为创新争先的强大正能量。

（三）培养服务科技创新中心建设的新人才

积极拓展科技人才成长通道，打造科技人才成长助推器。开展青少年科技后备人才早期培养计划、英才计划（北京）、早期拔尖培养暨英才储备学生试点三大青少年人才培养项目，形成科技人才培养后备梯队。创新升级北京青少年科技创新大赛、机器人竞赛、科学影像展评展映、创客国际交流展示等活动，推进和提高国际化水平。深入开展青少年高校科学营、青少年科学调查体验活动、青少年走进工程院等活动，指导监管五学科竞赛，推动后备人才培养与高等教育相衔接。加强北京青少年科学基金会建设，发挥基金会服务科学教育场馆提质升级的社会筹资功能。

（四）实现科协对科技创新人才的新助推

按照优化结构、明确定位、提升质量、体现特色的目标思路，改革完善科协举荐表彰体系。探索运用社会力量办奖的方式设立科协系统系列奖项，鼓励科技社团开展科技人才评选，打造分级分类、上下衔接的表彰举荐体系。通过中国工程院院士、中国青年科技奖、中国青年女科学家奖、茅以升北京青年科技奖、北京优秀青年工程师的评选工作，大力举荐青年科技人才。资助青年科技人才出版学术专著、参加国际学术会议。举办院士讲科普等活动，动员老科技工作者多渠道参与科普实践，面向不同人群普及科学知识，传播科学思想，弘扬科学精神。加强科技人才和创新团队宣传，提升科协举荐表彰工作影响力。创新智库群人才培养机制。设立专业智库群青年研究专项，支持青年人才开展决策咨询课题研究。鼓励智库基地建立有别于学术人才评定的智库人才评定办法，在智库人才职称评定、职业晋升等问题上提供有力的支撑。推动智库基地开展国际化智库人才、专业交叉领域智库人才等的培育工作。以基地为依托，吸引凝聚更多科技工作者参与到专业智库建设中去。

（五）开创科技创新人才引进的新机制

围绕北京建设具有全球影响力的科技创新中心，团结引领北京科技类社会组织着力提升学术交流主平台国际化水平。发挥国家海外人才离岸创新创业基地效能，吸引凝聚海外科技人才，建立健全与港澳台学术团体交流合作机制，服务北京高质量发展。鼓励支持北京科技工作者积极参与国际科技组织事务，吸引更多重要国际学术会议落地北京，提升北京学术交流的国际影响力和话语权，积极为全球科技治理贡献中国力量。深入实施海外智力为北京建设服务计划，建立北京海智科技创新联盟，凝聚国际高端学术资源，搭建全链条国际科技服务体系，加强与国际科技人才的联络服务。打造“创新链接”年度品牌会议，聚合学会、企业、智库等创新资源，推动中关村人才特区建立海外预孵化和双向离岸创新工作站。深化与国外科技组织机构的合作，鼓励、资助北京地区的院士、专家参加具有影响力的国际学术会议，推荐派驻国际组织任职。

（六）孕育科技创新人才发展的新生态

明确北京科技创新人才发展规划愿景，强化公共服务基础管理，通过完善的公共服务平台，增强人力资源的整合能力，促进各层次人才的集聚、优化和共享。持续推动科技创新人才评价工作。聚焦北京高精尖产业布局和关键领域，与市场需求、社会关注、人才梯队建设有机结合，引导更多学会开展科技评价和人才评价工作。优化人才发展环境，完善人才服务网络与人才载体建设。深化市科协的人才服务功能，通过人才交流、引进与培养工作，促进科技创新人才资源的合理配置，为北京发展提供有效的人才保障。打造多学科思想交流促进成长的平台。推出多学科青年人才交流沙龙，围绕当前社会热点、重点产业发展、国际前沿科技动态、人才作用发挥等不同主题开展座谈研讨，为科技工作者跨学科交流思想、开展合作提供平台。建立能促进柔性使用国内外智力资源的人才工作机制与共享人才资源的人才交流机制。充分利用科协系统国际交流渠道，推动人才网络国际化，推动北京人才国际化交流，开展合作研究，逐渐融入全球创新网络。

（七）把握北京科技创新人才发展的新动向

加强对北京科技工作者的深入研究与服务，切实增强与北京广大科技工作者的思想沟通、情感交流和工作联系。整合资源，建立健全老科学家资料采集数据库、科技工作者调查数据库、科技人才政策文本库、国外科技创新动态信息库、市学会统计数据库、科协事业发展统计数据库等。重点建设以科技人才为核心的科技政策数据库，及时收集、定期更新、系统整理中央和各地新近出台的科技政策、科技人才政策和科技金融政策，为相关政策研究提供有力支撑。开展关系北京科技工作者切身利益的重大共性问题调查，为北京科技人才发展的相关决策提供数据翔实、举措适当的研究参考材料。创新完善科技工作者状况调查机制，准确把握北京科技界变化趋势、思想动向和关切需求，畅通科技工作者利益表达渠道。

（八）引导人才投身北京创新事业的主战场

科学判断形势要求，围绕发挥桥梁纽带和“枢纽型”社会组织作用，积极探索科协组织建设的新模式，聚焦北京市战略定位及重点工作，充分发挥科协资源优势，组织引导广大科技创新人才积极投身科技创新和经济建设主战场，不断释放创新创造热情，赋予科协工作新内涵，践行科协组织新举措，形成科协事业新格局。扩展老科学家学术成长资料采集工程功能，大力弘扬老一代科学家艰苦奋斗、科学报国的爱国精神，联合打造系列宣传精品。开展“新时代创新先锋”人物直播等宣传活动，选树一批科技界楷模，引导北京广大科技工作者自觉践行社会主义核心价值观。开展科学道德和学风建设宣讲教育报告会、研究生导师科学道德和学风建设宣讲教育培训等专题活动，加强学术道德培养，推进科研诚信建设。

参考文献

[1] 7月30日中共中央政治局会议要点解读[N]. 21世纪经济报道,2020 -07 -30.

[2] 徐可. 打好关键核心技术攻坚战[N]. 新华网,2020 -08 -26. http://www. xinhuanet. com/comments/2020 -08/26/c_1126414617. htm.

[3]习近平在全国科技创新大会 两院院士大会 中国科协第九次全国代表大会上的讲话[N]. 新华社,2016 -05 -30.

[4]三轮驱动、三化联动、三维聚力 中国科协在新时代迎来发展新方向[N]. 新华网,2018 -01 -27.

[5] 习近平对群团组织提“三性”要求:政治性放首位 群众做主角[EB/OL]. 人民网 - 中国共产党新闻网 . http://www. xinhuanet. com/politics/2015 -07/10/c_128007498. htm. 2015 -07 -08/2021 -03 -15.

领导干部和公务员科普活动效果的影响因素实证研究
——以北京市公务员科学素质大讲堂为例

◎安宏宇①

摘　要　通过线上与线下问卷调查相结合的方式，对北京市16个区及部分市属委办局的领导干部和公务员科普活动进行了调查。利用多元回归方法分析影响科普活动效果的因素，验证了目标设定、活动内容以及活动形式等显著影响。针对实证结果，提出科普活动应准确定位目标、以内容为王，发挥各类活动形式优势，充分利用信息化手段拓展科普覆盖面等建议，以期满足领导干部和公务员科学素质提升需求。

关键词　领导干部；公务员；科普活动；影响因素

①　安宏宇，北京市科技进修学院高级经济师，研究方向：《纲要》重点人群科普。地址：北京市大兴区圣和巷7号。E－mail：anhongyu2004@126.com.

领导干部和公务员肩负着贯彻落实党的方针政策和统筹经济社会发展的重任，其科学素质直接影响治国理政的水平。在新时代提升领导干部和公务员科学素质，对我国深入实施创新驱动发展战略，全力推进政府治理体系和治理能力现代化至关重要。北京市公务员科学素质大讲堂（以下简称大讲堂）是中共北京市委组织部与北京市科协联合主办、为贯彻落实《全民科学素质行动计划纲要（2006—2010—2020 年)》（以下简称《纲要》）的重要科普活动之一，自 2009 年以来举办公务员科学素质大讲堂、科学素质知识竞赛、公务员科普一日等各类活动 308 场，受众 8.6 万余人次，为持续推动领导干部和公务员科学素质提升起到积极的作用。对该项活动进行深入研究，找出影响效果的重要因素，并提出切实可行的建议，对提高北京市公务员科普活动收效大有助益，同时也可以为《纲要》其他重点人群举办同类活动提供参考。

一、影响因素模型

科普活动是以科普为主题开展的一种有组织、有目的的群体性活动，旨在向公众普及科学技术知识、倡导科学方法、传播科学思想、弘扬科学精神，是促进公众理解科学的重要渠道。有效的科普活动可以推动公民科学素质不断提升。

从文献资料来看，国外对科普活动效果的研究以个案研究为主，如针对德国 2005 爱因斯坦年、英国曼彻斯特科学与工业博物馆巡展、荷兰科学聚会活动等的研究。关于影响活动效果的因素有的学者认为是个人对于科普信息接受能力大小、科普素材本身的性质、个人性格与科普素材本身的亲和度；关于科普活动效果大多数学者认为是活动的社会影响、活动引起的公众态度及行为层面变化等反映，有少量学者如日本的 YoKo Beppu 认为科普活动效果的好坏取决于提供信息量的多少及可理解程度。

近年来，国内学者对科普活动效果进行了研究：张志敏、郑念基于全国科普日、全国科技周北京主场活动的评估实践，构建了大型科普活动效果评估指标体系，认为效果评价应遵循立足于科普活动既定目标的原则，其中活动的主题、内容、形式，服务管理的专业性、科普工作者素质等是重要影响因素，其影响与效果通过社会影响、科学传播影响和科普能力提升效果呈现；黄小勇指出，活动内容中主题一致性、知识性、吸引力、交互性等，组织管理中环境、环节安排、现场秩序、服务等都是影响活动效果的主要指标，可以从认知、技能、情感、满意度方面考察科普影响；李小英建立了博物馆绩效评价模型，指出科普内容的科学性、趣味性、通俗性，活动组织的有序性、信息化程度、人员保障等是评价绩效的指标，影响程度由受众人数和媒体报道构成；程萍、盛世兰等在对领导干部和公务员科学素质的调查研究中发现，科普活动针对科学素质方面的内容凸显不足，对符合领导干部和公务员要求的、有效的活动方式探索不够，科普人员力量薄弱，因此科普活动一定要在内容、形式、科普人员水平建设上下功夫 。

目前，针对领导干部和公务员科普活动效果的影响因素实证研究很少，已有研究多停留在定性描述阶段。从以上文献中可以看出，一方面，关于科普活动效果的影响因素。学者们从不同的角度、以不同语言表述方式对科普活动的影响因素作了阐述，归纳起来可以得到六个主要影响因素，即目标设定、计划安排、科普人员水平、活动内容、活动形式、服务管理。另一方面，关于衡量科普活动效果的途径。学者们以影响与效果、影响程度、科普影响等词汇表述活动效果，衡量科普活动效果的途径也各有侧重，如张志敏、郑念重点考察社会影响、科学传播影响和科普能力提升效果；黄小勇从科普受众的认知、技能、情感、满意度方面衡量；李小英通过受众人数和媒体报道两个方面进行评价等，综合以上学者的研究以及结合本人的工作实践，本文将从受众、社会两个方面的影响进行分析，即科普活动效果包括知识获取、能力提升和社会影响。

因此得出影响领导干部和公务员科普活动效果的六个因素，即目标设定、计划安排、科普人员水平、活动内容、活动形式、服务管理，活动效果用知识获取、能力提升和社会影响二级指标衡量，并根据六个因素设计主要模型关系，如图 1 所示：

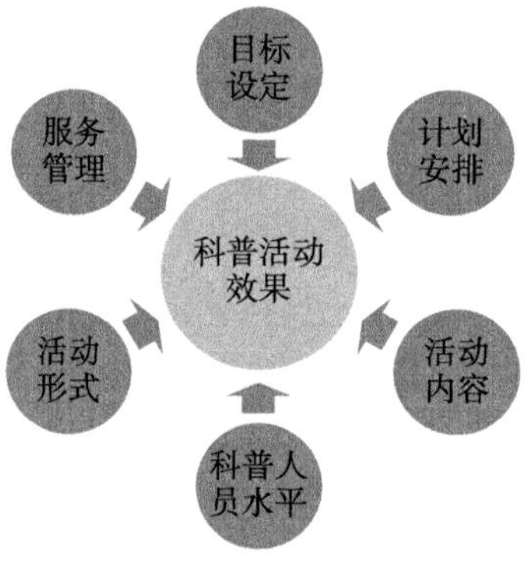

图 1　科普活动效果影响因素模型

二、问卷的设计及发放

采用李克特五点量表设计了封闭式调研问卷，对目标设定、计划安排、科普人员水平、活动内容、活动形式、服务管理、活动效果等信息进行采集，活动效果用知识获取、能力提升和社会影响衡量，其中知识获取权重为0.3，能力提升为0.4，社会影响为0.3。问卷初成后，进行了2次、每次30个样本的小范围测试，使用首次问卷回收数据对问卷信度和效度进行检验，检验结果并不理想。根据检验结果和相关反馈信息对问卷进行了一定调整，再次进行测试，最终问卷的Cronbacha信度系数为0.92，Bartlett球型度检验KMO值为0.834，信度和效度均符合要求。2019年9月至11月通过网络问卷和纸质问卷对参加公务员科学素质大讲堂的学员进行调查。回收问卷1153份，经人工筛选，剔除7份不完整或逻辑错误的无效问卷，得到有效问卷1446份用于后续实证研究。

三、调研结果量化分析

（一）描述性统计分析

本次被调研的领导干部和公务员地域来源变量情况如图2所示：

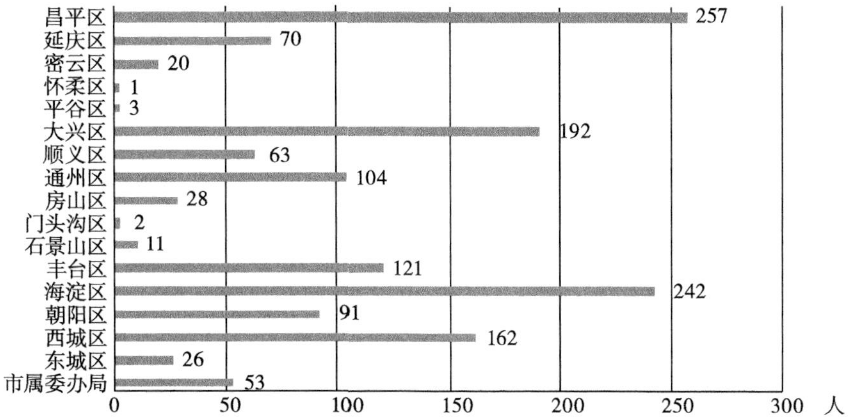

图2 调研对象地域来源分布表

首先，数据样本具有较好的代表性。本次调研覆盖范围广泛，参与的领导干部和公务员来自全北京市的16个区和部分市属委办局。其次，调研对象地域来源分布不均衡。从图2可以看出，各区被调研的对象大多集中在昌平区、大兴区、海淀区、西城区，分别为257人、192人、242人、162人，而怀柔区、平谷区、门头沟区参与人数较少，分别为1人、3人、2人。最后，有效问卷构成情况。由于调研是通过线上和线下两种形式进行的，因此在收取的有效问卷中，有1189份来自线上，占总数的82.23%，只有昌平区参加了线下调研，共填写有效问卷257份，占总数的17.77%。

（二）回归分析

本文采用多元线性回归分析的方法对调查数据进行研究，结果（见表1）表明，6个影响因素均与活动效果成正相关，相关系数由大到小排序为：活动内容0.307、目标设定0.203、活动形式0.132、科普人员水平0.128、计划安排0.128、服务管理0.090。其中，目标设定、活动内容和活动形式对活动效果有较强影响，而科普人员水平、计划安排对活动效果的影响较弱，服务管理对活动效果的影响则不大明显。从回归分析各指标来看，各个因素与科普活动效果回归的拟合度指标Adj R结果值为0.868，表明该模型对活动效果变化的解释力度达到86.8%，表现出较高拟合度。t检验Sig值均小于0.05，说明各个影响因素对活动效果的影响十分显著。

表1 回归系数

系数a							
模型	非标准化系数		标准系数	t	Sig	共线性统计量	
	B	标准误差				容差	VIF
活动效果（y）	0.027	0.013		2.033	0.042		
服务管理（X_1）	0.090	0.028	0.090	3.196	0.001	0.114	8.794
计划安排（X_2）	0.128	0.026	0.137	4.831	0.000	0.113	8.815
活动内容（X_3）	0.307	0.030	297	10.174	0.000	0.107	9.366
科普人员水平（X_4）	0.128	0.026	0.123	4.888	0.000	0.144	6.930
活动形式（X_5）	0.132	0.027	0.133	4.943	0.000	0.125	7.982
目标设定（X_6）	0.203	0.26	0.197	7.715	0.000	0.140	7.164

另外，从表1的VIF值来看，分别为服务管理8.794、计划安排8.815、活动内容9.366、科普人员水平6.930、活动形式7.982、目标设定7.164，都小于10，共线性诊断表（见表2）中的特征值不存在几乎为0数，条件索引分别为服务管理8.098、计划安排17.975、活动内容19.936、科普人员水平22.453、活动形式24.333、目标设定27.599，均小于30，方差比例均小于1。综合以上特征可以看出，6个自变量之间不存在共线性，因此，回归结果有效。

表 2　共线性诊断

维数	特征值	条件索引	方差比例						
			y	x_1	x_2	x_3	x_4	x_5	x_6
活动效果（y）	6.824	1.000	0.00	0.00	0.00	0.00	0.00	0.00	0.00
服务管理（x_1）	0.104	8.098	0.95	0.00	0.01	0.00	0.00	0.00	0.00
计划安排（x_2）	0.021	17.975	0.04	0.08	0.33	0.00	0.19	0.00	0.17
活动内容（x_3）	0.017	19.936	0.00	0.22	0.01	0.02	0.38	0.23	0.11
科普人员水平（x_4）	0.014	22.453	0.00	0.03	0.01	0.01	0.12	0.56	0.52
活动形式（x_5）	0.012	24.333	0.00	0.19	0.02	0.70	0.03	0.15	0.15
目标设定（x_6）	0.009	27.599	0.01	0.48	0.62	0.26	0.28	0.05	0.04

（三）分析结果讨论

多元线性回归分析后所得结果与其他学者的研究结果相比互有异同。相同之处是：本文得出对科普活动效果影响相关性比较高的因素与大部分学者的研究结论相同，如活动内容、活动形式等。不同之处是：本文得出服务管理的影响数值仅为0.090，而大多数学者认为服务管理在各个影响因素中权重较高，如李小英、黄小勇等。分析原因，首先，调研对象本身属性的影响。本次调研对象为领导干部和公务员，其职业的政治性、法律性、公共性与其他群体有很大不同，因此会对结果产生影响。其次，调研对象来源的影响。大讲堂作为市委组织部与市科协联合主办的科普活动项目，参加活动的公务员大部分都是组织部从市、区级党校（行政学院）、干部学院正在开展培训的培训班学员中调训，这类院校的服务管理统一规范，从数据反馈来看公务员对其关注度不如活动中其他因素高。最后，活动形式的影响。大讲堂活动以讲座为主，如2019年全年讲座30场，凸显服务管理水平，集讲座、参观、竞赛为一体的“科普一日”活动为6场，而参加“科普一日”的学员仅仅占全年参与活动总人数的1/10左右。综上所述，服务管理在本次调研中显示出对活动效果较小的影响，这个结果还需在后续工作中逐步实践验证。

四、思考与建议

基于实证研究结果，目标设定、活动内容和活动形式对科普活动效果的影响非常显著，需要领导干部和公务员在今后科普工作中重点关注。虽然科普人员水平、计划安排、服务管理对活动效果的影响相对较弱，但都有一定的正相关，同样是不容忽视的重要因素。本文结合工作实际，提出以下思考与建议，以期为今后领导干部和公务员开展科普工作提供参考。

(一)准确定位科普活动目标,聚焦领导干部和公务员科学执政水平和科学治理能力提升

现阶段,在我国深入实施创新驱动发展战略,建设世界科技强国和社会主义现代化强国,推进国家治理体系和治理能力现代化进程的背景下,亟须提升领导干部和公务员的科学执政水平和科学治理能力。

1. 科普活动目标的准确定位

根据《中国公民科学素质建设报告(2018年)》,领导干部和公务员的科学素质水平由2007年的10.38%增长到2018年的20.84%,在重点人群中居首位。但由于领导干部和公务员与其他重点人群相比在社会中的功能和作用明显不同,其科学素质水平与现阶段国家发展要求还有差距。因此,科普活动的目标基于《纲要》提出领导干部和公务员科学素质行动中的任务,结合新时代党和政府对公务员的新要求,在更新科学知识、秉承科学的态度、培养科学思维模式、掌握科学方法等方面下功夫,着重培养以科学治理、科学决策、科学制度领导建设中国特色社会主义的本领以及科学生活素质。

2. 科普活动目标的制定原则

首先,定量与定性相结合。科普活动目标由活动内容、活动次数、参与人数及参与率、覆盖率、参与人员满意度、活动进度、成本预算等方面设定明确的数据目标,提升科学治理和科学决策的能力、科学思想和科学精神传播广泛性、科学方法传授有效性、科普活动影响力等方面定性描述构成。其次,短期目标与长期目标相结合。目前,科普活动项目按年设定阶段性目标,可根据活动类别制定季度、年度、三年、五年等长短兼备的目标规划,从而有效考核目标效果;最后,宏观要求与本地实际相结合。根据全民科学素质行动工作要点的要求,结合本地区发展的实际,制定符合本地区现有条件和领导干部、公务员科学素养水平的目标。

3. 科普活动目标的流程化管理

美国学者哈默和钱皮指出,流程优化可以实现组织在成本、质量、服务和速度等方面的戏剧性的改善。大讲堂开展十余年,不断优化活动流程,最后形成:项目负责人根据本年度市科协和市委组织部、市属委办局科普工作要求并结合前一年需求调研形成目标方案提交团队讨论;修改后发放到各区组织人事部、委办局,根据反馈意见重新调整并上报市级相关负责人;根据反馈意见再度调整直至目标方案通过;项目负责人召集活动任务分解会分派任务,有关人员完成活动前各项准备工作;

开展科普活动，项目负责人全程监控；活动结束，负责人汇总相关资料；项目评审，活动目标评估，活动任务完成。实践表明，优化流程后各相关单位形成了科普工作常态化，促进了科普目标的有效实现。

因此，科普目标是科普活动的核心，只有准确定位，科学制定，有效管理，才能推动科普工作的质量提升。

（二）科普内容为王，紧紧围绕“四科”，重点侧重能力提升

我国正处在改革发展的关键时期，急需高水平的能够应对多变环境的科学执政和科学治理，其前提是掌握科学管理和决策必要的科学知识，因此科普活动应以内容为王。

1. 科普内容紧跟国家要求和科技发展进程

结合《全民科学素质行动计划纲要实施方案》《2018—2022 年全国干部教育培训规划》《干部教育培训工作条例》《公务员教育培训工作要点》等相关文件要求，围绕科技周、双创周、全国科普日等大型科普活动，在经济、政治、文化、社会、生态文明、舆情应对、规划建设、国防外交以及物联网、大数据、云计算、人工智能、区块链、量子通信等最前沿科技等方面选择当年重点的科普领域设计科普内容，以科学的视角向公务员普及相关知识，传授科学方法。

2. 科普内容结合区域发展特点

随着改革开放的深入推进和现代化建设步伐的加快，各地确定了适合本地的功能定位和发展目标，呈现自身发展特色。因此，科普内容应结合区域发展方向确定主题活动，有针对性地提高公务员推动地区的政治、经济、文化等全面发展的能力素质。如大讲堂结合顺义区、房山区的“十三五”发展规划，开展了优化营商环境主题活动；结合怀柔区科学城及昌平区未来科技城建设，开展了首都区域科技创新主题活动；结合平谷区涉农区情举办了实施乡村振兴战略主题活动；结合延庆、门头沟、延庆等北京区域规划中的生态涵养区开展生态文明主题活动等，这种结合工作实际的科普活动有助于公务员开拓工作思路，科学性地开展工作。

3. 科普内容结合公务员需求

每次科普活动中适时开展需求调研工作，为第二年科普内容的选择提供参考，满足公务员的个性化需求。以大讲堂 2019 年科普内容需求调查结果为例：

通过调查获知，公务员在各个方面的需求很大，排在前五位的是公务员能力素质、文化建设、心理健康、经济建设、政治理论，分别占 50.69%、42.67%、

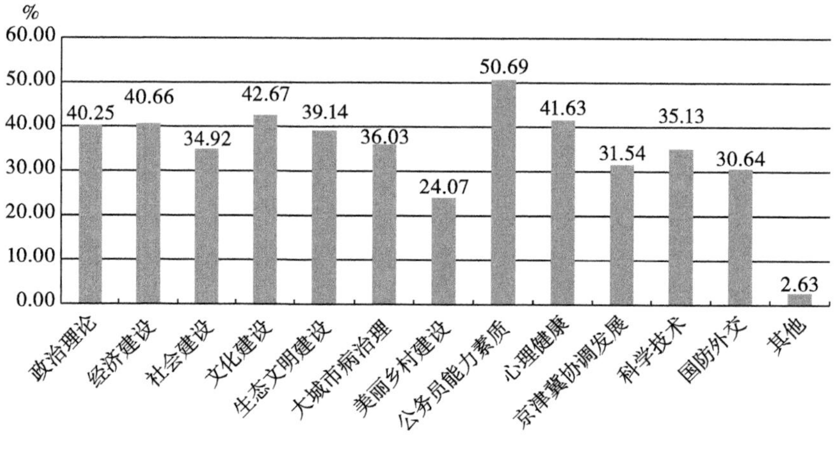

图 3　2019 年科普活动内容需求调查结果

41.63%、40.66%、40.25%。不难看出，首先，公务员能力素质提升需求迫切。党的十九大提出了全面增强执政本领的明确要求，需要具有健全的履职基本知识体系和知识结构、高水平综合素质的复合型干部。因此，能力素质提升在后续活动中必不可少。其次，文化建设、经济建设、政治理论的关注度较高，这与该群体的社会职责呈一定程度的正相关，是活动的重点内容。最后，心理健康排在第三位。领导干部和公务员在国家锐意推进政治体制和党的建设制度等方面改革下面临着较大的压力和挑战，要加强心理健康教育，帮助干部应对压力，增强自我调节能力。因此，2020 年科普内容结合调查结果增设个性化科普活动，满足公务员多元化科普需求。

因此，科普内容一定要按照国家对公务员的要求，紧跟时代科技进步，提供多元化、个性化的科普内容，才能达到“缺什么、补什么”，推动能力素质的提升。

（三）积极探索、创新恰当的科普形式，实现内容和形式的有机统一

《中华人民共和国科学普及法》指出，开展科学技术普及，应该采取公众易于理解、接受、参与的方式。在科普活动中，选择、利用、创造符合科技创新规律、顺应时代发展、符合受众的科普形式，才能实现内容和形式的有机统一，达到有效传播科普内容的目的。领导干部和公务员科普活动要发挥各类活动形式的优势，在实施过程中积极探索、创新恰当的科普形式。

1. 充分发挥传统讲座形式在科普工作中的作用

科普属于社会教育的范畴，是人与人之间知识、情感、态度、精神的传递。传统讲座形式作为几千年流传下来的知识传授模式的结晶，在领导干部和公务员科普

工作中的作用不容小觑。通过科普课程结合党校（行政学院）、干部管理学院各类培训、送科普专家下机关等形式，院士、科学家、著名学者等行业领军人物的现场讲授，使公务员不仅了解科技发展最新动态，学习掌握科学管理、民主决策等方面的知识，而且通过面对面的交流潜移默化地传播了科学思想和科学精神。这种传统讲座形式在实践中受到领导干部和公务员的一贯好评，大讲堂每年讲座形式的满意度达98%，同时对于组织者来说方便管理，活动质量有保障。

2. 通过科学素质竞赛调动公务员参与活动的积极性、主动性

科学素质竞赛是利用比赛的形式，在具有竞争因素的条件下考察公务员科学素质，重点考察最新前沿科学技术知识，科技创新、科学发展及其走向，科学技术与社会进步的关系以及科学管理与决策能力等，充分调动其参加科普活动的积极性、主动性。竞赛可组织市区级规模，也可以把竞赛安排在各类科普活动中（如科普场馆参观及讲座结束后就参观、就讲座内容开展小型知识竞赛），还可以结合“科普云课堂”“云游科普”等线上活动开展网上有奖竞猜。线下竞赛形式能够激发参与者的学习热情，收效显著，但市区级规模的竞赛组织难度大，人力、物力、财力消耗大，需要各单位间的协调配合。同时，无论竞赛规模的大小，线下参与活动的多是年轻的公务员，而中高级领导干部的参与率很低；线上竞赛弥补了线上组织难度大、参与率低的问题，但可控性较弱。

3. 共建科普实践基地，多维度提升公务员科学素质

基于领导干部和公务员的知识层次和职业性质，联合科研院所、高新技术企业、科普场馆等携手共建科普学习实践基地。随着“高端科研资源科普化”计划的实施，越来越多的科研院所加入科普大军，发挥科学家和工程技术人员资源、专业设备资源、前沿和尖端科研资源优势推动全民科学素质提升；目前很多高新技术企业设置展示厅，作为企业宣传推广的阵地供参观者学习体验；科技场馆的部分项目可以满足不同层次公务员的科普需求，这些场地都可以作为科普实践的基地。活动应充分发挥当地的科普资源优势，建立科普基地联盟，如围绕创新创造、生态文明建设、乡村振兴、区块链、大数据等内容，多维度提升公务员科学思维、科学管理和决策能力。实践表明，公务员对这种形式的需求量大，但对管理服务水平要求较高。

4. 统筹集约信息化项目，精准推送高质量科普资源

随着网络化科普传媒的快速发展，科普工作的渠道更加多元化。根据科技部发布的2018年度全国科普数据，我国有科普网站2688个，科普类微博2809个，科普

类微信公众号 7067 个，公众可以通过手机等终端设备方便快捷地了解最前沿的科技发展资讯。目前网络科普传媒数量庞大，内容各有侧重，但可供领导干部和公务员选择的专属科普平台较少，如公务员经常使用的“学习强国”设置了学习科学专栏，这些科技资讯多来源于其他科普网站，缺乏特色，互动参与性较弱。因此，有必要有效统筹集约现有的信息化项目，集中优势力量研发适合领导干部和公务员的权威化、定制化、场景化、游戏化，覆盖工作、学习、生活的各类科普作品，精准推送高质量科普资源。但目前采用信息化手段开展科普的困难是：领导干部和公务员平时工作繁忙，如果不是硬性规定则没有太多闲暇时间在网上学习；这种形式没有专家面对面讲座、切身进入科普场馆接受信息的冲击力强，效果佳；科普作品尤其是网上直播对意识形态的要求非常高，导致工作难度增大。

因此，要适时选择讲座、竞赛、科普基地实践等具有优势的活动形式，不断探索新的途径，结合信息化手段实现线上线下一体化，扩大科普覆盖面，推动领导干部和公务员科普活动产生实效。

（四）突出重点兼顾全局，系统全面地开展好领导干部和公务员科普教育活动

领导干部和公务员科普教育活动是一个系统工程，需要站在全局的视角统筹兼顾做好各方面工作。本文重点对三个影响因素进行了分析与阐述，虽然计划安排、科普人员水平和服务管理与其他因素相比对科普活动效果的影响较小，但在整个活动中不容小觑。因此，在领导干部和公务员的科普工作中，首先要突出重点，把目标设定、活动内容和活动形式作为重点考虑的因素，做足相关功课；其次要兼顾其他，在计划安排、科普人员水平和服务管理等方面一定要做到考虑全面细致、设置科学合理；最后要各因素协调一致。根据科普活动的类型和公务员自身的特点，协调好各个因素之间的关系，达到 1 +1 大于 2 的效果，系统全面地开展好领导干部和公务员的科普教育活动。

新时代领导干部和公务员科学素质提升工作的责任与使命愈加重要。因此，科普活动应进一步加强目标设计，强化科学决策和科学治理能力提升，不断创新科普活动形式，丰富科普活动内容，科学合理地制定活动计划，加强组织服务管理，培养专业科普人员，推动领导干部和公务员科学素质的高质量发展，为建成社会主义现代化强国奠定坚实基础。

参考文献

[1][德]加布里尔,[德]夸斯特. 2005爱因斯坦年评估总报告[M]. 王保华,译. 北京:科学普及出版社,2008.

[2]Koolstracm. An Example of a Science Communication Evaluation Study:Discovery 07,a Dutch Science Party[J]. Journal of Science Communication,2008(6):1-8.

[3]European Science Events Association,Science Communication Events in Europe[M]. EUSCEA,2005.

[4]杜彤. 湖北省科普工作实施效果评价研究[D]. 武汉:华中师范大学,2017.

[5]张志敏,郑念. 大型科普活动效果评估框架研究[J]. 科技管理研究,2013(24):48-52.

[6]黄小勇. 大型科普活动评估方法研究[D]. 哈尔滨:哈尔滨工业大学,2006.

[7]李小英. 博物馆科普活动绩效评价[J]. 科普研究,2019(6):22-29.

[8]程萍,公务员科学素质与科学管理能力的培养[J]. 学习与实践,2007(10):104-106.

[9]盛世兰. 加强云南省领导干部和公务员科学素质建设的思考[C]. 中国科普理论与实践探索——2010科普理论国际论坛暨第十七届全国科普理论研讨会论文集,2010(5):88-94.

[10]梅绍祖. 流程再造——理论、方法和技术[M]. 北京:清华大学出版社,2004.

青年科技人才成长的探索与实践

——以中国林学会青年人才托举工程为例

◎秦仲[①] 秦向华[②] 戴文澜[③]

摘　要　党中央高度重视人才工作，习近平总书记关于人才工作的系列重要论述揭示了人才对民族振兴、国家富强的重大意义。中国科协于2015年设立了青年人才托举工程（以下简称“青托工程”），主要以32岁以下青年科技工作者为支持对象。该项工程设立完善了国家人才梯队建设的资助链，增强了全国学会对青年科技人才的吸引力和凝聚力，加强了全国学会的组织建设。本文就2015—2020年中国林学会实施青托工程的概况、取得的阶段性成效以及项目管理实践进行回顾分析，提出实施过程中的焦点和难点问题，总结经验做法，以期为今后更有效地实施青托工程，助推林业和草原青年人才成长提供参考。

关键词　青年人才托举工程；青年科技人才；实践与探索；中国林学会

---

① 秦仲，就职于中国林学会秘书处组织联络部，工程师，研究方向为科技管理。地址：北京市海淀区香山路东小府2号中国林学会533室。E-mail：qinzhong8607@163.com.

② 秦向华，就职于中国林学会秘书处组织联络部，高级工程师，研究方向为科技管理。地址：北京市海淀区香山路东小府2号中国林学会533室。E-mail：zulian@csf.org.cn.

③ 戴文澜，就职于中国林学会秘书处组织联络部，工程师，研究方向为科技管理。地址：北京市海淀区香山路东小府2号中国林学会531室。E-mail：zulian@csf.org.cn.

一、引言

古往今来人才培养都是富国之本、兴邦大计。党的十八大以来，党中央高度重视人才工作，习近平总书记对人才工作作出一系列重要指示。他指出，“择天下英才而用之”，我们要“着力完善人才发展机制”“在全社会大兴识才、爱才、敬才、用才之风”。作为贯彻落实习近平总书记关于人才工作系列重要讲话精神的重要举措之一，中国科协于2015年设立了青年人才托举工程（以下简称青托工程）。《科协系统深化改革实施方案》明确指出，要做好青年人才托举工作，推动青年创新人才脱颖而出。青托工程主要支持32岁以下的青年科技工作者（以下简称“被托举人”），女性或医学领域的被托举人年龄可适当放宽1~2岁，支持他们自主进行科研设计、选题，为其搭建学术交流平台、科技创新平台、国际合作平台、职业发展平台和跟踪服务平台，帮助他们在创造力黄金时期作出突出业绩，成长为国家主要科技领域高层次领军人才和高水平创新团队的重要后备力量，成为建设创新型国家实现中国梦的重要人力资源保障。

32岁以下的青年科技人才正处于创新的黄金时期，但是由于科研资源和资金相对缺乏，因此也是最需要支持的关键时期。当前，科研经费申请和财务管理制度存在不同程度的程序烦琐、花销不便、约束太死等问题。青托工程倡导被托举人自主设计研究内容，给予被托举人在选题、经费等方面最大限度的自主权。同时，国家优秀青年科学基金项目要求申请者不超过38岁（女性不能超过40岁），国家杰出青年科学基金项目要求申请者不超过45岁。因此，青托工程的设立对国家杰出青年科学基金项目和优秀青年科学基金项目形成了有效补充，完善了人才梯队建设的资助链，形成持续支持青年科技人才职业成长的重要平台。此外，以青托工程为契机，可加大青年科技人才对全国学会的了解，增强全国学会对青年科技人才的吸引力和凝聚力，并以此提高青年科技人才在学会会员和相关工作机构中的占比，加强全国学会的组织建设。

青托工程主要推动青年科技人才在产学研合作中发挥重要作用，更多地参与高水平国际学术交流，在有影响的国际民间科技组织任职，为他们脱颖而出开辟“绿色通道”，为他们潜心研究提供有力保障，激发他们的创新热情和创造活力，激励他们树立科学精神、培养创新思维、挖掘创新潜能、提高创新能力，在继承前人的基础上不断超越。同时，充分发挥学会“小同行”和专家聚集的专业优势，强化对青年人才苗子的发现举荐作用，及早发现、重点扶持、加快培养有较大发展潜力的

"小人物",为他们潜心研究提供经费、政策、工作等方面的更多支持,营造更宽松的环境,指导青年人才过好"科研黄金期"。

在林业和草原领域中,青年科技人才队伍庞大,研究方向广泛,涉及林木遗传育种、森林培育、森林生态、森林经理、森林保护、木材科学与技术、林产化工、野生动物保护与管理、林业经济等方面,但也存在苗木生长缓慢、试验周期长、成果产出不易、托举名额偏少等问题,减缓了林业和草原青年科技人才成长,因此在科研黄金期急需大力资助和扶持。综上所述,本文对2015—2020年中国林学会实施青托工程的探索和实践进行回顾分析,提出实施过程中的焦点和难点问题,总结经验做法,以期为今后更有效地实施青托工程、助推林业和草原青年科技人才成长提供参考。

二、中国林学会青年人才托举工程实施概况

(一)青托工程实施现状

自中国科协青托工程设立以来,中国林学会已连续实施了5届,先后成立了中国林学会青托工程遴选工作领导小组,构建了中国林学会青年人才储备库、评审专家库和托举团队专家库,制订出台了青托工程相关的管理制度,逐步形成了一套林业和草原青年科技人才发现、选拔、培养和评价体系,截至2020年共资助18名林业和草原青年科技人才。这些人才入选时均具有博士学位,专业技术职称为副教授(副研究员)以上的占67%,工作单位分布于我国主要普通林业高等院校和科研单位,研究方向涉及林木遗传育种、森林培育、木材科学与技术、森林经理、森林生态、林产化工、草学等各个方面。

(二)被托举人取得的阶段性成效

基于青托工程的资助,通过托举导师、工作单位和中国林学会的协同努力,促使被托举人在科研成果产出、学术地位提升、职称晋升等方面取得一定成效,充分体现了青托工程的重要平台作用。截至2020年,在18位被托举人中,除了入选青托工程时为教授(研究员)的4位被托举人和刚入选第五届青托工程的2位被托举人外,有8位被托举人在青托工程资助期间实现了职称晋升,占目前可实现职称晋升人数的75%,其中从讲师(助理研究员)晋升为副教授(副研究员)的为5人,从副教授(副研究员)晋升为教授(研究员)的为4人。同时,1位被托举人入选第四批国家"万人计划"青年拔尖人才;2位被托举人获国家自然科学基金优秀青

年科学基金项目资助；1 位被托举人入选第一批国家林业和草原局林业和草原科技创新领军人才；6 位被托举人入选第一批国家林业和草原局林业和草原科技创新青年拔尖人才；3 位被托举人先后荣获林业青年科技奖。此外，被托举人曾在国内外权威学术期刊上发表多篇高质量、有影响力的文章。

三、实践与探索

为进一步凝练林业和草原青年科技人才发现、选拔、培养和评价的经验模式，中国林学会在青托工程实施过程中多措并举，在组织体系构建、建章立制、遴选机制、搭建培养平台、助推学会组织建设等方面进行了一系列实践和探索。

（一）构建完善的组织体系

中国林学会领导高度重视青托工程，组建了遴选工作领导小组、青托工程托举专家团队，构建了评审专家库和青年人才储备库。遴选工作领导小组由学会领导亲自负责，且专门指定学会组联部负责青托工程相关工作。同时，建立了由国内知名专家（包含一定数量的院士和国家级人才计划入选者构成），且关心支持青年科技人才培养的托举团队和评审专家库，为被托举人评选、指导、管理等提供保障。此外，基于构建的林业和草原青年人才储备库，掌握各单位有基础、有潜力的优秀青年人才信息，为后期遴选工作奠定基础。

（二）建章立制，实行规范化管理

根据中国科协有关要求，结合中国林学会实施青托工程的实际情况，制定了《中国林学会青年人才托举工程实施与管理办法》和《中国林学会青年人才托举工程经费使用管理办法》。同时，每年均与被托举人、托举导师、所在单位签订年度项目合同，使各方责任清晰、有规可依、流程规范、运转顺畅，形成了一套相对成熟的规章制度。

（三）形成规范的评审流程

从发布遴选通知、初评公示并推荐、资格审查到组建专家评审委员会、评审会前审阅材料和会中评审、材料公示等环节，中国林学会已建立了严格的被托举人评审制度。被托举人候选人由涉林科研教学单位初评推荐为主，要求每位候选人至少经 3 位同行专家评议并同意推荐。同时，将申报材料分类，有针对性地邀请不同研究方向的专家在会前进行材料审阅。在此基础上，召开评审会，采取答辩、专家评议、无记名投票的方式进行被托举人选拔并公示，形成了一套规范的评审流程。

(四) 搭建被托举人成长成才平台

中国林学会坚持大平台、多平台培养的原则，至今已搭建了中国林业学术大会、中国林业青年学术年会、专业委员会学术年会等学术交流平台；成立了中国林学会青年工作委员会；设立了林业青年科技奖、梁希青年论文奖。青托工程从年龄结构上与林业青年科技奖评选、中国青年科技奖候选人推荐、全国创新争先奖候选人推荐、院士候选人推荐等构成了一套完备的人才举荐体系。同时，现已形成评审会、启动仪式、中期汇报会、座谈会、总结会等一套完整的青托工程专题会议。努力营造青年人才的群体发展环境，吸引全国林业和草原青年人才进入同一个“池子”，打造青年人才交流、沟通、互助、激励的小环境，为其脱颖而出提供平台。

(五) 以青托工程助推学会组织建设

中国林学会以青托工程为契机，在官网设立“青年人才托举工程”专栏。同时，明确要求被托举人候选人须为中国林学会会员。积极推荐被托举人在分会担任职务，提高青年科技人才在学会会员和分支机构中的任职比例。倡导被托举人作为执行主席组织青年学术年会分会场和青年学术沙龙等活动，增进他们对学会的认识，增强学会对青年科技工作者的吸引力和凝聚力，助推学会组织建设。

四、讨论

(一) 如何精准选拔被托举人

由于林业和草原相关的研究方向涉及面非常广泛，且各研究方向之间的研究内容、产出成果周期、产出成果难易度、期刊影响因子等差异较大，因此在被托举人选拔过程中，如何对不同研究方向的候选人进行评价和比较，实现精确选拔，是青托工程实施过程中探索的难点和重点。一方面可以按研究方向将申报材料分类，精确送达相应研究方向的专家使其在会前进行审阅；另一方面可以制定相应的评价细则，对不同研究领域进行一定程度标准化，增加不同研究方向之间的可比性。

(二) 如何实现青托工程的托举作用

对于青托工程是锦上添花还是雪中送炭，目前尚未形成一致意见。一方面被托举人工作后的研究内容与其求学阶段是否延续，已取得的研究成果与其申报内容是否相关，均可作为是否具有研究基础的重要条件之一；另一方面被托举人所在团队和工作单位的支持力度，其研究内容是否面向重大科技战略需求，是衡量其成长潜力的重要因素。因此，针对不同研究方向、不同地区、不同单位的实际情况，把具有一定研究基础、取得一定成果的急需托举、有托举潜力的优秀青年人才托举出来，使其成长壮大。

（三）如何科学评价被托举人

基于不同研究方向的研究周期长短不一、成果产出难易度不同、期刊影响因子差异较大等因素，如何科学评价被托举人的成长效果也是青托工程实施过程中需要探索的一个焦点。一方面因为林业相关研究大多周期较长，不设置年度考核指标，在总结考核中着重关注被托举人取得的科研成果与合同约定内容及自身研究方向是否一致；可以将被托举人作为执行主席筹办青年学术沙龙的次数、产生的效果作为评价指标。另一方面考虑到部分研究方向的成果产出周期较长，可将 3 年资助期满后 1 ~2 年内的研究成果纳入考核范围，针对不同研究方向，设计特色鲜明、形式多样的评价体系，探索经验模式。

五、结束语

青托工程的助力是一场及时雨，其主要是探索创新青年科技人才的选拔机制、培养模式、评价标准，探索对科技人才职业生涯早期扶持的有效路径，在青年科技人才科研黄金期和创新高峰期给予其急需的支持和扶持。同时，通过青托工程，增加青年科技人才对学会的认知，增强全国学会对青年科技人才的吸引力和凝聚力，进而完善学会组织建设。

参考文献

[1]孙锐．构建具有中国特色的人才治理体系——学习习近平总书记人才工作系列重要讲话精神[EB/OL]. http://theory. people. com. cn/n/2015/0520/c207270 - 27030512. html,2015 - 05 - 20.

[2]中国科学技术协会．青年人才托举工程概述[EB/OL]. http://www. cast. org. cn/art/2016/6/20/art_47_12930. html,2016 - 06 - 20.

[3]中共中央办公厅．科协系统深化改革实施方案[Z]. 2016 - 03 - 27.

[4]贾宝余．从"托举力"到"驱动力"[J]．今日科苑，2017(5):12 - 16.

[5]国家自然科学基金委员会．国家自然科学基金优秀青年科学基金项目管理办法[EB/OL]. http://www. nsfc. gov. cn/publish/portal0/xxgk/04201/info72713. htm, 2018 - 01 - 25.

[6]国家自然科学基金委员会. 国家杰出青年科学基金项目管理办法[EB/OL]. http://www.nsfc.gov.cn/csc/20313/20318/20323/20565/index.html,2017-11-10.

（本文曾发表在《学会》期刊，2020（5）：25-28）

基于CV分析法的中国农林类大学现任校长群体特征研究

◎郭敏[①] 吴珍[②] 叶良均[③]

摘　要　以我国33所农林类大学现任校长为研究对象，运用CV分析法对校长的人口统计学特征、教育背景特征、学术背景特征、工作背景特征等方面进行统计分析，研究发现33位农林类大学现任校长中仅有一位女性校长，平均年龄为56.6岁，平均就职年龄为53.1岁，籍贯分布均匀，政治面貌主要以党员为主，多数毕业于国内高校且多为校友，学历方面除一位为硕士以外其余均为博士并以农学、理学为主，有丰富的海外经历，均具有正高级职称且多数为学校优势学科带头人，多数拥有丰富的工作经验，就职方式以内部晋升为主，积极助力精准扶贫。因此在选任过程中应注重男女比例、海外留学背景、选任方式等方面，这样才能找到创新农林教育、促进农业发展的优质人才，从而促进农林类大学的高质量发展，为推动农业人才建设、农业现代化、乡村振兴和中华民族伟大复兴作出贡献。

关键词　农林类大学；现任校长群体；CV分析法

① 郭敏，安徽农业大学马克思主义学院硕士研究生，研究方向为思想政治教育与社会主义新农村。地址：安徽省合肥市蜀山区长江西路130号。E-mail：810849837@qq.com.

② 吴珍，安徽农业大学马克思主义学院硕士研究生，研究方向为思想政治教育。

③ 叶良均，安徽合肥人，博士，副教授，硕士生导师，研究方向为科技与现代农业建设、农村社会学研究。

中国的现代化离不开农业农村的现代化，农业农村的现代化离不开农业人才，农业人才出自农林高校，而农林高校的发展与校长息息相关。2019 年 9 月 5 日，习近平总书记在给全国涉农高校的书记校长和专家代表的回信中指出："新时代，农村是充满希望的田野，是干事创业的广阔舞台，我国高等农林教育大有可为。"而作为农林类大学的校长，不仅在行政事务管理和战略规划上起着领导作用，还在农业科技创新、农业人才培育、脱贫攻坚中起着至关重要的作用。学术界对大学校长群体的关注颇多，以时间为维度，对民国时期大学校长、现代中国大学校长和当代中国大学校长进行研究，在人口统计学、家庭背景、教育背景等方面，不同时期的大学校长有着不同的特征。以国家为单位，对中外大学校长进行比较，分析不同国家大学校长之间的差异并提出改进建议。以高校类型为对象，分别对师范类大学、科技类大学等大学校长进行统计分析，为同类型大学校长的遴选、任职等提供更完善的意见。从目前的学术研究中来看，专门以实证的方法考察农林类大学校长群体特征的研究较少，因此本文以我国农林类大学现任校长为样本，对现任校长的群体特征进行研究分析，试图探索提高我国农林类大学校长领导能力的方法和途径，促进我国农林类大学的建设与发展。

一、研究方法

（一）CV（Curriculum Vitae）分析法

CV 分析法又称履历分析法，源于美国乔治亚理工大学"研究价值描述"项目。通过查找科技人才的履历，将履历中的详细资料作为数据来源，对个人信息进行编码汇总，运用统计学方法分析科技人才的职业发展轨迹、职业特征、流动模式以及科研人员个人和组织的评价等问题。本文运用 CV 分析法研究农林类大学现任校长群体。

（二）研究对象

根据艾瑞深校友会网公布的《2020 中国大学评价研究报告——高考志愿填报指南》中显示，我国农林类本科高校一共有 48 所，其中有 33 所农林类大学，7 所农林类学院，8 所农林类独立学院。本研究仅分析其中 33 所农林类大学，且研究对象为截至 2020 年 5 月 28 日在任的 33 位农林类大学校长（不包括副校长、荣誉校长等）。

（三）样本来源

本文所研究的农林类大学现任校长的个人履历及相关信息（截至2020年5月28日），来源为各大高校的官网、教育部网站、百度百科、学术期刊等公开资料。通过对相关信息和资料的归纳整理，对33位农林类大学现任校长的人口统计学特征（性别、年龄、籍贯、政治面貌）、教育背景特征（学校背景、学位背景、海外经历）、学术背景特征（学术职称、学术研究方向与学校优势学科关系）、工作背景特征（就职年龄、工作经验、选任方式、是否助力脱贫攻坚）等进行描述性分析。

二、中国农林类大学现任校长履历特征分析

（一）人口统计学特征

在性别方面，由表1可知，33位农林类大学现任校长中男女比例相差较大，仅有1位（3.03%）女性校长（华南农业大学刘雅红）。女性校长比例较低的主要因素：一是受历史条件和经济发展水平的影响，在20世纪六七十年代女性的入学率、受教育程度等普遍低于男性；二是相对于男性来说，女性的精力除了工作以外还需要分散在孕育子女、照顾家人上，并且在选择职业时还要考虑家庭的因素；三是受专业性质和传统择业观念的影响，在选择专业时存在性别差异的价值取向且农林类专业需要消耗大量的体力、工作环境艰苦，女性在选择专业时更倾向于师范、护理等专业，因此限制和影响了农林类大学女性校长的产生。

在年龄方面，由表1可知，33位农林类大学现任校长的平均年龄为56.6岁，有1位（3.03%）校长年龄在50岁及以下；有6位（18.18%）校长年龄在51~55岁；有26位（78.79%）校长年龄在56~60岁；其中年龄最小的为50岁（南京农业大学陈发棣，1970年），年龄最大的为60岁（河南农业大学张改平，1960年）。有相关学者研究表明，美国大学校长的平均年龄为61.7岁且呈现上升趋势，对比说明我国农林类大学现任校长整体呈现“年轻化”。

在籍贯分布方面，共涉及15个省级行政区，其中，甘肃、浙江、湖南籍的各有3位；福建、河北、河南、黑龙江、江苏、辽宁、内蒙古、陕西、四川籍各有2位；安徽、吉林、江西籍各有1位。在校长籍贯与现任职地关系方面，将农林类大学校长的籍贯和现任职地统计到省一级，由表1可知，在33位农林类大学现任校长中，有18位（54.55%）校长籍贯与现任职地一致；有15位（45.45%）校长籍贯与现任职地不一致。从数据中可以看出，过半数的校长选择回到其籍贯所在地工作，可

能是因为相对而言更熟悉当地教育的现状及其规律从而能够更好地促进大学的发展，对于校长籍贯与现任职地不一致的原因可能是毕业留校任教或职务调动等。

在政治面貌方面，一个人的政治面貌在一定程度上可以体现其思想倾向和政治观点。由表1可知，在33位农林类大学现任校长中，有26位（78.79%）校长为中共党员；有1位（3.03%）校长为民建会员；有1位（3.03%）校长为九三学社社员；有1位（3.03%）校长为民盟盟员；有2位（6.06%）校长为民革党员；有1位（3.03%）校长为无党派人士；有1位（3.03%）校长既是中共党员又是民盟盟员。

表1　农林类大学现任校长人口统计学特征情况

人口统计学特征		人数	比例（%）
性别	男	32	96.97
	女	1	3.03
年龄	50岁及以下	1	3.03
	51～55岁	6	18.18
	56～60岁	26	78.79
籍贯	省内	18	54.55
	省外	15	45.45
政治面貌	中共党员	26	78.79
	民建会员	1	3.03
	九三学社社员	1	3.03
	民盟盟员	1	3.03
	民革党员	2	6.06
	无党派人士	1	3.03
	中共党员，民盟盟员	1	3.03

（二）教育背景特征

1. 学校背景

（1）毕业学校

此次研究的毕业学校为获取最高学历的学校。由表2可知，在33位农林类大学现任校长中，有5位（15.15%）校长毕业于国外高校；有28位（84.85%）校长毕业于国内高校，其中有18位校长的毕业学校为农林类高校；有2位（6.06%）毕业于国内研究所，分别为中国科学院昆明植物所、中国科学院水利部水土保持研究所。说明国内高校尤其是农林类高校是培养农林类大学校长的主体。

(2) 是否为任职学校校友

校友对于高校来说是宝贵的社会资源和财富。由表2可知，在33位农林类现任校长中，有20位（57.58%）校长为现任职大学的校友，其中有3位校长的所有高等教育经历只在一所高校进行，分别为南京农业大学陈发棣校长、四川农业大学吴德校长、甘肃农业大学赵兴绪校长；有13位（42.42%）校长不是现任职大学的校友。数据表明大部分农林类大学校长一职是由校友担任。

2. 学位背景

(1) 最高学位

按照《中华人民共和国学位条例》的规定，我国实施三级学位制度，学位分为学士、硕士、博士三级。由表2可知，在33位农林类大学现任校长中，有32位（96.97%）校长的最高学位为博士，其中湖南农业大学校长为双学位博士；有1位（3.03%）校长的最高学历为硕士。说明我国农林类大学现任校长的学历普遍较高，拥有高学历是成为高校校长的关键因素之一。

(2) 最高学位的学科门类

根据国务院学位委员会和教育部颁布修订的《学位授予和人才培养学科目录（2011年）》规定，我国分为哲学、经济学、法学、教育学、文学、历史学、理学、工学、农学、医学、军事学、管理学、艺术13个学科门类。由表2可知，在33位农林类大学现任校长中，有14位（42.42%）校长最高学位的学科门类为农学；有11位（33.33%）校长最高学位的学科门类为理学；有6位（18.18%）校长最高学位的学科门类为工学；有1位（3.03%）校长最高学位的学科门类为哲学；有1位（3.03%）校长最高学位的学科门类为管理学和农学。

3. 海外经历

本次研究的海外经历是指海外留学经历（在国外高校进行学习并取得相关学位的经历）或访学经历（在国外高校进行进修和从事科学研究的经历）。从海外留学或访学的经历中可以了解到国外同类高校的科研实力、教学水平以及学校的软件和硬件条件等，从而为日后教学改革、行政管理、学科建设等建立基础。由表2可知，在33位农林类大学现任校长中，有21位（63.64%）校长有海外经历，其中有5位校长在国外进行学习并取得博士学位，主要留学、访学的地区为美国、日本、加拿大、荷兰等发达国家；有12位（36.36%）校长没有海外访学或学历教育经历。

表 2　农林类大学现任校长学术背景特征情况

教育背景特征		人数	比例（%）
毕业学校	国外	5	15.15
	国内	28	84.85
是否为任职学校校友	是	20	57.58
	否	13	42.42
最高学位	博士	32	96.97
	硕士	1	3.03
最高学位的学科门类	农学	14	42.42
	理学	11	33.33
	工学	6	18.18
	哲学	1	3.03
	管理学和农学	1	3.03
海外经历	有	21	63.64
	无	12	36.36

（三）学术背景特征

1. 学术职称

由表 3 可知，在 33 位农林类大学现任校长中，有 27 位（81.82%）校长的职称为教授；有 5 位（15.15%）校长的职称为研究员；有 1 位（3.03%）校长的职称为教授级高级工程师。其中有 29 位校长为博士生导师，在处理繁重的行政事务之外还承担着教书育人的重担。

2. 学术研究方向与学校优势学科关系

校长的学术优势往往与一个学校的学术优势密切相关。本次研究的优势学科包括国家重点学科、国家重点培育学科、省部级重点学科三个方面。国家重点学科、国家重点培育学科、省部级重点学科代表该学科在同行业内的顶尖水平与实力。由表 3 可知，在 33 位农林类大学现任校长中，有 13 位（39.39%）校长的学术研究方向不属于现任职学校的优势学科；有 20 位（60.61%）校长的学术研究方向属于现任职学校的优势学科，其中有 8 位校长的学术研究方向属于现任职学校的国家重点学科与国家重点培育学科，有 12 位校长的学术研究方向属于现任职学校的省部级重点学科。

表3　农林类大学现任校长学术背景特征情况

学术背景特征		人数	比例（%）
学术职称	教授	27	81.82
	研究员	5	15.15
	教授级高级工程师	1	3.03
学术研究方向与学校优势学科关系	不属于	13	39.39
	属于	20	60.61

（四）工作背景特征

1. 就职年龄

在就职年龄方面，33位农林类大学现任校长就职时的平均年龄为53.1岁，比其现平均年龄小3.5岁，就职年龄的众数为54岁，由表4可知，有3位（9.09%）校长的就职年龄在50岁及以下，有29位（87.88%）校长的就职年龄在51～55岁，有1位（3.03%）校长的就职年龄在56～60岁，其中年龄最小的为47岁（福建农林大学兰思仁），年龄最大的为57岁（安徽农业大学夏涛）。

2. 工作经验

工作经验方面主要研究的是在担任现任职大学校长前是否担任过校长（高职专科学校校长）、副校长，由表4可知，在33位农林类大学校长现任校长中，有7位（21.21%）校长在担任现任职大学校长前没有相关工作经验；有26位（78.79%）校长担任现任职大学前有相关工作经验，其中有22位校长在1所学校担任过校长（高职专科学校校长）、副校长一职，有4位校长分别在2所学校担任过校长（高职专科学校校长）、副校长一职。

3. 选任方式

大学校长一般由教育部或者组织部任命，任命的形式也是多样的，本次研究校长的选任方式为内部晋升、外校调任、空降（从政府部门、科研院所中选任校长）三种。由表4可知，在33位农林类大学现任校长中，有19位（57.58%）校长的选任方式为内部晋升；有9位（27.27%）校长的选任方式为外校调任；有5位（15.15%）校长的选任方式为空降，其中有2位校长是分别来自河南省农科院和湖南省农科院的专家；有3位校长曾在政府部门任职。数据表明我国农林类大学更倾向于从学校内部挑选既熟悉学校情况又是学科带头人的人选作为校长。

4. 是否助力精准扶贫

高校是助力精准扶贫的重要主体，参与精准扶贫是一个学校的使命和担当，尤其是农林类高校更应发挥其农业人才和专业优势服务于社会。各大农林类高校在参与精准扶贫中，立足实际，发挥优势学科资源，深入贯彻党的十九大会议精神，其中中国农业大学、南京农业大学、华中农业大学等农林类大学打造出高校精准扶贫精准脱贫典型项目，而校长作为学校的代表更应参与精准扶贫。助力精准扶贫指的是校长为精准扶贫献计进策、参与精准扶贫精准脱贫典型项目、定期研究定点扶贫工作、实地考察调研精准帮扶工作、走访慰问困难群众、落实教育扶贫政策等。33位农林类大学现任校长全部参与助力精准扶贫，主动服务国家战略，为打赢脱贫攻坚战贡献自己的力量。

表4　农林类大学现任校长工作背景特征情况

工作背景特征		人数	比例（%）
任职年龄	50岁及以下	3	9.09
	51~55岁	29	87.88
	56~60岁	1	3.03
工作经验	无	7	21.21
	有	26	78.79
选任方式	内部晋升	19	57.58
	外校调任	9	27.27
	空降	5	15.15
是否助力精准扶贫	是	33	100

三、总结与建议

农林类大学校长要以立德树人为根本，以强农兴农为己任，其教育程度、学术水平、工作经历等不仅关系到农林类大学的办学水平，更会对国家粮食安全、农业农村现代化、打赢脱贫攻坚战以及乡村振兴产生影响，因此研究农林类现任大学校长群体特征具有理论意义和现实意义。通过对我国农林类大学现任校长的人口统计学背景、教育背景、学术背景、工作背景的统计分析，得到如下结论并对此提出建议。

第一，人口统计学特征，33位校长中仅有一位是女性校长，平均年龄为56.6岁且主要年龄段为56~60岁，籍贯分布较为均匀，过半以上籍贯与任职地一致，政治面貌以中共党员为主；第二，教育背景特征，33位校长主要毕业于国内高校，其中有近七成的校长毕业于国内的农林类高校，有超过一半的校长为现任职大学的校友，学历方面除一位校长的最高学历为硕士外，其余最高学历均为博士且学科门类为农学的最多，理学次之，工学较次之，哲学、管理学和农学的最少，有六成的校长有海外经历，但接受系统学习取得学历的仅有5位；第三，学术背景特征，33位校长均具有正高级职称，其中有29位为博士生导师，超过一半以上为学校优势学科的带头人且学术研究方向属于现任职学校的优势学科；第四，工作背景特征，33位校长任职时的平均年龄为53.1岁且主要年龄段为51~55岁，工作经验丰富，有近八成的校长曾任职过校长、副校长等职务，就职方式为内部晋升的最多，外校调任次之，空降最少，全部助力精准扶贫肩负其社会责任。基于上述农林类大学现任校长群体状况特征的分析，提出如下建议：

（一）适当提高农林类大学女性校长的比例

我国33位农林类大学校长中仅有一位女性校长，受特殊的历史时期、经济发展水平、传统文化、专业性质和传统择业观的影响，在各行各业中我国女性处于管理层的较少。相对于男性而言，女性性格温和宽容具有同情心、做事耐心细致有条有理、善于处理人际关系，在语言表达和感性认知程度上往往强于男性。女性校长选拔比例的提高可以激励和引导更多的女性人才从事农林类相关工作，利用其优势多方面促进农业发展。因此，农林类大学应考虑创建相对公平的竞争环境，在校长的任选中适当提高女性校长的比例。

（二）提高海外留学背景在农林类大学校长选拔中的影响力

我国农林类大学校长中有六成左右拥有海外经历，主要是进行访问学习与相关研究，但实际仅有5位校长进行过海外系统学习并取得学位。我国是个农业大国，但与世界其他农业发达国家相比，我国的劳动力素质、农业资源、农业机械化水平、农业科技等方面存在一定的不足。因此，在农林类大学校长选拔的过程中需要关注其国际化视野尤其是海外留学背景，利用校长对国外大学的办学理念和管理方式的了解，建立符合我国国情的大学制度，利用自身海外人脉优势推进与国外高校交流与合作的机会，培育新一代的“新农人”。

（三）拓展农林类大学校长的选任方式

我国农林类大学校长中半数以上的选任方式为内部晋升，其中还存在校长从本科到研究生再到工作都在同一所学校的情况。这种“内部晋升”的选任方式可以提高校长对学校办学历史和工作环境的熟悉以及对教职工和其他工作人员的了解，从而便于管理，但是容易产生固有的治校方式从而陷入“局内人”的局面。因此农林类大学在校长的选任方式上不仅要兼顾内部晋升与外校调任，以促进不同高校之间的交流合作，吸取优秀高校的办学经验，同时也要兼顾内部晋升与空降，以争取政府更多的办学支持。

四、结语

“中国的现代化离不开农业现代化，农业现代化的关键在科技、在人才。”我国目前正处于农业农村现代化建设阶段，精准脱贫成效显著，民生进一步改善，但同时农业发展还存在发展水平较低、发展不均衡、结构不协调等问题。新时代农林类大学有其特殊的使命，肩负着为国家培育农业人才、研发农业技术、推动农业现代化建设等任务。农林类大学校长作为高素质农业人才培育地的负责人，使命重大、任务艰巨，必须慎重选任，选任过程中应注重男女比例、海外留学背景、选任方式等方面，同时兼顾构建合理、全面的农林类大学领导班子，充分发挥以大学校长为代表的领导班子在创新农林教育、培育农科人才和促进农业发展的重要作用，从而促进农林类大学的高质量发展，为推动农业人才建设、农业现代化、乡村振兴和中华民族伟大复兴作出贡献。

参考文献

[1] 贾小壮．试论民国前期大学校长群体的教育改革[J]．社会科学战线,2013(6):260－262.

[2] 陈涛．民国著名大学校长的群体特征分析[J]．西安文理学院学报(社会科学版),2017,20(6):69－73.

[3] 饶正慧．民国时期著名大学校长领导力研究[D]．西南大学,2013.

[4] 匡铭杰．现代中国大学校长的公共责任及其实现路径[D]．浙江工业大学,2013.

[5] 饶芬．1978 年以来中国“985 工程”高校校长的群体特征研究[D]．华东师范大学,2015.

[6] 张光进,王鑫．中美大学校长群体特征的比较分析及启示[J]．复旦教育论坛,2007(4):61－65.

[7] 席酉民,郭菊娥,王洪涛,等．中外知名大学校长的比较研究[J]．西安交通大学学报(社会科学版),2002(3):74－83.

[8] 柏美屹,朱苹．中国师范大学校长群体特征研究——以 36 所师范大学校长

为例[J]. 江汉大学学报(社会科学版),2013,30(4):93 -98.

[9] 杨无敌. 台湾地区科技大学校长群体的学术与职业背景研究——基于11所典范科技大学的数据分析[J]. 高等职业教育探索,2019,18(6):42 -47.

[10] 周建中,肖小溪. 科技人才政策研究中应用CV方法的综述与启示[J]. 科学学与科学技术管理,2011,32(2):151 -156,179.

[11] 张应强,索凯峰. 谁在做中国本科高校校长——当前我国大学校长任职的调查研究[J]. 高等教育研究,2016,37(6):12 -25.

科技人才成长规律研究

◎高宇①

摘　要　本文介绍了教师以少年宫科技教育活动为平台，以融文化、融资源、融服务的三融教育理念为先导，以手机、机器人、网络三通促进六种能力教育方法的实践研究成果为论据，证实了本文所倡导的“融会贯通才能有效促进学生核心能力提升”的论点。并针对学生学习生活实际出现的具体问题，总结出六种相应解决问题的对策和方法，以求同行批评与借鉴。

关键词　机器人；手机；网络；三通；促进；能力；方法

①　高宇，金少年(北京)教育科技有限公司小学一级，主要研究方向：机器人，地址：北京市西城区长安兴融中心南楼810室，E-mail：jrjsng@ sina. com.

一、提出问题

三年前，我对照中小学生核心素养和预测未来专家丹尼尔·平克先生提出的“决胜未来六大能力”向学生、学生家长及其所在学校展开全面深入的访谈预调查。结果发现学生存在的问题和教育需求有：①设计力不强，只关注机器人的功能，照本宣科地闷头制作，不重创意；②故事力不强，只关注知识、技术、成绩，不注重事物背后的故事，缺少人文历史底蕴；③交响力不强，只关注单一学科，不注重学科整合；④共情感不强，只重机器人编程的逻辑，不注重蕴含情感；⑤趣味感不强，只关注搭建机器人和编程的严肃性，不注重其中的趣味过程；⑥价值感不强，只关注网控、手机游戏控，机器人玩耍控，造成视力、各科学习成绩普遍下降，贪玩厌学，心智憔悴，应付学习背实验，不注重学以致用，迁移转化成对社会有用的价值。根据以上亟待解决的问题与需求，展开设计活动各个环节。

二、解决问题

（一）寻找解决问题的多种依据

1. 政策依据

中共中央办公厅、国务院办公厅印发《关于深化教育体制机制改革的意见》（2017 年 9 月）作为总的指导思想。要注重培养支撑终身发展、适应时代要求的认知、合作、创新、解决问题等关键能力。

北京市人民政府办公厅关于《北京市全民科学素质行动计划纲要实施方案（2016—2020 年）》的通知中关于发展目标指出：

科普信息化建设要取得突破进展。树立“互联网 +”思维，以信息化手段创新科普形式和载体，推动移动互联网、云计算、大数据等与公民科学素质建设有机融合，促进科普资源共建共享，大力提升科普公共服务能力和科技传播能力，形成互联网时代科普工作新格局。

《校外教育机构工作规程》明确指出教育活动是校外教育机构有目的、有计划、有组织地向未成年人实施教育的载体，是校外教育机构的中心工作。

2. 学生健康学习需求依据

学生中科技冷漠症、手机控、网瘾重、游戏控者较多，造成视力和综合素质下降，迫切需要把他们喜爱的网络、手机游戏、机器人进行巧妙智慧融合，引导和迁移到心理和生理健康的轨道上来。

3. 校外单位发展的需要依据

少年宫搭建网络、手机、机器人三位一体创新教育的平台，是完善少年宫新特色、新课程、新活动方式方法的需要。

4. 项目专业发展需求依据

小学 4 ~5 年级学生居多，少数中学生和高中生，共计百余名学生。此年龄段学生的注意力集中性、稳定性较强，初步具备观察、分析、总结的能力，他们具有独立能力、集体生活、团队协作的初步能力；他们大多学习了 1 ~2 年机器人编程知识，具备了编程和搭建乐高机器人的较强能力，正在逐步学习掌握网络连接的科学定义，善于提问，但是缺少逻辑、创新思维和方法，这是最大的难处与需求。

基于以上四点，我设计并实施了此项研究。

（二）融入先进教育理论和理念

理论是实践的先导。没有正确的理论就没有正确的教育教学实践，因此，解决问题应首先找到先进正确的理论入手。

1. 引进“融”字文化理论，确立研究行动的指导思想

本项研究以北京市西城区金融强区、文化兴区、服务立区新三区发展战略为总指导思想，以金融街属地“融”字文化为总的探究思路。以融文化、融资源、融服务的“三融”理念贯穿研究全程，走了一条融合创新——“三融一创”研究、发展、建设之路。

（1）在融文化方面

融入了融字文化调合、和谐的精髓。力求在融合国内外先进教育理念，融会贯通的基础之上，让项目有新的创意；理顺各个学科之间的关系，为学生健康成长提供融洽的环境，其乐融融，和谐发展。

融入国外先进教育理念文化。借鉴和运用 STEAM 理论、进一步丰富“融”字办学理论与核心素养教育理论，提供以科学素养为中心的美国 STEAM 教育理论与中国学生核心素养教育理论相互融合借鉴的新探索、新做法。

（2）在融资源方面

采取了融入辖区企业电信、网络、博物馆、学校等资源，以社会为大课堂。

融入智能机器人作为崭新的教学载体。因为此法符合建构主义提倡的教育理念。使学生在探索中学习，在活动中发现，在问题中创造性建构知识；利用智能机器人，

任课教师会不由自主地运用建构主义所提倡的教学模式，有利于利用任务驱动型、研究型学习等教学方法教学。

融物力资源，创基础研究条件。少年宫具备项目实施的师资、场地、设备设施等基础条件。北京市西城区金融街少年宫坐落于醇亲王府南府，是北京市市级文物保护单位，同时也是北京市西城区教委校外教育优秀单位，学校“新三融”理念指导着各学科的工作方向，金融街少年宫为实施本课题，在前期准备阶段就给予了大力支持，于2015年暑假重新装修了机器人专业教室，更新了全部计算机与投影设备，并采购了大量的机器人器材，进一步扩大固定场地，包括金融街少年宫专业机器人教室一间、2019年再投入用于活动实施的机器人竞赛教室一间。设施设备适用、安全、符合活动开展的要求。为课题的实施与研究给予了充足的保障。

融人力资源，创研究条件。生源相对稳定是项目建设的基础条件之一。

活动自2016年开展以来，初步统计，在金融街少年宫参与本次活动的学员达到2000余人次，与周边学校合作参与活动的人数1000余人次，其中各校参与机器人比赛的学生300人次，参与外出实践活动的百余人次，因为少年宫坐落于北京市西城区金融街地区，周边重点学校密集，活动生源固定且体现出高素质，所教学生均在学校以社团的形式参与了本次活动的实施。

融师资资源，形成可靠保障。师资队伍基础建设为关键环节。

第一，核心教师在编在岗、专业水平得到同行认可。金融街少年宫计算机专业教师一名，2007年调入少年宫从事计算机专业教学，自2010年开始从事机器人方面的教学研究，通过自身努力于2013年和2015年分别带队获得VEX项目中国区选拔赛高中组冠军，2013年开始担任北京市科协裁判员工作，在2016年活动实施以来，分别担任了北京市教委、北京市电教馆、北京市科协三项重大比赛的裁判员工作，同时也多年多次指导学生获得市级、全国级以上一二三等奖，尤其在活动实施的中期即2018年带领参与活动的北京第二实验小学的学生获得了北京市机器人竞赛一等奖，国科协三等奖的好成绩。

第二，有教师团队，团队成员职责明确。教师在活动实施过程中，悉心指导学生参与本次活动，为各小组成员划分明确职责，使大家分工合作，共同有计划、有目的地开展本次活动。同时组织专业实践活动一起向中国联通北京分公司、北京西觅亚乐高公司、北京师范大学、首都师范大学的各位专家请教活动实施过程中遇到的难题，得到了专家的一致好评。

第三，有师资培养计划并实施，有专家指导。少年宫不仅重视业务素质的提升，同时也注重思想意识、德育意识的培养。核心教师也注重自身理论的学习，在已有小学劳动课程教师证的基础上，于2017—2018年认真准备，考取了初级中学信息技术学科教师资格证，使专业技能和理论修养有了更深层次的提高。

第四，融入制度资源，形成管理保障。自活动制定初期，就有明确的项目管理办法。同时也制定了安全管理制度，责任到人，使参与本次活动的教师和学生均能规范地按操作流程实施本次活动，培养学生的责任意识。

第五，融财力资源，获得经费支持。经费投入能够充分满足项目发展需求。金融街少年宫对活动给予了经费和器材上的保障，尤其为了活动后期成果的取得，少年宫于2019年新建机器人竞赛专业教室一间。

(3) 在融服务方面

采取以学生跨学科融会贯通、综合素养全面发展的实际教育需求为出发点，以校外少年宫科技兴趣小组实践行活动为主体，以机器人教学本身自然融合多学科的优势为本项目实施的载体，教师把师爱的阳光洒向孩子们的心田，以赤诚之心为学生及其家长服务。

(三) 专题立项细致研究

为深入系统研究，我将这一专题研究融入市校外办“三个一”创新教育工程，立项为《让乐高机器人与网络随行》，据此一并展开研究。

从教育学生存在的现实问题出发，制定切实有效的项目建设规划与计划。本课题以践行社会主义核心价值观为导向，紧紧围绕立德树人的根本任务，坚持活动育人、实践育人，坚持兴趣培养和个性化教育。解决我国中小学生在科学精神核心素养上存在的主要问题和需求。主要包括：

①注重科学知识的传递，忽视了科学方法和科学精神的传播。

②注重学生解决问题的模型化和公式化，轻视学生综合运用各学科知识解决实际问题的创新意识培养。

③教学中重视灌输知识规律，轻视学生动脑自主发现认知事物规律；重视应试教育，轻视求实创新思维的科学态度。

④重视学生“背实验”，应付考试，轻视学生动手实验探索和自己获取知识能力培养。

结合专业特点，落实《中国学生发展核心素养》要求，目标设置条理清楚，具体可行。通过活动切实落实培养学生科学精神素养。

对培养学生科学精神素养产生积极的促进作用，有融合推进的教育意义。

培养学生养成一些跨学科的整合创新能力，促进以科学精神为主线的核心素养达成。让孩子们从我国的传统文化入手。从乐高机器人开始，开展融会贯通、跨学科式的机器人学习活动，了解进而形成爱民族、爱祖国的道德情感、爱国主义情操，考虑到学生发展核心素养强调的是跨学科的综合能力，强调知识、能力和态度的综合，具有综合性和整体性。学生发展核心素养是学生适应当今与未来发展的最为关键的一种素养。在此基础上形成以道德素养为基础的综合性的核心素养，具有重大现实教育意义。

预设两年研究规划时间表。如表 1 所示：

表 1　学生发展核心素养两年规划

时间	内容	呈现方式
2016 年 9 月至 2017 年 3 月	开展设计阶段	活动方案
2017 年 3 月至 2018 年 9 月	实施活动阶段 （利用蓝牙模块将机器人与手机网络相连，使用手机遥控机器人）	课程素材
2018 年 9 月至 2019 年 9 月	活动改进阶段 （利用 4G 网络将机器人与手机网络相连，使用手机遥控机器人）	案例
2019 年 9 月至 2020 年 6 月	收集研究成果阶段 总结研究成果	校本教材 学生作品集

注：按照此表项目时间进度规划基本完成。

（四）三通育六能应对策略

培养学生养成通过一些跨学科的整合创新能力，促进以科学精神为主线的核心素养达成。六种创新能力是方法，是培养必备品格和解决关键能力问题的钥匙。

1. 价值感不强对策

价值力要求学生不只关注事物，还重视价值，注重培养学生的责任担当素养。要求学生在社团活动之前和活动中树立正确的价值观，培养长大后的社会责任担当。

结合学生的学习需求、健康需求、跨学科创新能力素养、家长培养下一代成才的需求、教师丰富校外机器人教育创新工程的需求，教师、学生、家长三方共同会商找到培养学生价值力的衔接点及其有效的活动方案，我们做了不少的探索和功课。终于达成共识共同设计出《北京通讯电信博物馆探究小三通大能力社会实践活动》方案。

活动前做了必要的准备与铺垫。在城宫计划下校辅导之际，向学生做问卷调查、访谈了解到手机控、游戏控、科技冷淡、网联知识贫乏等严重问题，联系中国联通专家及家长志愿者，举办专题讲座，向学生普及网络联通的知识与技术要点。

学生家长自愿参加此次活动，主动帮我们联系了从不对外开放的电信通信博物馆和专家，我与专家沟通做好了软件和硬件、教育点关键性准备工作，为活动开展奠定了基础。

学生参与此次活动，兴致盎然，乐此不疲，从一楼到三楼为自己的设计活动搜集科学家和发明家信息，了解我国从建国以来到改革开放时期网络、手机、机器人科技成就的故事，访谈和请教专家怎样实现手机网络遥控机器人的知识与技术，等等。通过活动他们真正明白了自己手中的手机、机器人与网络连通后背后隐藏着的巨大价值，开阔了视野，达到了提高设计力的目标。

2. 趣味力

不只关注严肃，还重趣味，对应实现科学精神素养；要求学生在活动之前和活动中树立趣味优先、以人为本的科学发展观，早日育成科学精神。

采取的对策：

①活动能根据学生实际不断调整、生成适当的教育教学内容，能够及时将最新的教科研成果融入教学。如将5G网络与机器人、无人驾驶技术、虚拟现实技术等最新的技术手段整合到课程中，就会使学生始终充满学习兴趣。

②发挥学生的主体作用，充分调动学生的主观能动性，教师和家长不包办、不代替，让学生始终体验团队自我学习、自我管理的快乐。

3. 故事力不强对策

故事力要求师生不只关注证据，还重故事，对应实现人文底蕴素养；要求学生在社团活动之前会讲主题活动及其课程的动人故事。因此，采取如下对策：

（1）融入我国古代机器人历史文化

让孩子们从我国的传统文化入手。在机器人兴趣小组活动中和科技馆、电信博物馆参观活动中，启发引导孩子们自我搜集我国古代的“伶人”“木牛流马”“司南车”等机器人的故事，搜集国外近代工业革命能工巧匠、科学家发明的机器人的故事。通过对机器人历史文化的了解，使他们认识到我国古代机器人早在3200年前就很先进，在世界上远远地领先各国，他们不会人云亦云，妄自菲薄自己的祖国；他们了解到近代由于闭关锁国导致我国机器人等科技项目落后受到超级大国打压制裁的故事，热爱祖国的道德情感和复兴民族的历史责任感油然而生，懂得了为什么而生，为什么而学习的道理，从而有效地克服了个人学习懒惰、纪律涣散的缺点。

（2）融入现代乐高机器人文化

开展融会贯通、跨越学科式的机器人学习活动，了解进而形成爱民族、爱祖国的道德情感、爱国主义情操，考虑到学生发展核心素养强调的是跨学科的综合能力，强调知识、能力和态度的综合，具有综合性和整体性。学生发展核心素养是关注学生适应当今与未来发展的最为关键的一种素养。在此基础上形成以道德素养为基础的综合性的核心素养，具有重大现实教育意义。

（3）融入制度管理

在日常教学和活动中，我们建立了请学生每课前讲一个相关小故事的制度，以此达到培养学生故事力的目的。

4. 设计力培养对策

设计力要求不只关注功能，还重创意，对应实现及实践创新素养。教师和学生及其家长首先应改变自己原有的习惯意识和做法。兴趣小组活动课程和社会实践活动，参加各级各类的比赛均由教师自己独立设计，学生和家长很少参与其中，仅仅是被动地参加，是造成设计力不强的主要原因。

因此，我们教师团队与学生及其家长融为一体，教师发挥主导作用，启发和引导学生主体共同设计活动课程、外出社会实践活动，以此改变被动的局面，提升学生运用多种学科知识综合设计活动的能力。针对学生手机控、游戏控的癖好，与学生家长中国联通大厦网络工程师联合，将4G推广5G研发工作与机器人学科有效融合，群策群力，进而设计出了利用手机在4G网络平台上遥控机器人的创意活动方案。2018年4月在金融街少年宫，三方团队已经完成实体搭建，实现了用手机在网络平台上对学生亲手制作的机器人的遥控，真正实现了手机、网络、机器人的小三通。

5. 共情力培养对策

共情力要求学生和教师不只关注逻辑，还重情感，对应了实现健康生活素养要求。

我们常人习惯的思维逻辑是$1+1=2$，可是在机器人教学和比赛中我们常常会发现$1+1<2$或$1+1>2$的奇怪现象。辛辛苦苦准备了一年的参赛方案，到了赛场上机器人因设备经常偏离或违背预先的逻辑语言编程，使学生的情感、心态严重受挫，造成比赛失误或失败。

无数次的挫折和失败，发人深省。教育教学活动能否获得成功，我们教育者和被教育者不仅要关注逻辑的力量，而且要重点关注情感和心理健康能力素养。因为，世间万事万物皆是由人的主观能动性（情感和心态的总合）占据主宰地位的。

因此，我们要在日常的教育教学实践中，着重培养学生在活动之前和活动中树立“自胜者强”的理念，自我调整好心态，应对各种预想不到的困难和挑战。主要对策有：

第一，进行心理疏导和干预。我们组织参观北京电信通信博物馆活动，要求大家记住大发明家爱迪生的名言：荣誉感是一种优良的品质，因而只有那些品性高尚、积极向上或受过良好教育的人才具备。登高必自卑，自视太高不能达到成功，因而成功者必须泰然自若，凡事专注，这才是成功的要点。世间没有一种具有真正价值的东西，是可以不经过辛勤劳动就能够得到的。“天才，是1%的天赋加上99%的努力。”

第二，要请家长共同参加教育活动，加强学生与家长、教师三者之间的情感沟通，不失时机地对学生战胜自我取得成功的点滴进步予以鼓励，培养他们建立自信心、荣誉感、成功感，用他们自身的积极能量去克服消极能量，启用自我教育这一艺术手段。在小三通大能力社会实践活动中，以上两种对策得以成功验证。

6. 交响力培养对策

交响力要求大家不只关注学科，还要重整合，要求学生在活动之前和活动中培养学习素养。校内学生单一学科的死读书、读死书，“分分分学生的命根，考考考老师的法宝”等现象，导致学生缺少跨学科的整合能力、整合失调、交响能力不强的毛病，虽经改革开放40多年的荡涤与洗礼有了很大的改善，但是，由于诸多原因，毛病的尾巴并没有得到彻底清除，阻碍着学生的健康成长。

此次，教师、学生、家长、专家四方联合共同设计的《北京通讯电信博物馆探究小三通大能力社会实践活动》就是一项以机器人科技教育为龙头的、跨学科大融合的、培养和展现学生交响能力的教育案例。它借鉴了美国STEAM的教育理念，并且在此基础上有新的手段和内容的补充。

例如：十几年的教学实践使我发现，机器人教育教学学科活动有着自己独到的融合聚拢资源、跨学科整合知识、培养交响能力的功能。我们的学生跨越的学科很多。除了美国的STEM［Science（科学）、Technology（科技）、Engineer（工程）、Art（艺术）和Math（数学）］之外，我们还融入了Emotion（情感）、Story（故事）、language（语言）、Mobile phone（手机）、Internet（互联网）、Robot（机器人）

等新内容、新对策、新方法。此项研究除了注重教育教学方法的多样性和新颖性，力求在培养学生基础知识和基本技能的过程中，强化学生关键能力培养的，还新增加了跟踪评价措施。

例如：设计了活动评价方法测评表（如表2所示）：

表2　六项关键能力活动测评

评价指标	1分	2分	3分	4分	5分
1. 和小伙伴一起积极商讨和设计今天的活动（测设计力——不只关注功能，还重创意）					
2. 会讲1~2个机器人、手机、网络科学家发明的小故事（测故事力——不只关注证据，还重故事）					
3. 能够将平常所学多种学科知识、技能综合运用到活动之中（交响力——不只关注学科，还重整合）					
4. 能与组员合作完成任务，带情感演奏乐曲并全程参与活动（测共情力——不只关注逻辑，还重情感）					
5. 能够主动参与活动，并寻找其中的乐趣（测趣味感——不只关注严肃，还重趣味）					
6. 能够不只关注手中演奏的机器人，还能重视联想机器人与手机、网络实现三通所产生的价值和作用（测价值观——不只关注事物，还重价值）					
7. 运用所学技法较好演奏乐曲（测日常兴趣小组活动所学知识技能基础）					
8. 能够对自己和小伙伴的机器人、手机、网络小三通创意活动及活动表现加以评论（测学员的口头表达能力和思想素养）					
9. 能够主动找到自身存在的不足，并适当听取小伙伴的意见（测学员的自我反思与团队合作学习能力）					
10. 能够克服困难，积极全程参加活动（测学员的学习态度）					
11. 在活动中的收获（测价值感）					

三、几点理性反思

（一）采用新方法新策略

我们从七个方面改善了原有片面僵化的教育教学方法：

①在探究中学习，提高探索研究的能力，自我生产知识。

②自主学习，自行选择问题、材料，让自己体现主体地位。

③在某些问题上的深度思考。

④学习方法性知识，掌握思维的武器，特别注重方法。

⑤知识活化、不死记硬背，注重分析和解决问题的实践能力。

⑥实践学习是把知识变成能力，成为内在的东西、发展的要素。

⑦浓厚的兴趣是知识发展性学习的原动力。

（二）通过实践研究方法与过程

创设教学条件。制定完整的学期教学计划、科学合理的活动方案并进行学期教学总结。注重积累文字资料、研究的细节。“让乐高机器人与网络随行”三个一活动不仅有完整的学期教学计划，同时教师已经撰写了2个学年教学案例（教案）。在每学期完成后均撰写符合少年宫要求的学期手册，同时含有教学总结。

有效地运用现代信息技术。本项研究采用了乐高机器人Ev3套装9898+45560进行教学实践活动，同时利用了多媒体教学软件的广播系统在教学过程中对学生进行软件讲解，利用考试系统对学生知识的掌握进行测试，利用有线和无线网络对学生进行网络知识的教学，利用手机与网络技术的结合对学生进行手机编程教育和4G、5G及互联网知识的普及与提高教学。全程充满了高科技的氛围，学生在课上使用手机、自己编写程序，使用无线网络或蓝牙模块来操纵自己制作好的机器人，活泼有趣，抓人眼球。

有反映研究项目教学质量的论文案例。有完整的教学过程做依托。

1. 以学生为中心，注重学生核心素养培育，全程育人、全方位育人

本次活动最重视的是对学生科学精神素养的培养。同时也重视对学生创新能力的培养，通过以下六个方面培养学生的创新能力和科学精神。

活动成功的首要保证是有先进的教育理念做支撑。本次活动首先学习了《全新思维》一书，以著名科学家、全球最有影响的趋势专家——丹尼尔·平克提出的关于“决胜未来六大能力”的理念作为总指导，启发了我对学生对照这一理念的思考与调研，这本书是原中国科技馆馆长李象益专家在一次交流活动中推荐给我的，他提示我要深入学生的生活实际，及时捕捉教育时机，因势利导，因此我按照这六种智慧设计了活动的各个环节。

2. 引进高新专家，培养专业师资队伍，设立团队研发项目

为了克服个人研究项目势单力薄的现象，金融街少年宫组建了专门配套的研发

团队组织，配备机器人专业教师 1 人、兼职教师 1 人，就机器人项目与周边多所学校紧密协作，同时指导着多所学校的机器人课程小组建设和社团建设，除在本单位授课的两名专业教师以外，同时还得到了中国联通北京分公司的大力支持，配给技术联通专家 1 人，对师生起到了开慧启智，全面提升知识、技术、理念、方法的关键作用。

3. 以社会为大课堂，扩大教育场地，拓展新的特色教育环境

活动的场地除少年宫专业机器人教室以外，金融街少年宫为支持本活动，利用有限的教学资源，克服困难，已于 2018 年 9 月向上级申报，将于 2019 年暑假开工建设专业机器人竞赛教室一间。同时主动联系各合作学校申请其信息技术教室、机器人教室包括联通中心部分活动区域作为本活动的场地，创造独特的机器人智能教育和创新教育环境。

4. 本项研究的创意之处

统筹利用社会资源，将社会资源转化为教育资源。教育活动离不开社会资源的支持，此次活动除了得到周边合作学校的支持以外，还和中国联通企业进行了紧密的合作，走一条宫企结合之路。中国联通为“三个一”实践活动提供了参观场馆，活动与乐高公司取得联系，得到了西觅亚公司在乐高机器人器材上的大力支持，同时也对本次活动与中国联通合作进行了独家的授权。

“让乐高机器人与网络随行”三个一项目依据联合国教科文组织培养学生全新思维的“设计力、故事力、交响力、共情感、趣味感、价值感”六种能力和培养中国学生核心素养的教育理念，改变当前少年宫的教学方式，促成校外科技教育的进步。同时也符合教育部、北京市教委等相关政策文件中的理念，符合首都教育综合改革方向。

开启三融一创建设模式。树立了研究新三融、科技教学、机器人、科学精神四者之间相互联系、相互作用以及促进学生核心素养形成教育规律的课题研究目标。探讨、研究、总结校外少年宫将以机器人教育为载体的科技教育教学活动作为手段，培养校外青少年核心素养的方法策略及其教育规律。借鉴和运用 STEAM 理论、进一步丰富“融”字办学理论与核心素养教育理论，提供以科学素养为中心的美国 STEAM 教育理论与中国学生核心素养教育理论相互融合借鉴的新探索、新做法。

活动育人的本质特征突出、形式新颖、内容原创性特点显著。活动通过将学生喜欢的乐高机器人课程与手机课程、网络通信课程、软件编程课程互相结合，利用

AppInventor 软件和中国联通为本次活动提供的专业编程网站，将原来的乐高编程界面转移到了网站上，同时学生每次课的编程结果都会保存在网站上，方便资料的收集与整理。

跨学科整合探究学习的内在动力。运用多种感官，体现团队学习、学科融通、跨越学科、贯通式培养，使合作探究、创新思维的活动“故事力”“设计力”“交响力”素养得以提升，达到了培养学生能力的目标。

整个活动既有少年宫活动又有和各校城宫计划相结合的小组社团形式，同时还有外出参观、竞赛等多种社会实践活动形式，活动形式丰富，注重实践性、趣味性。体现学生探究、合作、自主等学习方式。例如组织学生到西单图书大厦举办机器人和我一起长大社会实践公益活动，使每个学生都成为宣传和普及机器人的志愿者，通过科学知识与技术的宣讲与展示，培养和铸就学生的科学精神。组织学生参与学校科技节机器人展示活动，为其他同学科普机器人常识。组织学生参观中国联通通信博物馆，将小三通与大智慧相结合。

活动的效果与检测既有每节课随堂的评价表、每学期的评价手册，又通过课后作品展示、程序说明等多元检测方法对学生进行激励性评价。

活动环节完整，教、学、评一体化。教学活动过程与规划、计划一致。每节课的活动过程分为导入、新授、硬件搭建、软件编程、手机连接、运行调试、作品展示、效果测评等具体过程，环节完整，教、学、评统一。

每次活动均采用统一格式编写教案及其他辅导材料。

总之，此项研究走的是一条融字文化研究路线。融会贯通、有容乃大，铸就了“三通育六能——以机器人、手机、网络三通促进六种能力教育方法的实践研究”的成功。

参考文献

[1] 丹尼尔·平克. 全新思维[M]. 浙江人民出版社,2013.
[2] 美国 STEAM 教育理论,https://zhuanlan. zhihu. com/p/78967914.

联视界探索科技人才成长规律研究

◎张秀英① 朱力安②

摘　要　在2020年新冠肺炎疫情冲击下，不只是全球化规则会发生改变，全球化的内容也正在改写。在时代大转型之际，依托联视界科技创新新型智库启示的思维设计方式，为中关村海淀园国际化先行先试的成功案例带来了新视角，体现在“联视界探索科技人才成长规律研究”中，就是既要避免一味沉浸在疫情之前的情景，又要防止陷入对未来全球化发展趋势的误判之中。

联视界思维设计是一项长期复杂的系统工程，它伴随着中国第一家国家级高新区和国际科技园区与区域创新协会一起成长；联视界先行先试的探索之路，是在历时30年专注攻克中关村海淀园企业国际化各种疑难问题中，不断开拓串并联新型外事服务和构建“互联网＋创新体制机制”等系列有效方法、顺应创新全球化发展趋势逐步产生的。联视界思维设计的智库效应，主要体现在始终把握以信誉、信心与信任为核心要素，融多角度、跨领域互联互通于一体的新路径；形成可借鉴、可传承基本特征的新型思维方式等方面。

“联视界探索科技人才成长规律研究”凸显两个鲜明特点：一是以高新区聚集企业发展吸引创新型、高端型、国际化等各类科技人才为基础，二是以全球化视野营造国际化环境进而带动各类科技人才成长规律的研究。

关键词　科技人才；高新区；国际化；联视界思维设计

①　张秀英，中关村科技园区海淀园管理委员会原副主任，中国第一家国家级高新区——北京市新技术产业开发试验区办公室首批工作者；国际科技园区与创新区域协会（IASP）中国办公室高级顾问、科技园区国际化管理专家，国际注册管理咨询师，工商管理硕士、名誉博士。地址：海淀区稻香园2号楼3单元401。E－mail：Zhgcxy@126. com.

②　朱力安，在科技创新、众创空间方面具有丰富实战经历与经验，主要研究方向为互联网用户以及互联网环境下创业生态。曾在阿里巴巴和京东公司等知名互联网公司任职；担任京东众筹战略、京东众创生态负责人，负责京东众筹市场运营与管理等工作。地址：北京市海淀区度小满金融总部，E－mail：80136087@ qq. com.

探索科技人才成长规律的研究本质就是对经济全球化带来的人才全球流动规律的把握与研究。人才全球流动是自 20 世纪 80 年代以来在经济全球化过程中生产要素全球配置最显著的特点之一。而 2020 年新冠肺炎疫情大暴发不仅成了全球化的分水岭，更是加速器，它正在促使全球更多国家和区域开启新全球化的征程。创新思维模式开始引起世界各国政府、国际组织、智库的高度重视。

联视界探索科技人才成长规律研究，研究思路始终围绕以联视界思维设计为主线，以中关村海淀园国际化发展之路为背景，以高新技术企业国际化需求为内容，以 30 年潜心研究和积累真实案例为基础，进而解析和总结科技人才成长规律的实例研究。聚焦国家高新区进入高质量发展新时代特征，聚焦“中关村，为中国创新而默默奉献的开拓者”，联视界探索科技人才成长规律研究事半功倍。

一、高新区是聚集科技人才重要载体

2020 年 7 月，国务院新闻办公室就国务院常务会议审议通过并已正式对外公布了《关于促进国家高新技术产业开发区高质量发展的若干意见》，同时举办了国务院政策例行吹风会。该《意见》对新时代国家高新区的高质量发展进行了全面部署。目前，在全国范围内已有国家高新区 169 家。北京市新技术产业开发试验区（简称：试验区），是于 1988 年经国务院批准成立的第一个国家级高新区，后更名为中关村科技园区海淀园管委会（简称：海淀园，其中 2002—2004 年变更为中关村科技园区海淀园数字园区管理服务中心，简称：数字园区），现为中关村科学城管委会（简称：中关村科学城）。

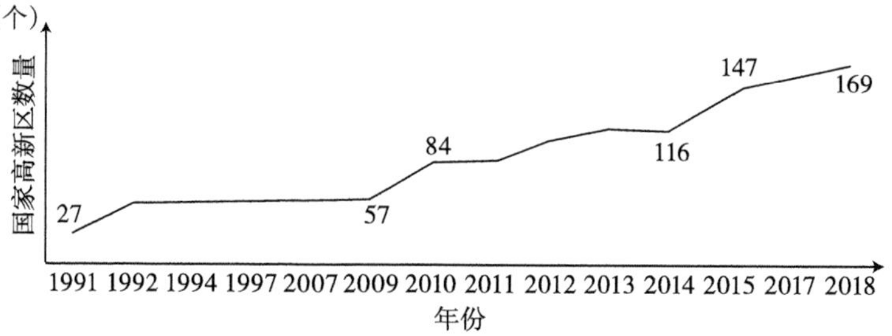

图 1　1991—2018 年国家高新区数量变化

（一）高新区是人才聚集高地

科技部副部长徐南平在国务院政策例行吹风会上讲到，“三个高地”可以体现国家高新区在国家发展的地位：第一个是创新高地、第二个是产业高地、第三个是人才高地。2019 年国家高新区集聚了国家高新技术企业 8.1 万家，占全国的 35.9%。从人才高地方面，国家高新区从业人员有 2213 余万人，其中，大专学历占到 59%，本科以上学历占到 38%，每万名从业人员中，研发人员折合全时当量大概为 822 人/年，是全国平均水平的 13.8 倍。可见，国家高新区是人才聚集高地名副其实。

（二）发挥原生态人才体系优势

中国第一家国家级高新区的诞生地为北京市海淀区，海淀区是全国乃至全世界著名的高端人才聚集区，这里聚集了清华、北大、中科院一大批大学、研究机构和国际国内学术精英及行业领军人才。据统计，海淀区共有院士 532 人、千人计划 436 人；同时这里还聚集了被联想、百度、小米、滴滴等近万家国家级高新技术企业、67 家创新型孵化器、37 家独角兽、21 家大学科技园、150 家集中办公区吸引而至的各类海内外高层次人才。

探索科技人才成长规律研究，主要是体现海淀园在长达 30 年国际化服务体系建设中，一边如何在解决企业国际化难题、提升国际技术转移水平中，探索吸引、培育科技人才成长规律，一边又如何与海淀区区域教育机构众多、人才济济的原生态优势融合发展的过程；在促进海淀区域教育资源与国家级高新区创新发展资源差异化发展中，为高科技企业创新发展营造良好生态环境的案例，正如北京新技术产业开发试验区第一任主任胡昭广所讲，试验区一直行进在创新的路上。

二、研究报告体系探索了科技人才成长规律研究

在 30 年海淀园国际化发展轨迹里，记载着许许多多从“0 到 1”的开创与突破，有开创串并联传统外事体制机制的方法；有跨界整合政策、平台、媒体资源的互联网思维；有国际交流、国际论坛、企业实训的交流与碰撞。还有随着海淀园国际化业务每隔 4 ~5 年的变更，其外事业务也相继在先行先试过程中不断蜕变；更有园区与企业之间的隶属关系与传统的人事、劳资管理体系完全不一样而带来的各种挑战。在研究报告体系中记录、反映的真实问题及先行先试探索解决问题的方式与思路，汇集在沉甸甸的每一份研究报告中反映出可复制、可传承的规律。

（一）海淀园国际化研究体系

海淀园的课题研究始于 2004 年，以下四份课题报告选自 2004—2013 年完成的研究报告体系中，分别是：《科技型企业“走出去”一站式服务可行性报告》（2004

年)；《海淀园企业国际化评价体系指标研究》(2006 年)；《海淀园品牌规划 3 ~5 年发展规划》(2010 年)；《中关村科技园区海淀园国际化战略研究》(2012 年)。它们串联在一起形成了海淀园国际化发展的理论基础，虽然理论水平、文章结构还不是很专业，但却是真实解决企业实际问题的有效方案，这里记录和反映了海淀园在探索科技人才成长规律中由内向外、由点到面的行动轨迹。

(二) 研究体系机理相得益彰

《科技型企业“走出去”一站式服务可行性报告》研究课题，是海淀园国际化发展进程中完成的第一份研究报告，可以说是奠定海淀园国际化发展之路的基石。它对“走出去”概念有了独特的解析与发现，即“走出去”不只是表面上的位置移动，还是一种工具、方法、思维和能力的综合体现，这一发现为后来海淀园的国际化研究与发展奠定了基础；《海淀园国际化统计指标体系研究》则反映了海淀园在国际化发展求索之路上的一种责任，该项研究得出的“海淀园企业国际化程度的强与弱与企业发展规模的大与小不成正比”的结论，为当时海淀园出台第一个支持企业国际化政策提供了具有针对性和可行性的参考。

(三) 研究风格逐渐形成

《海淀园品牌规划 3 ~5 年发展规划》研究课题的作用，在于它首次以国际化标准定义海淀园的品牌思路，少走了许多弯路；《中关村科技园区海淀园国际化战略研究》报告的成熟之处，在于它明确了海淀园国际化发展路径，不是盲目地生搬硬套美国硅谷、中国台湾新竹、英国剑桥、印度班加罗尔等老套路，而是将海淀园的国际化之路——iBridge 作为一个典型案例并使其跻身于世界创新之林中，形成了中国高新区国际化在世界的发展模式。

(四) 研究成果根深叶茂

从表面上看，这些研究报告是对园区不同发展阶段外事体制机制建设、创新网络平台等琐事的记录，但实际上它们是构建起了一套包含概念、指标、品牌、战略维度的研究体系，其中每一个主题选择都是针对当时企业国际化需要破解或即将面对的棘手问题；同时也是对园区所经历的国际化历史跨越、参与全球化建设和积极树立品牌意识等内涵作出的深刻反映，对开启具有国际化视野的创新型营商环境建设有更深更广的含义，对指导新时期开展探索科技人才成长规律研究，具有现实指导意义。

三、互联网思维塑造了人才成长的文化底蕴

海淀园国际化发展历程，大致分为初始试验期和“互联网+”转型期两个历史阶段，围绕企业国际化需求与海淀园国际化道路建设两个主题，逐渐形成了聚焦企业和海淀园两大创新主体的研究风格，其中起步期与转型前后呼应的最大亮点，是互联网思维塑造科技人才成长的文化底蕴。

（一）搭建互联互通之桥

1988—2004年起步期的16年，开启了摸着石头过河、夯实根基的创始之路，相继形成了海淀园国际化历程中具有里程碑意义的事件。一是加入IASP协会。1991年中国第一个国家级高新区在起步期正式加入了国际科技园与区域创新协会，成为中国第一家加入该协会的正式会员。二是举办中关村电脑节。在“试验区”阶段，创办中关村电脑节；试验区通过组织企业参加科技部、贸促会等部门在国外举办的国际展览会，有效帮助企业建立了国际合作渠道、人脉关系并克服了出国难等实际问题。三是与IEEE—CS签订协议。2004年海淀园与美国电子电器工程学会计算机学会总部旗下最大的专业学会——计算机学会（IEEE—CS）签署了双方框架合作协议。四是建立外籍专家制度。2004年海淀区开始策划和实施海淀区区长首席外籍专家战略计划。搭建互联互通之桥，在培育科技人才的环境、渠道、制度建设上迈出了坚实步伐。

（二）塑造创新品牌标识

2004—2020年的16年，随着互联网时代的到来，海淀园正式开启了依托互联网思维从事“互联网+”的转型实践之旅，塑造了多个“新”的标志性事项。一是搭建新平台。2004年依据科技部火炬中心的批复——“火炬中心选定中关村海淀园为共同开展科技型企业‘走出去’一站式服务试点单位的函”，开始策划互联互通工程（iBridge：information Bridge），从事探索与实施数字化新型科技创新的解决方案。二是策划新媒体。2006年海淀园首个与媒体合作开展的成功案例，是与凤凰卫视欧洲台合作的《直通中国》项目。三是出台新政策。2006年12月海淀园率先探索出台了中国高新区中第一个支持科技型中小企业国际化的专项扶持政策——“海淀园支持中小企业国际化发展专项资金管理办法试点办法”。四是对等式教练（企业实战培训班），2012年开始设计一项针对高新技术企业人员的对等式教练项目，采用了世界流行的“对等教练”的启发式教学。

（三）全球创新大课堂之誉

2005 年 iBridge 办公室作为海淀园互联互通工程的配套项目，实景打造了一个集外事接待、交流、会客、小型研讨会、办公室于一体的新型工作空间，面积 150 平方米；2004—2013 年近 10 年间，这里持续接待了全球 50 多家包括哈佛、曼彻斯特、美国电子电器工程师学会计算机学会、思科等著名大学、研究机构、企业，近万名知名专家、学者、企业家、媒体人来访，这里成了全球高端人才参与共建、奉献智慧的地方；它被世界来访者誉为“全球面积最小的创新大课堂”。海淀园 iBridge 办公室之所以被誉为全球创新大课堂，是因为它与海淀高校、科研机构培训、课堂林立的氛围相拥、优势互补，为未来世界艺术、科技、文化、教育等领域必将兴起的“科技创新”新学科率先占了个好位置。

四、国际化思维探索了科技人才的成长规律

坚持国际化，这是海淀园发展过程中的一条主线，它所具有的吸引国内外高层次人才成长环境的效果是明显的、可持续的，通过梳理反映出它不仅是传统意义上的对外联络、迎来送往、外宾接待等事务性的外事办公室职能，还涵盖了以国际视野营造科技人才成长规律的多层次、多角度的氛围。

（一）对标国际科技园协会

坚持提升国际化水平是海淀园 30 年贯穿始终的自觉行动，虽然海淀园国际化发展之路创造了许多亮点，但也不忘时时与国际同行对标、自检。国际化四个层次为：一是极其重要——表示将在全球层面频繁参与或出现的数量视为重要标志；将品牌设计形成全球影响力的文化底蕴视为首要因素；二是非常重要——表示非常重视对一些新的想法和观点进行研究，但仅限于参与一些与全球同行的知识共享等事宜；三是重要——表示在有条件的前提下，会参加一些国外活动；四是一般——表示有些兴趣，但主要精力是关注本地区、本国家的事务。“四个层次”是 IASP 在 2019 年为会员国际化发展程度提供的一个自我对照检验的维度，虽其发布时间迟于海淀园国际化发展之路探索的实际过程，但具有一定的借鉴意义。

（二）对标人才服务机构

2014 年海淀园牵头联合中国国际科学技术合作协会、清华大学启迪创新研究院，共同完成了“关于海淀区引进全球行业领军人才工作的研究课题报告”，总结发现在美国、英国、加拿大、意大利、埃及等 10 多个国家及中国千人计划和北京、

深圳、杭州等有关省市的政策中，吸引全球高层次科技人才的方法主要集中在依靠移民、教育、社会福利或资金政策、住房配套等外在条件的主要特征；而海淀园国际化探索科技人才成长规律的研究，则是以长期专注攻克中关村企业国际化各种疑难问题为导向，注重以企业吸引人才、留住人才、助力人才成长的内升机制研究，以内在开动脑筋、外在因地制宜的机理设计见长。

（三）探寻评价维度新范式

海淀园不拘一格的国际化发展之道，引起了国内外各界的高度关注，取得了广泛的社会好评和成就。如：2007 年获联合国教科文组织产学合作教席中关村示范中心称号；2007 年海淀园出席了由中、葡两国时任总理温家宝和苏格拉底举办的国事活动，并签署了框架合作协议；2008 年美国马萨诸塞州桥水州立大学（Bridgewater State College）教授 Martin Grossman 专门发表了一篇论文，题目是“iBridge—— 一个新兴的全球知识管理平台”；2008 年获得科技部授予的“国际合作示范基地”称号。这些源于实践、源于社会的真实轨迹，在联视界探索科技人才成长规律研究中，突显了探寻评价维度新范式的价值和重要性。

五、联视界打开了人才成长规律研究的新视野

联视界思维设计是对海淀园国际化长期发展过程的提炼和升华，是对海淀园国际化历经试验区的起步期、走向世界的拓展期、“互联网 +”的转型期（试、世、视）三个历史发展阶段的再梳理和再设计；是不断甄选科技创新先行先试方式、社会实践活动等过程的新视野。联视界思维设计形成了具有鲜明特色的几个特征：周期——每隔 4 ~5 年调整一次；效益——投入少、周期短、影响广；效率——一般具有提前 6 ~8 年时间的预见性；视野——立足本职、放眼世界；效果——过程似小工、结果似智库。联视界为新时期探索科技人才成长规律研究带来新视野。

（一）联视界思维设计，显新视角

通过对海淀园初创期、互联网 + 转型期两个阶段，研究报告体系、互联网思维、国际化思维、联视界思维设计四个维度及各种事项的归纳和总结，明确了它与建筑、服装等物体外观设计，与大学、研究机构、科研院所长期积淀课堂教学、基础研究、专业人才培养机制等传统外在创新属性的本质区别。联视界开启了以思维设计为特征的从事跨界创新的新方式，形成了探索科技人才成长规律研究的可信基础。如表 1 所示：

表 1　联视界探索科技人才成长规律研究框架一览表

一级研究内容	二级研究内容	三级研究内容
科技人才成长规律研究	研究主题	探索科技人才成长规律的国际化环境建设
	两个阶段	1988—2004 年建设初期、2004—2013 年互联网 + 转型期
	四个维度	研究报告体系、互联网思维、国际化思维、联视界思维设计
	研究报告体系	“走出去”一站式平台、统计指标体系、品牌规划、国际化发展战略
	标志性事项	搭建互联互通之桥、全球创新大课堂之誉、塑造创新品牌标识、对标国际组织、对标人才服务机构、树立评价新范式
	思维设计体系	愿景、思维方式、适用对象、设计理念、设计目标

如表 1 所示，纵向看，从题目包含的推广顺序中，展现了点、线、面有序进行、逐步纵深推进的步骤；横向看，从内容涉及的海淀园国际化环境建设到逐步拓展实际应用领域的轨迹，体现了带动、推广应用价值和社会效益；紧紧抓住本区域与引进科技人才培养成长规律，形成破解问题、由浅入深、环环相扣的研究路线图。

（二）联视界思维设计，联网联心

联视界思维设计体系内容，主要包括以下五个方面：一是愿景，在全球化规则下，以更好更快更节约的方式，为全人类可持续发展作出联视界的贡献。二是思维方式，以哲学发展观整合初始阶段的“串并联”简化体制机制和进入互联网时代的整合工程，形成了“互联网 + 之标配——联网联心联世界”的新模式；三是适用对象，科技园区、政府、企业、金融机构、教育、研究机构、媒体等创新主体。四是设计理念，基于互联网思维的联视界智库设计思路的政策制定、媒体策划与推广、国际交流与高端论坛、调研报告与发展战略研究等思维设计体系。五是设计目标，为科技园区、企业等创新主体被国际化、全球化长期困扰的难题提供有效破解的思路和方法。

（三）联视界思维设计，遇见未来

联视界以思维设计展示了海淀园是如何在长期与 IASP 融合发展的轨迹中，在无任何经验可借鉴、无先期规划设计的前提下，探索联视界新型服务体系的。在短短 30 年时间中，牢牢把握国家高新区科技创新机遇主线，呈现出了海淀园国际化集试、世、视三段式于一体的发展脉络；紧紧抓住海淀区区域教育资源与高科技企业科技人才培养成长规律，形成了破解问题、由浅入深、环环相扣的研究路线。不仅如此，它还突破了传统学科在长期实践中形成的相对独立的知识体系，开启并探索出了将科学、艺术、传媒等多学科跨领域发展，融探索（Discover）、责任（Acknowledge)、传承（Publicize）、荣耀（Reward）于一体的科技创新体系的新范式，为“联视界探索科技人才成长规律研究”带来了新视角，彰显其处理复杂问题的思辨能力和哲学发展观的思维设计潜力、文化底蕴。

联视界探索科技人才成长规律研究深刻认识到，面对未来全球化顺应人与自然和平共处发展环境趋势，应主要侧重将高新区的发展作为应对时代变革的推动因素。特别是随着互联网时代的深入发展，21 世纪创新生态系统的理念和伦理必将给各行各业带来深刻的变革，包括政府、科学、艺术、传媒、商业、教育、金融、企业等领域。按照我国政府提出的《关于促进国家高新技术产业开发区高质量发展的若干意见》的要求，参照 2020 IASP 世界科技园区大会主题：“人的因素：人、社区和他们的创新生态系统”的研究思路，联视界思维设计方式已经嵌入了“加强区域协同创新的治理体系与能力建设”和“探索科技人才发展规律研究”体系中，开始了新一轮高新区高质量发展再出发的新征程。

邂逅中关村、传承试验精神，联视界思维设计责无旁贷。中国第一家国家级高新区——北京市新技术产业开发试验区，30 年后又开启了中国（北京）自由贸易试验区科技创新片区的新纪元。

参考文献

[1]纪爱玲．中关村：为中国创新而默默奉献的开拓者[N]．中国高新技术产业导报，2012－07－12.

[2]中国政府网 国务院政策例行吹风会［EB/OL］. http://www. gov. cn/xinwen/2020zccfh/17/index. htm，2020－07－23.

[3]央广网．中关村科学城党工委、管委会揭牌成立[EB/OL]. http://www. cnr. cn/bj/ygjz/20190829/t20190829_524753737. shtml，2019－08－29.

[4]崔彩凤，张秀英．邂逅中关村 传承试验精神[N]．中国高新技术产业导报，2018－06－20.

[5]李争粉，胡昭广．创新一直在路上[N]．中国高新技术产业导报，2018－09－25.

[6]张秀英．iBridge 的成功故事：面积小的全球创新大课堂[N]．中国日报，2011－09－15.

[7]本月的问题．国际化在贵科技园区的地位？［EB/OL］. https://www. iasp. ws/our－industry/question－of－the－month/international－positioning－of－your－stp－aoi，2019－05.

[8]马丁·格罗斯曼．新兴的全球知识管理平台:以 iBridge 为例 [J]．藤蔓．ISSN:0305 - 5728. 2008 - 10 - 24 :525 - 534.

[9]张淑萍．科技型企业“走出去”一站式服务试点平台(iBridge)[J]．中国科技成果,2008(2):35 - 37.

[10]张秀英．加强区域协同创新的治理体系与能力建设[J].安徽科技．2020 - 04 : 6 - 8.

[11]张秀英．联视界科技创新新型智库的启示[M]．第三届科协发展理论论坛研讨会论文集,2019:378 - 389.

医学期刊编辑对临床实践指南的审理要点探讨

◎张以芳①

摘　要　临床实践指南是医学期刊载文中数量占比不高，却十分重要和特殊的文献。医学期刊编辑作为临床实践的“最后把关人”，应熟知指南的制订原则、方法步骤和审查要点，对指南实行总体评价和分项把关，正确引导和适度参与指南的制订与修订，最终提高临床实践指南的刊登质量。本文通过查阅中华医学会10本期刊刊登的10部指南，结合相关文献查阅，梳理我国医学期刊的刊载指南目前存在的问题，总结编辑在临床实践指南审查和处理过程中应注意的几个关键点，为医学期刊编辑参与审理指南提供参考。

关键词　临床实践指南；医学期刊；编辑工作；审查要点

① 张以芳，南方医科大学南方医院《中华创伤骨科杂志》编辑部编辑。主要研究方向为期刊现代化出版和编辑人才培养。地址：广东省广州白云区广州大道北1838号。E-mail：bjbzyf@126.com.

尽管临床实践指南在医学期刊载文中数量相对占比并不高，但却是现代医学临床实践不可分割的一部分，其基本体现了相关领域的最佳研究现状，也是体现循证医学的精髓，是临床医生最强大和最方便的战胜病魔的武器。对于医学期刊而言，刊登临床指南不仅可以提高影响因子，还能树立业界口碑，提升权威认可度。据调查研究显示，我国医学期刊上2000—2020年发表了700余篇临床实践指南，涵盖了临床预防、诊断、治疗及预后等各个领域。临床实践指南的质量高低决定了医疗服务质量、安全性、临床决策准确性。质量不同的临床实践指南提供的临床价值是完全不一样的，只有高质量的指南才能规范医务人员的诊疗行为和提高医疗服务质量，而低质量的指南不仅是对研究资源的浪费，甚至会造成误导，导致基层一线医生的困惑和误治。目前，我国期刊刊发的临床实践指南质量良莠不齐，落后于国际水平，很多都并未详细交代其制订方法，缺乏系统全面的证据检索，有的未明确或规范利益冲突。医学期刊编辑作为临床实践的“最后把关人”，对于指南制订规则和要求一定要了然于心，否则循证医学证据不足、质量不高的指南一旦刊发，不仅对临床诊疗没有指导价值，反而会有损广大患者的健康安全。医学期刊编辑应熟知指南的制订原则、方法步骤和审查要点，对指南实行总体评价和分项把关，正确引导和适度参与指南的制订与修订，从而提升刊登的临床实践指南的质量。本文归纳总结临床指南的现存问题和制订审查要点，为医学期刊编辑参与审理指南提供借鉴参考。

一、医学期刊编辑应了解目前我国临床指南存在的主要问题

据兰州大学健康数据科学研究院指南研究中心汇总的数据显示，我国医学期刊发表的临床指南数量随年份逐渐增长，从1993年的1篇增长到2017年共计767篇。然而，截至2020年，仅有1篇指南“万古霉素治疗药物检测指南”被美国国立临床实际指南文库（National Guideline Clearing - house，NGC）所收录。因此，尽管临床指南数量上来了，但质量仍严重落后。查阅相关文献，笔者总结造出成这种局面的原因包括：

（一）指南制订者单一，重临床轻方法

临床实践指南的制订者多以各学科专科主任委员和委员为核心，缺乏多学科合作，如外科类指南缺少内科类专家参与，普遍缺少指南制订方法学家、卫生经济学家等的参与。因此，指南的推荐意见缺乏科学性和全面性，容易受所谓权威专家的片面观点和经验所影响。笔者调查分析了包括本刊在内的中华医学会系列的杂志中

较权威的10本杂志近期刊登的指南，仅2部指南引入了循证医学专家，4部指南有多学科专家的参与，其他指南均只有指南内容相关领域的专科专家参与制订，因此都普遍存在制订者单一、重临床轻方法的缺陷。

（二）时效性差，内容陈旧重复

由于医学研究和知识的半衰期相对其他学科领域较短，指南推荐意见的时效性是指南的临床价值的重要体现。医学科学研究和临床发展较迅速，指南的指导意见有效时间一般为3～5年，甚至更短时间就会过时。有调查研究显示，中华医学会系列杂志刊发的指南更新/修订周期通常为2～5年，然而，国内指南的更新/修订比例仅为10%，其中最长修订周期长达10余年。指南更新速度慢，推荐意见较陈旧，内容明确性不强或晦涩难懂，指导意见不与时俱进、不及时更新可能对临床一线医生产生误导作用。也会出现同一个选题的临床指南有多种版本，甚至互相矛盾的现象。查阅的10本期刊刊登的10部指南中，有6部是首次刊登指南，其中仅有2部指南提及计划更新的时间；4部是修订或更新指南，其中1部是时隔13年才更新修订。

（三）没有统一的指南制订标准和规范的提法

指南的报告形式不清晰，提法不准确，证据检索策略不完整以及没有明确利益冲突等。国内部分专家和医学期刊编辑不清楚临床实践指南与专家共识这两种指导性文件的区别和共性。比如，规范、共识、标准、指南的提法在同一篇文章中出现，如“经颅内多普勒超声操作规范及诊断标准指南”“便携式血糖仪临床操作和质量管理规范中国专家共识”，以上标题都是不准确的。目前，广泛流行的观点是医学专家共识的质量和影响力低于指南，共识的科学性、正式性、可靠性和权威性也要弱于指南。

（四）无证据和推荐分级，或者虽有但较混乱，没有指南质量评价工具

10部指南中仅4部报告了证据质量分级和推荐强度系统，仅1部指南报告了指南质量评价工具，即国际上广泛应用的指南研究与评价（Appraisal of Guidelines for Research and Evaluation，AGREE Ⅱ）。目前，国内尚缺乏适合中国临床实践指南的自主研制的指南质量评价工具，而国际上广泛应用的AGREE Ⅱ也未被广泛推广应用于实际指南的制订过程中。

医学期刊编辑应多关注当前临床实践指南的刊登现状与更新进展，发现并总结存在的问题。尽管AGREE Ⅱ工具仍然存在一些问题，可能并不完全适用于评价中国

制订的指南，但医学期刊编辑学习和掌握AGREE Ⅱ工具也是非常有必要的，可参考其各个条目对指南进行总体评价和分项把关。

二、医学期刊编辑对临床实践指南的总体评价要点

医学期刊编辑应首先对指南制订的透明性、科学性和客观性这三个要点进行一个总体评价，然后对成文的临床实践指南的撰写规范性和完整性进行分项把关。制订一部完整规范的临床实践指南一般需要花费1～2年的时间，包括指南制订前期的问题调研、临床问题收集、证据采集和系统评价等。呈现在医学期刊编辑面前的往往是最终撰写成文的指南报告。在前期过程中，编辑不能直接参与和审查，只能通过回溯，请指南制订者提供材料进行佐证。比如中华医学会要求系列杂志，从2019年开始，发表指南之前需要填写一个“中华医学会系列杂志指南共识类文章信息采集表”进行报备，信息采集表项目内容主要包括：指南的题目、指南的制订者、指南的类型（标准指南、完整指南、快速建议指南）、指南的主题，是否成立编写小组，是否对纳入证据进行分级（如有，请提供分级方法），达成共识的方法（如德尔菲法、名义群体法、共识制订会议法），指南自筹备到成文所用时间，指南制订的经费来源，是否接受利益相关企业、组织及团体的赞助，所有参与人员是否填写利益声明表，是否收取版面费，是否在指南注册平台（International Practice Guidelines registry platform，IPGRP）进行过注册（例如：http：//www. guidelines - registry. org/如有，请提供注册号），发布和宣传途径，国内外是否存在类似或不同版本的指南（如有，请列举期刊名和题目），等等。

指南制订的透明性体现在指南是否有在IPGRP平台注册并提交相应的指南制订计划书或方案，这有助于避免指南的重复制订。事实上，通过指南注册平台注册，有百益而无一害，通过平台注册不仅可以拿到国际唯一注册号，还有利于指南的国际传播，提升我国医疗领域的国际影响力和制度话语权。尽管中华医学会在指南刊登前需提交是否注册的备案表，但实际落实情况并不乐观。笔者查阅的10本期刊的10部指南仅1部明确报告通过IPGRP平台注册过。医学期刊编辑既应作为指南的审查者，也要积极引导指南制订者补充完成指南的注册管理。医学杂志社或期刊编辑也常作为指南制订的发起者参与临床实践指南的制订。有研究显示由中国杂志社或期刊编辑参与临床实践指南编制（撰写）的中国临床实践指南总体数量较少，但质量较高，更新情况较好。自2010年以来，《中华创伤骨科杂志》为提高临床实践指南的刊发质量，编辑部都尽可能参与指南的制定过程甚至牵头联合各分会专家计划

制订，包括参与循证医学证据审查和推荐意见形成讨论会等。

医学期刊编辑应审查指南的科学性，包括核查指南制订小组是否全面检索和评价拟制订指南相关研究证据和资源，包括有关的现存指南、系统评价、诊疗技术评估报告等。科学性具体体现在指南中是否详细报告了系统全面的检索方式、证据的选择标准、证据的优劣、形成推荐意见的方法、指南的修订和更新步骤以及时间安排等。若相同主题或领域有类似的指南，医学期刊编辑应首先核查指南制订者是否有对已有指南进行过质量和适应性评估，若是改编和更新指南，则需对比分析新制订指南与已有指南的区别和改进等。目前的临床实践指南普遍存在的一个问题就是“重临床，轻方法”，即仅仅由临床相关领域的医学专家来制订，没有循证医学和指南制订方法学家的参与。指南结论科学性不足，这个问题并非能通过后补来解决的，需在指南立项的时候就有意识地邀请相关专家参与。因此，这个问题并非期刊编辑所能解决，还需要广大学者共同努力。医学期刊编辑可以利用 AGREE Ⅱ工具对指南制订过程中的参与人员是否纳入所有相关专业的人员进行评价，给出意见，以便学者们之后更规范地制订指南。医学期刊编辑还可以将指南的制订流程和规则放在稿约中，同时也提供一些指南制订手册供学者参考，比如世界卫生组织（World Health Orgmization，WHO）发布的“handbood guideline development”“循证临床实践指南的制订与实施”“hGRADE 在系统评价和时间指南中的应用”指南报告清单（Reporting Items for Practice Guidelines in Healthcare，RIGHT）等。

医学期刊编辑还需要审核指南的客观性，审查指南中是否明确所有参与指南制订的专家均已声明利益冲突，并由独立第三方进行管理。利益冲突是指南制订过程中重要的潜在偏倚来源，可能引起有益的效果被高估而危害性被低估。为保证制订过程客观公正，任何利益关系都应当被考虑和注明。AGREE Ⅱ中还特别明确了编辑独立性问题，包括编辑的参与程度、赞助单位和药厂企业与指南撰写小组成员之间的利益冲突。有研究显示，基于 AGREE Ⅱ评价结果显示我国指南制订的利益冲突方面得分仅 2% ~12%。基于 RIGHT 清单评价结果显示，我国指南报告的资金资助与利益冲突声明和管理的报告率仅为 10% ~15%。要改变这一现状，加强我国指南制订中利益冲突的声明与管理，不仅需要国家管理政策的完善，还有赖于医学期刊媒体的引导及严格监督。

三、医学期刊编辑应对指南报告的完整性和规范性进行分项把关

国内外学者针对如何规范化制订、报告及评价临床实践指南也进行了积极探索。

其中，RIGHT 清单是 2013 年由中国学者发起，联合 12 个国家和 7 个国际组织历时 3 年撰写完成的，主要包括基本信息、背景、证据、推荐意见、评审和质量保证、资助和利益冲突申明及管理等 7 个大类和 22 个条目，详细介绍了临床实践指南报告的标准。RIGHT 清单可以协助医学期刊编辑对指南的规范性和完整性进行评审。

（一）标题

如前所提及的目前国内指南报告的题目很多都不规范，提法模糊、混乱，甚至没有明确该报告是指南，如“结直肠癌诊疗规范”。这严重影响了该指南的推广和传播。指南题目的信息量反映了指南的受众定位、范围和时效性，其重要性不言而喻，正所谓“题好一半文”。不同于文学论文，临床医学实践指南无须追求意境和深刻，只需简单、清楚、准确地报告研究成果，让读者读题知文意，从而有兴趣阅读和使用指南报告的诊疗技术和推荐方法等。第一，标题中应该提及“指南”“推荐意见”等专业术语。笔者查阅的 10 部指南中，有 3 部的题目都不是特别规范。第二，还应该明确指南发表的年份，这有益于区别以往的指南或将来更新修订。笔者查阅的 10 部指南中，有 4 部的标题中没有提及年份，只有 2 部在内文中提及了将来计划更新的时间。有针对内科医师进行的问卷调查研究显示，只有 10% 参与调查的内科医师知晓相关的最新指南，而这部分医师中，仅 50% 的医师将指南的最新推荐意见应用于临床患者诊治。笔者总结出造成这种状况的原因可能在于指南的题目不够清楚，并没有引起广大临床医师的重视。第三，指南标题中最好应注明“中国”。目前医学临床实践指南的形成大都是欧美及亚太地区各医学专科学会基于循证医学证据强度高的科研成果提出的相关共识，继而在共识的基础上制订相关的指南。而我国推出指南制订准则起步较晚，且很多指南是翻译和参考国外的相关指南，还存在诸多问题和挑战，比如：缺乏像英国国家卫生与临床优化研究所（National Institute for Health and Clinical Excellence，NICE）这样的专门的指南制订机构，也缺乏类似 WHO 指南评审委员会的监督部门等。问题是，国外的指南制订准则和相关指南是否都符合目前我国医疗国情？因此，清楚标注中国实践指南就很有必要。《中华创伤骨科杂志》近期刊登的几篇指南都明确指明了国别和时间。如“中国开放性骨折诊断与治疗指南（2019 版）”“中国急性骨筋膜室综合征早期诊断与治疗指南（2020 版）”。广大学者对这个问题的认识也越来越清晰，笔者查阅的 10 部指南中，有 5 部指南提及了国别。最后，标题中还应该报告指南的具体分类，即筛查、诊断、治疗、预防或其他等。可以将医学期刊编辑需要理解的规则概括为：诊断用标准，治疗为指南，技术操作属规范。比如“经颅内多普勒超声操作规范及诊断标准指南”“便携式血糖仪临床操作和质量管理规范中国专家共识”，以上标题都是不准确的，应该分别改为“经颅内多普勒超声操作规范及诊断标准”“中国便携式血糖仪临床操作和质量管理规范”。

（二）制订者署名和背景介绍

根据 RIGHT 清单的要求，指南的署名作者应该包括所有参与指南制订的贡献者，并注明其职位、工作单位、学科研究方向及在指南制订中作出的具体贡献等。同时，应该明确至少一位负责沟通的通信作者或指南制订者。有研究调查分析了 2017 年中国发布的指南，其中只有不到 50% 报告了指南工作组成员的单位和地域，不足 30% 的指南提及了方法学家的参与，只有 5% 的指南提及了指南外审专家组，而且所有指南均未提及是否成立系统评价组。笔者查阅的 10 部指南中，虽然均有报告制定者的性别和单位，但仅有 2 部明确报告了分组情况，且对具体贡献也没有描述得很清晰。其中有 1 部指南，将个人与学术组织并列放在了制定者中，显然也是不合适的。国内外指南制订手册对指南制订参与人员和工作组都有明确的规定，包括美国国家医学科学院（Institute of Medicine，IOM）规定指南制订应包括由 10～20 人组成的指南制订组和系统评价团队，负责系统评价相关证据和形成推荐意见。另外，外部评审团队只能质询指南制订组将证据转化为推荐意见时所采用的逻辑，评价其科学性、公平性和客观性等；世界卫生组织的规定相对更详细一些，其要求指南制订需要有指南指导委员会、指南制订组、系统评价团队、外部评审组以及指南方法学家，拥有其他技术专长的顾问、指南制订组会议的观察员、指定的撰稿人或编辑的参与；英国国家卫生与临床优化研究所和苏格兰校际指南协作网（Scottish Intercollegiate Guidelines Network，SIGN）对指南制订成员的要求也基本与 IOM 类似。国际医学杂志编辑委员会（International Committee of Medical Journal Editors，ICMJE）的署名有 4 个原则：①深度参与了研究的构思和设计、数据收集或数据分析与解释；②参与起草或修订文稿；③同意最终版本文稿出版；④对研究各方面的准确性和诚信负责。而在中国，中华医学会要求，指南参与者须包括负责指南的总体设计和指导的首席专家、指南负责人组织成立的指南工作组（负责制订指南的制/修订方案、撰写草案和完成指南撰写工作等）和同行评审者（评审系统评价的方案、纳入的研究和推荐意见等）三方。根据我国国家标准 GB 7713—1987 规定，作者署名及排序是衡量指南制订者对于指南贡献量的重要衡量指标之一。由于指南的制订过程涉及跨学科、多团队的紧密合作，作出的贡献都很重要，因此指南署名中常出现“同等贡献者”。尽管目前对于指南署名数量问题尚没有一个明确的规范，包括执笔者和通信作者数量。但医学期刊也有责任规范与监督作者的署名数量和署名顺序，避免出现学术不端行为。《中华创伤骨科杂志》刊登指南的署名规则按照中华医学会系列杂志目前的要求，即通信作者原则上不超过 3 位，同时 3 位通信作者应属不同单位或学科，而对于执笔者暂无要求，但同等贡献者原则上也是不超过 3 位。

针对背景介绍部分的审查，首先，编辑需要审查指南的前言部分是否简要介绍指南的医药卫生相关问题，如流行病学调查情况，包括发病率、病死率、经济和社会负担等。其次，编辑应该审查指南制订目的（如降低患病率和病死率，提高治愈率等）、目标人群、指南使用者（如一线的基层医生等）以及指南针对的具体应用环境（如初级卫生保健机构等）是否明确。最后，即前面提及的，需要在背景介绍部分详细描述参与指南制订的所有贡献者的个人信息以及作用，如姓名、职称、职务及工作单位等信息，隶属指导小组、专家组还是系统评价小组等。从笔者查阅的指南来看，前面 2 点要求，国内指南基本可以满足。第 3 点仍有待完善。

（三）证据质量和推荐意见

高质量的指南是建立在高质量的循证医学证据基础上。因此，编辑还应该审查指南是否详细描述了循证医学证据的检索策略、筛选标准以及偏倚风险评估等。指南主题相关的证据还应通过系统的证据评价方法来确定和评价。指南应该用分级系统来对证据质量和可靠性以及推荐意见的强度进行分级。目前，国内外广泛认可和推荐使用的指南制订中证据分级的标准为推荐分级的评估、制订与评价（Grading of Recommendations Assessment, Development and Evaluation，GRADE）系统，其相较于之前的分级系统更加系统、全面、透明和具有可操作性。为达到透明和简化的目标，GRADE 系统将证据质量分为高、中、低、极低 4 级，将推荐强度分为强和弱两级。对于证据质量和推荐强度的关系，也从简单的直接对应（高质量证据对应强推荐，低质量证据对应弱推荐）到将二者分开，提出决定推荐强度的因素除了证据质量外，还应该考虑资源利用、利弊平衡和患者偏好与价值观等。

首先，推荐意见作为指南的重要组成部分一直也是指南制订者们关注的重点。当然，期刊编辑也应慎重审查此部分，推荐意见的质量高低和准确与否关系到整个指南的循证医学价值。编辑应审查推荐意见是否清晰，以及是否准确表示推荐意见的强度和支持该推荐意见的证据质量。国内很多指南甚至没有纳入证据质量分级和推荐强度系统，笔者查阅的指南中仅 4 部指南明确了这一点，有 1 部尽管提及，但是以参考文献的形式，这也不是规范的指南报告方式。另外，目前国内外指南的推荐意见描述也还比较混乱，尚没有一个统一的表示方法，比如有用阿拉伯数字的、有用字母的、有用图形和手势的等。

其次，在形成推荐意见的原理和解释说明部分，应详细报告在形成推荐意见时，有无纳入指南目标人群的价值观和喜恶，是否考虑了成本和资源的利用。如果考虑了，应阐述确定和收集这些偏好和价值观的方法以及成本效果分析的具体方案和结果分析；如果没有考虑，应给出具体原因。最后，推荐意见部分还应详细描述从证据到行程推荐意见的过程和具体采用的方法，比如是否达成共识，是否采用投票系统进行过投票，是否采用了正规的方法（如德尔菲、Claser 方法）等。存在争议的部分以及相应的解决方法也应明确指出。若有必要，期刊编辑需要指南制订者提供共识和投票会议的专家签到表。AGREE Ⅱ工具的条目 7 ~ 12 均是对此项的审查要求，可见其重要性。有研究显示，这一部分内容是国内指南普遍缺乏的，也建议在指南中补充说明其为该指南制定过程中的局限性，并报告这个缺陷可能会产生什么影响。

（四）资助和利益冲突

如前所述，资金来源和利益冲突部分关乎指南的公平性和客观性。事实上，利益冲突可能是最重要的指南制订影响因素之一。指南制订者们的学术背景、专业方向和个人倾向等因素会影响其对证据的解读和推荐意见的形成，不可能完全客观地评价证据，有可能作出受利益影响的判断和对患者不适宜的诊疗意见。然而，目前国内外尚没有广泛认可的有效避免利益冲突的方案。并且，国内很多指南通常不报告利益冲突部分，因此期刊编辑和质量评价者们无法判断制订指南的专家是否存在利益冲突；对于很多改编或翻译的国际指南也没有阐述和说明原指南的利益冲突情况；甚至很多学术期刊在审查指南时、没有重视对指南利益冲突部分的核查，没有提出强制性补充和修改要求。

因此，医学期刊编辑收到已经成文的指南报告时，首先，应审查指南是否报道了资金来源，此部分应该详细介绍指南制订过程中各个环节的资金来源情况。其次，指南是否阐述了资助者在指南制订过程、推荐意见的形成和传播过程中的具体作用。AGREE Ⅱ工具的条目 22 明确声明，资助机构的观点或利益不会影响指南制订的任何环节。条目 23 指出指南还应记录并考虑指南制订成员的利益冲突，比如指南制订小组中某个成员研究的课题是指南所涉及的主题，并且该课题得到了医药企业的赞助，这种情形下就会产生利益冲突。所以指南应明确声明每一位制订小组成员是否存在任何利益冲突。中华医学会要求系列杂志在指南报告中，必须声明指南的经费来源和利益冲突。值得欣慰的是，笔者查阅的 10 部指南中，所有指南均在指南末尾简单明确声明了利益冲突，尽管仅2部指南在正文中专门一段进行了详细描述。目前，尽管国际上已有声明和管理利益冲突的不同方案，但利益冲突并不能被完全避免，只能是尽量减少。最后，编辑们也不能太死板和生搬硬套，需结合我国国情来检查和督促指南制订者们补充和完善这一部分内容。

（四）结语

有研究曾选择国内期刊刊发的一篇质量较高的指南，根据AGREE Ⅱ的条目一一审查，其结果显示该指南也不能完全满足每个条目的要求。因此，中国临床实践指南质量的提升仍有很长的一段路要走。医学期刊编辑在审查临床实践指南时，应熟悉和掌握指南的报告和出版规范，包括GRADE系统、AGREE Ⅱ工具、RIGHT清单等。对科研工作来讲，科技期刊编辑既是把关人，也是指引者。医学期刊编辑不仅应作为临床实践指南的“最后把关人”，充分了解临床实践指南存在的问题和最新研究进展，制订合理的审查策略，还应积极参与指南的制订和修订，将指南的审查要点写进稿约，积极跟读者和作者沟通，同时分享相关指南制订手册，便于读者和作者获取学习。未来，随着国内外学术交流越发频繁和活跃，跨学科、跨地域的国际合作指南将来会越来越多，规范化和多元化的指南制订机构也会相继成立和蓬勃发展；随着指南制订越来越规范化，其内容和形式也会越来越专业和细化。尽管中国的指南质量距离国际标准还有较大差距，但随着中国高质量临床研究在国际上得到越来越多的认可，中国指南的国际影响力和话语权也将不断增强。相信在医药卫生政策制订的带领下，在循证医学方法学家的指导下，在科研工作者和临床医师实践下，在期刊编辑的传播和监督下，达到甚至赶超国际水准也指日可待。

参考文献

[1] 房玉新，金昕．利用临床诊疗指南提升医学期刊影响力[J]．编辑学报，2019，31(1)：84－86.

[2] 陈耀龙，罗旭飞，王吉耀，等．如何区分临床实践指南与专家共识[J]．协和医学杂志，2019，10(4)：403－408.

[3] 刘瑾，颜廷梅，任延刚．与时俱进打造特色栏目——中国实用内科杂志指南论坛栏目的策划[J]．编辑学报，2009，21(3)：259－260.

[4] Chen Y., Wang C., Shang H., et al.. Medical Research in China: Clinical prac-

tice guidelines in China[J]. BMJ, 2018, 360: 51 –58.

[5]黄超，陈耀龙，蒋帅，等. 深化医改背景下我国临床实践指南规范化发展的探讨[J]. 中国卫生质量管理，2018，25(4)：43 –45.

[6]Chen Y. L. ,Yao L. ,Xiao X. J. ,et al.. Quality assessment of clinical guidelines in China:1993 –2010[J]. Chin Med J (Engl), 2012, 125(20): 3660 –3664.

[7]中国医师协会呼吸医师分会，中国康复医学会呼吸康复专业委员会. 危重症新型冠状病毒肺炎患者后ICU综合征呼吸康复推荐意见[J]. 中华结核和呼吸杂志，2020,43 (9)：737 –743.

[8]中国儿童OSA诊断与治疗指南制订工作组，中华医学会耳鼻咽喉头颈外科学分会小儿学组，中华医学会儿科学分会呼吸学组，等. 中国儿童阻塞性睡眠呼吸暂停诊断与治疗指南(2020)[J]. 中华耳鼻咽喉头颈外科杂志，2020,55(8)：729 –747.

[9]张丽娜，尹万红,何伟，等. 基于重症超声的重症新型冠状病毒肺炎救治建议[J]. 中华内科杂志,2020,59 (9)：677 –688.

[10] 中华医学会骨科学分会外固定与肢体重建学组，中国医师协会创伤外科医师分会创伤感染专业委员会，中国医师协会骨科医师分会创伤专家工作委员会. 中国急性骨筋膜室综合征早期诊断与治疗指南(2020版) [J]. 中华创伤骨科杂志，2020，22(8)：645 –654.

[11] 中华医学会麻醉学分会老年人麻醉与围术期管理学组，国家老年疾病临床医学研究中心，国家老年麻醉联盟. 中国老年患者围手术期麻醉管理指导意见(2020版)(一) [J]. 中华医学杂志，2020，100(31)：2404 –2415. DOI：10. 3760/cma. j. cn112137 –20200503 –01406.

[12] 中华儿科杂志编辑委员会，中华医学会儿科学分会呼吸学组，中国医师协会儿科医师分会儿童呼吸专业委员会. 儿童支气管哮喘规范化诊治建议(2020年版) [J]. 中华儿科杂志，2020，58 (9)：708 –717.

[13] 中华医学会外科学分会胰腺外科学组，中国研究型医院学会胰腺疾病专业委员会. 中国胰腺癌新辅助治疗指南(2020版)[J]. 中华外科杂志，2020，58(9)：657 –667.

[14] 中华口腔医学会儿童口腔医学专业委员会. 乳牙金属预成冠修复的临床操作规范[J]. 中华口腔医学杂志，2020，55(8)：551 –554.

[15] 中华医学会放射学分会. 新型冠状病毒肺炎的放射学诊断：中华医学会放射学分会专家推荐意见(第一版)[J]. 中华放射学杂志,2020,54(4)：279 –285.

[16] 中华医学会神经病学分会，中华医学会神经病学分会脑血管病学组．中国颅内静脉血栓形成诊断和治疗指南2019[J]．中华神经科杂志，2020，53(9)：648－663.

[17] 张悦，张士靖，周志超，等．国际临床指南评价工具的发展与启示[J]．中华医学图书情报杂志，2015，24(1)：11－16.

[18] Vlayen J. , Aertgeerts B. , Hannes K. , et al. . A systematic review of appraisal tools for clinical practice guidelines: multiple similarities and one common deficit[J]. Inter J Qual Health Care, 2005, 17(3): 235－242.

[19] 王浩，王和平，柯立鑫，等．中国杂志社或期刊编辑参与临床实践指南制订的现状调查[J]．中国循证医学杂志，2019，19(1)：54－61.

[20] 陈耀龙，王健健，詹思延，等．如何应对指南制订中的利益冲突[J]．协和医学杂志，2019，10(6)：685－691.

[21] 季媛媛，齐文安，陈立敏，等．中华医学会杂志社同行评议专家披露经济利益冲突的调查分析[J]．编辑学报，2019，31(2)：179－182.

[22] Gao Y. , Wang J. , Luo X. , et al. . Quality appraisal of clinical practice guidelines for diabetes mellitus published in China between 2007 and 2017 using the AGREE Ⅱ instrument [J]. BMJ Open, 2019, 9: e022392.

[23] 柯立鑫，王津京，王浩，等．2016年中国大陆期刊发表临床实践指南的报告质量评价[J]．中国循证儿科杂志，2018，13(3)：194－199.

[24] 颜廷梅，任延刚．把标题“卖”出去——慢性髓性白血病临床诊疗指南与中国实践标题策划[J]．中国科技信息，2012(2)：102,105.

[25] 中华医学会骨科学分会创伤骨科学组，中华医学会骨科学分会外固定与肢体重建学组，中国医师协会创伤外科医师分会创伤感染专业委员会，等．中国开放性骨折诊断与治疗指南(2019版)[J]．中华创伤骨科杂志，2019，21(11)：921－928.

[26] Institute of Medicine (US) Committee on Standards for Developing Trustworthy Clinical Practice Guidelines, Graham R. , Mancher M. , Miller Wolman D. , Greenfield S. , Steinberg E. , eds. Clinical Practice Guidelines We Can Trust. Washington (DC): National Academies Press (US); 2011.

[27] World Health Organization. WHO Hand book for Guideline develpment. Second edition[M/OL]. 2014. http://apps. who. int/medicinedocs/en/m/abstract/Js22083en/.

[28] National Institute for Health and Care Excellence (Great Britain). Develping NICE guidelinces: the manual [M/OL]. 2014. https://www. nice. org. uk/process/

pmg20/chapter/introduction – and – overview.

[29] Scottish Intercollegiate Guidelines Network (SIGN). SIGN 50: a guideline developer's handbook[M/OL]. 2015. https://www. sign. ac. uk/sign – 50. html.

[30] 蒋朱明，詹思延，贾晓巍，等. 制订/修订《临床诊疗指南》的基本方法及程序[J]. 中华医学杂志，2016，96：250 – 253.

[31] 鄢子平，柳建乔. 从"通讯作者"现象谈科技论文署名的严肃性[J]. 中国科技期刊研究，2013，24(4):723 – 725.

[32] 丛敏. 基于作者贡献声明的期刊防范不当署名的研究[J]. 编辑学报，2020，32(3)：303 – 306.

[33] Schünemann H. J., Best D., Vist G., Oxman A. D.. GRADE Working Group. Letters, numbers, symbols and words: how to communicate grades of evidence and recommendations[J]. CMAJ, 2003, 169(7):677 – 680.

[34] 陈耀龙，王小琴，王琪，等. 遵循指南报告规范 提升指南报告质量[J]. 中华内科杂志，2018，57(3)：168 – 170.

（本文曾发表在《编辑学报》杂志，2020，32（6）：627 – 631）

议题6

科技支撑城市公共卫生治理研究

后疫情时代公众参与社区治理的路径探析

◎张素娟①

摘　要　社区治理是社会治理的基础单元，社区治理建设的程度直接关乎社会治理现代化的水平和总体质量。进入后疫情时代，推动公众全面参与社区治理建设，必须转变思想，坚持多中心治理理论，构建基于社区网格化管理的人人参与的社区治理大脑平台。拓宽和规范公众参与社区治理的途径，建立相应激励机制。还要以法治为保障、以科技为支撑，提升和推动社区治理和服务的法治化水平和信息化建设，进而建设人人有责、人人尽责、人人享有的社区治理共同体。

关键词　后疫情时代；公众参与；社区治理；路径

①　张素娟，北京市科学技术情报研究所助理研究员。主要研究方向为科学传播与科学普及，公众参与社会治理。地址：北京市西城区西直门外大街 140 号。E - mail：zhangsuqin888@163.com.

党的十九届四中全会提出："构建基层社会治理新格局""坚持和完善共建共治共享的社会治理制度""建设人人有责、人人尽责、人人享有的社会治理共同体"。社区是社会治理的基本单元，也是党和政府联系、服务居民群众的"最后一公里"。人人有责、人人尽责是人人享有的前提，人人享有是人人有责、人人尽责的结果。每一个人既是社会治理的对象，更是社会治理的力量，都有参与社会治理的责任。

一、后疫情时代社区治理面临的挑战

（一）社区在疫情防控中发挥了重要的阻击作用

社区是社会的细胞，也是城市治理的基本单元。在新冠肺炎疫情防控中，社区是联防联控的第一线，也是外防输入、内防扩散最基础的防线，在疫情防控中起到了坚强堡垒的作用。面对疫情挑战，社区作为与群众联系最紧密的基层执行组织，在打赢疫情攻坚战中发挥着关键作用，针对社区"人员聚集度高、防控难点多、防疫难度大"的实际情况，全面动员各级党员干部进社区控疫，成立网格化管理单元和临时党组织，实现所有小区党组织全覆盖，建立了以党建引领为基础、广泛的群众参与的网格化管理为措施的社区治理模式，有效管控了人员、服务了群众。在后疫情时代的社区治理工作中，需进一步发挥公众参与的重要作用。

（二）社区在疫情防控中暴露的问题

社区是抗击本次疫情的前哨阵地，虽然取得了一定成绩，但很多地方也暴露出社区治理存在的诸多问题，如社区治理的行政色彩浓厚、社区居民参与度不高、社区组织层级多、社区治理的规章制度不完善、社区服务内容和形式单一、社区治理队伍整体素质不高、社区治理中的职能不明确以及社区治理的费用紧张等问题，公众参与的组织性和制度化滞后，严重影响了公众参与社区治理的效能。在此次新冠肺炎疫情中，尤其是科技力量在社区层级应用不足、网格员水平有限等问题凸显，导致智能应用未能发挥作用，不能快速响应上级指令，不能充分服务基层。此次新冠肺炎疫情也暴露了我国的公共卫生应急管理体系存在明显的短板和不足，如重大突发公共卫生事件应急响应机制有待完善、应急物资储备不足、缺乏统筹等。应以疫情防控为契机，把公共卫生防疫体系建设纳入城市"十四五"规划进行重点布局。

二、公众参与社区治理的理论基础

（一）社会治理的理论演变

社会治理是国家治理的重要方面，城市治理是社会治理的重要环节，社区治理是城市治理的“最后一公里”。公共治理理论是20世纪90年代在西方发达国家兴起的新理念，标志着人类政治社会从“统治”到“管理”再到“治理”的转变。“治理”的内涵十分丰富，其中最为突出的特征就是强调治理的主体是多元的。公共治理理论的兴起与发展，使得“公众”作为主体参与到环境治理的过程成为一种“必然”的理论基础。

新公共服务理论由罗伯特·登哈特夫妇首次提出，以政府为分析对象，分别从职能、目标、思想、服务对象和公民权的重要性等视角加以研究，提出自己有关新公共服务理论的独到见解。具体来讲，新公共服务理论是一种关于公共行政在以公民为中心的治理系统中所扮演角色的理念。也就是说政府的职能并不是“掌舵”，而应该是建立非政府组织，依靠这些组织的整合力和凝聚力，再加上公民的积极参与，形成政府、社会和公民的合力，优势互补，共管共治。作为一种适应时代要求的新型管理理论，该理论在21世纪初传入中国，并在当代中国社会治理理论研究和实践中起指导作用。

20世纪90年代以后，埃莉诺·奥斯特罗姆提出的多中心治理理论，揭示了一种新的治理理念和制度安排，政府已不再作为单一的权力格局存在，而是形成一个由多个彼此独立和相互制衡的权力中心组成的共同治理体系。强调了多元立体结构的建立、多元主体的自主治理和多元主体的协同治理三个方面内涵。自此，类似该理论的多中心理论工具和分析方法得到了广泛的应用。在国内，范晓娜运用博弈论来研究政府治理问题，认为环境问题、社区治理问题以及和谐社会的构建等都需要多中心治理模式的介入并发挥积极作用。

不难看出，从公共治理理论到新公共服务理论，再到多中心治理理论，公众参与社会治理的地位和重要性日趋凸显。党的十八大以来，基于本国国情的多中心治理理论及其在实践中的应用初见成效。形成了“党委领导、政府负责、社会协同、公众参与、法治保障”的社会治理基本格局和深刻内涵（见图1）。

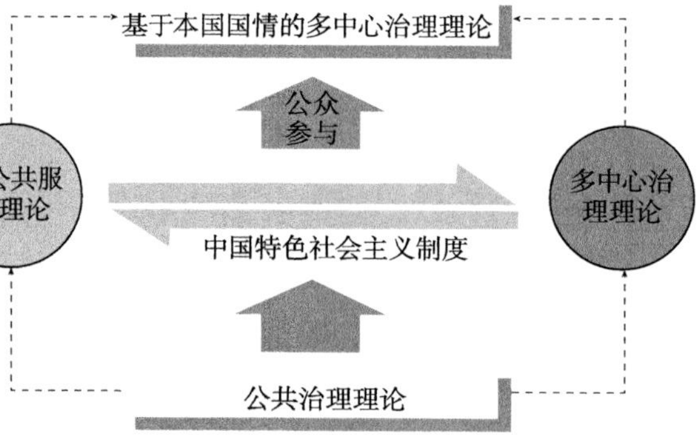

图1　社会治理理论演变过程

（二）公众参与社区治理的范式转换

古希腊思想家亚里士多德在《政治学》中提出了公众参与作为一种政治行为是人性的必然归宿的观点，他说："人类是一个政治动物。"因此人只有积极参与到公共政治生活中去，才称得上真正意义上的人。公众参与社区治理是一种具有民主精神的社会治理范式，强调社区治理是公众参与社会治理的重要途径。公众参与范式认为，普通公众和社区工作者在社区治理问题上的地位是平等的，而且社区发展需要根据与公众的交流和对话进行合法性建构。公众参与相关理论最早是由美国学者阿诺德·考夫曼首次提出的"参与式民主"，该词被广泛运用于基层民主领域。随后罗尔·佩特曼发表《参与和民主理论》系统地阐发了参与式民主在政治生活和国家治理中的作用，标志着参与式民主理论的正式形成。1980 年约瑟芬·贝斯特在《协商民主：共和政府的多数原则》中首次提出协商民主理论，该理论强调协商民主的核心是强调公民在平等、理性基础上通过对话达成共识形成公共决策和进行治理。20 世纪 90 年代开始，公众参与的相关概念和理论开始传入中国。随后公共决策、善治理论、公众对话等理论的出现为公众参与社区治理提供了重要的理论范式基础。

学者们对于公众参与社区治理范式的支持，主要源于以下认知：公众作为利益相关者，参与社区治理有助于表达不同的利益关切，进行利益的公共协商，增强社区治理的正当性；公众作为区域性知识拥有者，参与社区治理使得他们能以自身具有的在地知识，弥补专家知识的不足，保障社区治理的质量，提高公共治理的效率；基于风险社会的到来，公众参与社区治理还有助于应对不确定性风险，实现风险共治。

三、公众参与社区治理的路径

（一）公众参与社区治理的理论路径

社区是由不同层次和不同类型的组织组成的复杂联合体，这些组织来自公共、私人、居民或第三部门等，虽然在责任和功能上可能存在着重叠，在社区多中心治理系统中却各自发挥着关键和支持作用。以此次新冠肺炎疫情防控为例，政府（市、区、街道）、物业服务企业、业主委员会、产权单位、房地产中介机构、餐饮企业、连锁药店、民办医院等市场主体和社会主体都是社区治理的重要参与者，它们各司其职，形成联合作战、整体建设、系统集成的多中心参与的社区治理局面。从图2可以看出，公众以不同的身份在此次疫情防疫中发挥了重要作用，充分体现了社区治理中公众参与的必要性，形成了“党建引领、多中心参与、协同共治”的社区疫情防控新格局。

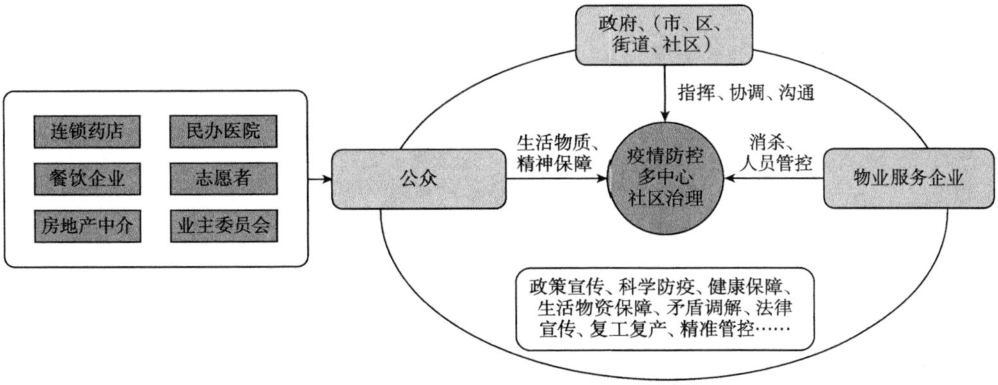

图2　疫情防控中公众参与角色和路径

（二）公众参与社区治理的现实路径

此次新冠肺炎疫情防控工作中充分体现了公众参与、技术下沉、资源下沉的重要性，大数据、云计算等大大帮助了社区精准开展人员数字化管理、进行健康筛查、推动绿码出行等。在后疫情时代，需继续加强社区精准治理，而公众参与为社区治理带来了重要的技术保障、资源保障和智力保障。首先，参与人员的多元化，在职党员双报到就是公众参与社区治理的一种新途径，把资源、技术、人才下移到基层，充分发挥各类人才优势，形成全方位资源集聚社区的常态化机制。其次，参与途径的多样化，公众可以通过App、微信、微博等自媒体针对社区治理反映问题和发表意见，同时还可以通过听证、公示、征求意见、民主决策、民主协商、上访、公共对话、行政渠道等现有的渠道参与社区治理。最后，基于社区网格化管理，构建人人参与的社区治理大脑平台（见图3）。对社区物业管理、安全生产、治安防控、信访维稳、环境卫生等各类信息进行数据采集、分类和加工，最终汇总到社区治理大脑平台，对复杂的社会治理事务和社会事实数据进行信息化处理，实现社区治理基础数据库、专业数据和信息传播的衔接及互动。不仅完善了信息服务治理体系，也加快了社区治理数字化转型，以科技助力社区治理。

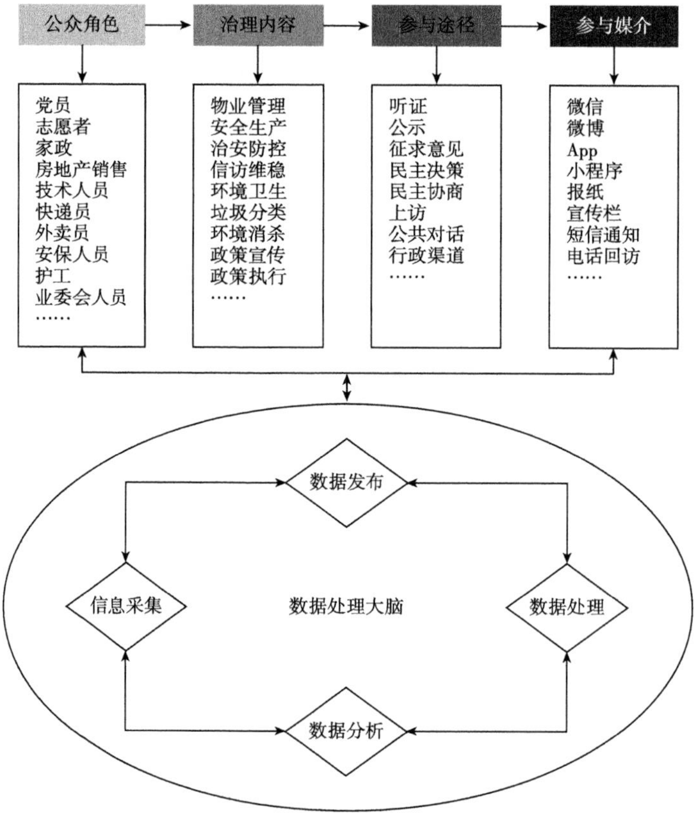

图3 公众参与社区治理大脑平台框架

四、结语

自新冠肺炎疫情暴发以来，在党的坚强领导和全国人民的齐心努力下，我国的抗疫工作取得了显著成效，即将步入后疫情时期。作为基层治理单元的社区，无疑在此次疫情防控中发挥了巨大作用，彰显了其在当今社会治理体系中的重要地位。公众参与社区治理需做到以下3个方面：一是完善基层群众多中心参与理论，加强相关制度的执行力。补建业主委员及小区业主参与物业管理的新制度，营造公众参与新空间，释放居民和社会组织活力。二是鼓励社区居民和社会力量参与社区服务，建立相应激励机制。如在垃圾分类、常态化疫情防控、社区志愿服务等方面，建立时间激励制度，鼓励更多居民参与社区志愿服务。三是拓宽和规范公众参与社区治理的途径。政府要依法依规全方位公开政务信息，以保障公众的知情权；进行公共决策要广泛听取民声，确保公众的参与权；保证反映渠道畅通，保障公众监督权。

参考文献

[1]范晓娜．博弈视角下的多中心治理模式研究[D]．南京农业大学,2007.

[2][古希腊]亚里士多德．政治学[M]．吴寿彭译．北京:商务印书馆,1965.

[3]陶贤都．基于自媒体的科技传播公众参与范式研究[J]．科技传播,2016,8(22):20－23.

[4]杨萌．论公众参与科学范式解决科学的社会争议的困境[J]．科技促进发展,2017,13(7):591－595.

[5]李莉莉．公众积极参与社会治理问题研究[D]．河北大学,2018.

基于大数据的市域公共卫生危机治理能力现代化研究

◎胡勇①

摘　要　面对新冠肺炎疫情的迅速蔓延，疫情治理的联防联控必将受到重大考验，寻找重大公共卫生危机下政府跨部门协作现代化治理能力提升的路径将是完善市域公共卫生危机治理现代化的必然选择。大数据时代的市域公共卫生危机治理模式是基于物联网、云计算、大数据、区块链等新一代信息技术的应用，强调市级层面的"主导者"角色定位，突出以主城区为核心统筹全重庆的城乡空间治理取向，要求充分运用大数据技术整体性思维、共享性思维、智能化思维、关联化思维的共治市域理念，形成法治、精治、共治的城市治理模式，对公共卫生危机状态下的联防协同准备机制、联防联控预警机制、联动联治决策机制、互联互通恢复机制的现代化治理有着十分重要的作用，对建立健全市域公共卫生危机相关法律法规具有重要的指导意义。本文从公共卫生危机的现状入手，深刻探讨了市域公共卫生危机治理中所面临的困境，分析了公共卫生危机现代化治理的运行机制，给出了公共卫生危机现代化治理跨部门协作的对策方法，进一步从机制化完善、平台化建设、地方立法化保障等方面为市域大数据公共卫生危机现代化治理提供了探索路径。

关键词　大数据；地方立法；市域跨部门协作；现代化治理能力；公共卫生危机

---

①　胡勇，重庆市南岸区人民检察院，二级主任科员/工程师，司法资格 A 证。主要研究方向：大数据、区块链、人工智能法学。地址：重庆市南岸区茶园广福大道 16 号。E－mail：510280212@ qq. com.

2020 年突如其来的新冠肺炎疫情给全球带来了巨大冲击，抗击新冠是对国家治理能力现代化的一次大考。习近平总书记指出，推进国家治理体系和治理能力现代化，是关系党和国家事业兴旺发达、国家长治久安、人民幸福安康的重大问题。在新冠肺炎疫情期间，如何利用大数据、人工智能、互联网等技术手段，做好疫情监测分析、病毒溯源、防控救治、资源调配、舆情监控等方面的支持工作，不断提高国家现代化治理能力，提升国家法治水平，充分展现新时代国家治理能力的显著优势，取得疫情防控战争的全面胜利，是目前研究的重点问题。

新冠肺炎疫情的突如其来，使得市域公共卫生危机治理现代化被推到重要的议事日程，也促使我国在面对复杂、综合、关联的市域公共卫生危机时反思部分地区出现的部门信息不畅、跨部门协作困难、缺乏健全的跨部门协作法律制度等弊端。新冠肺炎疫情等公共卫生事件区别于普通疾病如流感，其具有涉及范围大、发展速度快、危害性大、流动性大、突发性强、无借鉴措施等特点，因此疫情所产生的数据复杂、庞大、来源多样且具有紧迫处理性，使用传统数据处理方式无法及时有效对其进行处理。新冠肺炎疫情有别于危害性较小、已有防控措施的普通疾病，其需要对数据全面、及时、快速处理和跨部门共享才能制定出有针对性的预警措施和防范对策，才能有效遏制疫情传播，而大数据技术可以有效解决突发疫情的国家跨部门治理问题，将是完善疫情数据治理的关键。

一、大数据时代市域公共卫生危机所面临的问题

虽然我国在应对突发新冠肺炎疫情期间反应迅速、处理得当，赢得了人民群众的广泛拥护，但也存在市域公共卫生危机跨部门协作、联动难的困境，在应对突如其来的疫情时缺乏制度化、法制化保障，对国家现代化治理造成了严重阻碍，其困境主要有以下几点：

一是各地区沟通不够畅通、跨部门应急协作受阻，缺乏数据共享协作。在我国现有的危机处理管理制度中，各地区、各部门之间都有着严格的职权划分并有着严格的责任分配制度，这使各部门之间权责明晰但也存在协作不便的情况。

二是强调部门利益，协作意识有待增强，数据评价体系不够完善。某些公共卫生危机管理部门只从自身利益出发不愿让渡自身权利、分享自身资源，当资源和投入在不同部门分配不均衡时部门间的矛盾就会被触动，缺乏可信的数据化评价体系，导致跨部门协作困难重重。例如，新冠肺炎疫情期间就有媒体爆料支援疫情严重地区的物资堆积如山、蔬菜霉烂的现象，部分医院医疗物资分配量与同一地区其他医

院严重失衡的问题。

三是相关法律制度不够完善，跨部门协调权威不足，缺乏数据支撑。我国现有的公共卫生危机处理机制中，各类议事协调机构繁杂、协调机制配置过低，面临缺乏制度化的法律制约，存在运行机制不规范、监督缺位的问题。我国公共卫生危机协调还存在应急协作法规滞后，部门合作机制缺乏法律的制度化保障的问题，而完善相关法律需要大量现实案例分析作为立法依据，急需高效、真实、全面、有针对性的大数据分析结果支持。

二、大数据时代市域公共卫生危机跨部门协作治理的对策

2018 年 3 月，国家应急管理部的成立，这为我国公共卫生危机跨部门协作治理带来了机遇，但也存在跨部门协作体制不健全、缺乏大数据协作治理统一平台、缺少跨部门协作治理制度等一系列急需解决的问题。

（一）构建跨部门协作机制，实现公共卫生危机治理现代化

整合优化现有市域公共卫生危机应急资源和力量，解决现实中跨部门协作存在的权责不清、沟通不畅、协作困难等困境，必须加快大数据跨部门协作机制的建立，健全跨部门协作考评办法和追责机制，建立跨部门协作预警和治理机制，统一配置应急资源，提升市域公共卫生危机应急管理能力。

一是健全考核评价办法，完善追责机制。跨部门协作涉及多个部门之间的合作，就可能存在怠政、懒政思维，必须明确部门权责，利用大数据技术对部门数据的全覆盖特性，提取各个部门绩效信息作为考评要素，只有健全考核评价办法和责任追究机制，才能激发制度活力，强化现代化治理能力。首先，应梳理相关部门权责，建立权力清单和责任清单，以大数据平台为依托明晰部门权责属性。其次，以大数据平台为载体细化信息共享、危机处理、资源分配等业绩考核项目，将部门绩效与治理实效相结合。最后，针对跨部门协作中的不作为、懒政等现象，运用大数据技术实时监督上述情况并留存相应证据，为追究相关人员责任提供支持。

二是打造跨部门联防联控预警机制。针对新冠肺炎疫情期间部分地方出现预警不及时、防控意识淡薄的情况，借助大数据技术融入市域公共卫生危机治理预警环节，将全数据处理分析结果及时上升为决策预警依据，加快提前介入能力建设，及时排除可能存在的疫情隐患。除了对疫情趋势预警外，大数据技术还能对疫情期间的舆情、交通、教育提供跨部门协作预警。大数据运用舆情发生地点、时间、级别、

热度进行自动分类，可以动态掌握疫情期间舆情发展趋势，提升舆情处理能力。大数据技术还可以为群众需求提供精准服务，智能匹配专家实现需求和资源精准对接，避免人际直接接触的传染风险，实现政务治理能力提质增效，提升国家现代化治理能力。例如，四川在还没有确诊病例时，就依靠德生科技的大数据分析技术启动了预警应急机制。新冠肺炎疫情发生后，大数据技术对经过治疗康复后的病人进行了后遗症追踪以及社会生活影响分析，预判康复病人复发概率和防控方式，对政府科学决策、提前预警发挥了重要作用。

三是打造跨部门联动联治的治理机制。大数据技术可以对公共卫生危机的历史数据和社会实时监测数据进行全流程、全领域、全数据分析，对存在危机隐患的地方及时处置，以减少损失，加强联动治理成效。完善市域公共卫生危机应急机制，以大数据平台为基础，联动交通、卫生、司法、居民基本生活用品等部门以及城市居民，整合各部门资源实现跨部门统一调度、指挥、共享，以可视化通信、多维度数据展现等方式形成跨部门联动联治一体化治理模式。例如，神州数码控股在福建省三明市开发的大数据平台，将以前分散的市民“上报”与政府各部门“处置”连成一体，增加了反馈机制以提高政府处理的质量和效率，形成了跨部门治理闭环。不仅建立了为民服务的平台，还架起了居民、城市、政府之间的桥梁，让普通居民通过大数据平台也能参与到疫情防控中，从而构建起共建共治共享的治理格局。

四是打造跨部门复工复产协作机制。大数据时代的公共卫生危机复工复产措施，是以数据为基础借助大数据技术进行精准指挥、统一调度，尽快将社会资源、社会秩序恢复到危机前的正常状态。大数据分析技术可以构建多途径社会心理精准干预机制，根据个性特征推送合适的心理干预措施，逐步缓解、消弭危机带给人们的负面影响。大数据技术对复工复产企业的跨部门协作治理，可以实现对复工复产企业的信息共享、资源共享、决策共享，从复工复产企业的多维数据中挖掘出关键薄弱环节，为复工复产企业提供有针对性的帮扶政策，保障企业正常运行，加快恢复社会秩序。

（二）打造跨部门协作大数据平台，实现公共卫生危机治理体系化

一是打造跨部门协作大数据平台有利于整合现有资源，提升市域公共卫生危机治理的智能化、协作化水平。这需要完善大数据平台数据采集标准，完善共享数据资源，推进基础数据标准化、体系化建设。在数据标准化的基础上，以国家大数据平台和相关设施建设为契机，加快构建跨部门公共卫生危机大数据平台，可以解决部门之间各自为政、信息沟通不畅的问题。市域公共卫生危机跨部门协作平台主要

包括危机感知、数据管理、分析处理、数据应用等方面，实现对国家应急资源的统一管理、集中调度。

二是通过危机隐患排查、业务监督、危机防控，构建面向危机处理全流程的智能化平台，提供危机处理的快速响应、智能决策和协调配置。大数据平台对危机状态的数据挖掘、动态建模、智能搜索可以满足决策者对市域公共卫生危机的整体状态、社会整体运行风险进行跨部门总体把握，为危机后的复工复产提供辅助决策支撑，确保应急资源的统一调度和公共卫生危机的信息公开、疫情防控。例如，抗击新冠肺炎疫情期间万达信息的上海市肺炎防控平台利用大数据技术为医疗机构推送新冠肺炎病例信息，通过对接公安、交通、社区等单位对密切接触者进行了有效管理。万达信息开发的“健康云”可以对进出上海人员健康动态观察，注册人数达 16 万，访问量达 90 万人次，其服务覆盖上海、成都、资阳等 21 个城市超过 1.7 亿人口。

三是挖掘公共卫生危机数据关联性，制定最优防控方案。在重大公共卫生事件下，社会对各项物资的需求无论数量还是种类都是巨大的，这直接影响着一线抗击疫情工作者的信心。通过大数据挖掘疫情背后的数理逻辑，结合政府管理者的经验判断，可以为疫情调控制定最优方案，极大提高防控工作质量。从大量病例信息中挖掘出相关性，经过大数据模型比较可以提前预测疫情的整体发展态势。以社区为基本防控单元，挖掘居民健康、日常行为、生活需要等关联性数据，结合视频监控、社区工作人员巡检，可以及时掌握社区疫情防控动态，拓展防疫期间社区居民的生活配套服务，规范点餐、快递采买等线下服务，减少不必要的人员接触。

四是医疗信息数据化，实现易感人群、病毒溯源、危机态势大数据预判。公共卫生危机特别是2020年的新冠肺炎疫情的发生过程、产生原理、特效药的效果、对人体的损伤程度、疫情传播情况、病例的康复情况、医疗资源的耗损情况都可以借助大数据平台进行实时监控。我国大部分医院已经实现电子化病例并安装 HIS 系统，实现了病人从入院到出院的基本信息和病理信息数字化，建立与个人电子病历对接的大数据平台，能营造普遍可及的在线医学知识库。通过大数据技术对疑似病例作早期筛查、追踪病源，找出新冠肺炎易感基础病患者，实时跟踪易感人群、可疑人员的行为轨迹、动态调整疫情态势信息，以便政府加强对疫情的预警、预判。例如，众云大数据平台和百度大脑等大数据产品，依托医疗信息资源，通过监控特定区域用户频繁搜索的关键词，检测出某地区可能出现的不明原因未知疾病，经过与数据模型比对后，尝试找出疫情可能病源，有利于对潜在疫情的有效监督和各部门协调防控。

（三）构建大数据跨部门协作，实现公共卫生防控精准施策

面对突发疫情，精准防控是疫情能否得到有效治理的关键，这也是大数据应用于公共卫生危机的真正价值。

一是打造动态可视化疫情数字地图，实现跨部门数据共享和疫情实时监督。直观动态的疫情数字地图，可以实时展示各地区范围内的病患数量、人员流动、物资储备、医疗床位余量等情况并作出分析处理，对一定范围内物资发放和生活生产保障进行动态监督，及时向社会披露疫情动态信息，并对物资紧缺进行预警和大范围调拨精准支援。例如，江西抚州市临川区政府利用大数据分析系统强化社区管理。该大数据分析系统根据返乡人员的整体分布、人员身份、健康情况、入境时间、来源地等多个指标分析辖区范围内人员信息结构，制定科学的监管措施，确保外来人员跟踪到位，助力政府多部门间协调有序、全面精准防控疫情蔓延。例如，百度迁徙大数据平台，可以直观地从多个维度掌握武汉在新冠肺炎疫情期间人口迁徙指数和走势，为疫情防控工作赢得更多准备时间。截至目前，百度迁徙大数据平台已经能为300多个城市提供迁徙数据服务。

二是大数据病理信息处理，助力疫病分级确诊。不同病人的新冠肺炎症状多有雷同，不同医生对新冠肺炎的理解也不同，如何保证快速、准确地诊断病人，是困扰疫情防控的重大问题。大数据分析处理大量病理信息后，通过筛选、聚类、处理，建立新冠肺炎病理分级模型，对需要确诊的患者病理信息进行分析处理后，给出相应的确诊建议，为主诊医师提供病例分级的技术支持。例如以武汉医院为例，借助大数据平台对已有新冠肺炎病例的分析，可以得出按照一定标准分级的新冠肺炎模型，通过对大量疑似病人胸部CT拍片、核酸检测、采血等医疗数据采集，用大数据模型进行分析处理，能够迅速比对出较大可能确诊、可能确诊、无症状感染者、疑似病例、正常等人群，按照分出的人群可以匹配到专家、主治医师、医师等不同专业水平的医疗团队，快速诊断大数据分析出的疑似病例，加快确诊效率，缩减确诊流程，保障及时救治。

三是大数据识别区域重点人员行为轨迹，助力精准防控。通过大数据平台采集地铁站、火车站、飞机场等人员密集场所人员流动信息，可以快速识别比对域外人员出入境人员信息并向疫情防控多部门指挥中心推送预警信息，以便对其进行重点监控。大数据还有助于对确诊患者的密切接触者进行备案跟踪，经过对确诊人员近期活动轨迹分析、行程追溯，可以摸排出其接触过的人员，有利于相关部门及时隔

离和医学观察。例如武汉火车站，作为进出武汉的主要集散地，在发现多辆列车有确诊或疑似感染人员后，依托12306票务平台的火车站进出实名制验票系统可以获得确诊人员近距离接触者信息。通过以上信息可以获得住宿、行走路线、车次等行为轨迹，形成以武汉火车站为特征的密切接触者人员流动迁徙图，以便精确联系密切接触者，防止疫情扩散。再如，"同程艺龙"上线了"新型肺炎确诊同行程查询服务"，整合了全国疫情播报数据和同程艺龙平台大数据出行轨迹，面向社会公众提供疫情出行热点信息，为应对新冠肺炎确诊病人同行程问题，提供大数据主动预警和推送提醒，帮助相关人员按要求到指定医疗机构隔离观察。

四是大数据舆情监测，助力敏捷型服务政府。在当前新冠肺炎疫情期间，一些消极、悲观的舆论信息会直接影响疫情防控管理工作开展，利用大数据对新冠肺炎疫情信息的实时采集和预判，可以对重点舆情迅速形成演变趋势报告，做到早知道、早上报、早处理，有利于相关部门主动处理舆情、回应社会期待、塑造公信力。大数据平台对人员、物资、信息的全面管理，有利于整合疾控中心、卫生部门、交通部门、物资生产管理部门的职责，加快对人员分布、道路通畅问题精细化治理，快速搭建"数据说话、数据决策、数据治理"的政府之间跨部门协作机制，构建科学决策和精准施策的敏捷型政府。例如，2020年2月，人民网研究院与百度联合发布了《新型冠状病毒肺炎搜索大数据报告》，较好地还原了公众关注的焦点，这份有针对性的报告的产生正是以用户通过百度的搜索量排名为根据起草的。大数据显示近段时间百度新增阐述野味危害相关内容的数据量是过去10年的总和，搜索野味危害达5000万人次。

（四）完善跨部门协作法律法规，大数据技术助力公共卫生治理制度化

健全的跨部门协作法律制度可以使市域公共卫生危机治理有章可循、有法可依，是促进危机跨部门协作的可靠保障，但制定较为完善的法律需要大量验证和现实数据支撑，大数据强大的分析处理能力有利于高效、合理地梳理公共卫生危机中的巨量信息，分析出高价值的危机治理办法，有助于法学专家针对性地整理抽象出具有现实意义的法律法规，以数据为支撑让法律更加贴近群众生活实际。

一是大数据技术健全部门协作的法律制度。将公共卫生危机跨部门协作上升为法律制度予以规范，需要将信息共享交流、跨部门资源共享、跨部门联防联控等做法精细化和规范化，这就需要大量、全面的数据分析作为支撑，才能制定出有针对性、可操作性的规范化法律文件，增强跨部门协作的实践性。

二是大数据健全公共危机大数据治理规范。大数据危机处理法治化需要在事前

预防、事发防控、事中响应、事后恢复的各个环节加快以大数据为规范的法律法规制定，对跨部门协作数据进行深入挖掘，将有价值的部门协作数据靶向推荐给医疗部门和政府部门，有利于相关机构快速作出防疫反应，促进跨部门资源共享。

三是大数据安全技术助力个人信息保护，建立分级使用机制，防止个人信息泄露、滥用。防疫信息采集涉及国家、个人的敏感信息，这就要求我国必须加快研究制定个人信息安全保护和国家数据安全法规，完善对公共数据的准入制度，强化对从事数据分析处理机构的登记备案制度。除了以立法的方式防止个人隐私信息泄露，防止掌握健康数据的部门和企业监督缺位以外，建立健康隐私数据分级使用机制，以大数据安全技术设置数据安全防线，可以确保隐私数据在合理必要的前提下被使用。例如，重庆上线的渝通码，用红黄绿三色二维码代表健康证明，为抗击疫情作出了重要贡献，但也存在填写的个人信息泄露问题，微信等平台也采取了相应的技术手段防止个人隐私信息的非法使用。

三、结语

推动市域公共卫生危机跨部门治理是推进国家现代化治理体系的重要一环，是大数据时代对预判性、精准性、协作性治理市域公共危机的积极回应。大数据跨部门协作有别于政府部门之间的“上下协同”，它以大数据技术本身的共享性、强大的数据处理能力为基础，开创危机导向、问题牵引、智能感知、数据驱动、协同联动、众创共治的公共卫生危机城市治理新局面，创新面向城市公共卫生危机的精治、共治、法治的治理模式，提升城市管理与社会治理的科学化、法治化、智能化、社会化、专业化水平，从而有效预防和应对市域公共卫生危机，将是未来现代化治理能力研究的重点。

参考文献

[1] 高德强,陈琳．论政府部门良性协作机制构建的现实障碍及实现路径[J]．长江论坛,2018(2):49－54.

[2] 周茜．协同治理在城市公共危机安全治理中的应用[J]．决策探索(中),2020(4):20－21.

[3] 张爱军,王富田．网络政治谣言与大数据治理[J]．岭南学刊,2019(6):60－65.

[4] 杨明伟,田怀金. 突发公共卫生事件引发的心理危机干预研究——基于社会工作视角[J]. 现代商贸工业,2020,41(14):54-55.

[5] 王瑾,汶柯,王睿,等. 临床试验电子数据采集系统的国内外现状和发展[J]. 解放军药学学报,2013,29(4):382-386.

[6] 李健财. 大数据环境下城市公共安全网络舆情的研究[J]. 计算机与网络,2019,45(24):50.

新冠肺炎对高校在校生心理影响及应对策略

◎白秀丽①

摘　要　目的：探讨新冠肺炎对高校在校生的心理影响及应对策略，为高校在校学生心理健康教育提供新视角。方法：选取来自全国34个省、自治区、直辖市、特别行政区的5107名高校在校生参加调查，采用一般资料调查问卷、传染病对高校在校生的心理影响及应对策略调查问卷。结果：高校在校学生心理影响及应对策略得分为（120.19±22.24）分，新冠肺炎对女生的心理影响、应对策略水平高于男生（$P<0.01$），且理科专业学生的心理影响、应对策略高于文科专业学生（$P<0.01$），高年级的心理影响、应对策略大于低年级（$P<0.01$）；高校在校生的心理影响大城市>农村>中小城市（$P>0.05$），应对策略大城市>中小城市>农村（$P<0.01$），且生源地与高校在校生心理影响及应对策略成负相关（$\beta=-0.038$）。结论：对高校在校生心理健康方面的教育需要加强，要充分利用现代网络视频教育和卫生设施，对不同生源地、年级、学科的高校在校生采用有效防御防控措施，降低新冠肺炎等传染病对高校在校生的负面心理影响，促进高校在校生身心健康和综合素质的提高，使高校在校生遇到问题时能够主动去解决问题和寻求社会支持。

关键词　新冠肺炎；高校在校生；心理影响；应对策略

① 白秀丽，内蒙古自治区人民医院护理部主管护师。主要研究方向为护理管理。地址：内蒙古呼和浩特市赛罕区昭乌达路20号。E-mail：1102996220@qq.com.

自2019年12月湖北武汉陆续发现多例新型冠状病毒感染肺炎（简称新冠肺炎）患者以来，新冠肺炎疫情在近2个月的时间内迅速蔓延全国各省市，疫情发生后，党中央、国务院高度重视，全国各级党委和政府及有关部门把人民群众生命安全和身体健康放在第一位，制定周密方案，开展防控，坚决遏制疫情蔓延。国家卫健委将该类传染性疾病纳入《中华人民共和国传染病防治法》规定的乙类传染病，采取甲类传染病防治措施。全国各省、直辖市、自治区相继实施严防、严控措施，尽量避免出行，杜绝人群聚集，取得了良好成效。高校作为一个特殊人群聚集的场所。在这个特殊时期，全国各高等院校相继延迟在校生返校、研究生复试、毕业生答辩等，并实施了高校在校生网络教学、远程视频毕业生答辩及招聘面试。面对这次突如其来的疫情，调查了解新冠肺炎对高校在校生的心理影响及应对策略至关重要，进而为高校在校生心理健康教育提供新视角及理论依据。现将调查结果报告如下：

一、对象与方法

（一）研究对象

采用方便抽样的方法，选取我国34个省、自治区、直辖市、特别行政区的高校在校生参加调查。纳入标准：①高校在校生（专科、本科、硕士研究生、博士研究生）；②疫情期间配合本研究自愿接受调查。排除标准：已毕业的高校学生。

（二）方法

1. 调查工具

（1）**一般资料问卷。**查阅文献、咨询专家及研究目的自行设计，包括性别、专业、年级、生源地、就读大学所在省市等。

（2）**传染病对高校在校生的心理影响及应对策略调查表。**该问卷由第三军医大学冉丽娟等于2015年编制，包括传染病对高校在校生心理影响：消极情绪、回避行为、负性认知三个方面共26个条目，其Cronbach α系数为0.856，分值越高说明传染病对高校在校生心理影响越大；以及高校在校生采用的积极应对策略包括寻求社会支持、主动解决问题两个方面共23个条目，其Cronbach α系数为0.954，分数越高说明高校在校生具有越强的应对策略，该量表共49个条目。问卷采用Likert5级评分法：0表示“非常不符合”；1表示“比较不符合”；2表示“基本符合”；3表示“比较符合”；4表示“非常符合”，其中条目5与8为反向计分，其他均采用正向计分，问卷总分在0～196分，本次测量该问卷总体Cronbach α为0.909。

2. 调查方法

通过电话、微信联系符合调查条件的大学老师和高校学生，并征得同意，利用手机微信发送已经测试完整的传染病对高校在校生的心理影响及应对策略调查表问卷星链接，由研究者统一编写指导用语，遵循知情自愿原则，说明该问卷调查的目的和保密原则。在问卷星运行后台进行权限设置，一个 IP 地址只允许答一次，如果答题不完整则问卷无法提交。本次问卷共收回 5110 份，其中 3 份为无效问卷，有效问卷为 5107 份，总有效率为 99.94%。

3. 统计学方法

用 SPSS 20.0 统计软件进行数据分析，采用频数、构成比对计数资料进行描述；计量资料符合正态分布者采用均数 ± 标准差描述，对不同人口学特征高校在校生心理影响及应对策略得分比较采用 t 检验或单因素方差分析；采用多元线性回归分析新冠肺炎对高校在校生的心理影响及应对策略的影响因素。检验水准：$\alpha_{入}=0.05$，$\alpha_{出}=0.10$。以 $P<0.05$ 具有统计学意义。

二、结果

新冠肺炎对高校在校生的心理影响

新冠肺炎对 5107 名高校在校生的心理影响及应对策略总分为（120.19 ± 22.24）分，其中高校在校生心理影响为（44.73 ± 14.48）分，高校在校生积极应对策略为（75.46 ± 16.16）分。

1. 新冠肺炎对高校在校生心理影响的析因设计

高校在校生的性别、年级、专业及生源地进行 2 × 3x 3 × 2 的析因设计材料的方差分析发现，新冠肺炎对高校在校生心理影响在学生的性别、年级、专业及生源地等方面没有显著主效应，不存在交互作用（$F=1.180$，$P=0.307$）（见表 1）。

表 1　新冠肺炎对高校在校生心理影响的多因素方差分析

项目	性别	年龄	专业	生源地	性别 * 年级	性别 * 专业	性别 * 生源地	年级 * 专业	年级 * 生源地	专业 * 生源地
F	3.380	9.769	3.011	1.757	1.185	0.165	0.502	4.831	1.477	2.879
P	0.066	0.000	0.083	0.173	0.311	0.684	0.605	0.00	0.125	0.056
F	0.511	1.074	1.622	1.659	1.180					
P	0.768	0.378	0.198	0.084	0.307					

2. 新冠肺炎对不同人口学特征高校在校生心理的影响

女高校在校生在应对新冠肺炎心理影响、思考实施应对策略方面的水平高于男生（$P<0.01$），从各个变量看，在寻求社会支持和主动解决问题方面女生高于男生（$P<0.01$）；在消极情绪、回避行为、负性认知方面男女生不存在差异性（$P>0.05$）。高年级在心理影响、应对策略方面高于低年级（$P<0.01$），且博士 < 硕士（$P>0.05$）。理科专业学生在心理影响、应对策略方面高于文科专业学生（$P<0.01$）。从高校在校生生源地角度来看，高校在校生在心理影响方面大城市 > 农村 > 中小城市（$P>0.05$），高校在校生在应对策略方面大城市 > 中小城市 > 农村（$P<0.01$）（见表2）。

表2　新冠肺炎对不同人口学特征高校在校生心理影响的比较（n=5107，$\bar{x}\pm s$）

项目		例（n）	消极情绪	回避行为	负性认知	心理影响	社会支持	解决问题	应对策略	总分
性别	男	1214	6.40±4.88	10.26±5.03	9.97±2.88	42.13±16.11	32.92±9.22	28.00±8.18	73.12±20.10	115.25±27.42
	女	3893	6.29±3.99	11.55±4.78	9.90±2.53	45.54±13.83	34.98±6.64	28.46±6.49	76.19±20.11	121.73±20.11
	t		0.699	0.805	−8.266	−7.200	−8.520	−2.057	−5.797	−8.932
	P		0.485	0.421	0.485	0.000	0.000	0.040	0.000	0.000
年级	一年级	1460	5.84±4.29	10.43±4.80	9.65±2.58	42.06±14.50	33.35±8.03	27.85±7.58	73.48±17.08	115.54±24.20
	二年级	1281	6.00±4.26	10.77±4.86	9.64±2.58	43.46±14.40	34.11±7.52	28.51±6.78	75.18±16.11	118.64±21.66
	三年级	1600	6.63±4.04	11.84±4.82	10.08±2.60	46.47±14.0	35.31±6.88	28.51±6.68	76.56±15.20	123.04±20.80
	四年级	531	6.70±4.05	11.97±4.81	10.27±2.60	47.19±13.93	35.80±6.17	29.08±6.20	78.07±13.91	125.27±19.20
	五年级	51	7.75±4.41	12.53±4.48	9.98±2.62	50.02±13.84	35.49±6.24	28.53±5.62	77.43±13.28	127.45±18.47
	硕士	148	8.26±3.95	13.53±4.48	10.00±2.66	51.75±13.85	35.49±6.23	28.11±5.85	76.15±13.15	127.90±19.12
	博士	36	8.17±5.70	11.72±5.19	10.33±2.96	48.47±18.75	33.36±10.95	26.94±9.71	72.50±24.35	120.97±34.78
	F/Z		14.205	21.350	5.662	24.309	84.807	8.565	32.153	167.960
	P		0.000	0.000	0.000	0.000	0.00	0.200	0.000	0.000
专业	文科	1080	5.71±4.72	9.98±2..63	9.54±2.63	41.19±15.85	32.71±8.89	27.98±8.01	72.98±8.01	114.17±26.56

续表

项目		例（n）	消极情绪	回避行为	负性认知	心理影响	社会支持	解决问题	应对策略	总分
	理科	4027	6.48 ±4.06	11.57 ±4.78	10.01 ±2.60	45.68 ±13.94	34.50 ±6.85	28.47 ±6.61	76.13 ±15.11	121.81 ±20.64
	t		−4.887	−9.351	−5.320	−8.482	−7.749	−2.097	−4.939	−8.769
	P		0.000	0.000	0.000	0.000	0.000	0.036	0.000	0.000
生源地	大城市	342	6.61 ±4.65	10.95 ±5.11	10.54 ±2.86	45.44 ±16.01	35.31 ±7.71	29.15 ±7.08	77.43 ±16.84	122.87 ±24.26
	中小城市	2281	6.15 ±4.16	10.99 ±4.93	10.03 ±2.57	44.21 ±14.53	34.74 ±7.19	28.77 ±6.83	76.27 ±15.85	120.48 ±21.84
	农村	2484	6.43 ±4.20	11.50 ±4.77	9.73 ±2.61	45.11 ±14.19	34.15 ±7.50	27.86 ±6.97	74.45 ±16.28	119.56 ±22.28
	F		3.480	6.982	18.342	2.699	6.056	12.745	10.256	3.690
	P		0.031	0.001	0.000	0.067	0.002	0.000	0.000	0.025

3. 新冠肺炎对不同人口学特征高校在校生心理影响及应对策略的多元回归分析

将新冠肺炎对高校在校生的消极情绪、回避行为、负性认知、心理影响、寻求社会支持、主动解决问题、应对策略及总分八个维度作为应变量，单因素分析性别、年级、专业及生源地项目为自变量，进行多元线性逐步回归分析，自变量赋值见表3，回归分析结果见表4。

表3　自变量赋值

变量	赋值说明
性别	女=0；男=1
年级	一年级=1；二年级=2；三年级=3；四年级=4；五年级=5；研究生=6；博士=7
专业	文科=0；理科=1
生源地	大城市=1；中小城市=2；农村=3

表4　新冠肺炎对高校在校生心理影响及应对策略的多元回归分析

因变量	自变量	B值	SE值	β值	t	P
总分	性别	6.406	0.717	0.123	8.940	0.000
	年级	2.302	0.249	0.130	9.252	0.000
	专业	5.921	0.761	0.109	7.783	0.000
	生源地	−1.387	0.499	−0.038	−2.781	0.000
消极情绪	年级	0.375	0.048	0.111	7.849	0.000
	专业	0.522	0.147	0.051	3.556	0.000

续表

因变量	自变量	B 值	SE 值	β 值	t	P
回避行为	性别	1.197	0.158	0.105	7.596	0.000
	年级	0.497	0.055	0.128	9.080	0.000
	专业	1.213	0.167	0.102	7.254	0.000
	生源地	0.382	0.110	0.48	3.486	0.000
负性认知	年级	0.101	0.030	0.049	3.401	0.001
	专业	0.417	0.091	0.065	4.570	0.000
	生源地	-0.338	0.059	-0.079	-5.690	0.000
心理影响	性别	3.236	0.497	0.095	6.947	0.000
	年级	1.615	0.162	0.140	9.975	0.000
	专业	3.312	0.497	0.093	6.663	0.000
寻求社会支持	性别	2.078	0.240	0.120	8.663	0.000
	年级	0.429	0.083	0.073	5.157	0.000
	专业	1.914	0.255	0.106	7.519	0.000
	生源地	-0.676	0.167	-0.056	-4.052	0.000
主动解决问题	性别	0.577	0.229	0.035	2.527	0.000
	专业	0.554	0.237	0.033	2.339	0.019
	生源地	-0.825	0.158	-0.073	-5.216	0.000
应对策略	性别	3.233	0.530	0.085	6.105	0.000
	年级	0.667	0.184	0.052	3.629	0.000
	专业	2.629	0.562	0.066	4.677	0.000
	生源地	-1.790	0.369	-0.068	-4.857	0.000

三、讨论

（一）新冠肺炎对高校在校生心理影响及应对策略调查的意义

这场突发性传染病对全国人民的生命安全和健康造成了重大危害，也是对我们整个民族的一次严峻考验，新冠肺炎对当代高校在校生来说是前所未有的人生经历，也是对青年大学生一种挑战和机遇。新冠肺炎作为强应激源，会使高校在校生产生恐惧、焦虑、怀疑、烦躁、逆反等心理。应对策略是让高校在校生在面对疫情时，掌握保持心态平衡的方法，通过整个疫情防控的公开透明，使学生调整认知，增强信心并积极面对，同时避免去人群密集地，根据学校安排计划学习，养成良好的饮食卫生习惯，积极配合疫情监测，保持一个乐观心态。

（二）新冠肺炎对不同性别的高校在校生心理影响及应对

调查显示新冠肺炎对高校在校生心理影响较大，女高校在校生的心理影响水平高于男生（$P<0.01$），这与研究者刘素芳等人调查2003年“非典”期间女高校在校生心理影响高于男生一致，女生情感比男生更加细腻，对突发事件更加敏感，反应更加强烈。在应对新冠肺炎策略方面，女生高于男生（$P<0.01$），且女生寻求社会支持、主动解决问题的心理驱动力大于男生，女生天生有敏感的直觉，在观察客观世界时更加细腻，能够察觉细节问题，考虑问题更加全面，能够找出事物的核心部分，抓住细节为自己争取更多社会支持。在性格特征方面，女生更能够换位思考，善于发现别人的需求，从而被理解和支持。

（三）新冠肺炎对不同文理专业的高校在校生心理影响及应对

从高校在校生对传染病的防治认识进行调查研究，主要是自己患传染病、身边的人患传染病和流行病暴发期间的心理应对状态。调查发现理科专业学生的心理影响水平高于文科专业学生（$P<0.01$），理科专业学生在消极情绪、回避行为、负性认知与寻求社会支持、主动解决问题等各方面均高于文科专业学生，文科专业学生的性格特质和思维方式具有差异，且多元线性回归分析专业对高校在校生的心理影响及应对策略起重要作用。文科专业学生比较敏感和情感化，性格较活泼；理科专业学生较理性、逻辑思维较强、性格沉稳，一定程度上容易出现社交退缩和攻击心理，但是在寻求社会支持和主动解决问题方面的能力却优于文科专业学生，理科专业学生会及时调整认识，增强信心和积极面对问题。

（四）新冠肺炎对不同年级及生源地的高校在校生心理影响及应对

调查发现在心理影响及应对策略方面，硕士 > 大五 > 大四 > 大三 > 大二 > 大一（$P<0.01$），多元线性回归年级与心理影响及应对策略呈正相关（$\beta=0.130$）），这可能与大一学生刚步入大学殿堂，对高校在校生活充满了热情，对任何事物都比较积极乐观，而对于不同学制的高校在校生来说，大三、大四、大五的学习生活已经过了适应期，承担学业和就业等压力使他们在这个特殊时期更加关注事物变化，自律性较强，能够深入思考寻求解决问题的方法，约98%的高校在校生很关心学校对传染病防控的重视程度，仅有2%的高校在校生不注重传染预防。这次新冠肺炎疫情让当代高校在校生能理性、科学地认识病毒的基本特征、暴发原因、传播方式、个人预防及国家防控措施。从不同生源地的高校在校生来看：整体分析来自大城市、中小城市、农村的高校在校生在心理影响上不具备显著差异（$P>0.05$），在总体比较应对策略上大城市>中小城市>农村（P<0.01），首先这可能与高校在校生所在家庭的经济水平有关，其次与各自的生活成长背景有关，从应对策略的角度分析，大城市高校在校生父母给予的视野和平台与从小生活在偏远农村的学生截然不同。多元线性回归发现生源地与高校在校生的心理影响及应对策略呈负相关（β=-0.038）。在网络信息高速发展的时代，不久的将来城镇一体化，信息资源丰富快捷，教育资源平等与共享，会逐步缩小城市与农村的差距。

四、小结

本研究在一定程度上反映了当代青年高校在校生对新冠肺炎等传染病的心理问题及应对能力，为高等院校心理健康教育提供参考。针对高校在校生传染病预防教育要从消极情绪如焦虑、害怕、抑郁、悲观等，回避行为如紧张、警惕、疲惫、排斥等，负性认知如自卑、怀疑和担心等方面全面进行健康宣传教育。高校作为人群密集地，可以通过这次新冠肺炎疫情的防控吸取经验教训，迎接高校在校生开学等挑战，这也是高效管理必须面对和正视的课题。作为高校无论是高校在校生还是老师，都要科学地对待传染病对高校在校生的心理影响，并制定规范、合理、有效的防控策略。如制定一系列常见传染病防治的流程或模式，以保障高校在校生教学和生活的正常秩序，保障青年在校生的身心健康，促进校园和谐稳定。本研究采用网络问卷，存在答题人数地域偏差，今后可根据不同地域、不同学校类别开展系统的抽样调查，使评价结果更具有代表性。

参考文献

[1] 关于印发新型冠状病毒肺炎诊疗方案（试行第五版）的通知. http://www.nhc.gov.cn/yzygj/s7653p/202002/d4b895337e19445f8d728fcaf1e3e13a.shtml.

[2] 习近平对新型冠状病毒感染的肺炎疫情作出重要指示,强调要把人民群众生命安全和身体健康放在第一位,坚决遏制疫情蔓延势头李克强作出批示. http://www.xinhuanet.com//politics/leaders/2020-01/20/c_1125486561.htm.

[3] 冉石娟. 传染病对大学生心理影响及应对策略的研究[D]. 第三军医大学,2015:1-84.

[4] 刘素芳,马建东,魏平,等. "非典"期间医科高校在校生心理状态[J]. 健康心理学杂志,2004(2):117-118.

[5]刘新颜．大学文科专业学生与理科专业学生心理健康状况的比较研究[J]．中国校外教育(理论)，2012(7)：4－4.

[6]管雯珺．高校在校生一般自我效能感、人际交往能力与社交焦虑、班级心理气氛之间的关系研究[D]．华中师范大学,2014:25－31.

探索科学和技术两类人才的成长之路

◎周自强①

摘　要　科学和技术两者处于不同层次，通常简称为科技，因此其人才也被简称为科技人才。但必须严格区分科学和技术两类人才，这样有利于人才的培养和成长。忽视科学研究的原创本质，用技术创新来代替科学研究，是短期行为，这将延误我们国家基础科学研究的发展。必须提倡和鼓励立志探索奥秘、坐冷板凳、善于学习、勤于思考和刻苦钻研的科学精神。高等院校、科研院所和企业都涉及基础研究、应用基础研究、应用研究，国家要给这些不同层次的研究提供全面支持和政策保障。在追赶国际先进技术水平的过程中，采取引进、吸收、仿制和改进的方法，初期是行之有效的，但从长远看必须有自己的科学原创，来实现自主技术创新，不能受制于人。在高等院校的教育教学中，必须有意识地发现和培养两类学生：一类是具有科学原创发展潜力、可能朝科学家方向发展的学生；另一类是具有工程技术创新潜力、可能朝技术专家方向发展的学生。从工程技术人才中脱颖而出的复合型人才，是既懂技术又懂管理的生力军，具备全面发展优势，对建设中国特色社会主义具有重要意义。

关键词　科学；技术；科学家；技术专家；复合型人才

①　周自强，北京航空航天大学教授。主要研究方向为高等教育研究，高等教育质量评估。地址：北京市海淀区学院路北航思源楼 316 号，电子邮箱 zqzhou001@163.com.

习近平总书记于2020年9月11日《在科学家座谈会上的讲话》中指出，“当今世界正经历百年未有之大变局，我国发展面临的国内外环境发生深刻复杂变化，我国‘十四五’时期以及更长时期的发展对加快科技创新提出了更为迫切的要求”“要加强创新人才教育培养。人才是第一资源。国家科技创新力的根本源泉在于人”“要把教育摆在更加重要位置，全面提高教育质量，注重培养学生创新意识和创新能力”“要加强基础学科拔尖学生培养，在数理化生等学科领域建设一批基地，吸引最优秀的学生投身基础研究”。习近平总书记的这些指示具有非常重要的意义，我们必须认真学习和贯彻执行。根据习近平总书记的指示精神，笔者对科学和技术两类人才的成长之路进行了初步探索。

一、科学和技术是不同层次的两回事

长期以来，人们把科学和技术简称为科技。实际上，科学（science）和技术（technology）是不同层次的两回事。科学是人们在探索自然界和人类社会发展规律过程中所形成的知识体系和理论体系，因此科学是基础理论和原创思维。而技术是人们应用科学原理和实践经验解决自然界和人类社会存在的现实问题的方法和能力，因此技术是解决现实问题的实用技艺和技巧。由此可见，二者的概念和范畴是不同的，处于不同的层次。但是二者都同样必需和重要。从古到今，许多科学家和思想家为我们发现和建立了关于宇宙万物的知识体系和理论成果；大批工程师和工程技术专家为我们设计和制造了各类器具，解决人类的衣食住行和生存繁衍条件，促进了社会发展。人类为了适应和改造自然环境，由刀耕火种、农耕时代、工业革命进化到今天的信息化和人工智能时代，科学和技术各自发挥着重要作用。

二、科学和技术相辅相成

虽然科学和技术处于不同的层次，但是二者是相辅相成的。科学理论和科学原理可以通过技术创新付诸实际。运用技术可以使科学得到具体应用抑或得到实践检验，使得技术水平和能力进一步提升。与此同时，技术创新水平和能力的提升，促进人们加深了对自然界和人类社会的认知和了解，于是为科学思维拓展了新的领域。回顾世界科学发展史，无数事例证明基础研究获得的科学知识，增长了应用研究的技术能力。在二者相辅相成的转化过程中，推动了经济社会的发展。掌握科学知识有助于技术能力的提高；增强技术能力，可以扩大新的知识领域，知识和能力在一定条件下互相转化，在转化过程中，充分发挥了创造性。正如习近平总书记所指出的，“在重大应用研究中抽象出理论问题，进而探索科学规律，使基础研究和应用研究相互促进”。

基于上述认识，我们来探索科学和技术两类人才的成长之路。我们可以把立志从事基础科学研究的人才，称为潜在的科学家；把立志从事工程技术、设计和制造的人才，称为潜在的技术专家。为了探索科技人才的成长规律，可以归结为：科学家的成长之路；技术专家的成长之路。

三、科学家的成长之路

从教育学的研究出发，一般而论，人才的成长直接受到家庭教育、学校教育和社会教育三者的影响。但每个人的家庭境遇、学校水平、社会环境都是千差万别的。于是，人才成长的基础和发展潜力也各不相同。撇开遗传基因这些天资因素，仅就教育和培养来说，有的人勤于思考、善于思考，逻辑思维和形象思维兼备，因而具备成为科学家的潜力；而有更多的人勤于动手、善于操作，关注各种技术工艺细节和工程技巧，因而具备成为技术专家的潜力。

但是，具备成为科学家的潜力，还必须经过进一步的教育和培养，才可能成为科学家。因此，科学家的成长规律大概可以归纳为三条。

（1）**从个人角度来说，必须专心致志于某一项深感兴趣的研究**。这就是所谓的志趣。必须提倡立志探索奥秘、坐冷板凳、坚持不懈、善于思考和刻苦钻研的科学精神。有了志趣和探索奥秘的精神，就会敏于观察和深入思考。像苹果落地那样普通的事也会触发牛顿万有引力的发现；开水壶的盖子被蒸汽顶起来也会启示瓦特蒸汽机的发明。为了把宏观现象的观察升华为理论，必须学习和熟练掌握数学、物理、化学、生物等基础知识，力求全面发展。人民科学家、流体力学大师钱学森先生从小就注重文理相通，后来在加州理工学院（CIT，California Institute of Technology）深造时，不仅获得了航空科学博士学位；还同时获得了数学博士学位。他的数学功底不仅为研究流体力学奠定了坚实基础，而且使他以后的控制论研究游刃有余。他在读博期间，还选修了量子力学、结构化学、生物遗传学等课程，可见学习知识、融会贯通是科学家成长的必经之路。

（2）**从国家角度来说，必须在科研院所和高等院校建立学术自由、提倡独立思考的学术研究氛围**。为加强基础科学研究，要制订不限定时间的自选研究课题的政策，并为此提供物质和精神的支持保障。对十年、二十年不出成果的科学家，要继续全力支持和提供研究条件。必须大力宣传科学家的事迹，鼓励学术创新，加大对科学家的表彰和奖励。长期以来，我们忽视了科学研究的原创本质，用技术创新来代替科学研究，这是短视行为。在追赶国际先进技术水平的过程中，采取引进、吸收、仿制和改进的方法，初期是行之有效的，但从长远看必须要有自己的科学原创，才能实现自主技术创新，不受制于人。否则，不仅延误了基础科学和基础研究的发展，而且压抑了科学人才的培养和成长。

(3) **从教育角度来说，我们的高等院校应该培养浓厚的学术氛围。**给专家学者和教授们、给年轻的学生和研究生们提供充分的学术权力和民主治学气氛。各个学派都可以充分发表学术观点，学生们也可以充分发表自己的不同学术见解。钱学森先生特别强调要敢于向权威挑战，他说："没有这种精神，怎么会有创新！""学术讨论活跃不起来，这怎么能够培养创新人才？更不用说大师级人才了"。在这种学术氛围中，在高等院校的教育教学中，必须有意识地发现和培养两类学生：一类是具有科学原创发展潜力、可能朝科学家方向发展的学生；另一类是具有工程技术创新潜力、可能朝技术专家方向发展的学生。当然，所谓潜力只是预测和评估，俗话说得好："师傅领进门，修行在个人"，要真正成才，还在于今后的继续奋斗。

四、技术专家的成长之路

技术专家的成长，同样需要经过教育和培养，特别要经过实际锻炼和科技实践，才能成为合格的技术专家。技术专家的成长规律大概也可以归纳为三条。

(1) **从个人角度来说，必须动脑又动手，既勤于思考又勤于动手。**要对现实生活中的机械设备和电器装置有直接试验和操作的兴趣。这种兴趣来源于家庭影响、生活环境和年幼时的习惯和好奇心。应该说，兴趣是非常可贵的，许多杰出的工程技术专家和能工巧匠，都具备此种爱好和潜力特点。为了发挥个人的潜力，必须扩大知识面和实践范围，在积累实际经验的同时要加强数理化的理论学习，进而在理论和原理指导下动手实验，逐步做到"见多识广""勇于实践""敢于动手"。要积极参与各类工程技术项目的设计和制造，进行失效故障分析，开展可靠性和维修性等的具体评估工作。这些都是技术专家成长的必由之路。

(2) **从国家角度来说，在追赶国际先进技术水平的过程中，在尊重知识产权的前提下，采取引进、吸收、仿制和改进的方法，初期是行之有效的。**但是，必须培养我们自己的工程师和技术专家，这是长期有效的战略任务。国家要加大力度制订扶持技术人员、工程师、工程技术专家的专门政策，宣传和表彰技术革新能手和能工巧匠，特别要对工作在第一线的技术人员和劳动模范进行精神和物质鼓励。举例说，如果没有能工巧匠和技术革新能手，我们航天的火箭导弹和北斗导航系统是造不出来的。要加强和扩大受理技术专利申请，保护技术创新知识产权和创新成果。要从人事劳资、工资待遇、户籍管理和人才流动等方面为技术人员、工程师和技术专家提供政策支持和保障。

（3）从教育角度来说，很长一段时期以来，我国掀起一股“专科变学院”“学院变大学”“大学搞合并”“合并变综合性大学”等的攀比之风。结果，出现了许多“高大上”的“顶尖学府”。学士学位、硕士学位、博士学位获得者“满街跑”，然而，专科学校、职业教育、央企原有的技术学校陆续关门大吉。这种状况，造成了极其不好的社会影响。一方面，年轻学生千军万马要上大学、读研、读博；另一方面，工厂和企业需要的工程技术人员和技术工人极其稀缺。有鉴于此，近几年我国开始恢复职业教育，这是非常必要的，应该继续巩固和进一步大力发展。国家花钱创建世界“双一流”大学，这属于教育国策，当然必要，但是必须有限，不可能有那么多“一流”。而且还要警惕“双一流”大学的毕业生大量外流，变成“为他人做嫁衣裳”的基地。此外要明确，无论是否“双一流”大学，我国所有的高等院校，都必须在学校的立德树人和德才兼备的教育中，大力加强学生的社会实践、工程实践、联系工人农民的实践，通过动手劳动、科学实验和深入实际了解国情民情。这才是技术人员、技术专家、工程师的成长之路。

五、复合型人才的培养

以上讨论了科学家和工程师两类人才的成长之路。我们必须注意到，随着新工业革命的到来，国家、社会和人民群众的需求已经并继续发生着巨大的变化。在市场经济和计划经济融合发展、全球经济一体化的新形势下，世界正经历着百年未有之大变局，因此，我国的科技人才培养也必须有新的考虑和筹划。如此看来，从工程技术人才中脱颖而出的复合型人才，是一支新生的力量。他们具备既懂技术又懂管理的优势，符合社会经济发展的需要，对建设中国特色社会主义具有重要意义。

关于复合型人才，发达国家较早就有了研究。位于美国加州硅谷的西北工业大学（NPU，Northwestern Polytechnic University），是一所几乎专门为硅谷地区企业培养技术人员的大学。NPU 的校长乔治·西奥（ George Hsieh）先生提供了他的精确统计，硅谷地区需要的人才百分比如下：科学家——1%，工程师——10%，生产者——10%，市场营销——10%，服务商业——20%，行政管理——20%，企业创业家——15%，培训——10%，其他——4%。西奥先生指出，上述所有人才都具有工程技术能力，因此，除科学家和工程师以外，其他人都是“复合型人才”，他们既懂技术，又懂管理和服务。当然，这只是美国加州硅谷地区的统计情况，仅供参考而已。

其实，这种人才的需求状况，在我国早已出现。这必须从几个方面着手解决。

从个人角度来说，必须坚持德智体美劳全面发展，勤于学习，博采众长。具有技术创新潜力的个人，在学习工程技术的同时，要学习社会科学、经济管理和人文法律等知识。尽可能参加一些志愿队活动，特别要深入企业、工厂和中小民营企业的底层，了解国情民情，体验民间疾苦，了解创业的艰辛，树立团队精神和合作共赢的理念。必须在经历坎坷磨炼和失败中谋取成功之路，最后可望成为合格的复合型人才。

从国家角度来说，要为复合型人才的培养提供政策支持和保障。要从毕业生就业和创业方面，减免繁杂的行政审批制度，从供给侧改革中拓展就业和创业渠道。对于具有技术创新潜力的个人，要鼓励他们跨专业、向交叉学科的领域发展，实现复合型的转变。目前，我国已经建立的党政干部和科技人才去街道社区工作和任职，组织干部和技术人员驻村扶贫、援疆、援藏工作等一系列举措，确实是一项重要的战略决策，这对培养大批能文能武的复合型人才，对国家治理和国家的长治久安意义非常重大。

从教育角度来说，无论高等院校或者职业学院，在课程设置方面，要增加选修课，扩大学生的专业知识范围，突破专业限制，鼓励跨专业、跨学科学习。目前，我国大学实行的大类招生计划，在新生入学时不进行专业选择，经过两三学年之后，根据学生的志趣爱好和自身条件再自主选择专业，这是非常必要的改革，不仅对于培养未来的科学家、工程技术专家是必须的；而且也为培养未来的复合型人才奠定了基础。

参考文献

[1] 习近平．在科学家座谈会上的讲话．人民日报[N],2020-09-12(1).

[2] 叶永烈．钱学森传[M]．上海:上海交通大学出版社,2010.

[3] 涂元季,刘莹．钱学森故事[M]．北京:中国人民解放军出版社,2011.

[4] 顾吉环,李明．钱学森文集[M]．北京:中国人民解放军出版社,2012.

[5] 周自强．钱学森先生留学报国的灿烂人生．钱学森教育思想研究[J]．上

海:上海系统科学出版社,2019.

[6] George Hsieh. Introduction of Catalog at NPU(Northwestern Polytechnic University)[J]. USA: NPU Publishing House, 2009.

[7] 孔祥言. 钱学森的科技人生[M]. 北京:中国宇航出版社,2011.

[8] 张永声. 思维方法大全[M]. 南京:江苏科学技术出版社,1990.

后 记

2020年11月18日，中国科协创新战略研究院与北京市科协在北京联合举行了主题为“新形势下科协服务国家治理体系和治理能力现代化”的“第四届科协发展理论研讨会”，旨在聚焦谋划科协组织“十四五”时期事业发展规划，深化科协系统改革，完善体制机制建设，构建联系广泛、服务群众的群团工作体系，在服务国家治理体系和治理能力现代化中发挥科协组织作用。会议由中国科协调研宣传部支持、北京市科学技术进修学院承办。中国科协党组副书记、副主席、书记处书记徐延豪出席并致辞，中国科学院院士刘嘉麒、中国人民大学教授金灿荣、中央党校（国家行政学院）教授王满传、中国科协计划财务部部长杨文志、学会学术部部长刘兴平、北京市科协党组书记马林、江西省科协党组书记罗莹作大会特邀报告，分别从科学家精神、大国关系、党的十九届五中全会精神、科协新发展阶段新作为、科协通过“科创中国”助力科技经济融合、科协发挥群团作用、新时期科技群团改革发展等不同方面提出思考和建议。

地方科协、学会、高校、科研院所、企业代表和中国科协有关部门单位人员近200人参加会议，围绕会议主题和“新时期深化科技群团改革发展研究”“‘科创中国’科技经济融合发展及其实践研究”“健全科技伦理治理体制机制研究”“新时期科技社团国际合作和科技文化交流研究”“探索科技人才成长规律研究”“科技支撑城市公共卫生治理研究”等八个议题进行了交流研讨。

专题报告阶段，报告人从科技伦理、科技成果转化、科创中心建设、人才发展、公共卫生治理、企业科技创新、国际科技合作与交流等方面阐述了理论研究和具体实践。论文交流阶段，优秀论文作者代表从后疫情时代社区治理、区块链服务政务协同发展、科技社团国际合作的法律问题等方面进行了学术分享。

会议收到征文80余篇，经专家评审共评出优秀论文50篇。经作者本人同意，本论文集共收录优秀论文41篇。这些论文对科协组织建设与科协事业发展、科协组织服务国家治理体系和治理能力现代化提出见解，可供科协系统人员、从事相关研究人员、科技工作者参阅。